安徽省科技重大专项等项目资助

石墨烯材料在半导体中的应用

Graphene Material Applications in Semiconductor

鲍婕　宁仁霞　许媛　著

西安电子科技大学出版社

内容简介

由于石墨烯材料具有众多的优异特性，使其在半导体领域有着广阔的应用前景，本书详细介绍了石墨烯材料在半导体中的应用。全书共8章，包含三大部分内容，分别为石墨烯材料简述(第1～3章)、石墨烯在半导体器件中的应用(第4～6章)和石墨烯在半导体封装散热中的应用(第7～8章)。石墨烯材料简述部分介绍了石墨烯材料及其发展和产业现状，石墨烯材料的制备、转移及特性，以及石墨烯材料在半导体领域的应用发展；石墨烯在半导体器件中的应用部分介绍了石墨烯人工电磁材料的吸波特性、传感器特性以及其在新型器件中的应用；石墨烯在半导体封装散热中的应用部分介绍了石墨烯材料在IGBT、LED等功率分立器件和IGBT、IPM、PIM等功率模块中的封装散热设计以及应用仿真。

本书是一本理论基础和应用研究相结合的专著，可供从事石墨烯材料相关研究的工程技术人员参考使用，也可作为高校电子、机械、微电子、材料等相关专业研究生和教师的参考书。

图书在版编目(CIP)数据

石墨烯材料在半导体中的应用/鲍婕，宁仁霞，许媛著. 一西安：西安电子科技大学出版社，2021.6

ISBN 978-7-5606-6038-7

Ⅰ. ①石… Ⅱ. ①鲍… ②宁… ③许… Ⅲ. ①石墨—纳米材料—半导体材料—研究 Ⅳ. ①TB383 ②TN304

中国版本图书馆CIP数据核字(2021)第070076号

策划编辑 李惠萍
责任编辑 李惠萍
出版发行 西安电子科技大学出版社(西安市太白南路2号)
电　　话 (029)88242885 88201467　　邮　　编 710071
网　　址 www.xduph.com　　电子邮箱 xdupfxb001@163.com
经　　销 新华书店
印刷单位 陕西精工印务有限公司
版　　次 2021年6月第1版 2021年6月第1次印刷
开　　本 787毫米×1092毫米 1/16 印 张 14.5
字　　数 336千字
印　　数 1～2000册
定　　价 51.00元
ISBN 978-7-5606-6038-7/TB

XDUP 6340001-1

＊＊＊如有印装问题可调换＊＊＊

===序===

石墨烯是21世纪的新兴战略材料。自2004年10月22日英国曼彻斯特大学物理学家安德烈·海姆和他的学生康斯坦丁·诺沃肖洛夫在美国《科学》(*Science*)期刊上发表了关于使用胶带剥离法成功地从石墨中剥离出石墨烯的研究成果，至今已经将近17个年头。全球平均每年发表的石墨烯相关论文数以万计，各国政府、高等院校、科研院所和企业都投入了大量的人力、物力和财力，力求让石墨烯这颗耀眼的“科学新星”从实验室走向产业化。

由于碳元素的电子结构可以形成多种成键方式，因此碳材料的种类具有多样性。作为碳家族的成员之一，二维的石墨烯与零维的富勒烯、一维的碳纳米管及三维的石墨和金刚石共同构成了完整的碳系家族。与其他碳材料相比，石墨烯具有完美的大π共轭体系和最薄的单层原子厚度，这使其表现出非常优异和独特的物理与化学性能，从而使其在电子器件、高性能复合材料、生物医疗等众多领域具有广阔的应用前景。

纵观全球的石墨烯产业发展，英国政府在曼彻斯特大学创建了国家石墨烯研究院，后续又加大投资成立了石墨烯工程创新中心，旨在实现“发现在英国，制造也在英国”的国家目标；在2004—2013年间美国国家自然科学基金会资助了近500项石墨烯研究项目；2013年欧盟启动“石墨烯旗舰计划”，预计10年累计投资10亿欧元用于石墨烯材料的研究，2020年欧盟委员会宣布将在下一代电子和半导体领域投资2000万欧元，旨在将新一代材料从学术实验室引入半导体生产线。

要提升石墨烯产业的竞争力，核心技术的掌握、产业特点的把握、产业方向的布局、产业模式的确立和资源的有效配置是决定石墨烯未来产业竞争的核心要素。在当前时代和技术背景下，无论是企业还是科研院所，都应该立足于自身的研究基础和产品优势，投入精力开展石墨烯材料在国家重要工业领域的应用研究，开发石墨烯材料的杀手锏应用产品。

石墨烯作为新一代柔性透明导电薄膜材料，在半导体、电子信息等领域有着巨大的潜在应用优势，有望替代传统的氧化铟锡透明导电玻璃，推动柔性显示器、柔性触摸屏、柔性可穿戴器件、电子标签等柔性电子和光电子器件产业快速发展。在光电器件领域，基于石墨烯的光电探测器、传感器、电光调制器、锁模激光器、太赫兹发生器等都是未来产品的研发方向。除了上述应用以外，基于优异的电学性能和热学性能，石墨烯既可以单独用作电和热的传输通道，也可以作为填料与其他材料复合来提高复合材料的性能。石墨烯及其复合材料能够以散热材料、互连材料以及无源元件等多种方式应用于半导体封装中。

本书是编者团队研究成果的总结凝练，对于石墨烯材料在半导体器件和封装中的应用发展具有参考意义。希望有更多的资源能够投入到石墨烯材料在半导体中的应用研究上来，共同挖掘石墨烯材料的巨大应用潜力。

2021年4月16日

前　言

2010年10月5日，诺贝尔物理学奖颁给了安德烈·海姆(Andre. K. Geim)和他的学生康斯坦丁·诺沃肖洛夫(Konstantin. S. Novoselov)，自那时起，全球掀起了石墨烯材料的研究热潮。作为二维晶体材料的代表，石墨烯具有很多块状晶体材料难以比拟的优异性能，如具有高载流子迁移率、高导热性、高强度、高透明性等，这些优异的性能为石墨烯材料在众多产业领域的应用带来了希望，如电子信息、光通信、新能源、新材料、节能环保、医疗健康、航空航天以及国防军工等领域，因此石墨烯材料被称为“新材料之王”。然而，经过十年来的开发，石墨烯材料在从实验室走向产业化的过程中，无论在制备工艺、性能表征、转移方法方面还是在产品应用等方面，都遇到了很多严峻的挑战。

我国对石墨烯产业的关注与世界同步，研究行动上甚至更为迅速，在国家政策的支持和推动下，无论是相关的学术论文还是专利申请，数量都高居全球榜首，“石墨烯产业园”“石墨烯产业创新中心”等遍布全国各地。但不可否认的是，我国的石墨烯产业发展也存在一些不健康的因素，目前的产业研究从总体上来看，技术含量和产品附加值都不高，石墨烯产品低端化、同质化现象严重，对于石墨烯材料的“杀手锏”应用重视不够，研发投入力度小、持续性不强，缺乏龙头企业带动，导致石墨烯研究核心竞争力不足。作为石墨烯材料的发源地，欧盟2013年启动了“石墨烯旗舰计划”，每年投入1亿欧元，连续10年，所布局的领域基本以光电器件、传感器、医疗器件、柔性储能器件等为主，与美国的研究方向大体一致。而我国在电子信息领域的石墨烯产业研究尚不足2%，相比于能够立竿见影带来效益的石墨烯产品(如占据了石墨烯市场份额7%之多的大健康产品)，这种未来型的高端应用研究反而投入不够。

中国科学院院士、北京大学刘忠范教授在2017年接受采访时曾明确表达了对我国石墨烯产业发展中存在问题的担忧，并得到了国家领导人的高度关注和批示。由刘忠范院士和成会明院士担任负责人，相关专家经过一年的努力，对我国石墨烯产业发展的关键问题及对策进行了调研和梳理，在一定程度上推动了我国石墨烯产业的健康发展。在安徽省科技重大专项、安徽省重点研究与开发计划、安徽省智能微系统工程技术研究中心等相关项目经费的支持下，我们团队从石墨烯材料在半导体器件、半导体封装中的应用等方面开展研究，积累了丰富的研究经验。本书是我们研究团队对过去六年研究工作的总结与凝练，重点介绍了石墨烯人工电磁材料在吸波器、传感器等半导体器件中的应用设计和仿真验证，以及石墨烯材料在功率半导体器件和模块封装中的散热应用。鉴于编者水平有限，我们谨希望本书能够为从事石墨烯在半导体领域应用研发的科研人员和工程师提供一些参考。

全书共8章。第1章简述石墨烯材料的晶格、能带结构和表征方法，阐述石墨烯材料的发展历程和产品形态，介绍石墨烯产业的应用领域和国内外产业发展现状。第2章介绍石墨烯材料的制备方法、转移方法，石墨烯的基本电学特性和基本热学特性。第3章概述石墨烯材料在半导体器件中的应用，包括场效应晶体管、逻辑电路、高频器件、传感器、存储器件和电磁器件等，介绍石墨烯材料在半导体封装中的应用，包括散热片、热界面材料、热沉、互连和无源元件等。第4章介绍石墨烯人工电磁材料吸波器的原理、性能和分析方法，以及其在全向器件、双频吸波器、宽带吸波器和可调谐吸波器等中的应用。第5章介绍石墨烯人工电磁材料传感器的原理和性能指标，以及微波段、光波段和太赫兹波段石墨烯人工电磁材料传感器的结构设计和建模仿真。第6章介绍石墨烯人工电磁材料在新型电磁器件中的应用设计，包括全向慢光器件、双向电磁器件、滤波器和极化转换器等。第7章介绍石墨烯材料在单管绝缘栅双极型晶体管(IGBT)、大功率发光二极管(LED)等功率半导体分立器件中的封装散热设计和应用仿真，并介绍了宽禁带半导体氮化镓高电子迁移率晶体管(GaN HEMT)的封装和石墨烯材料的散热应用。第8章介绍石墨烯材料在IGBT模块、智能功率模块(IPM)以及宽禁带半导体碳化硅(SiC)混合功率集成模块(PIM)等功率半导体模块中的封装散热应用设计和建模仿真。

本书各章初稿撰写具体分工如下：第1章和第2章由鲍婕教授和许媛副教授共同撰写；第3章由鲍婕教授和宁仁霞副教授共同撰写；第4章至第6章由宁仁霞副教授撰写；第7章和第8章由许媛副教授撰写。全书统稿和完善工作由鲍婕教授完成。

本书基于我们团队的研究成果整理而成，在此向参与研究工作的所有人员致以诚挚的感谢。在本书的编写过程中，陈珍海教授也提供了修改意见和建议，我们非常感激。此外，本书在编写过程中参考了大量国内外的相关书籍和论文、专利，主要文献资料已列入书末参考文献中，但难免会有遗漏，在此向相关作者一并表示衷心的感谢。

本书的出版得到了安徽省科技重大专项、安徽省重点研究与开发计划项目、安徽省教育厅自然科学研究重点项目的资助。

由于作者水平有限，书中难免存在诸多不足，恳请广大读者批评指正。

著　者

2021年4月15日于黄山

目　录

第1章　石墨烯材料及其发展和产业现状

石墨烯独特的二维平面结构赋予了其优异的电学、热学、力学、光学等特性，使得石墨烯在电子信息、热管理、储能、生物医学、节能环保、航空航天等领域具有广阔的应用前景，被称为“新材料之王”。本章介绍石墨烯材料的基本结构、表征方法、发展历程、产业形态和产业现状。

1.1　石墨烯材料的基本结构和表征方法

1.1.1　石墨烯材料的晶格和能带结构

1. 石墨烯的晶格结构

石墨烯简单来说就是单层的石墨片，是零维的富勒烯、一维的碳纳米管和三维石墨等碳材料的基本构成单元，具有 sp^2 杂化碳原子排列组成的蜂窝状二维平面正六边形结构，如图1-1所示。石墨烯中每个碳原子的 $2s$、$2p_x$、$2p_y$ 与三个相邻碳原子通过 sp^2 杂化形成共价键(σ键)，剩余未参与杂化的 $2p_z$ 轨道在垂直于平面方向上形成共轭大π键。石墨烯中的碳—碳键长约为0.142 nm，单层石墨烯厚度约为0.35 nm。石墨烯的每个原胞内有两个原子，分别位于A和B晶格上，其原胞矢量 $\boldsymbol{a}_1$、$\boldsymbol{a}_2$ 分别为

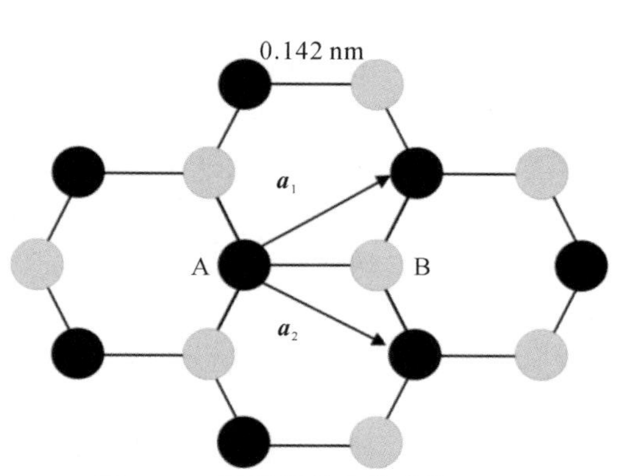

图1-1　石墨烯的晶格结构

$$\boldsymbol{a}_1=\frac{a}{2}(3,\sqrt{3}),\ \boldsymbol{a}_2=\frac{a}{2}(3,-\sqrt{3}) \tag{1-1}$$

其中 a 是碳原子之间 sp^2 键的长度，为0.142 nm。

2. 石墨烯的能带结构

石墨烯是一种零带隙半金属材料，其电子的能量与动量呈线性频散关系，即石墨烯的

导带和价带相交于布里渊区的一点——狄拉克点，如图 1-2 所示。在该点附近，电子的静止有效质量为零，是典型的狄拉克费米子特征，其费米速度高达 10^6 m/s，是光速的 1/300。电子波在石墨烯中的传输被限制在一个原子层厚度的范围内，因此具有二维电子气的特征，容易在高磁场作用下形成朗道能级，进而出现量子霍尔效应。由于电子赝自旋的发生，电子在传输运动过程中对声子散射不敏感，使得常温下就可以观察到量子霍尔效应。除了整数量子霍尔效应以外，石墨烯特有的能带结构导致有新的电子传导现象发生，如分数量子霍尔效应、量子隧穿效应、双极性电场效应等。

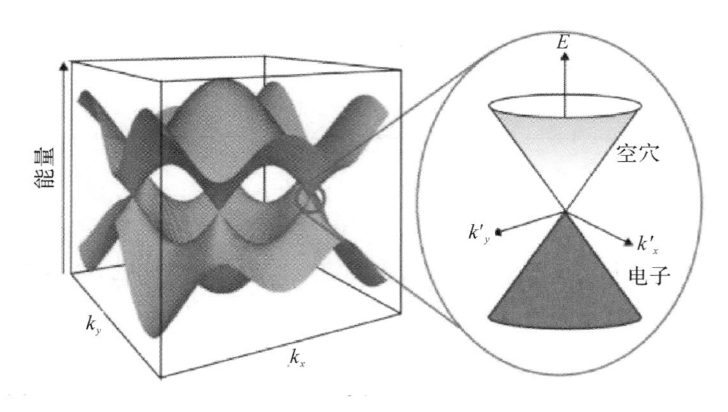

图 1-2 石墨烯的能带结构

3. 石墨烯能带结构的调控

有限尺度的石墨烯纳米结构具有特殊的边缘电子态，正如块状材料存在一定的表面态一样，与石墨烯晶体结构零带隙导致的半金属态不同，石墨烯纳米带由于受到量子化的限制，电子态具有依赖于纳米带宽度和边缘原子结构类型的性质。如图 1-3 所示为两种石墨烯纳米带，研究者发现锯齿形边缘结构的石墨烯纳米带具有金属性质，而且费米面能级附近的电子态集中在石墨烯的边缘。而扶手椅形边缘结构的石墨烯纳米带根据宽度不同表现出金属性或半导体性，其能隙会随纳米带宽度的变化而变化。基于这一特性，通过合理设计不同宽度和边界类型的石墨烯纳米带及其进一步的组合，可以实现纳米电子器件的有效构筑。比如，选取分别具有金属性和半导体性的石墨烯纳米带可以形成肖特基势垒，进一步构筑的三明治结构可以形成量子点，而且量子态可以通过石墨烯纳米带的结构进行有效控制。

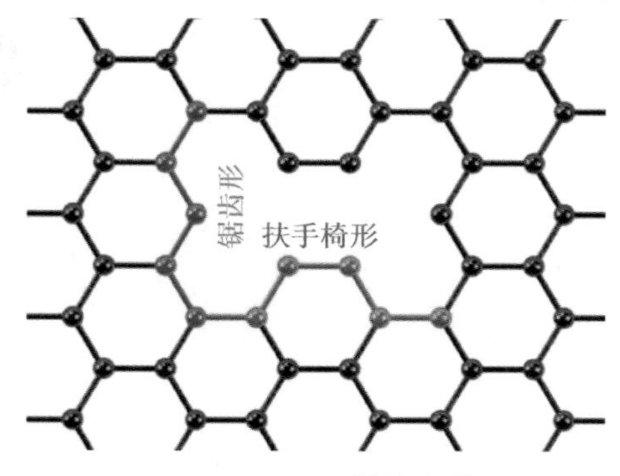

图 1-3 石墨烯纳米带

石墨烯的层数也与其性质有很大关联，严格意义上讲，只有单层结构才称为石墨烯，但在实际应用中，并非只有单层石墨烯才能表现出工程需要的优异特性，因此，行业内的基本共识是，10 层以下的结构可统称为石墨烯材料，可细分为单层石墨烯、双层石墨烯以及少层石墨烯。理论上双层石墨烯中的载流子能谱为手性无质量的能谱形式，其能量正比于动量的平方，与单层石墨烯相比既有类似之处又有差异。从结构上看，双层石墨烯是由两个单层石墨烯按照一定的堆垛模式而形成的，有 AB 堆垛和非 AB 堆垛之分。由于层间 π 轨道的耦合，在施加外电场后很容易打开带隙而成为半导体。随着层数的继续增加，石墨烯的能带结构也会逐渐变得复杂。比如，三层石墨烯具有半金属特性，同时其带隙可以通过栅压的调节来控制。图 1－4 所示是不同层数石墨烯的能带结构。最近的研究证实，通过合理施加垂直于石墨烯平面的电场，其带隙随外场大小可以在 0.1～0.3 eV 范围内发生变化。石墨烯层数的变化会相应带来其性质的改变，这为通过调控石墨烯的性质来适应应用需求提供了很好的途径。

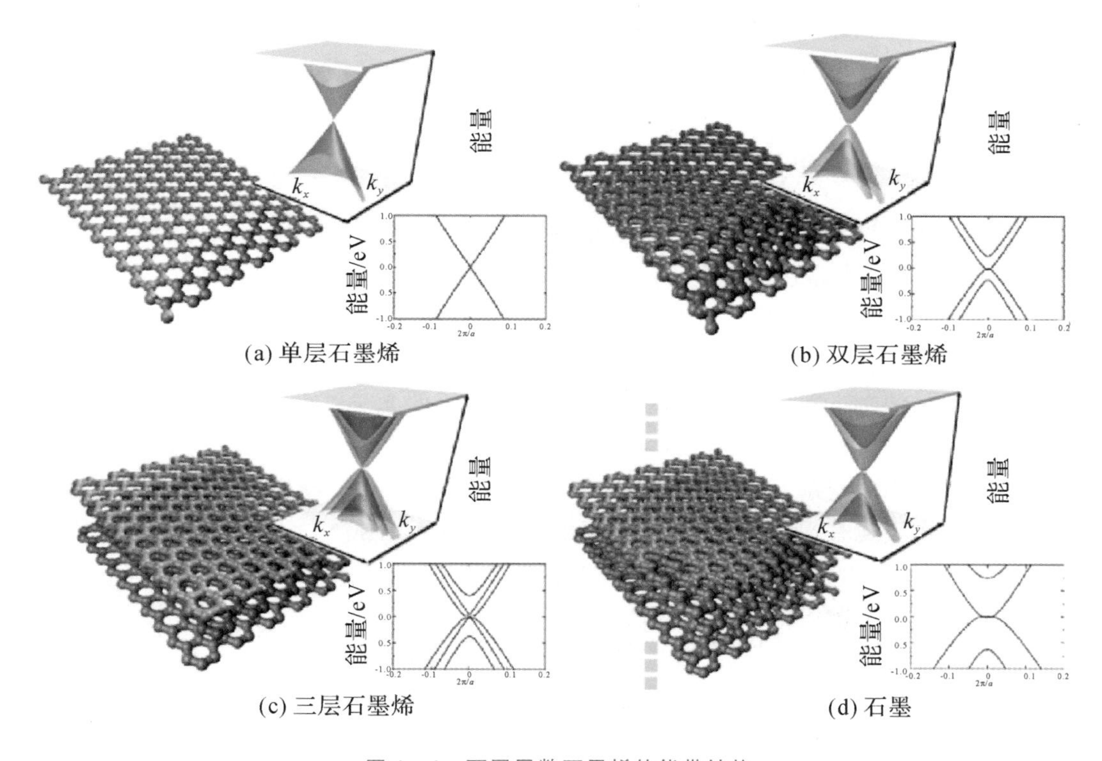

图 1－4　不同层数石墨烯的能带结构

化学功能化也是改变石墨烯结构的有效手段，通过共价方式功能化修饰石墨烯会使一些碳原子从 sp^2 杂化结构转变为 sp^3 杂化结构，从而有可能打开石墨烯的能带间隙。对石墨烯平面共价功能化，会导致石墨烯片几何结构的扭曲，因此使之具有很高的能量势垒。共价功能化通常需要高能量的反应物，如氢原子、氟原子、强酸和自由基。理论研究表明，完全氢化的石墨烯会有很宽的能带间隙，约为 5.4 eV；氟化石墨烯是绝缘体，其最小能带间隙为 3.1 eV，如果考虑电子间的相互作用，能带间隙会增加至 7.4 eV；氧化石墨烯平面上环氧基覆盖率达到饱和时，其能带间隙大于 3 eV；芳基重氮功能化得到的石墨烯能带间隙为 0.36 eV。

另外，石墨烯的载流子浓度和极性可以通过掺杂手段进行有效调控，目前常见的掺杂方式有表面转移掺杂和取代掺杂，两种掺杂方法均可以调整石墨烯的带隙，使狄拉克点相对费米能级产生移动。若狄拉克点在费米能级之上，则得到 p 型石墨烯，反之为 n 型石墨烯，如图 1-5 所示。表面转移掺杂是通过石墨烯和掺杂剂之间的电荷转移实现的，这种方式大多数都不会破坏石墨烯的化学键，而取代掺杂是通过杂原子取代石墨烯中的碳原子来实现带隙调整的，会影响其基本的化学结构。

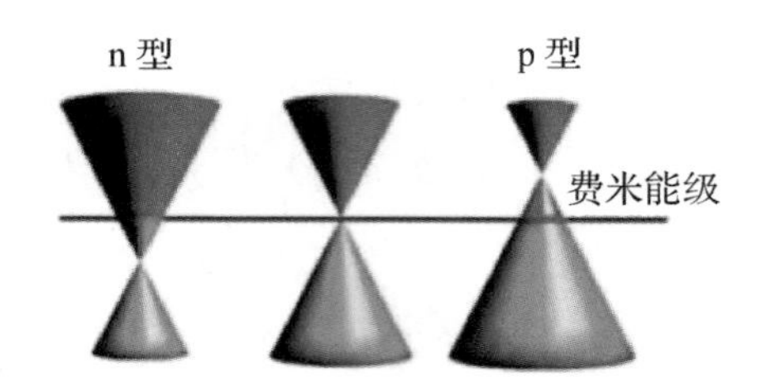

图 1-5 掺杂状态下狄拉克点相对费米能级的变化

1.1.2 石墨烯材料的表征方法

由于石墨烯具有独特的低维属性，因此需要使用合适的测试手段才能得到关于其材料尺寸、形貌、原子结构等方面的信息。研究石墨烯的微观结构就必须了解可以观测到纳米尺度的分析手段，如各种电子显微分析技术等。

1. 光学显微分析

由于石墨烯纳米级别的尺寸厚度会导致透过石墨烯的光发生干涉效应，因此不同层数的石墨烯在光学显微镜下具有不同的颜色，如图 1-6 所示。通过颜色的对比差异可以定性地判断石墨烯的相对层数，但无法直接给出石墨烯的具体层数。使用不同的单色光源可以实现在各种衬底上观察到石墨烯。常见的绝缘衬底有 SiO_2、Si_3N_4、Al_2O_3 等，甚至聚合物聚甲基丙烯酸甲酯(PMMA)也可以作为观察石墨烯的基底。

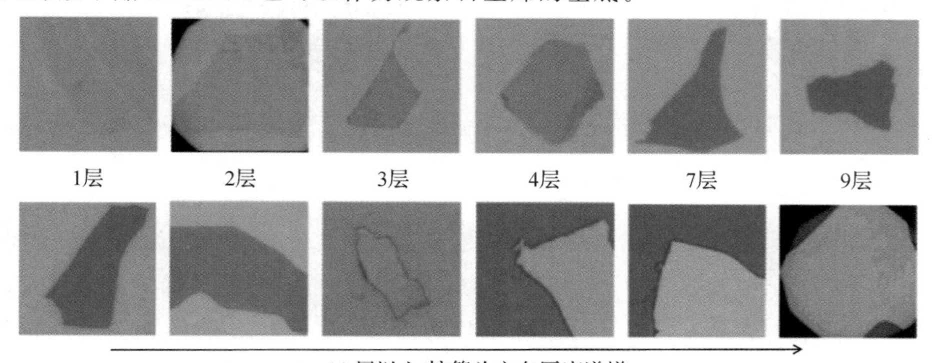

图 1-6 不同厚度石墨烯的光学显微图片

除了绝缘基底外，在金属基底上也可以通过光学显微镜检测到石墨烯的存在。如图 1-7 所示，在用化学气相沉积(CVD)方法制备石墨烯时，铜基底上未被石墨烯覆盖的区域经过一定温度下的氧化处理，会被氧化成红色的氧化亚铜，在光学显微镜下和石墨烯生长区域具有明显的颜色对比，以此可以清晰地观察到石墨烯的形貌，但无法分辨出石墨烯的层数差异。

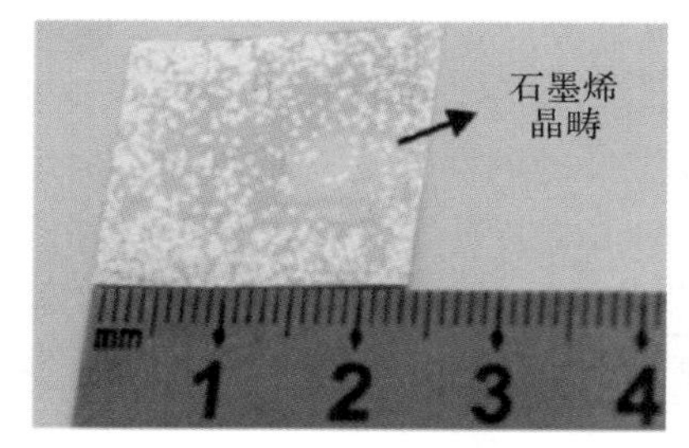

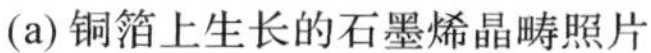
(a) 铜箔上生长的石墨烯晶畴照片

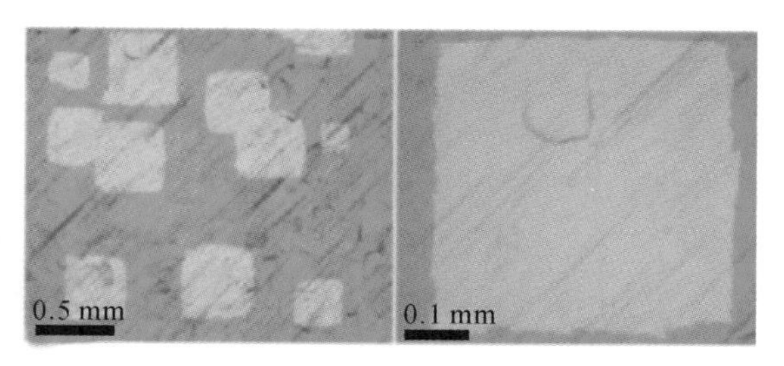

(b)(c) 石墨烯晶畴光学显微图片

图 1-7　金属基底上的石墨烯

另外，光学显微镜还可以用来观察石墨烯的晶界，由于这种方法不需要进行石墨烯的转移，避免了转移过程带来的石墨烯破损、褶皱和污染等问题，因此具有更直观的优势。这种方法需要在潮湿环境下先对石墨烯进行紫外线曝光处理，O_2、H_2O 等在紫外线处理下会产生自由基，如图 1-8(a)所示。这些自由基会选择性地通过石墨烯的晶界氧化下层的基底铜，当氧化区域增大到一定程度时就可以在光学显微镜下观察了。如图 1-8(b)、(c)所示，从氧化前与氧化后的对比图中可以清楚地看到石墨烯晶界转为可见的，而且石墨烯的晶界与基底铜的晶界不具有相关性。如图 1-8(d)所示，石墨烯晶界与基底铜的晶界相交，其中白色的线是石墨烯的晶界。

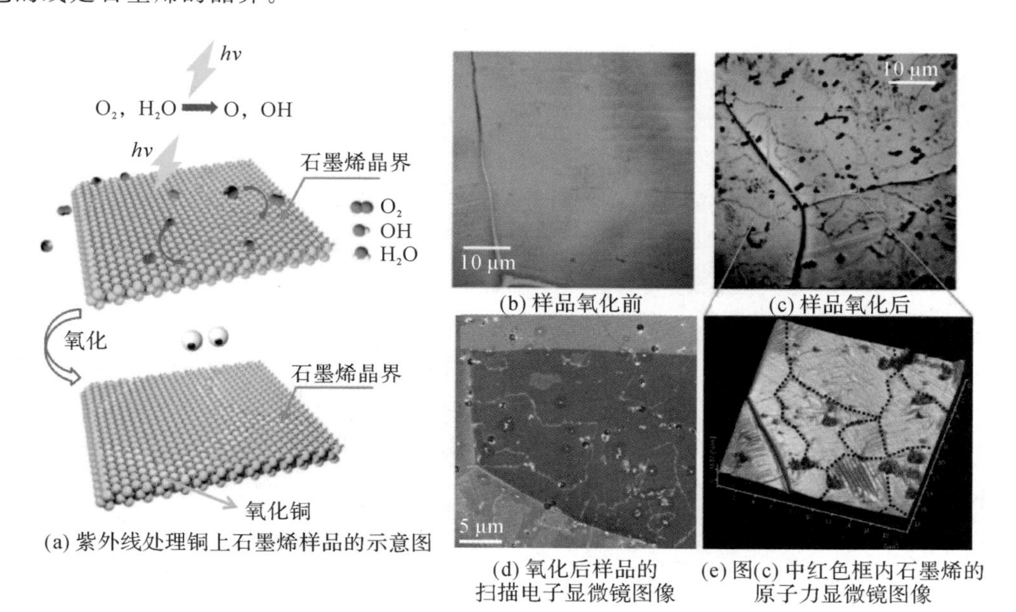

(a) 紫外线处理铜上石墨烯样品的示意图　(b) 样品氧化前　(c) 样品氧化后　(d) 氧化后样品的扫描电子显微镜图像　(e) 图(c) 中红色框内石墨烯的原子力显微镜图像

图 1-8　光学显微镜观察石墨烯的晶界

2. 电子显微分析

电子显微分析是研究材料精细结构的有效手段，常用于表征石墨烯材料的电子显微分析仪器主要包括扫描电子显微镜(SEM)、透射电子显微镜(TEM)。SEM是利用电子束扫描样品表面，使样品表面激发出二次电子，收集二次电子进行成像，即可得到样品表面形貌的三维信息。SEM可以用来表征石墨烯的晶粒大小、晶粒取向、晶粒形貌等信息，具有高倍率、大景深、高分辨率等优点。SEM测试时需要基底导电，所以很适合金属基底CVD生长的石墨烯。由于石墨烯发射二次电子的能力比较弱，因此在SEM的视野中一般会呈现为深色，如图1-9所示。由于对比度高，因此也可以定性地判断石墨烯的层数。最近有研究者利用扫描电镜原位实时观察了CVD生长石墨烯的过程，通过改变相关参数调控石墨烯的成核与生长，用SEM可观察得到一系列与参数相关的生长结果，这对阐明石墨烯生长机理以及论述相关参数对生长过程的影响具有重要意义。

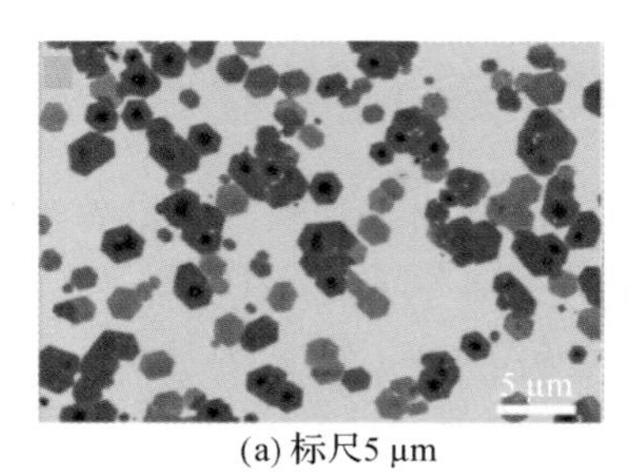

(a) 标尺5 μm

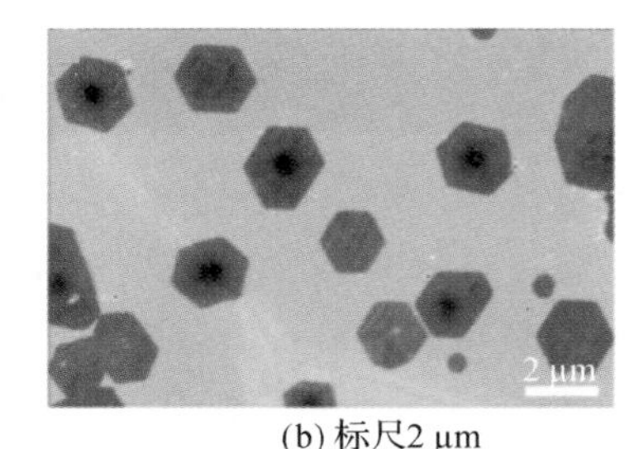

(b) 标尺2 μm

图1-9　金属基底上石墨烯的SEM图

TEM是利用高能量的电子束穿过薄膜样品，再经过聚焦与放大后得到图像，这和光学显微镜的成像原理基本一样，不同的是以电子束作光源，用电磁场作透镜，因而具有更高的分辨率，但由于电子束的穿透力很弱，因此测试样品的厚度需要限制在纳米尺度。TEM常用来观察石墨烯结构的微观原子像、层数、晶格缺陷等，如图1-10所示，通过观察石墨烯的层片边缘可以清晰地看出石墨烯的层数。另外，近年发展出的球差校正TEM可以观察石墨烯的晶格结构，如图1-11所示，石墨烯的六边形晶格结构清晰可见，而且不同取向的石墨烯单晶连接时形成的晶界以及转角等信息都可以得到。

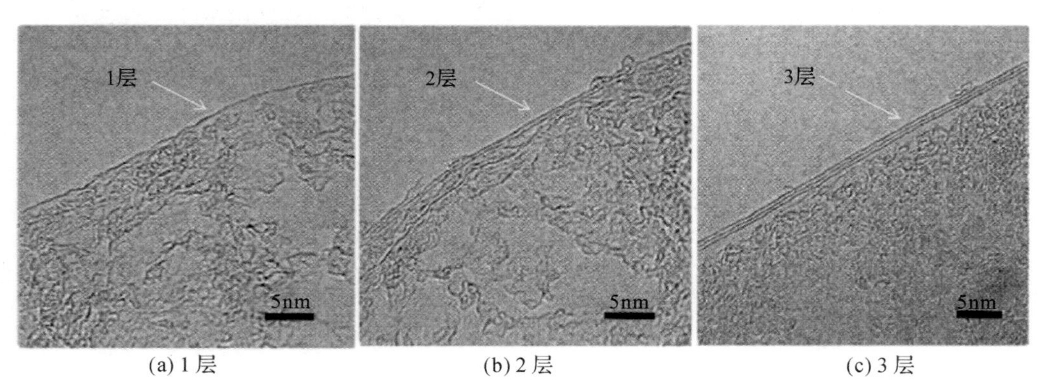

(a) 1层　　(b) 2层　　(c) 3层

图1-10　不同层数的石墨烯TEM图

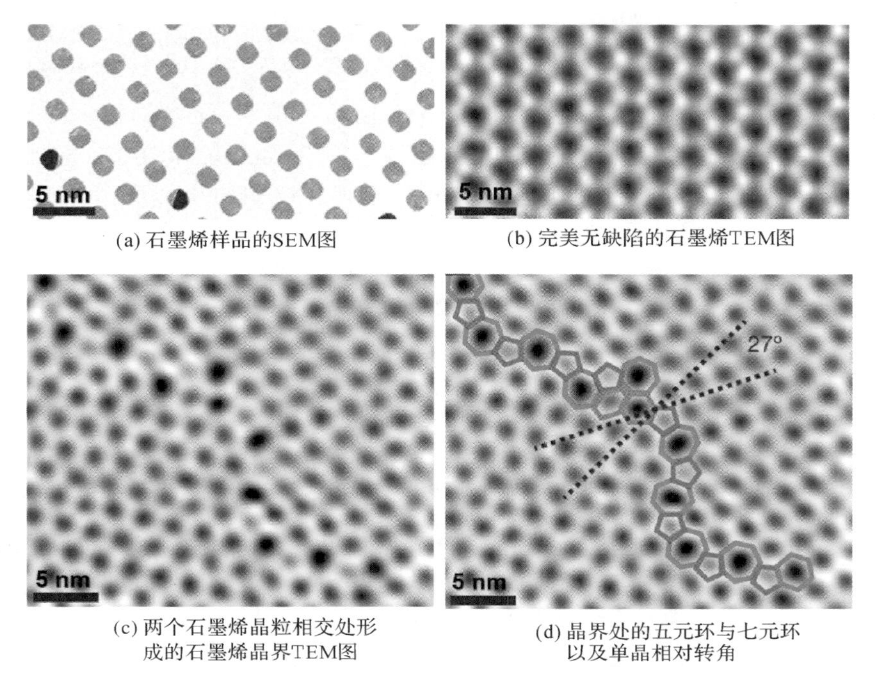

(a) 石墨烯样品的SEM图　(b) 完美无缺陷的石墨烯TEM图

(c) 两个石墨烯晶粒相交处形成的石墨烯晶界TEM图　(d) 晶界处的五元环与七元环以及单晶相对转角

图 1－11　原子分辨率的球差校正 TEM 图

3. 扫描探针显微分析

原子力显微镜(AFM)和扫描隧道显微镜(STM)都属于扫描探针显微镜，基本原理是基于量子力学中的隧道效应。AFM 是利用施加载荷后样品表面与纳米尺度针尖的相互作用力而成像的，是一种无损检测方法，常用来表征石墨烯的形貌、尺寸、层数等信息。但由于需要针尖在样品表面移动，因此表征效率比较低，测得的样品范围比较小。AFM 通过分析侧向力可以得到样品的高度图，能够表征石墨烯层数；通过三维成像，AFM 可以得到样品的三维结构图；还可以研究二维异质结构以及它们之间的取向关系。如图 1－12 所示，在六方氮化硼(h－BN)表面上沉积的石墨烯六边形晶粒清晰可见。由于石墨烯晶格与氮化硼晶格存在一定的取向与作用力，在 AFM 针尖下可以观察到莫尔条纹。

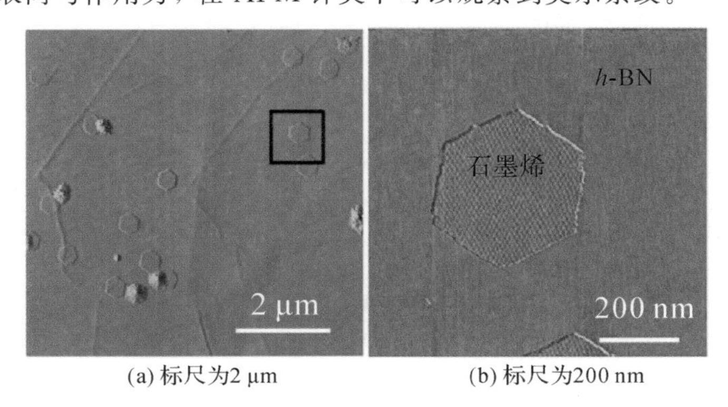

(a) 标尺为2 μm　(b) 标尺为200 nm

图 1－12　石墨烯的 AFM 表征

STM 是利用在外加电压下样品中产生的隧道电流成像的，可以提供石墨烯表面原子级分辨的结构信息，常用来表征石墨烯的晶格结构、层数和堆叠情况等，但是 STM 需要样品表面干净平整，而且扫描区域小，无法精确定位，因此表征效率较低。STM 测试时需要基底导电，因此和 SEM 一样，适合金属基底 CVD 生长的石墨烯。STM 可以清晰地看到石墨烯的晶格结构，由于其微观成像能力以及原子尺度的分辨率，还可以用来确定石墨烯的边界类型与原子排列，这些信息对于研究特殊结构石墨烯(如石墨烯纳米带)的性质具有重要作用。如图 1-13 所示，在金表面的氮掺杂石墨烯纳米带 STM 可以看到 N-H 相互作用形成的反平行排列，石墨烯纳米带的宽度和边缘结构也可以通过 STM 测试实现精确表征。除此以外，STM 还可以研究材料的杂原子吸附、掺杂、插层等。

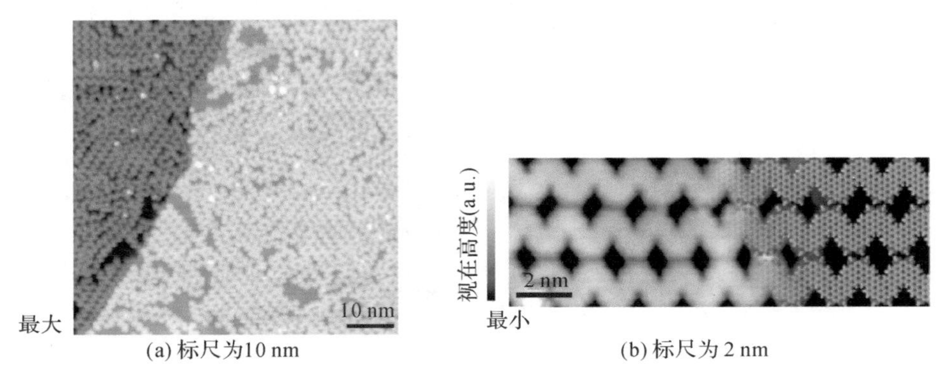

(a) 标尺为10 nm (b) 标尺为 2 nm

图 1-13 氮掺杂石墨烯纳米带的 STM 表征

4. 拉曼光谱分析

拉曼光谱是一种基于单色光的非弹性散射光谱，对与入射光频率不同的散射光进行分析可以得到分子振动、转动等方面的信息。拉曼光谱可以用来检测石墨烯的层数，分析其缺陷程度、掺杂情况等，该方法方便快捷。使用不同波长的光源所得到的石墨烯拉曼光谱会存在峰位置、强度等方面的差异。图 1-14 所示为使用 514 nm 波长激发光源时得到的石墨和石墨烯的典型拉曼光谱，对于完美的石墨烯结构，其主要的拉曼特征峰为位于 1580 cm^{-1} 左右的 G 峰和位于 2700 cm^{-1} 左右的 2D 峰。

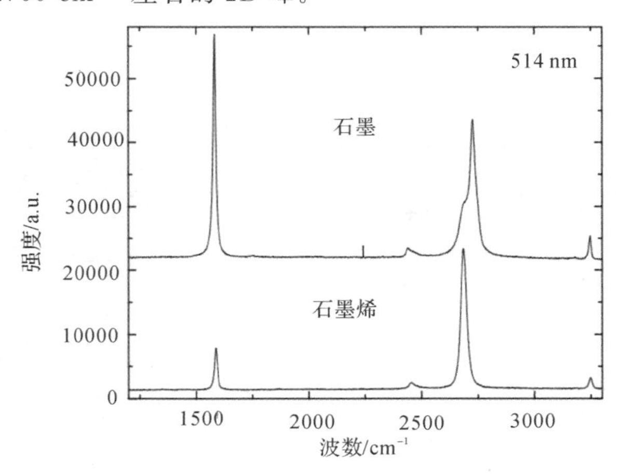

图 1-14 石墨烯的拉曼表征

随着石墨烯层数的变化，G 峰和 2D 峰的位置、宽度、峰强度等会相应发生变化，因而可以用来反映石墨烯的层数。一般对于单层的石墨烯，2D 峰为单峰，且峰形比较窄，强度约是

G 峰的四倍。层数的增多会导致 2D 峰的峰形变宽，强度变小，对于双层的石墨烯，2D 峰可以进一步分为四个峰。当层数增加到一定程度时，石墨烯就演变为体相的石墨。石墨 2D 峰的位置较石墨烯存在很大的差别，相比于石墨烯向右偏移，同时会存在峰的叠加现象。

除了特定点区域的拉曼光谱外，还可以利用拉曼面扫描的功能对石墨烯材料进行大面积分析，通过入射光在指定区域内逐点取样可以得到样品的拉曼成像图，用于分析石墨烯的均匀程度、缺陷分布等。

1.2　石墨烯材料的发展历程和产品形态

1.2.1　石墨烯材料的发展历程

早在 20 世纪 50 年代，科学家们就开始了对石墨烯材料的理论研究，提出了石墨烯的概念，同时预言了石墨烯的线性频散关系；随后在 1956 年建立了石墨烯激发态的波动方程；在 1984 年推导出了石墨烯激发态的狄拉克方程；1986 年首次提出“graphene(石墨烯)”这个名称并准确定义其为单原子层的碳材料。而理论物理学家们虽然提出了石墨烯的概念，但认为这仅仅是一个理论上的结构，对其实际存在并没有抱太大期望。在之后的石墨烯材料发展历程里，实验物理学家做出了重大贡献。

1999 年，美国科学家团队尝试通过摩擦手段来实现石墨烯的制备，对片层石墨不断摩擦，得到了少层甚至单层石墨烯，但他们没有进一步检测产物的厚度，错失了发现石墨烯的机会；佐治亚理工大学的科研团队一直致力于外延生长石墨烯，于 2004 年早期独立使用碳化硅合成了石墨烯，完成了单层石墨烯电学性质的测定并发现了超薄外延石墨烯薄膜的二维电子气特性；哥伦比亚大学的团队同样在 2004 年利用“铅笔划”的思路，获得了层数最低为 10 层的石墨薄片；同年，Andre K. Geim 和 Konstantin S. Novoselov 在美国《科学》杂志上发表了他们对石墨烯的获取方法及其场效应特性的测试结果，引起了科学家们的巨大兴趣和广泛关注，石墨烯正式登上科学舞台。在这足足经历了近 60 年的时间里，是众多科学家的共同努力才奉上了如今这场石墨烯的盛宴。

石墨烯特有的二维晶体结构赋予了其极其优异的材料特性，它是已知载流子迁移率最高的材料，其室温迁移率大于 150 000 $cm^2/(V \cdot s)$，远高于传统的硅材料(约 100 倍)，其理论电导率达 10^8 S/m，比铜和银还高。石墨烯也是导热性最好的材料，其热导率高达 5300 $W/(m \cdot K)$。石墨烯的优异性能还体现在力学性质上，它是已知材料中兼具最高强度和硬度的超级材料，其力学强度达 130 GPa，弹性模量达 1.1 TPa，平均断裂强度达 55 N/m，是相同厚度钢的 100 倍。此外，单层石墨烯在可见光波段的吸光率仅为 2.3%，高透光率使其有希望成为理想的柔性透明导电材料。然而要将石墨烯众多的优异性能在应用领域中充分发挥出来，实现产业化，还有一条很长的路要走。

从实验室研究到产业转化要经历基础研究、演示性产品(小试)、示范生产线(中试)、规模化生产、商品化及市场推广等几个阶段，每个阶段都不可或缺，并且都存在风险，整个过程需要很长时间。目前石墨烯产业总体上仍处于从实验室研究到产业转化的初级阶段，从 2004 年第一篇有关石墨烯的热点学术论文发表，至今只有 16 年。目前的石墨烯材料研究已经从基础研究为主的阶段，逐渐转向技术研发、应用转化为主，部分领域产业化推进很快。

1.2.2 石墨烯材料的产品形态

1. 石墨烯粉体

石墨烯粉体是石墨烯产品形态的一种，由大量单层和少层石墨烯以无序方式相互堆积而成，宏观上显示为粉末状形态，如图 1-15 所示。石墨烯粉体的制备方法主要有“自上而下”和“自下而上”两大类，具体制备方法和原理如表 1-1 所示。其中，“自上而下”的方法是指以石墨为原料，主要包括机械剥离法、液相剥离法和氧化还原法，该类方法最大的优点是能精确控制放置石墨烯的地方，能和周围的电子器件或结构很好地融合；“自下而上”的方法是指从石墨烯的基本组成即碳原子出发，以含碳材料为原料，主要包括化学气相沉积(CVD)法、电弧放电法和闪蒸制备法，其优势在于能够利用化学技术从原子级别精准制备，其石墨烯产物质量较高。

图 1-15 石墨烯粉体

表 1-1 石墨烯粉体制备

类别	方法	原理
自上而下（以石墨为原料）	机械剥离法	利用剪切、球磨等机械外力来克服石墨层间的范德华力，获得石墨烯粉体
	液相剥离法	借助溶剂插层、金属离子插层、剪切作用、超声等外力来破坏石墨层间的范德华力，得到单层或少层石墨烯分散液
	氧化还原法	对石墨在强酸、强氧化性环境中进行处理，造成其表面和边缘产生大量含氧官能团，使得石墨层间距拉大，进而得到氧化石墨烯，之后通过化学还原处理，得到石墨烯粉体
自下而上（以含碳材料为原料）	化学气相沉积法	含碳前驱体在特殊模板上进行高温下的热裂解或者催化裂解形成石墨烯，然后刻蚀模板得到石墨烯粉体
	电弧放电法	在高真空环境下对碳棒进行大电流电弧放电，得到石墨烯粉体
	闪蒸制备法	在导电性含碳原材料中通电使其温度瞬间上升，在毫秒级的极短时间内获得石墨烯粉体

机械剥离法不适合于工业生产，但其在科学研究石墨烯的基本性质等领域还是有用武之地的；液相剥离法可以在溶液中对块状石墨进行剥离，有希望实现薄层石墨烯的大规模制备；氧化还原法的处理过程简单，易规模化，是大规模合成石墨烯的战略起点；化学气相沉积法需要高温条件，而且要除去承载石墨烯的生长基底，这些因素限制了这种方法的广泛使用，如果能够解决低温生长以及生长基底的重复利用问题，CVD 法有希望成为廉价制备高质量石墨烯最重要的方法；电弧放电法可以制备高质量石墨烯，但成本较高，而且很难获得大面积、单层的石墨烯；闪蒸制备法是 2020 年美国莱斯大学团队报道的一种全新制备方法，原料来源很广，产成物纯度较高。

规模化制备是实现石墨烯材料产业化的基础和关键所在，美国 XG Science（XG 科学）公司在 2012 年建成了年产 80 吨的石墨烯粉体生产线，制备出横向尺寸为数十微米，纵向厚度为 5～15 nm 的石墨烯粉体。美国 Angstron Materials（Angstron 材料）公司的石墨烯粉体年产能达到 300 吨，比表面积为（400～800） m^2/g。国内的石墨烯生产企业以氧化还原法为主流技术，也有少数采用液相剥离法和机械剥离法。从规模上看，我国的石墨烯粉体制备在国际上处于领先地位，具有一定优势。如常州第六元素、宁波墨西、七台河宝泰隆、青岛昊鑫等公司年产氧化石墨烯粉体均达到百吨级，厦门凯纳和东莞鸿纳等公司采用机械剥离法制备石墨烯，也可实现年产能达百吨甚至千吨级。

2018 年，新加坡国立大学 Antonio H. Castro Neto 和诺贝尔奖获得者 Konstantin S. Novoselov 在《先进材料》（*Advanced Materials*）上发表文章，系统分析了来自亚洲、欧洲和美洲等 60 家公司的石墨烯粉体样品，明确指出大多数公司生产的并不是层数小于 10 层的石墨烯，而是较厚的石墨片，并且大多数样品中石墨烯的含量低于 10%，没有任何一家石墨烯样品的 sp^2 杂化碳成分含量超过 60%，也几乎没有单层的高质量石墨烯。这就是石墨烯粉体材料规模化制备的现状，确实不容乐观。

对于石墨烯粉体材料的商用规模化制备来说，低成本、绿色环保和提纯技术仍然是首要考虑的问题，比如氧化还原法需要大量的强酸和强氧化剂，环保压力很大。另外，批量制备的性能稳定性和可重复性亟待解决，不同厂家生产和不同的技术路线获得的产品基本上没有可比性，甚至同一生产厂家不同批次获得的石墨烯粉体材料其性能都不能保证一致稳定。优化工艺稳定性、统一产品的评价标准，这些都是推动石墨烯粉体产业健康发展的基础。

2. 石墨烯薄膜

高品质石墨烯薄膜的可控制备一直是学术界和产业界关注的重点，化学气相沉积（CVD）法是规模化制备石墨烯薄膜最有前景的方法。石墨烯的能带结构和物理性质与其层数、堆垛方式、扭转角度、畴区尺寸、缺陷浓度、掺杂类型等密切相关，而这些因素的精确控制是石墨烯薄膜规模化制备的难点。

首先，畴区尺寸的大小是衡量石墨烯薄膜品质的重要指标，大单晶石墨烯的制备通常有两种策略：一是控制石墨烯成核位点，实现小密度甚至单核的石墨烯生长；二是单晶衬底上的外延生长，通过调控石墨烯多成核位点的单一取向来实现其无缝拼接生长，达到生成单晶薄膜。

其次，石墨烯的生长速度直接影响生长过程中的能耗和薄膜的成本，因此在追求石墨烯单晶尺寸的同时要促进其快速生长。优化碳源、衬底的材料选择都可以提高石墨烯的生长速度。

最后，石墨烯层数和堆垛方式及扭转角度的严格控制非常重要，单层石墨烯的透光性最好，双层和少层石墨烯薄膜则拥有更高的导电性和机械强度，而双层扭转石墨烯具有新奇的超导效应。科学家们通过控制铜衬底中的碳杂质含量可以实现严格单层石墨烯的制备；利用CuNi(111)衬底并控制Ni含量，可以制备厘米尺寸AB堆垛的双层和ABA堆垛的三层单晶石墨烯；通过逐层转移，控制不同层的石墨烯在不同位点成核，可以制备不同转角的双层石墨烯。

另外，CVD系统内气相和生长衬底表面副反应会产生大量的无定形碳，造成石墨烯薄膜表面的“本征污染”，需要通过调控气相反应或者通过后处理工艺对污染物进行选择性去除，从而提高石墨烯薄膜的性能。

CVD法规模化生产的石墨烯薄膜材料有卷材、片材和晶圆三大类。其中，卷材通常是在成卷金属箔材上使用卷对卷动态连续批量制备而成的，如图1－16所示，其产量和尺寸较大，成本较低，但质量控制还有待提高；片材一般通过静态批次生长法制备，与实验室制备高质量石墨烯薄膜的策略具有很好的兼容性，质量很高；单晶石墨烯晶圆则主要依托于蓝宝石、SiO_2/Si、Ge等单晶晶圆作为生长衬底，直接面向电子芯片等应用场景。

图1－16　石墨烯薄膜

国内外石墨烯薄膜产业已进入快速发展阶段，韩国、日本、瑞典、美国和西班牙的多家公司相继推出了石墨烯薄膜及其衍生产品，国内目前至少有3条规模化石墨烯薄膜生产线，如常州二维碳素、无锡格菲电子、重庆墨希等公司，年产能均可达到几十万平方米。据预测，石墨烯薄膜的国内市场规模将从2015年的1.5亿元快速增长到2022年的450亿元。

2016年，常州瑞丰特公司发布了国内首台百万平方米产能的石墨烯薄膜大幅卷对卷低温连续制造装备，并突破了石墨烯宏量制造中薄膜幅面的尺度极限；2018年，北京石墨烯研究院成立，建立了多条高质量石墨烯薄膜的生产示范线，实现了超洁净石墨烯薄膜、4～6英寸(1英寸＝2.54厘米)石墨烯单晶晶圆、大单晶石墨烯薄膜、高导电性氮掺杂石墨烯薄膜等材料的制备。

当前CVD石墨烯薄膜的整体质量仍无法与机械剥离的样品相媲美，各性能指标与理论值仍有较大差距。单层石墨烯的CVD生长已取得突破性进展，但双层石墨烯的生长及其扭转角度的控制仍是难题，未来可能会进一步要求三层石墨烯乃至更厚的石墨烯薄膜的可控生长。因此，进一步提高畴区尺寸，将大单晶、超快速、超洁净、超平整、层数和掺杂精确可控等多项高质量追求指标有机结合，制备出综合性能优异的石墨烯薄膜产品，是该领域未来的努力方向。

从实用角度看，目前规模化生产的石墨烯薄膜产品的各项性能指标远不及实验室水平，需要将制备工艺和装备有机结合。石墨烯薄膜的制备技术和制备工艺成本还很高，降低生长温度、提高生长速度、缩短升降温时间、重复利用金属衬底和简化表面预处理工艺等措施均有利于降低生产成本。实用化的规模化转移技术，或进一步提高直接在绝缘目标衬底上生长的石墨烯薄膜质量，都是 CVD 生长石墨烯薄膜的伴生课题。

3. 石墨烯纤维

石墨烯纤维是由微观二维石墨烯单元组成的具有宏观一维结构的材料，由于易与已有纺织技术结合，在高敏超快光电探测器、多功能柔性电子织物、先进复合材料等领域具有广阔的应用前景。其制备方法主要有氧化石墨烯纺丝和 CVD 法两种，根据具体工艺流程的差异又可分为湿法纺丝法、干法纺丝法、水热法、薄膜加捻法和模板法等。基于氧化石墨烯的湿法纺丝法步骤简单、原料成本低、易规模化生产，是目前使用最广泛的制备方法。但后续还原过程较繁琐，且纤维表面的氧化官能团难以完全被还原，会影响纤维的性能。而 CVD 法能够直接得到连续的石墨烯纤维，简化了相关工艺流程，但其刻蚀除去生长衬底的工艺影响因素较多，操作复杂，不利于石墨烯纤维的规模化制备。

国内外多个研究团队开展了石墨烯纤维的制备研究工作，得到的石墨烯纤维具有轻质(密度约 0.1 g/m^3)、高导电(电导率约 10^6 S/m)、高导热(热导率约 1500 W/(m·K))、高强度(抗拉强度约 1900 MPa，杨氏模量约 300 GPa)等优异性能。另外，石墨烯纤维衍生产品也得到了快速发展，图 1－17 所示是熔融石墨烯纤维制作的柔性多孔无纺布，密度为 0.22 g/cm^3，面内热导率达到 301.5 W/(m·K)。杭州高烯、靖江墨烯、常州恒利宝等公司已纷纷推出了石墨烯复合纤维产品。

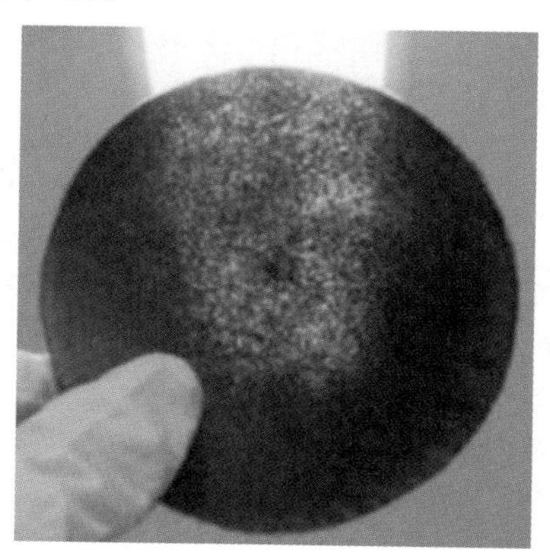

图 1－17　石墨烯纤维纺织产品

目前石墨烯纤维的制备与应用仍存在很多问题和挑战，首先是缺乏可靠、简便的方法制备具有良好机械/电学性能的石墨烯纤维，改进工艺提高其性能时导致的高成本和高能耗问题未能有效解决；其次，石墨烯纤维长期工作稳定性不足，随工作时间的增长纤维堆垛结构的破坏和力学/电学性能的衰退都会严重影响器件寿命；最后，石墨烯纺织品工艺与传统纺纱工艺不兼容，限制了后续纺织品的规模化生产和应用。

4. 石墨烯纳米带

石墨烯纳米带是指宽度小于 100 nm 的石墨烯，是一维的碳材料，具有高电导率、高热导率、低噪声等特点，因此有可能替代铜成为集成电路的互连材料。但实际中的石墨烯纳米带形状不一定规则，轻微的边缘畸形也会影响纳米带的能隙。石墨烯纳米带的制备方法主要有三大类：机械剥离、等离子刻蚀和化学合成。

机械剥离得到的纳米带宽度难以控制；等离子刻蚀法的产量比机械剥离法的高，一般是通过刻蚀碳纳米管得到的，其纳米带层数与刻蚀时间有关，时间短时生成双层和三层的纳米带，时间长时易生成单层的纳米带。等离子刻蚀法制备的纳米带质量高、杂质少、带宽小、电学性能好，但难以实现大规模制备，且边缘构型和尺寸不可控，因此研究者们提出了化学合成法。化学合成法可以通过 CVD 法生长几层至几十层厚度的纳米带(如图 1-18 所示)，也可以通过超声分离插层石墨烯得到纳米带。对于需要宽度超窄的石墨烯纳米带的应用需求，也可以通过有机合成的方法实现，能够制备 10 nm 以下的石墨烯纳米带，但该方法产量低，难以实现大规模制备。

图 1-18　石墨烯纳米带器件的 SEM 图

5. 石墨烯基复合材料

前面介绍的四种形态都是石墨烯纯质产品，经过修饰、杂化或复合后的石墨烯材料可以统称为石墨烯基复合材料。当石墨烯与其他物质复合时，能够充分发挥不同组分的优势，赋予复合材料不同于各单独组分的优异性能。制备石墨烯基复合材料的方法通常分为三大类：第一类是直接对石墨烯表面进行化学修饰改性，引入杂原子或者其他官能团，从而进一步优化石墨烯的实用化性能，并拓宽其使用范围；第二类是直接在石墨烯表面通过原位方法沉积金属粒子或者聚合物；第三类是将石墨烯与其他物质通过球磨、溶液均相复合等物理复合方法制备。

按照应用需求设计和构筑方法的不同，石墨烯基复合材料可以分为六种类型，分别为石墨烯封装的复合材料、石墨烯混合的复合材料、石墨烯内嵌的复合材料、石墨烯“三明治”状复合材料、石墨烯层状复合材料和石墨烯包裹的复合材料。如图 1-19 所示，石墨烯封装即用石墨烯片层将复合组分封装在内部，实现复合组分颗粒的纳米级分散，从而增强复合组分本身的化学活性；石墨烯混合是把石墨烯和复合组分进行机械混合，实现石墨烯优异的电学、热学和力学等性能的拓展应用；石墨烯内嵌是将复合组分镶嵌在石墨烯片层上，不仅能够改善复合组分的导电性，而且石墨烯和复合组分的相互作用也能增强单一组分的性能；石墨烯“三明治”结构通常以石墨烯作为模板而制得，能够有效增强材料的电化学性能，从而促进其在能源领域的应用；石墨烯层状结构是以石墨烯片层和复合组分片层交替堆叠而成的；石墨烯包裹即多个石墨烯片层包覆在复合组分表面。

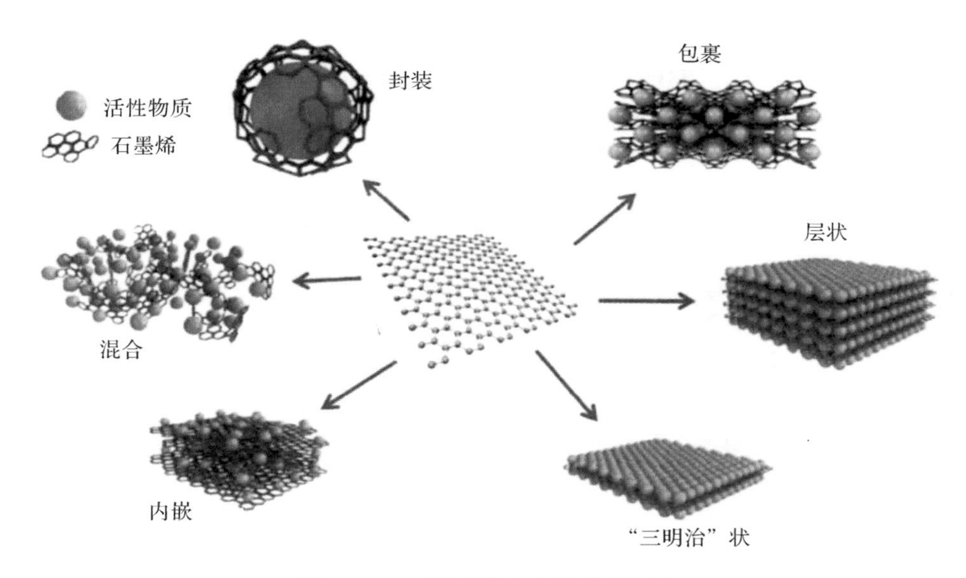

图 1－19　石墨烯基复合材料的结构

根据应用领域的不同，石墨烯基复合材料可分为石墨烯基电学复合材料、石墨烯基热学复合材料、石墨烯基光学复合材料、石墨烯基力学复合材料和石墨烯基生物复合材料等，其中不同性质的复合材料细分种类和应用如表 1－2 所示。

表 1－2　石墨烯基复合材料的种类和应用

复合材料种类		复合材料应用
石墨烯基电学复合材料	石墨烯基储能复合材料	超级电容器、锂离子电池、锂硫电池
	石墨烯基电催化复合材料	氧的还原催化剂、金属类催化剂载体、燃料电池
石墨烯基热学复合材料	石墨烯基导热散热材料	导热硅脂、导热凝胶、相变材料、导热膜
	石墨烯量子点复合材料	光电器件、透光导电膜器件
石墨烯基光学复合材料	石墨烯基光催化复合材料	有机污染物降解、光催化水分解、光催化 CO_2 还原
	石墨烯基透明导电薄膜复合材料	太阳能光伏电池、触摸屏、柔性有机电致发光二极管
石墨烯基力学复合材料		黏合剂、增材制造、合金材料
石墨烯基生物复合材料	石墨烯基生物复合支撑材料	生物支架、药物缓释、细胞缓冲
	石墨烯基生物功能材料	细胞成像与药物传输
	石墨烯基生物传感材料	生物药品、癌细胞检测
其他石墨烯基复合材料	石墨烯基人工电磁复合材料	吸波器、传感器等电磁器件
	石墨烯基节能环保复合材料	重防腐涂料、海水淡化、空气净化

石墨烯基复合材料的性能与很多因素有关，其中至关重要的是石墨烯在基体材料中的

分散性和石墨烯与基体材料的界面性质。围绕石墨烯与不同复合组分之间的界面相互作用、复合结构设计、复合机制调控等更深层次的研究目前还难以系统化，这些都是石墨烯基复合材料后续发展中需要关注的重要问题。

1.3 石墨烯材料的产业现状

对于石墨烯产业，2010 年诺贝尔物理学奖颁给两位石墨烯研究先驱，这是一个重要的时间节点，从那时起全球范围内掀起了石墨烯研究的热潮。目前，全球已有 80 多个国家和地区布局了石墨烯产业。欧盟以及美国、日本、韩国等国家均对石墨烯新材料产业发展给予了高度重视，纷纷出台了各自的石墨烯产业支持政策。2006—2011 年，美国国家自然科学基金会和国防部立项支持了近 200 个石墨烯项目；欧盟将石墨烯研究和产业发展提升至战略高度，2013 年启动了“石墨烯旗舰计划”，为期 10 年，总投资 10 亿欧元，共有 23 个国家参与，旨在建立一个学术—产业联合体，加快推进石墨烯的产业化进程。我国也不例外，大量的科研团队涌进石墨烯领域，基础研究与应用研发齐头并进。

1.3.1 国内石墨烯产业的发展和分布格局

1. 国内石墨烯产业的发展

我国石墨烯产业的快速发展离不开国家政策的支持。2012 年，工业和信息化部出台《新材料产业“十二五”发展规划》，将石墨烯作为前沿新材料之一，首次明确提出支持石墨烯新材料发展。2013 年后，石墨烯产业化发展浪潮席卷全国，论文、专利和企业数量快速增加，相关应用产品陆续面世。2015 年底，工信部、国家发展和改革委员会、科技部三部门印发《关于加快石墨烯产业创新发展的若干意见》，明确提出将石墨烯产业打造成先导产业，助推传统产业改造提升，支撑新兴产业培育壮大，带动材料产业升级换代。2018 年，国家相继在“十三五”新材料产业和战略新兴产业发展系列规划中针对石墨烯产业发展提出了意见建议和政策支持。

除了国家政策上的大力支持以外，我国的石墨烯产业规模也在不断增长。据中国石墨烯产业技术创新战略联盟产业研究中心(CGIA Research)统计，我国石墨烯产业市场规模在 2015 年约为 6 亿元，2016 年达到 40 亿元，2017 年增加到 70 亿元，到 2018 年已经上升至 100 亿元。从 2010 年以来，石墨烯企业数量快速增长，2016 年开始进入爆发期，仅一年时间新增注册企业就达 1235 家，到 2018 年时更是新增 3316 家，同比增长 50.1%。截至 2020 年 2 月，工商注册数据显示，我国石墨烯相关企业数量达到 12 090 家，包括研发、制备、销售、应用、投资、检测、技术服务等各个方面。

虽然我国石墨烯企业数量快速增加，但真正有实质性成形业务的企业数量不足 30%，说明行业快速发展的同时也造成了短期急功近利的市场行为。为了规范行业发展，国家标准化管理委员会同工信部等全面加强了石墨烯标准化顶层设计，以引领石墨烯产业健康发展。2018 年 12 月，国家标准 GB/T 30544 - 13—2018《纳米科技 术语 第 13 部分：石墨烯及相关二维材料》正式发布。该标准是我国正式发布的第一个石墨烯国家标准，为石墨烯的生产、应用、检验、流通、科研等领域提供了统一技术用语的基本依据，是开展石墨烯各种技术标准研究及制定工作的重要基础及前提。截至 2019 年 10 月，我国已立项的石墨烯相关国家标准计划有 10 个。除国家标准外，各社会团体也在开展石墨烯团体标准的制定、修订工作。

随着政府各部门和产业界对石墨烯的认识不断深入，中国的石墨烯产业发展从 2017 年以来开始趋于理性。对标 Gartner 技术成熟度曲线，如图 1－20 所示，目前我国石墨烯产业应该过了“期望顶峰”，开始滑向“泡沫破灭期”。从无限期望到逐渐失望甚至绝望，这是高新技术常常遇到的信任危机。在此阶段，尤其需要国家意志、企业远见和研究者们的不懈坚持。

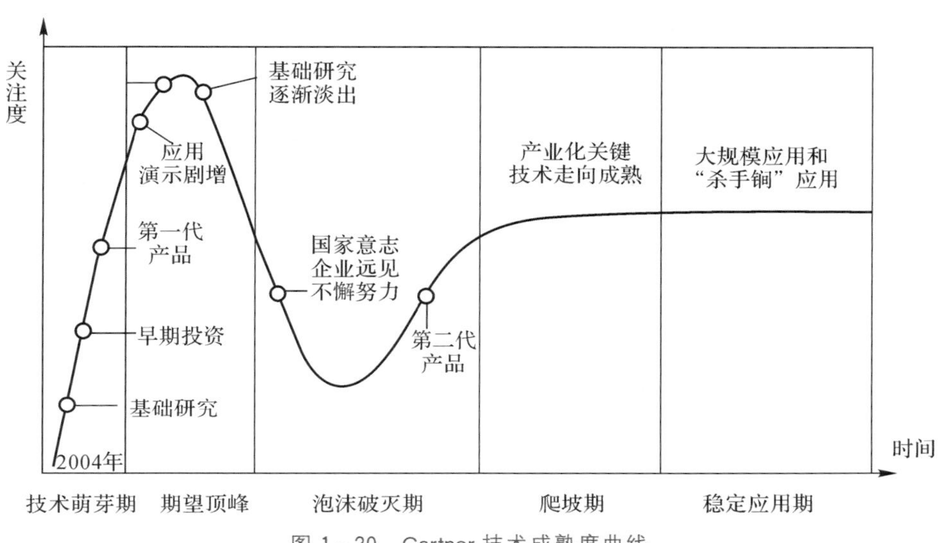

图 1－20　Gartner 技术成熟度曲线

2. 国内石墨烯产业的分布格局

目前我国的石墨烯产业已遍及全国众多省市和地区，并初步形成“一核两带多点”的空间分布格局，如图 1－21 所示。

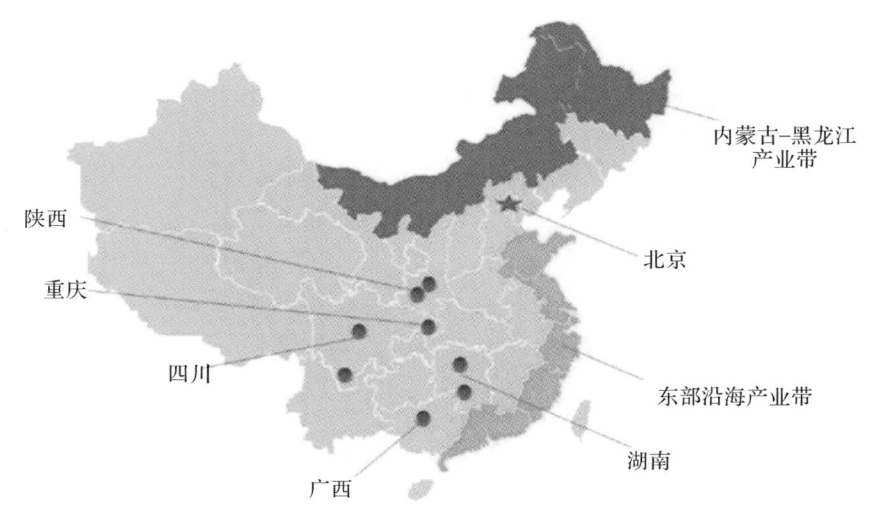

图 1－21　中国石墨烯产业分布格局

“一核”是以北京为核心，集聚了一大批石墨烯核心技术研发力量，成为了中国石墨烯产业发展的重要引擎。北京人才和科技资源丰富，石墨烯基础研究处于国内一流水平，拥有全国最集中的石墨烯研发资源和投资融资平台。

“两带”是指东部沿海地区和内蒙古—黑龙江地区，这些地区充分利用资源、产业、人才和市场优势，促进了产业聚集。其中，东部沿海产业带包括山东、江苏、上海、浙江、广东和福建等地，是目前国内石墨烯产业发展最为活跃、产业体系最为完善、下游应用市场开拓最为迅速的地区；内蒙古—黑龙江产业带是国内石墨资源储量最为丰富的地区，但石墨烯产业起步较晚，绝大多数企业尚处于初创阶段。

“多点”是指重庆、四川、广西、湖南、陕西等，呈分散状态但具有一定特色和优势的地区，利用资源优势、政策优势，或者局部人才优势，这些地区也有可能成为中国石墨烯产业的重要组成部分，甚至新的增长极。其中，重庆主要布局在高新区，率先拥有石墨烯单层薄膜材料量产工艺；四川主要布局在攀枝花、德阳、巴中等地，研发起步较早，但多数以高等院校为主，相关企业较少，初步实现了产业化；广西主要依托大学，重点在南宁布局发展石墨烯产业；湖南主要布局在郴州和长沙，微晶石墨资源储量居全国之首，高端石墨材料方面基础较好；陕西主要布局在西安和汉中，这两地基础研究起步较早，石墨资源丰富，具备发展石墨烯产业的良好基础。

目前我国石墨烯产业已经形成了较为完整的全产业链布局。制备决定未来，石墨烯材料的规模化制备是未来石墨烯产业的基石，我国在石墨烯材料规模化生产方面发展最快。目前石墨烯粉体年产能已超过 5000 吨，化学气相沉积(CVD)薄膜的规模化生产也处于全球领先地位，国内至少有 3 条规模化生产线，总体年产能超过 650 万平方米，几乎比全球其他地区的总和还多。

石墨烯集众多优点于一身，涉及的产业应用领域非常广，我国石墨烯应用领域的分布如图 1－22 所示。据统计目前我国石墨烯产业应用主要集中在新能源领域，占 71.43%，最具代表性的是锂离子电池的导电添加剂和超级电容器材料，该材料很好地体现了石墨烯的超大比表面积和超高导电性能的优势。这种石墨烯改性电池有望大幅度缩短充电时间，同时提升功率密度。其次是涂料领域，占 11.43%，从事石墨烯涂料研发生产的企业超过 700 多家，主要集中在江苏省和广东省。石墨烯涂料与传统涂料相比，防腐性能更好，价格更低廉，市场前景乐观。

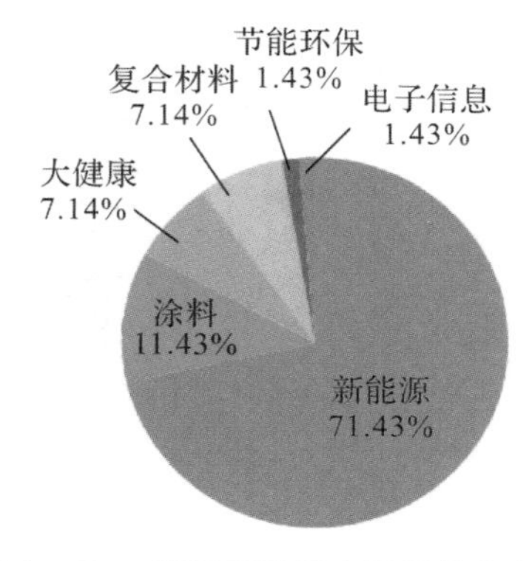

图 1－22　我国石墨烯应用领域分布图

我国石墨烯产业的另一大亮点是大健康产品，其市场份额占了7.14%，石墨烯发热服、石墨烯护腰、石墨烯面膜等产品广告随处可见。相较于传统的电热转换材料，石墨烯的电热转换效率高得多，加上非常好的机械柔性，使其具有很强的市场竞争力。目前，石墨烯电热膜主要应用于低温辐射领域，使用石墨烯导电浆料印刷制成的石墨烯电热膜的有效电热能总转换率达99%以上。同时，石墨烯电热膜能够实现恒功率发热，100℃以内功率衰减小于5%，具有良好的稳定性。

另外，复合材料也占有很大的份额，达到7.14%，利用石墨烯的轻质高强度和导电导热特性，可将其与高分子聚合物、无机非金属材料及金属材料复合，用于制备新一代轻质高强材料、复合增强材料、电磁屏蔽材料、柔性导电导热材料等。这些石墨烯基新型复合材料比碳纤维更强、更轻，兼具更高的导电导热性和机械柔性，在航空航天、国防军工及交通运输等领域有着巨大的发展潜力。

1.3.2　国内外石墨烯产业发展的对比

2018年中国经济信息社发布的全球石墨烯指数报告显示：中国和美国在全球石墨烯产业中处于领先地位，中国石墨烯综合发展实力连续4年稳居全球首位；第二梯队国家如澳大利亚、德国、韩国和日本紧随其后，其石墨烯产业水平与第一梯队相比差距不大。虽然我国在石墨烯论文数量、专利数量、企业数量和产业规模上处于绝对领先地位，但这并不意味着我国在未来的石墨烯产业竞争中能够脱颖而出。核心技术的掌握、产业特点的把握、产业方向的布局、产业模式的确立、资源的有效配置才是决定石墨烯未来产业竞争的核心要素。

值得注意的是，我国在石墨烯领域相关的概念和标准、产业主体和研究应用方向等方面，相比于欧洲以及美国、日本、韩国等国家和地区存在显著差异。首先从概念与标准上看，国际上包括美国在内的发达国家普遍认为，石墨烯是单层石墨，其优异特性主要体现在单层结构上。而我国产业界对石墨烯的界定不是十分明确，通常将10层以下的少层石墨片统称为石墨烯材料。由于缺乏统一的认识和检测标准，导致石墨烯行业鱼龙混杂，有些企业打着石墨烯的旗号从事其他产品的开发和市场推广。

在产业主体方面，纵观欧盟以及美国、韩国等国家和地区，龙头企业在石墨烯产业发展过程中均发挥了重要作用。美国拥有IBM、英特尔、波音等众多行业巨头，这些企业依托自身在半导体、航空航天等领域巨大的影响力，针对性地布局石墨烯在晶体管、芯片、航空材料等方面的应用研究。欧盟拥有诺基亚等企业，韩国围绕三星电子开展石墨烯全产业链布局。而我国石墨烯产业则以中小微企业为主体，90%以上是中小型初创企业，竞争力普遍不强，只有华为等极少数大公司在零星布局石墨烯应用技术。

从研究应用方向看，我国石墨烯产业领域分布与欧洲以及美国、日本等发达国家和地区相比有很大差别，偏重立竿见影带来效益的石墨烯产品开发，而国外把更多的精力放在未来型的高科技石墨烯产品开发上。比如，表1-3所示是欧盟石墨烯旗舰计划，其石墨烯市场开发目标很大比例在电子信息领域，而我国石墨烯产业的应用在电子信息领域仅有1.43%的市场份额。

美国研究应用的重点主要集中在更小、更快的下一代电子器件上，如石墨烯晶体管、石墨烯太赫兹器件和新型量子器件，以及石墨烯基航空结构材料、石墨烯超级电容器等方向，专利布局的重点主要集中在集成电路、晶体管、传感器、信息存储、增强复合材料等领域。欧盟"石墨烯旗舰计划"布局的13个领域，除了石墨烯制备和能源、复合材料外，基本以光电器件、传感器、医疗器件、柔性电子产品储能器件等领域为主，与美国的研究方向大体一致。2020年，欧盟委员会宣布将在下一代电子和半导体领域投资2000万欧元，作为首个将石墨烯和层状材料集成到半导体平台的石墨烯代工厂，2D-EPL项目正式启动。该项目旨在使欧洲保持在这一技术革命的前沿，将石墨烯和硅材料进行大规模集成，加速使用集成石墨烯和分层材料的电子、光子学和光电子学新样品的制造。

日本、韩国则主要集中在CVD石墨烯制备及其在触摸屏、柔性显示等方面的应用上。我国石墨烯产业的研究及应用方向则主要集中在石墨烯材料制备、热管理、防腐涂料、储能、大健康、复合材料等领域，总体上讲，技术含量和产品附加值不高，对未来高精尖产业的拉动能力有限。

表1-3 欧盟石墨烯旗舰计划

时间	石墨烯产品	应用
2013—2016	塑料电子和光电设备	印刷射频标签；可折叠OLED；可卷电子纸；触摸屏和显示器
	光导纤维通讯设备	锁模固态激光器；调制器；光学探测器
	分布式传感器网络	食品质量与安全生物传感器；环境传感器；DNA传感器
2017—2022	自供电灵活移动设备	轻质量电池；高性能超级电容器；高效率太阳能转换器
	医疗修理工具	生物医学应用；人工视网膜
	兆赫成像仪	振荡器；HF的A/D转换器
2023—2030	超快低功耗逻辑电路	非易失性存储器；集成电路互连；垂直隧道场效应管阵列
	自旋逻辑芯片	自旋阀；纳米磁体

本章小结

本章介绍了石墨烯材料的晶格、能带结构和表征方法，阐述了石墨烯材料的发展历程以及石墨烯材料的产品形态，综述了国内石墨烯产业的发展现状和分布格局，以及我国与国际上石墨烯产业发展的差异对比。综合起来看，石墨烯材料有着无与伦比的特性和发展潜力，但目前我国石墨烯产业尚处于初级阶段，可持续发展需要从国家层面进行前沿性和战略性方向、核心技术、专利和产品的布局，将石墨烯重点研究方向与制造业强国战略相统一，加强行业龙头企业的参与，提升我国在全球石墨烯产业的竞争优势。

第2章　石墨烯材料的制备、转移及特性

石墨烯材料的制备和转移是研究其性质及应用的前提，不同的制备方法得到的石墨烯产品形态、性质各不相同，而石墨烯的转移与制备相辅相成，针对应用需求需要探索合适的转移方法来保障应用效果。本章除了概述石墨烯材料的制备和转移方法的研究进展以外，在石墨烯材料特性方面，主要介绍与半导体应用密切相关的石墨烯材料的电学及热学特性。

2.1　石墨烯材料的制备方法

石墨烯材料的制备方法发展到现在已经有很多种，包括机械剥离法、化学剥离法、氧化还原法、化学气相沉积法、SiC表面外延生长法、电弧放电法，以及偏析生长法、自下而上合成法等。

2.1.1　机械剥离法

机械剥离法是利用机械外力克服石墨层与层之间较弱的范德华力，经过不断的剥离从而得到少层甚至单层的石墨烯，如图2-1所示。

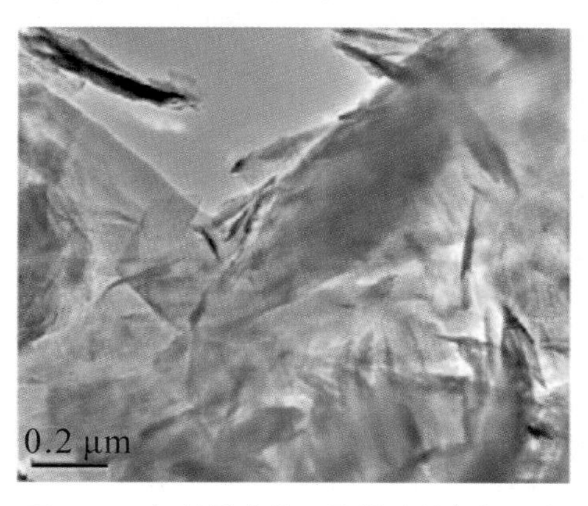

图2-1　机械剥离的石墨烯透射电镜图片

诺贝尔奖获得者 Andre K. Geim 和 Konstantin S. Novoselov 最初获得石墨烯的方法就是机械剥离法，他们是将胶带贴在一片高定向热解石墨(HOPG)表面，然后撕下胶带使二者分开，这时有一部分石墨片克服层间作用力留在了胶带上；将粘有石墨片的胶带与新胶带按压贴合，再轻轻撕开，于是原来的那块石墨片就会分成两片更薄的片层；通过重复剥离，便可以得到厚度越来越小的石墨片。类似的还有“铅笔划”、原子力显微镜(AFM)针尖剥离、锌膜溶解剥离等，这类方法虽然可以获得单层或少层的石墨烯，但制备过程耗时，无法精确控制石墨烯的层数，产量低且剥离的尺寸较小，不适合大规模制备石墨烯，只适用于实验室中的研究。

为了克服上述缺点，研究者们发展了许多有望规模制备石墨烯的宏观剥离法，最具代表性的是机械切割石墨法和机械研磨石墨法。Jayasena 等人使用一个超锐利、可高频振动的钻石楔作为切割工具对 HOPG 进行剥离，可以剥离出毫米级的大面积石墨片，厚度在 20～30 nm。这种方法获得的石墨片表面粗糙且层数也不均一，使用的仪器也非常昂贵。Chen 等人使用球磨机，将较厚的石墨分散在有机溶剂中进行研磨，经过离心分离和反复清洗之后除去未被剥离的厚层石墨和溶剂，可以得到单层和少层的石墨片。这种方法方便、廉价，能够得到大量的少层石墨片，但尺寸通常很小。综上所述，宏观剥离法可以实现石墨片的大量制备，但在层数、尺寸控制等方面还有待改进。

2.1.2 化学剥离法

化学剥离法通过向石墨层间输入能量实现层与层的分离，可以在溶液中将块状石墨剥离成大量的石墨薄片，如图 2-2 所示。这种方法有望实现薄层石墨烯的大规模制备。这种方法中有三个主要的组成因素：溶剂和石墨原料的选择以及温和的超声处理。

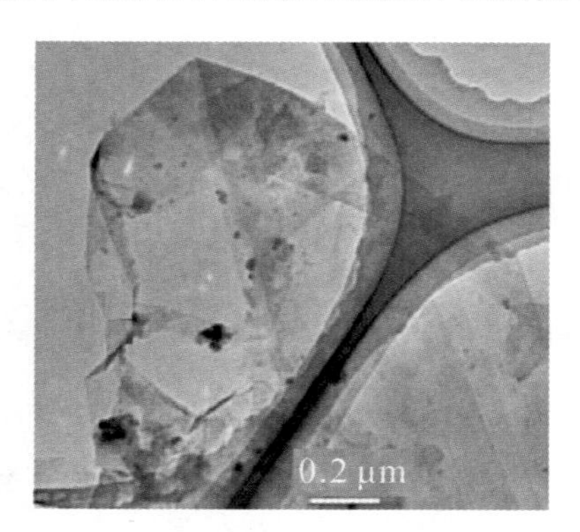

图 2-2 化学剥离的石墨烯透射电镜图片

常用于分散石墨烯的有机溶剂有 N-甲基吡络烷酮(NMP)、N，N-二甲基乙酰胺(DMAC)、γ-丁内酯(GBL)和 1，3-二甲基-2-咪唑啉酮(DMEU)等。研究者们系统地研究了各种有机溶剂在分散石墨烯以及形成稳定的石墨烯分散液方面的性能。研究发现，溶剂的选择对于化学液相剥离石墨烯的产量有决定性的作用，这是因为不同溶剂表面能与石墨烯匹配度不同。采用表面活性剂辅助剥离可以弱化对溶剂的选择限制，使得水或乙醇等一些常见溶剂也可以用于剥离石墨烯，但这种方法引入了难以去除的化学物质，会对所获得的石墨烯质量产生影响。

除了溶剂，石墨原料的选择也是影响剥离效果的重要因素。Li 等人提出用市售的可膨胀石墨作为原料制备石墨烯纳米带，在氩氢混合气体中加热处理使得石墨层间缺陷处的气体剧烈膨胀，导致石墨层间的堆叠趋于松弛。通过这种方法所制得的石墨烯纳米带宽度分布从几纳米到几十纳米不等，层数约为 1～3 层。

相比于机械剥离的低产出，化学剥离可以有效地大量制备出石墨烯片，并且可以通过改变超声的时间和强度、离心过程、表面活性剂或溶剂对整个剥离过程进行调控，从而获得大量单层或少层石墨烯片。但是这类通过外力剥离石墨所得到的石墨烯材料，在形状、层数、大小等方面都是随机的，这不利于石墨烯材料后续的应用开发。

2.1.3　氧化还原法

氧化还原法是众多制备方法中被视为最有潜力的规模化制备石墨烯的方法。这种方法先对石墨进行氧化处理，再将所得的石墨氧化物(GO)进行还原，产物结构模型如图 2-3 所示。由于石墨是非极性的，在水溶液中不易分散，很难实现层与层之间的分离，而 GO 具有丰富的极性官能团，在超声波作用下在水或碱溶液中易于分散，可形成稳定的 GO 胶体或悬浮液，同时由于其层与层之间静电荷的排斥作用，使其易于被剥离成薄片。

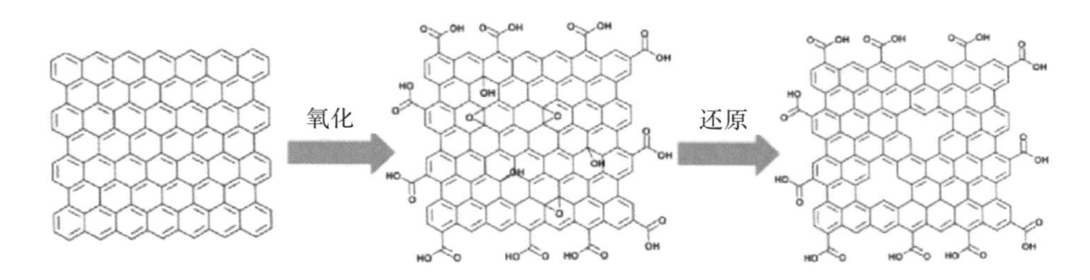

图 2-3　石墨氧化再还原的结构模型

1. 石墨氧化物的制备

制备 GO 的方法很多，Hummers 法是最经典的一种。将天然的石墨粉末和无水硝酸钠一起加入置于冰水浴环境的浓硫酸中，并在剧烈搅拌条件下，缓慢加入氧化剂 $KMnO_4$，保持混合物的温度低于 20℃；移除冰水浴使温度升至 35℃并保持 30 分钟，然后加水并升温至 98℃，在 98℃下保持 15 分钟后，用体积分数为 3%的双氧水处理多余的 $KMnO_4$ 和生成的 MnO_2，继而加入大量的水除去溶液中的其他杂质离子，获得 GO。改进的 Hummers 法也是基于上述过程进行的，相较于其他使用强酸强氧化剂处理石墨的制备方法，Hummers 法利用无毒和无危害的原料试剂，对环境污染小，并且制备出的产物结构保持良好，但制备过程耗时太长，氧化官能团也不容易控制。

2014 年 Gao 等将浓硫酸、K_2FeO_4 和石墨薄片一起放入反应器，室温下搅拌 1 小时，待黑绿色的悬浮液变成灰色粘稠的液体，然后经多次离心分离和水洗之后即可获得 GO，氧化原理如图 2-4 所示。加热 GO 的水溶液会形成液晶，这使得制备肉眼可见的宏观石墨烯纤维膜、气凝胶成为可能。该方法不仅可以避免产生重金属离子和有毒气体，硫酸也可以循环使用，是一种绿色、安全、廉价且快速的制备方法，被视为继 Hummers 法制备 GO 后又一重大突破，为石墨烯的大规模商业化应用开辟了新的道路。

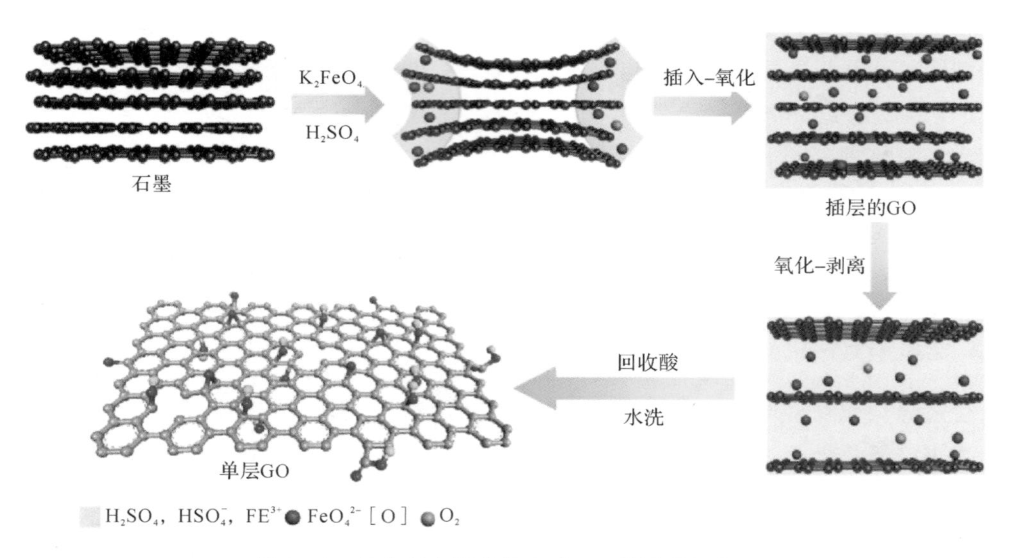

图 2-4 氧化剂高铁酸钾合成 GO 的原理示意图

2. 石墨氧化物的还原

得到 GO 后，需要选择合适的还原方法，除去 GO 表面的含氧官能团，从而获得还原氧化石墨烯(RGO)。还原方法包括化学还原法、电化学还原法、溶剂热还原法、热膨胀还原法以及氢气还原法等，其中化学还原 GO 是最常用的方法，利用化学试剂的还原性除去 GO 的含氧官能团。常用的还原试剂有水合肼、$NaBH_4$、HI 和 NaOH。

水合肼还原时，为了防止 RGO 在水溶液中发生团聚，一般需要使用聚合物稳定剂或者表面活性剂，这便导致制备成本增高。这种方法获得的石墨烯虽然缺陷较多、杂化基团也较多、结晶性不好，而且水合肼有轻微毒性，但它易溶于水，且在还原反应中不会大量放热，因此这种方法成为还原石墨烯的主要方法。

$NaBH_4$ 试剂还原 GO 的方法较为简便，但由于引入了磺胺酸，会使石墨烯的原子结构偏离本征石墨烯，而且这种方法与水合肼还原 GO 一样，都会有大量气泡产生，很难得到大面积的石墨烯。HI 是利用卤素原子取代 GO 中的氧，之后再将卤素还原，这种方法获得的石墨烯具有良好的导电性且能保持原有的形状，但 HI 会与水剧烈反应，限制了这种方法的使用。NaOH 溶液可使 GO 迅速脱氧，是目前最简单的还原方法，被视为一种绿色环保并且可以大规模制备石墨烯的方法。NaOH 溶液浓度越高，GO 的脱氧速率越快。

化学还原法很难获得纯净的石墨烯，O、C 比很难小于 6.25%，因此 Zhou 等提出了电化学方法，该方法更为方便、高效、环境友好，而且石墨烯产物性质优异。将 GO 溶液喷涂到目标基底上，并在红外灯下烘干，再进行电化学还原，可以在导体和绝缘基底上获得大面积、图案化且厚度可调的 RGO，如图 2-5 所示。这种方法不仅能还原 GO，还可以制备电学性质优异的石墨烯纳米带，为直接制备电子器件开辟了新的道路。

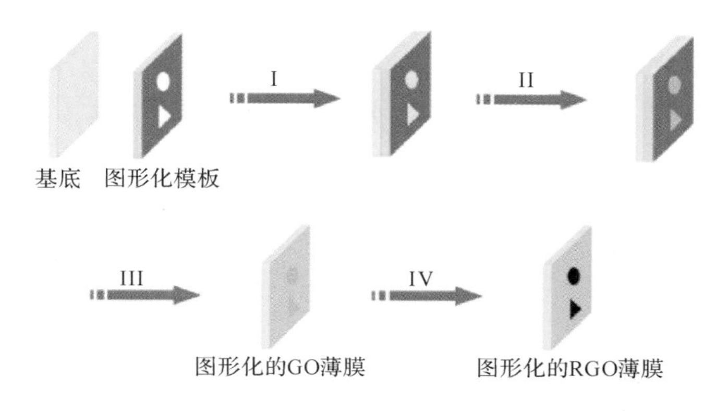

图 2-5　四步法制备图案化石墨烯的原理示意图

溶剂热还原是在溶液中，于较低的温度下利用高压进行还原的一种方法。该方法相比于化学还原法具有很多优势，例如：

(1) 设备简单；

(2) 可大量制备；

(3) 还原剂简单，杂质较少；

(4) 超临界水可以修复石墨烯的芳香结构；

(5) 通过改变反应温度和压力可以控制 GO 的还原程度，从而调控 RGO 的光学等物理性质。

这种方法还可以用来制备三维石墨烯水凝胶。

热膨胀还原法是利用高温将 GO 中的氧原子和氢原子还原为水和二氧化碳，可以获得含少量含氧官能团的单层石墨烯。这种方法氧化石墨的制备与剥离同时进行，相比于传统方法缩短了近 2/3 的时间，也避免了硫酸、氯化物等有害物质的使用。

用氢气还原制备 RGO，含氧官能团去除得更加彻底，得到的石墨烯结晶性好、缺陷少、无序性低，得到产物的层数通常比用水合肼还原法得到的层数少，但这种方法通常产量较低。从还原效果和安全角度来说，氢气比水合肼更适合作为还原剂，但用氢气还原需要消耗更多的能量。

除了上述还原方法以外，紫外光、激光也被尝试用来还原 GO。由于 RGO 的晶格上存在大量缺陷，所以用氧化还原的方法获得的石墨烯性能较本征石墨烯明显降低，但晶格内的缺陷位点却为石墨烯的化学官能化提供了活性位点。另外，氧化还原的石墨烯加入到聚合物中可以制备出轻质的超强材料，这些都为 RGO 的进一步发展提供了新的方向。

2.1.4　化学气相沉积法

1. 固态金属表面生长石墨烯

在高温处理某些金属的同时通入烃类气体，便会在金属表面沉积一层超薄的石墨层，这种方法可以在铜箔上制得大面积均匀的单层石墨烯薄膜。作为一种复杂的多相催化体系，化学气相沉积(CVD)法的石墨烯生长过程通常包括 4 个基本步骤：

(1) 碳源气体吸附在金属催化剂表面进而被催化分解；

(2) 分解得到的碳原子在金属表面扩散，同时部分溶解到金属内部；

(3) 溶解在金属内的碳原子在表面析出；

(4) 析出的碳原子在金属表面成核，形成石墨烯。

通常这样的生长机制被称为渗碳析碳，而对于溶碳量较低的金属(如 Cu)，在其表面生长石墨烯时，不存在碳原子的溶解与析出的过程，生长机制为表面扩散，过程简化为 2 个基本步骤：

(1) 碳源的吸附与分解；

(2) 碳原子在金属表面的扩散进而形成石墨烯。

因此，金属基底的选择对于 CVD 生长石墨烯的过程至关重要，通过选择合适的催化基底，并调节其他关键因素(如碳源种类、气体流速、生长温度、体系压力等)，实现对特定基元步骤速率的调控，便可实现石墨烯的可控制备。

Ni 和 Cu 是两种使用最广泛的金属催化基底，Ni 是 d 轨道电子未满的过渡金属，这类金属通常对碳原子具有较强的亲和性，具有一定的溶碳性或者能够与碳原子形成特定的碳化物，因此 Ni 基底生长石墨烯遵循渗碳析碳机制，产物中通常含有较多的厚层区域。降温速率会直接影响所得石墨烯的层数及质量，对于 Ni 而言，中等的降温速率对碳原子的析出最为有利，此时会长出少层的石墨烯。除了降温速率以外，Ni 的表面结构也会对石墨烯的生长产生重大影响。多晶 Ni 的表面存在大量的晶界，而溶解的碳原子恰恰容易在 Ni 表面的晶界处析出，这使得 Ni 基底表面生长的石墨烯通常是不均匀的。此外，生长时间与碳源流量会影响 Ni 中的溶碳量，进而影响石墨烯的层数。

Cu 是 d 轨道电子填满的金属，对碳原子的亲和性较弱，因而溶碳性较差，生长石墨烯遵循表面扩散机制，产物几乎都为单层。石墨烯在 Cu 表面的生长可以跨过 Cu 晶界进行，而且 Cu 箔的厚度以及降温速率对石墨烯的生长影响较小。影响生长过程的主要因素是 H_2/CH_4 的比例以及生长温度和时间。另外，因为高温下 Cu 催化碳源分解为碳原子，在 Cu 表面扩散从而形成石墨烯，一层石墨烯在 Cu 表面形成之后，Cu 便会被石墨烯完全覆盖，催化碳源分解的能力将大大降低，从而限制了多层石墨烯的生长。如果在 Cu 基底中掺入溶碳性好的 Ni，形成 Cu－Ni 合金，便可打破 Cu 的这种自限制行为，生长出层数可控的石墨烯，而且相比纯 Ni 基底而言，Cu－Ni 合金表面生长的石墨烯更加均匀。

无论是哪种金属基底，其表面形貌都会对石墨烯生长的均匀性产生较大影响，因为石墨烯倾向于在金属基底表面的缺陷、压痕以及杂质处成核，使得生长出的石墨烯畴区较小、晶界较多、层数不均一。因此，需要对金属基底进行预处理，电化学抛光以及高温退火都是常用的方法，可以降低金属表面的缺陷、压痕以及杂质密度，进而提高生长的石墨烯的质量及均匀性。

CVD 生长石墨烯时，甲烷和氢气是两种重要的气体。甲烷的流量大小直接影响石墨烯的成核过程，当甲烷流量较大时，石墨烯的成核速率较快，但是石墨烯晶畴的形状会变得不规则；当甲烷流量较小时，石墨烯生长速率较慢，碳原子能扩散到能量更低的位置进而生长石墨烯，因此这时得到的石墨烯晶畴形状更加规则，往往呈现规则的六边形。氢气在退火过程中可以增大金属表面的晶畴尺寸，还原基底表面的金属氧化物，还可以去除金属表面的部分杂质，有利于降低石墨烯的成核密度，提高石墨烯质量。在石墨烯的生长过程中，氢气的存在有利于增强石墨烯边缘的碳原子与金属基底之间的键合作用，从而有利于石墨烯的生长，但另一方面氢气也会对形成的石墨烯产物产生刻蚀作用，抑制石墨烯的生长。

研究者们发现，氢气会对石墨烯产生各向异性的刻蚀效果，图 2－6 所示的是不同的

Ar/H_2 流量比例下，石墨烯表面刻蚀出不同图案的 SEM 图。图 2-6(a)是 Ar/H_2 流量比为 800：100 mL/分钟时，刻蚀出正六边形的图案；随着 Ar/H_2 流量比的逐渐增大，刻蚀出的六边形边缘逐渐向中间凹陷，并且凹陷的程度越来越大(图 2-6(b-d))；当 Ar/H_2 流量比进一步增大到 800：20 mL/分钟时，会刻蚀出类似雪花状的分形结构，如图 2-6(e)所示；继续增大 Ar/H_2 的流量比，刻蚀得到的都是类似的结构图案(图 2-6(f-h))；直到流量比高到 800：3 mL/分钟时，得到了明显不同的刻蚀图案，如图 2-6(i)所示。

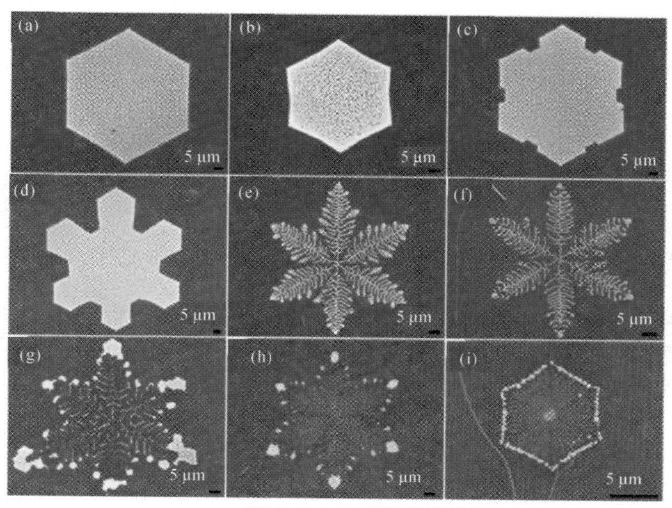

图(a)~(i) Ar/H_2流量比逐渐增大

图 2-6 石墨烯表面刻蚀出的图案 SEM

2. 液态金属表面生长石墨烯

上述传统的 CVD 法生长石墨烯使用的催化剂均为固体，由于内在的固体表面能不均匀，得到的石墨烯片成核也不均匀，层数难以控制，极大地影响了石墨烯的应用。中科院化学研究所的刘云圻团队创造性地引入了液态铜，其表面完全消除了固态铜表面晶界的影响，产生了各向同性的表面，生长出具有正六边形结构、均匀的成核分布以及单层占绝对优势的单晶石墨烯。由于液态铜表面有一定的流动性，大小相似的石墨烯片可以在液态表面上排列成近乎完美的有序结构，进一步生长可得到高质量的大面积单层石墨烯薄膜，如图 2-7 所示。

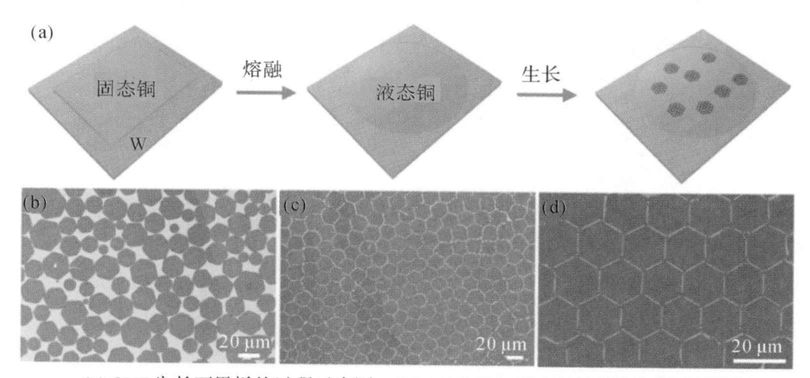

(a) CVD生长石墨烯的过程示意图；(b)~(d)生长过程中石墨烯的扫描电镜图片

图 2-7　液态铜上制备高质量石墨烯

武汉大学付磊团队对液态金属表面石墨烯的生长机理以及组装行为进行了深入研究，发现液态金属具有较高的溶碳性，结合液态特殊的各向同性性质，在多种液态金属表面均可获得严格单层的石墨烯薄膜，而且生长参数变化对石墨烯产物几乎没有影响。随后，他们利用液态金属的高流动性，首次实现了石墨烯单晶在液态基底表面的超有序自组装，液态金属和载气分别提供了流动性和驱动力，使石墨烯单晶可以自由调整其生长位置和取向。由于石墨烯单晶具有各向异性的静电场，因此当微片相互靠近时，倾向于以能量最低的方式排列，于是产生了取向性，最终形成了有序的阵列。如图 2－8 所示，通过改变扰动气流的大小，石墨烯超有序结构的周期性可以被精确调控。通过固态碳源的设计，可以有效调节石墨烯单元的化学性质，从而满足不同的应用需求。

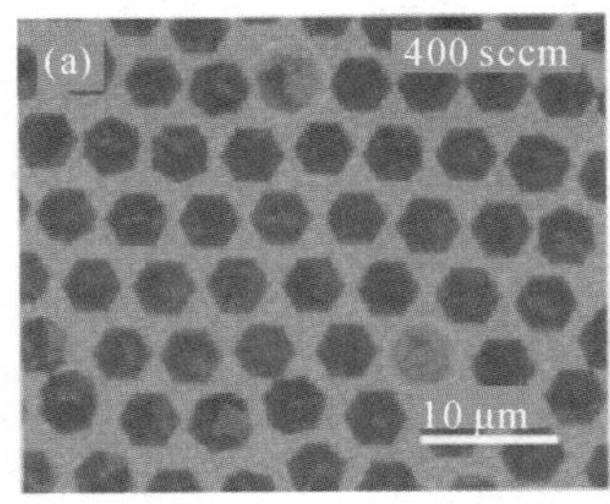

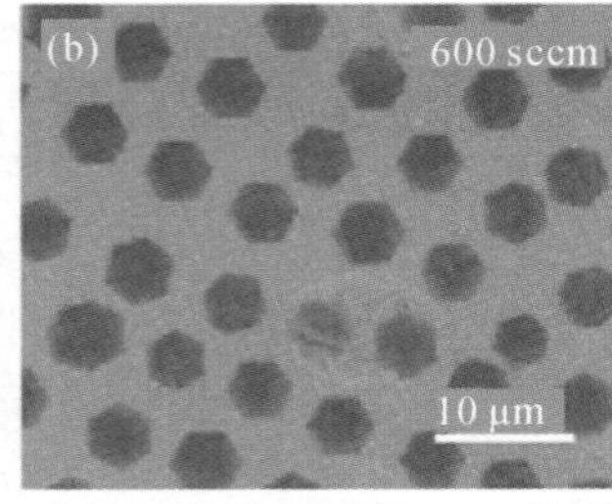

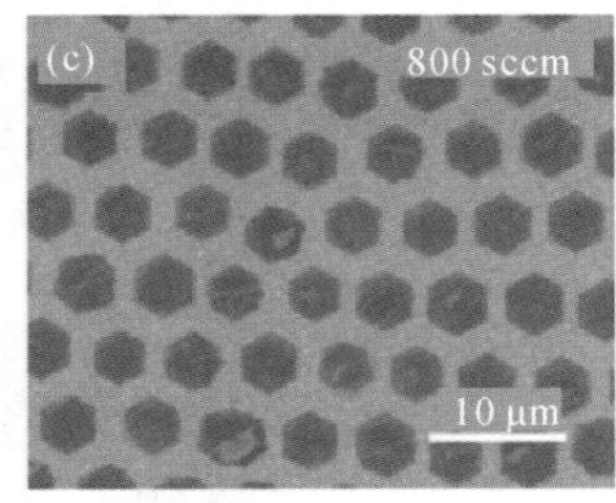

(a)~(c) 气流逐渐增大(图中 sccm 指标准毫升/分钟)

图 2－8　石墨烯的超有序结构

3. 绝缘基底表面生长石墨烯

在金属催化剂表面生长的石墨烯往往需要后续的转移过程，而在转移过程中，石墨烯表面将产生大量的杂质、褶皱以及破损等。在绝缘基底表面直接生长石墨烯可以避免这一问题，同时简化加工制备过程。然而，由于绝缘基底表面的催化活性较差，石墨烯的生长速度通常只有 1 nm/分钟，生长出的石墨烯往往晶畴较小且质量不高。

刘云圻团队通过调节生长参数，在 SiO_2/Si 的表面生长出几百纳米的石墨烯单晶，后续研究发现石墨烯成核过程中所需的碳源浓度比生长过程中需要的碳源浓度更高，因此，提高石墨烯成核过程中的碳源浓度，降低生长过程中的碳源浓度，优化生长参数后在 Si_3N_4 表面生长出了微米级的石墨烯单晶。

六方氮化硼(h－BN)基底具有更加平整的表面，还可以显著降低石墨烯表面载流子的散射作用，利于发挥石墨烯本征的优异性质。以乙炔为碳源的情况下，通过 Si 原子在石墨烯边缘的吸附，可以降低石墨烯生长的能垒，加快石墨烯的生长速率，从而增大石墨烯的晶畴尺寸。唐述杰等人通过引入具有高催化活性的气态催化剂硅烷，在 h－BN 表面生长出 20 μm 的石墨烯单晶。

除了基底对石墨烯中载流子的散射作用以外，如果绝缘基底介电常数高，可以有效降低石墨烯器件的栅极漏电，进而可以降低栅极厚度，缩小器件尺寸。北京大学刘忠范团队在高介电常数(约 300)的 $SrTiO_3$ 基底表面成功生长出了高质量的石墨烯，为石墨烯器件的开发打下很好的基础。

2.1.5　SiC 表面外延生长法

在高温高真空的条件下，SiC 表面的 Si 会发生升华，当 Si 原子升华后，为了降低能量，表面剩下的少层碳会发生重构形成石墨烯。在此过程中，石墨烯的形成速率及其结构和性质与化学反应的压力、保护气的种类等有很大关系。具体来讲，该方法有两种实现途径，一种是在超高真空中加热 SiC，该法在较低温度（1100℃～1200℃）下便可在 SiC 表面外延生长出石墨烯。但该方法生成的石墨烯缺陷较大，层数较厚，约有 6 层；另一种是在高真空的高频加热炉内生长石墨烯，生长温度提高到 1400℃以上，生长出来的石墨烯无论是在硅面还是碳面，缺陷都极少，表面非常平，有很高的迁移率，具有优异的电学性质。

SiC 有 Si 终止面和 C 终止面两个面，均可在一定条件下外延生长石墨烯，但得到的产物性质完全不同。Si 面生长的石墨烯一般为单层和双层，并且石墨烯与 Si 面的作用力较弱，但往往呈重掺杂，缺陷浓度也较高，所以石墨烯的迁移率通常较低；C 面通常生长出无序堆积的多层石墨烯，掺杂较少且缺陷极少，往往具有很高的迁移率。SiC 表面外延生长的石墨烯面积较大，由于 SiC 表面较为平整，因此外延生长的石墨烯也非常平整。另外，该方法制得的石墨烯的费米面非常靠近狄拉克点，因此成为研究石墨烯本征性质的理想方法。

2.1.6 电弧放电法

电弧放电是在填充有一定气体的密封空间内进行的，在两个近距离的石墨电极两端加足够的电压，使空间内的气体发生电离而导电，从而产生电弧放电现象。这时阳极的石墨电极会被消耗，然后在密封壁上重新沉积形成石墨烯层。该方法由于生长过程中放电中心的温度可达几千摄氏度，高温有利于缺陷处的碳原子重新组装，故而石墨烯结晶性很高，具有优异的导电性和良好的热稳定性。

在电弧放电过程中，使用的缓冲气体不同所得的石墨烯质量也会有所不同。以 H_2 作为缓冲气体时，电弧放电过程中产生的无定形碳会被刻蚀除去，从而提高石墨烯的质量；用氨气和氦气作为缓冲气体，可以制得大小为几百纳米的少层氮掺杂石墨烯；以 CO_2 和氦气作为缓冲气体，利用电离 CO_2 得到额外的碳源，所得少层石墨烯的面积达到了微米级。

电弧放电法可以量产得到高质量石墨烯，通过改变缓冲气体的类型以及引入催化剂，可以对产物质量以及产量进行调节。但这种方法很难获得大面积、单层的石墨烯，其制备机理有待进一步研究。

2.1.7 其他方法

偏析生长法主要用于石墨烯薄膜的制备，石墨烯在金属基底上的偏析生长包括以下基本步骤：

（1）碳原子在金属内部的扩散；

（2）碳原子从金属内部至表面的偏析；

（3）碳原子在基底表面的迁移；

（4）石墨烯的成核与生长。

产物中 1～3 层石墨烯的比例可达 90%以上，由于这种方法仅要求在退火温度下体系维持一定的真空度，因此易于实现大面积石墨烯的规模制备。

利用高温退火下碳和氮的共偏析现象，刘忠范团队还发展了掺杂度可控的氮掺杂石墨烯的生长方法，并通过基底的图案化实现了对石墨烯的选区掺杂。这对于构建器件、石墨烯 p－n 结以及构筑石墨烯微纳结构等方面均具有重要意义，通过将氮源选择性地植入基底，可以定位生长出本征和氮掺杂的石墨烯。

除了偏析生长法以外，以芳香小分子为原料自下而上合成石墨烯也是一种重要方法，通常得到的是宽度约1 nm的石墨烯纳米带，这种方法通过改变前驱体的类型，进而脱卤并脱氢环化，能够可控地得到多种结构的石墨烯纳米带。

通过化学方法切开碳纳米管从而获得石墨烯也是一种常用的方法。用氧化剂将碳纳米管从中间逐渐切开，从而形成边缘为氧终止的石墨烯纳米带，或将碳纳米管在500℃下氧化，进而在有机溶剂中进行超声处理，也可切开碳纳米管获得石墨烯纳米带。这种方法获得的石墨烯纳米带通常具有一定的宽度分布以及手性的取向分布，这些结构特点与原始碳纳米管的直径与手性密切相关。

此外，用80 kV的电压照射石墨烯或六方氮化硼表面的无定形碳，也可将其转为石墨烯。这种方法可以在石墨烯表面定点地制备纳米级的石墨烯结构，或在石墨烯表面定点产生破损从而实现对其结构的可控调整。

2.2 石墨烯材料的转移方法

通过不同方法制备出来的石墨烯产物形态和性质各异，比如化学剥离法和氧化还原法得到的石墨烯能够以分散液或粉末的形式进行后续应用。而剥离法和CVD法得到的石墨烯薄膜需要将其从原来的基底上转移到绝缘基底，如SiO_2/Si、蓝宝石等绝缘氧化物基底或聚合物基底上，从而进行基础研究或满足电子元件中的应用需求。任何转移方法都无法完全避免转移过程中引入的缺陷和污染，这使得进一步研究和优化现有的转移方法以及探索新的转移方法成为石墨烯材料相关研究中的重要领域。

2.2.1 聚合物辅助转移法

机械剥离法通常是将石墨烯剥离至SiO_2/Si基底上以便于观察，但这样同时也限制了石墨烯相关器件的制备，需要再将其转移到其他基底上。研究者们普遍采用湿式刻蚀法将石墨烯从SiO_2/Si基底转移到任意其他基底上，其转移过程示意图如图2-9所示。首先在沉积有石墨烯的SiO_2/Si基底上旋涂一层聚甲基丙烯酸甲酯(PMMA)，之后加热固化，由于碳-碳键的结合力相对较强，石墨烯会优先黏附到固化后的聚合物表面，用以支撑与基底分离后的石墨烯；然后将整个样品浸泡于1 mol/L的NaOH溶液中，当一部分SiO_2层被刻蚀掉便可释放出PMMA/石墨烯膜。由于石墨烯的疏水性以及水的表面张力，会使PMMA/石墨烯漂浮于水面上，而刻蚀后的SiO_2/Si基底会沉入溶液底部；由于少量刻蚀液在PMMA/石墨烯上的残留，需要将其在去离子水中漂洗数次，去除杂质；随后，将PMMA/石墨烯膜的石墨烯一面贴在目标基底上，再用丙酮溶解掉PMMA，即可完成石墨烯的转移。

CVD生长的大面积石墨烯薄膜目前也是以上述方法作为主流的转移方法，不同的是其生长基底为铜箔等金属材料，因此在刻蚀基底的步骤中需要选择不同的刻蚀液，如$Fe(NO_3)_3$或$FeCl_3$等。此方法简单易行，成功率高，存在的主要问题是转移后的石墨烯容易出现裂纹、褶皱以及PMMA残存，同时还会在石墨烯表面残留少量金属颗粒。针对上述问题，研究者们开发出多种解决办法。

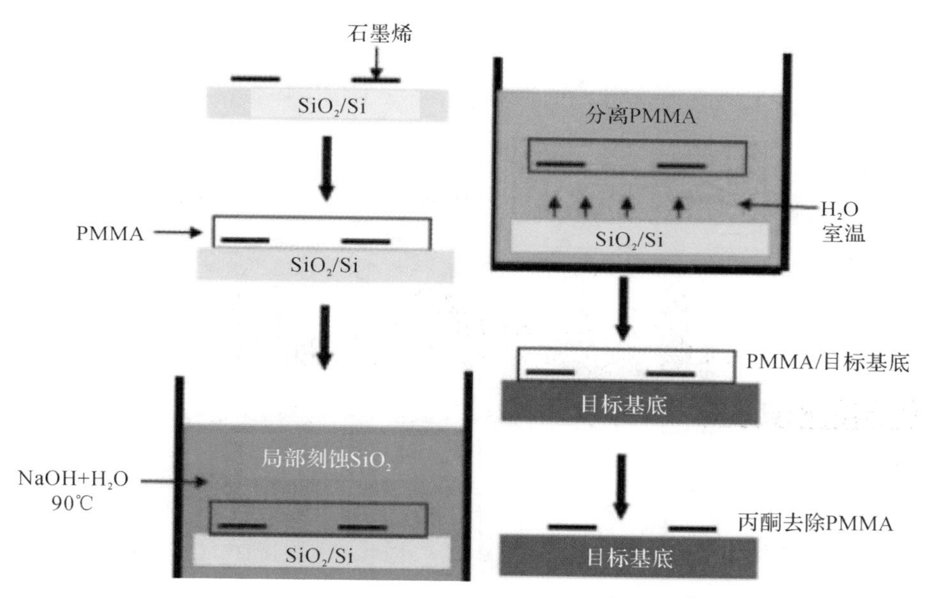

图 2-9　转移过程示意图

首先为解决 PMMA/石墨烯膜和目标基底贴合不够完全而导致除胶后石墨烯的破损和褶皱问题，Li 等在转移后的 PMMA/石墨烯膜上再次旋涂 PMMA 溶液，从而使之前的 PMMA 固化膜部分溶解，进而“释放”下层的石墨烯，增加石墨烯与目标基底的贴合度；Suk 等人在转移前对目标基底进行亲水性处理，从而提高 PMMA/石墨烯膜在目标基底表面的贴合性，然后又在高于 PMMA 玻璃化转变温度的 150℃下烘干，使 PMMA 膜层发生软化，则 PMMA/石墨烯膜具有柔性，从而减少转移后石墨烯表面的破损和褶皱。

其次，PMMA 去除不完全会影响后续制作的石墨烯电子器件的电学性质，比如残留的 PMMA 表面吸附甲酰胺时，在栅电压接近 0 V 时会有较强的 p 型掺杂，这使得室温下的载流子迁移率至少会增加 50%；而当石墨烯表面残留的 PMMA 吸附有 H_2O/O_2 分子时，在栅电压接近 0 V 时，p 型掺杂则较弱。旋涂的 PMMA 胶浓度越大，对石墨烯电学性质影响也越大。通常采用异丙醇(IPA)冲洗石墨烯，或者将转移后的石墨烯进行低压退火，以有效去除 PMMA 的残留。

针对金属基底刻蚀过程中的颗粒残留问题，北京大学刘忠范课题组借鉴半导体制造工艺中用于清洗 Si 片的 RCA 标准清洗法，将刻蚀 Cu 基底后的 PMMA/石墨烯膜浸入到 $H_2O : H_2O_2 : HCl = 20 : 1 : 1$ 的溶液中去除离子和重金属原子，再将其放入 $H_2O : H_2O_2 : NH_4OH = 5 : 1 : 1$ 的溶液中去除难溶的有机污染物。此外，该课题组还创新性地引入电化学刻蚀法，将转移前样品放入硫酸电解液中作为工作电极，以 Pt 作为对电极，使铜箔表面发生 $Cu - 2e^- === Cu^{2+}$ 的氧化反应，提高铜箔的刻蚀效率，同时去除石墨烯表面的金属杂质。

这种电化学刻蚀方法很适合用于 Pt 上生长的石墨烯的转移，因为 Pt 金属具有化学惰性，不能通过湿法刻蚀将其去除。中国科学院金属研究所的成会明课题组提出了一种电化学气泡法，如图 2-10 所示。首先在石墨烯/Pt 表面旋涂一层 PMMA，将其烘干后浸入 NaOH 溶液中，用作电解池中的阴极。根据电解的原理，水会在阴极表面发生还原反应析

出 H_2。在这个电解的过程中，石墨烯与 Pt 之间会产生大量的氢气泡，从而使得 PMMA/石墨烯膜与 Pt 基底表面分离，该方法同样适用于铜箔表面生长的石墨烯样品，这比常规的刻蚀金属要快很多，而且金属基底可以重复利用，降低了石墨烯生长以及转移的成本。

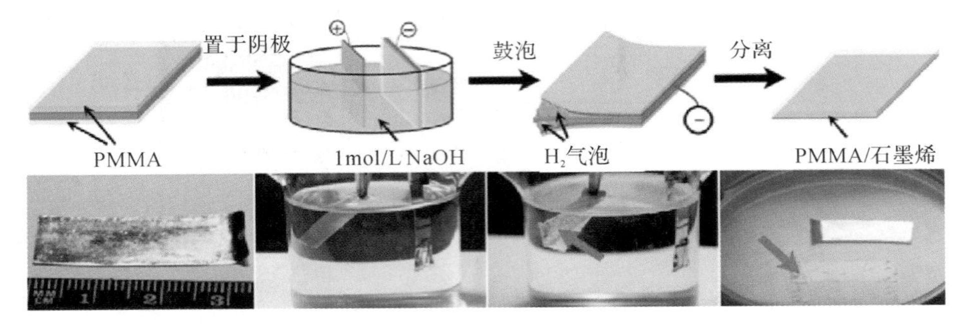

图 2－10　电化学气泡法转移石墨烯

类似的，研究者们为了实现在任意基底上生长的石墨烯的转移，提出一种通用转移法，在蓝宝石衬底上生长的石墨烯表面旋涂 PMMA 并固化，然后将样品放入 $NH_4OH : H_2O_2 : H_2O = 1 : 1 : 3$ 的溶液中，再将溶液加热，使其分解产生 O_2，从而产生大量气泡，将 PMMA/石墨烯与蓝宝石衬底分离开。该方法同样适用于转移在 Cu、Mo/Ni、SiO_2 等基底上生长的石墨烯薄膜。

2.2.2　直接转移法

聚合物辅助转移法工艺复杂，而且不可避免地会在转移后的石墨烯表面引入杂质，因此研究者们尝试直接在目标基底和生长或剥离基底之间完成转移。该类方法的核心是利用胶黏剂、层压贴合、静电力吸附等方式，使目标基底和石墨烯之间产生足够强的相互吸引力，从而使得石墨烯脱离原基底表面。

环氧基树脂是最重要的一类胶黏剂，可以有效减少石墨烯表面的褶皱和破损，然而其残留在石墨烯和基底之间会对石墨烯有掺杂作用并增大石墨烯薄膜的表面粗糙度。Kim 等人将紫外环氧树脂胶涂覆在目标基底表面后，用紫外灯在高温下进行固化，该胶在固化时收缩产生的应力可以降低石墨烯的方块电阻。

层压贴合是转移 SiC 上外延生长的石墨烯的可行方法，将热释放胶带(TRT)压在外延生长的石墨烯上，并用不锈钢板覆盖在 TRT 表面，之后将其放在真空腔室内，抽真空后在钢板上施加适当的压力，使 TRT 均匀地压在石墨烯/SiC 上。接着将 TRT/石墨烯一起从 SiC 基底上逐层剥离，再将其转移到目标基底上，并将样品加热至 TRT 的释放温度以上，此时其黏合力变弱，便于去除。最后需要用有机溶剂将 TRT 残留在石墨烯表面的污染物进行清洗，置于高温下退火处理。该方法属于干法转移的一种，虽然该方法适用于具有很强抗腐蚀性的基底，但缺点是无法将石墨烯薄膜完整地转移到目标基底上。

利用静电力作用从铜箔表面转移石墨烯，如图 2－11 所示，首先使用静电发生器放电，使目标基底表面带上均匀的负电荷，然后将石墨烯/Cu 放在目标基底上，其表面的静电会对石墨烯产生作用力，此时再施加一定压力使石墨烯/Cu 与目标基底接触更充分。随后将样品放置于氯化铁溶液中刻蚀 Cu，便可使石墨烯与目标基底完全接触，最后用去离子水漂洗，去除金属离子及刻蚀液。这种方法能够转移得到大面积无残胶的石墨烯薄膜，但刻蚀过程中溶液向下的表面张力会使石墨烯薄膜受力不均匀而出现褶皱。

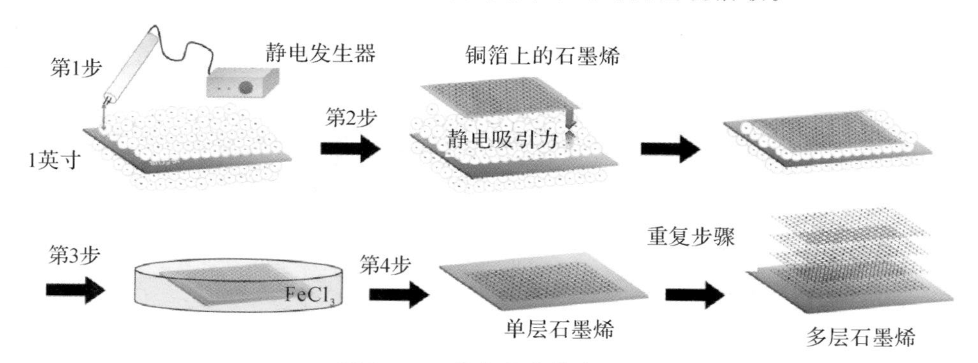

图 2-11　静电吸附转移石墨烯

为了实现石墨烯薄膜的规模化转移(生长)，研究者们提出了多种转移方法。Loh 等人提出了一种“面对面”直接转移法，如图 2-12 所示，将 SiO_2/Si 片用 N_2 等离子体预处理，使得局域形成 SiON，再溅射 Cu 膜，生长石墨烯，此时 SiON 在高温下分解，在石墨烯层下形成大量气孔。在刻蚀 Cu 时，气孔在石墨烯和 SiO_2 基底之间形成的毛细管桥能使 Cu 刻蚀液渗入，同时使石墨烯和 SiO_2 产生粘附力而不至于脱落。这种方法实现了生长与转移在同一基底上进行，能够实现半导体生产线上批量生产。

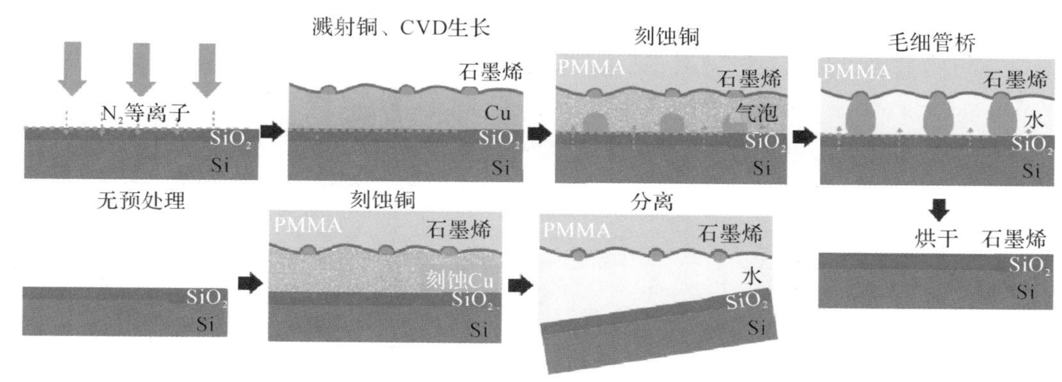

图 2-12　采用毛细管桥的“面对面”转移法示意图

Bae 等基于半导体领域成熟的卷对卷真空沉积、层压、热压等工艺，提出一种大面积卷对卷连续转移石墨烯的方法，如图 2-13 所示。在直径约 8 英寸的反应腔里的 Cu 箔上生长的石墨烯与热释放胶带(TRT)黏附，然后刻蚀 Cu 箔，将 TRT/石墨烯置于目标基底聚对苯

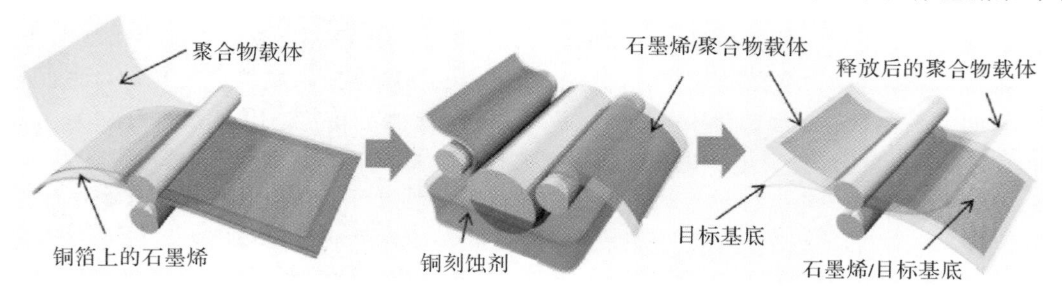

图 2-13　卷对卷规模化转移石墨烯的示意图

二甲酸乙二醇酯(PET)上，并放在两个辊筒之间，温和加热移除 TRT，即可在 PET 上获得大面积连续的石墨烯薄膜。这种方法也可以实现多层石墨烯的逐层堆叠，但卷对卷过程中，如果速度过快或者需要转移的目标基底为刚性时，剪切应力便会对石墨烯造成损害。此外，这种方法使用的 TRT 会在石墨烯表面有所残留。

除了上述转移方法以外，武汉大学付磊团队针对基于液态金属表面生长的石墨烯设计了一种超快滑移转移法，利用液态金属独特的物态，仅需施加一个水平滑移力，即可在数秒内将石墨烯转移到目标基底上。这种方法超快速、可控性高、高保真，能够极大地推进石墨烯的基础研究和其未来的工业化应用。

2.3 石墨烯材料的电学特性

2.3.1 石墨烯材料的基本电学性质

前文中介绍过，理想单层石墨烯的能带结构是锥形的，导带与价带对称地分布在费米能级上下，仅有一个接触点，即为狄拉克点。石墨烯与其他金属或半导体不同的是电子的运动在石墨烯中不遵循薛定谔方程，而是遵循狄拉克方程。这是因为石墨烯中的碳碳键都有成键轨道与反键轨道，它们以石墨烯平面为对称面完全对称，每个 π 轨道之间相互作用形成巨大的共轭体系，电子或空穴在其中以非常高的速率移动，电子行为类似于二维电子气，可视为质量为零的狄拉克费米子。由于这样特殊的能带结构，石墨烯表现出卓越的电学性质，如表 2-1 所示。

表 2-1 石墨烯的电学性质

参数特性	石墨烯	对比其他材料的优势
室温下电子迁移率/(cm^2/ V·s)	15 000～200 000	硅材料的 100～1000 倍
电阻率/(Ω·cm)	10^{-6}	小于银 (1.59×10^{-6})
霍尔效应		分数量子霍尔效应
自旋传输	超过微米	电子极化率高、电子松弛时间长

石墨烯的电子迁移率很高，而且基本不受温度影响，是目前硅材料的 100～1000 倍；石墨烯是目前室温下电阻率最低的物质，电子被限制在单原子层面上运动，室温下微米尺度内的传输是弹道式的，不发生电子散射；除了高载流子迁移率和低电阻率以外，石墨烯在室温下还表现出量子霍尔效应和自旋传输性质。在二维半导体中，电子被限制在一个平面内运动，在垂直层面的方向施加一个磁场，在层面中与电流相垂直的方向上出现电势差，即为霍尔电压。经典的霍尔效应中，霍尔电阻是随磁场磁感应强度线性变化的，而石墨烯中二者的关系在总的直线趋势中会出现一系列平台，平台处霍尔电阻 $R_H=h/(ie^2)$，i 是分数，h 是普朗克常数，e 是电子电量，这个现象称为分数量子霍尔效应。

目前大部分电子元器件都是利用电子传输电荷的特性作为器件工作基础的，电子除轨道运动外，还有自旋运动。利用自旋电子学制备的自旋晶体管，具有比金属氧化物半导体场效应晶体管(MOSFET)更优越的性能。由于石墨烯具有较弱的自旋-轨道耦合作用，即碳原子的自旋与轨道角动量的相互作用很小，使得石墨烯的自旋传输特性超过微米，电子自旋传输过程相对容易控制，因此石墨烯成为制造自旋电子器件的理想材料。

2.3.2　石墨烯材料电学性质的调控

单层石墨烯的导带与价带接触，使其制成的器件沟道不能关闭，这导致石墨烯在晶体管方面应用时无法达到较大的开关比，不利于逻辑电路领域的应用。因此，对石墨烯的带隙进行调控，使其从半金属转变为半导体成为其电学应用的关键。

1. 物理方法调控

双层石墨烯仍然是零带隙的，但是与单层石墨烯的能带结构有所区别，其 AB 堆积方式形成的反演对称如果被破坏，可以诱导出带隙。从理论上看，不加电场的情况下，双层石墨烯载流子激发与单层石墨烯类似，都可以看成是无质量的狄拉克费米子。两者的不同在于，单层石墨烯中电荷的能量正比于动量，而双层石墨烯中电荷的能量正比于动量的平方。若在垂直双层石墨烯的方向加一个足够强的电场，石墨烯会出现连续的大小可调的带隙，研究者们从理论和实验两方面均对该结论做出了证实。如图 2－14 所示，Zhang 等人在给双层石墨烯施加一个垂直于原子平面的强电场时，发现其带隙打开的宽度大小与施加电场的强弱有关。实验表明在强电场 10^7 V·cm^{-1} 作用下，带隙宽度可达到 200～250 meV。

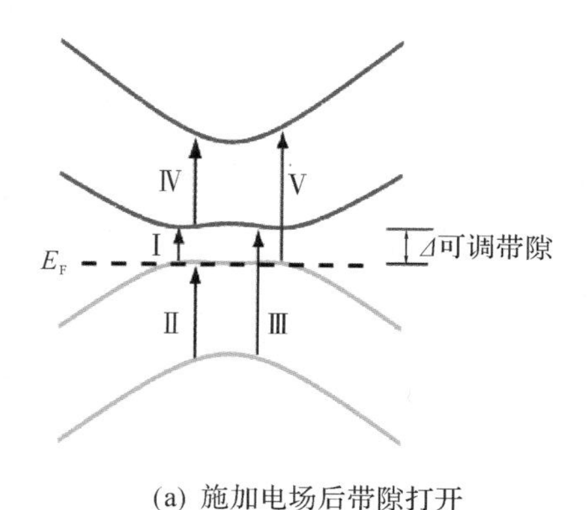

(a) 施加电场后带隙打开

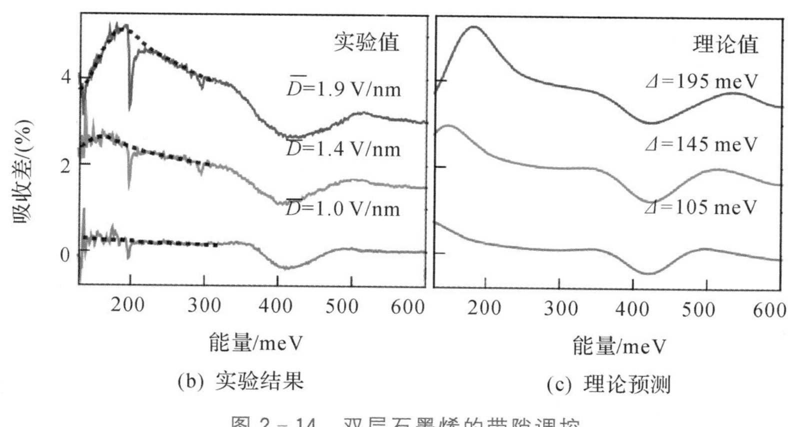

(b) 实验结果　　(c) 理论预测

图 2－14　双层石墨烯的带隙调控

另外一种物理调控方法是基于施加应力调控碳纳米管带隙的研究基础得来的，Minot

等人提出每1%的拉伸应变能将碳纳米管的带隙打开100 meV。而石墨烯作为单原子层厚度的纳米材料，与碳纳米管性质相似，研究者们通过理论计算证实了单轴应变能够打开石墨烯的带隙。Ni等人将石墨烯转移到透明、柔性衬底PET(聚对苯二甲酸乙二醇酯)上，通过单轴拉伸衬底给石墨烯施加一个约0.8%的拉伸应变，研究其拉伸后的拉曼光谱，发现石墨烯的特征峰2D峰和G峰分别移动27.8 cm^{-1}和14.2 cm^{-1}。通过实验结果进行拟合，如图2-15所示，得到和第一性原理计算结果一致的结论，图2-15中右下方的小图表明不施加应变时石墨烯的能隙为零，进一步计算显示，石墨烯应变增大，能隙随着增大，如左上方的小图所示，当石墨烯发生1%的单轴应变时，可以打开约300 meV的带隙。

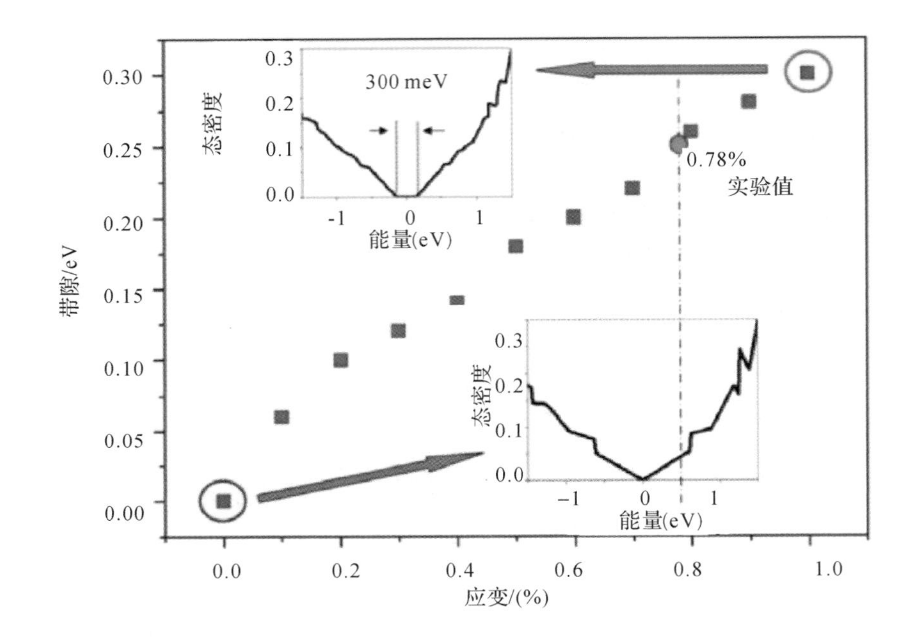

图2-15 石墨烯应变与带隙大小的关系

2. 化学方法调控

除了物理方法之外，利用化学方法制备石墨烯纳米带、化学掺杂、构建拓扑缺陷等也能有效地调控石墨烯材料的电学性能。

1) 制备石墨烯纳米带

当石墨烯的宽度限制到100 nm以下时，可称为石墨烯纳米带，它是一维的碳材料。前文中提到过，根据边缘形状不同可以分为锯齿型和扶手椅型两种，而石墨烯纳米带的电学性质与边缘构型有关。锯齿型纳米带表现出金属性，根据密度泛函理论解释，这是因为边缘变化带来亚晶格势能的交错引起了微弱带隙。但扶手椅型纳米带表现为半导体性或零带隙，其电学性质与带宽密切相关，Brey等人认为带宽$L=(3M+1)a_0$，其中M为整数时，扶手椅型纳米带中导带和价带接触于一点，表现出金属性，否则会表现为有带隙的半导体。

无论是哪种边缘构型的纳米带，其边缘上的碳原子都存在悬挂键，这种不稳定的结构易造成边缘结构重排，使得载流子迁移率下降，故往往需要对边缘进行处理。Jaiswal等人发现不同的边缘处理方式对纳米带的带隙有很大影响。他们对纳米带进行氢化处理，处理时间不同，边缘分别得到 sp^2 和 sp^3 的杂化方式。研究发现 sp^2 杂化方式没有打开带隙，而 sp^3 杂化使得纳米带从金属性转变为半导体性。

2）化学掺杂

石墨烯纳米带的电学性能易受边缘手性及吸附物质的影响，导致性能不稳定。此外，制备石墨烯纳米带的工艺要求较高，极大地限制了石墨烯纳米带的应用。因此，化学掺杂来改变石墨烯的带隙是一种较为实际有效的手段。

石墨烯的结构较稳定，使用一般的方法难以破坏其结构，从而进行掺杂。从理论上看，对石墨烯晶格中的碳进行硼原子或氮原子替代，可以有效地使其成为 p 型或 n 型半导体。Wei 等人利用 CVD 法，以甲烷和氨气为碳源和氮源，800℃下在铜表面生长出氮掺杂的多层石墨烯，随后的电学测试表明，氮掺杂的石墨烯表现出 n 型半导体特性，器件的转移特性如图 2－16 所示，经过计算，掺氮的石墨烯载流子迁移率大概在 200～450 $cm^2/V\cdot s$。Panchakarla 等人用石墨作电极，在氢气、氦气及乙硼烷的气氛中通过电弧放电法，制备出了硼掺杂石墨烯，掺杂水平可达到 1.2%～3.1%。电学测试表明掺杂之后的石墨烯电导率更高，通过计算发现费米能级在狄拉克点下方 0.65 eV 处，这说明对石墨烯进行了 p 型掺杂。

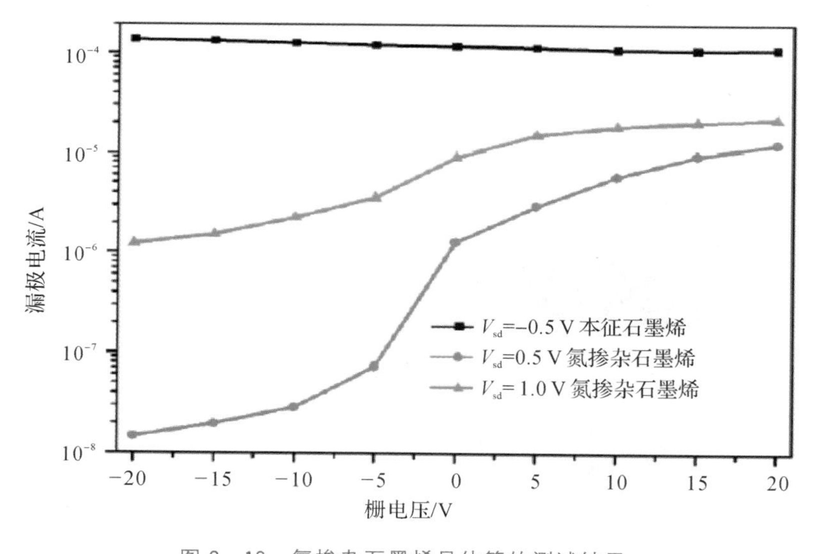

图 2－16 氮掺杂石墨烯晶体管的测试结果

上述方法是替代掺杂的方法，即用另一种元素取代石墨烯中碳原子的位置，研究者们提出还可以用表面掺杂来调控石墨烯的电学性质。表面掺杂是在石墨烯表面吸附一些分子，使其与石墨烯之间发生电荷的转移，从而实现调控。Geim 等人发现石墨烯表面吸附 NO_2 后其电阻大幅度减小，如图 2－17(a)所示，且增大掺杂浓度时器件转移曲线的最低点（狄拉克点）往正栅压方向移动(图 2－17(b))，说明 NO_2 对石墨烯有 p 型掺杂的作用，这是由于 NO_2 的费米能级在石墨烯狄拉克点下方的 0.4 eV 处，电子从石墨烯流入 NO_2，空穴从 NO_2 注入石墨烯，NO_2 表现为强受主杂质。器件加热退火时，转移曲线又恢复到初始状态，此时 NO_2 从石墨烯表面脱附下来。

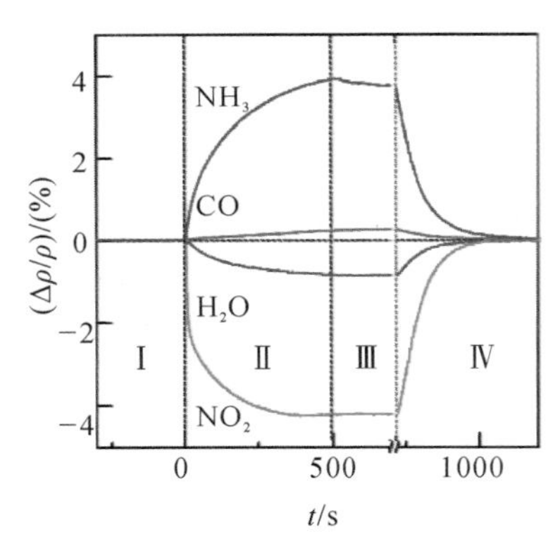

(a) 吸附不同分子石墨烯电阻率的变化

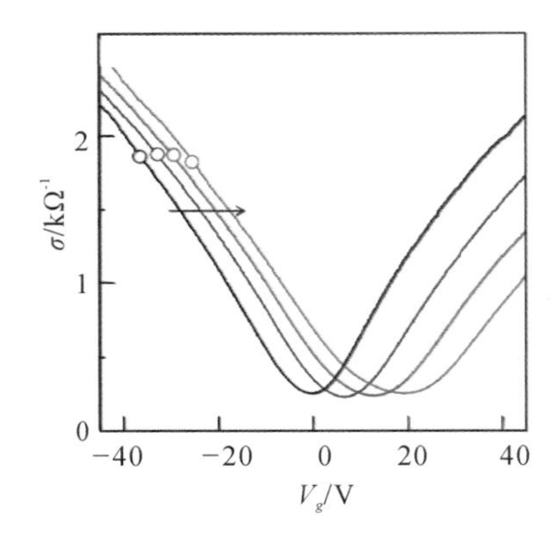

(b) 增大掺杂浓度时器件转移特性的变化

图 2－17　表面掺杂调控石墨烯

石墨烯也可以被衬底如 SiO_2 或 SiC 所掺杂，掺杂水平依赖于石墨烯与衬底间相互作用的大小，因此选择合适的衬底对于构建石墨烯器件很重要。

3）构建拓扑缺陷

除了上述方法以外，研究者们提出构建拓扑缺陷的方法来调控石墨烯的电学性质。Bai等人设计出一种新的石墨烯纳米结构——石墨烯纳米网，具体制备流程如图 2－18 所示。对石墨烯纳米网搭建的器件沟道电流进行测试时发现，在源漏电压及扫描栅压相同时，其开关电流与纳米网中相邻孔边缘之间的最短距离有关，距离越短，开关比越大，表明其半导体性越强。在 PMMA 所占的体积比一定时，可以通过改变嵌段共聚物的分子量，得到不同孔径的纳米孔，从而实现石墨烯纳米网电学性质的可控性。

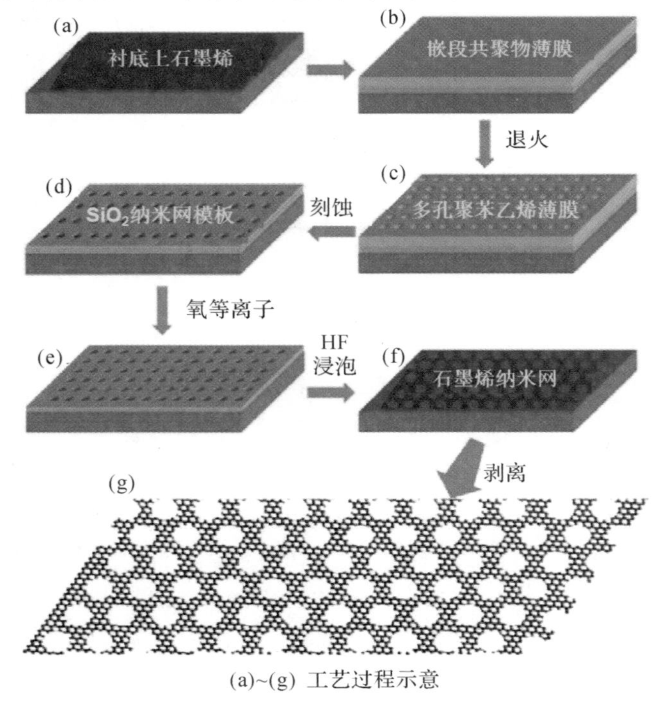

(a)~(g) 工艺过程示意

图 2－18　石墨烯纳米网的构造

3. 构建异质结方法调控

普通的 p－n 结采用不同的掺杂工艺，通过扩散作用，将同一半导体材料的 p 型和 n 型半导体结合在一起，其界面处会形成空间电荷区，这种结构可以称为同质结。而异质结是两块或两块以上不同的半导体材料，可以同为 n 型或 p 型，也可以是不同极性复合在一起。相比单一的半导体材料异质结的电学性能有所不同：

(1) 两种半导体介电常数不同，界面处于热平衡时，异质结能带不连续，会出现凹口和尖峰；

(2) 两种材料由于存在晶格匹配的问题，会出现晶格失配，在界面处形成悬挂键，导致复杂的异质结界面态；

(3) 异质结具有较高的迁移率；

(4) 异质结有较高的注入比，可提升晶体管的频率。

Britnell 等人用 1 nm 厚的六方氮化硼(h－BN)或者二硫化钼(MoS_2)作为隧穿势垒，先将机械剥离的 h－BN 转移到硅片上，h－BN 表面很平滑，可以作为底部封装层，将石墨烯通过干法转移到 h－BN 上，再通过电子束曝光和热蒸镀镀上金属电极，随后通过相同的转移方法转移几个原子厚的 h－BN 到器件上，这一层 h－BN 作为电荷隧穿势垒，顶部的石墨烯和 h－BN 通过相同的步骤转移上去，如图 2－19(a)所示。当不施加栅压 V_g 时，上下两层石墨烯能带结构如图 2－19(b)所示，栅极加电压 V_g 时，石墨烯载流子浓度增大，此时无隧穿电流，能带结构如图 2－19(c)所示。除了栅压 V_g 以外，在两层石墨烯之间施加一个偏压 V_b 时，此时会有电荷越过势垒，产生隧穿电流，能带结构如图 2－19(d)所示。研究显示，栅压 V_g 较大且硅片质量较好时，可能获得大于 10^4 的开关比。隧穿电流的大小与隧穿势垒有关，使用带隙较小的 MoS_2 代替 h－BN 作势垒时，器件在栅压较低时即可获得接近 10^4 的高开关比。

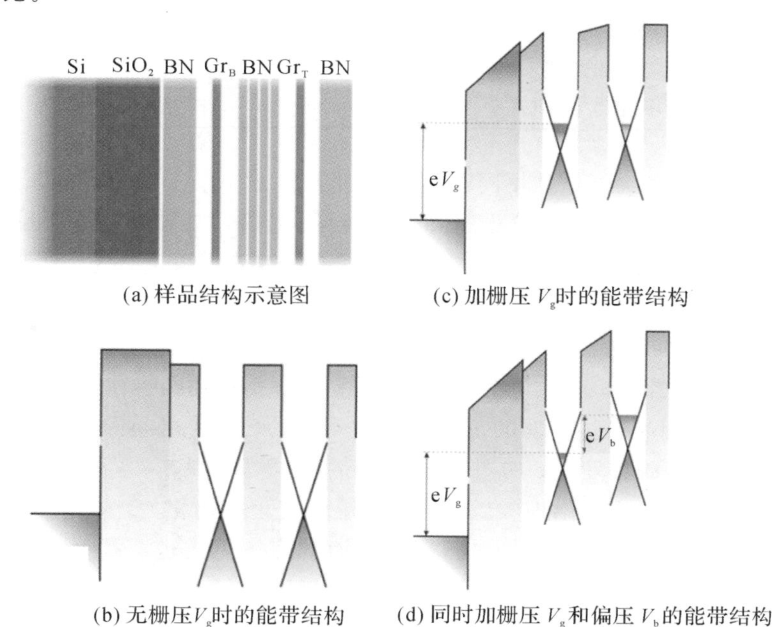

(a) 样品结构示意图　(c) 加栅压 V_g 时的能带结构

(b) 无栅压 V_g 时的能带结构　(d) 同时加栅压 V_g 和偏压 V_b 的能带结构

图 2－19　石墨烯异质结的能带调控

2.4 石墨烯材料的热学特性

石墨烯与三维材料不同，其低维结构可显著削减晶界处声子的边界散射，具有特殊的声子扩散模式。Balandin 等人测得单层石墨烯的热导率高达 5300 W/m·K，明显高于金刚石(1000～2200 W/m·K)、碳纳米管(3000～3500 W/m·K)等碳材料，室温下是铜的热导率(401 W/m·K)的 10 倍以上。

2.4.1 石墨烯热学特性的影响因素

由于 CVD 方法得到的石墨烯薄膜需要转移到新的目标基底后才能进行后续应用，其热导率会大幅降低，因此研究者们提出很多不同的石墨烯薄膜组装工艺。不同方法得到的石墨烯材料其热导率也有很大差别，如表 2-2 所示。由于结构缺陷导致表中所述的石墨烯薄膜热导率比理论值低很多。研究者们发现，5%的氧含量就会使石墨烯的热导率下降 90%，因此要获得面内高热导率的石墨烯薄膜，高结晶度、大晶粒尺寸是关键。通过选择不同的化学还原剂以及合适的热退火处理工艺都可以去除石墨烯薄膜中的氧含量，从而提高其热导率。

表 2-2 不同方法组装石墨烯薄膜的热导率

原材料	剥离/分散方法	薄膜制备方法	热处理温度/℃	热导率/(W/(m·K))
氧化石墨烯	—	自组装	1000	60
氧化石墨烯	超声波处理	真空过滤	1200	1043.5
氧化石墨烯	超声波处理	自组装	2000	1100
石墨烯	球磨法	真空过滤	2850	1434
热剥离石墨烯	超声波处理	静电喷雾沉积	2850	1434
氧化石墨烯	—	自组装	3000	1950
氧化石墨烯	剪切混合	自组装	2850	3214

石墨烯材料的热导率会随层数不同而变化，如图 2-20 所示。Ghosh 等人通过测试发现，石墨烯从单层增加到 4 层时，热导率迅速降低，4 层石墨烯的热导率与高质量的块体石墨相当。另外研究者们发现，法向的石墨烯层晶格结构会影响其热导率，石墨烯层之间的声子界面散射是提升其热导率的主要障碍。将石墨烯从 AB 堆叠变成乱层堆叠会明显减小层间结合能，从而减小声子的界面散射。除了实验测定热导率以外，理论模拟也经常用来检测石墨烯层数和基底对材料热导率的影响，其中包括分子动力学、非平衡格林函数和传输方程等。

石墨烯和基底之间是通过较弱的范德华力相连接的，二者之间的接触热阻对石墨烯的热传导性能影响很大。研究发现，如图 2-21 所示，石墨烯与基底之间的接触热阻 R_c 先随层数增加而减小，在 6 层之后出现收敛，不再与层数变化密切相关，分子动力学(MD)模拟结果与实验结果基本一致。基底结构对石墨烯界面的声子传送也有很大影响，传统理解认为由于较短的声子平均自由程，无定形固体中热传输要比结晶型慢很多，但对于界面热传输则不一样，因为界面处的本征声子平均自由程在热传导中并不占主导作用。理论计算发现，SiC 基底非晶界面的热阻要小于结晶界面的热阻。

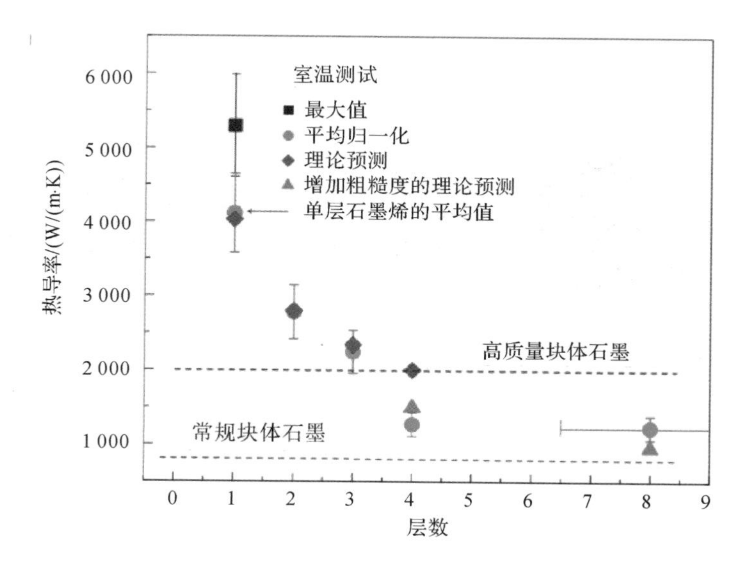

图 2-20　石墨烯材料的热导率随层数增加变化关系

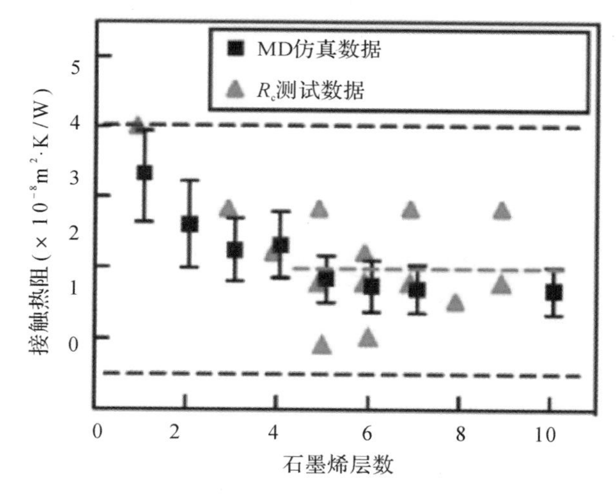

图 2-21　石墨烯与 SiO_2 基底之间的接触热阻与石墨烯层数的关系

2.4.2　石墨烯材料热学性质的调控

为了减小界面热阻的影响，陈杰等人通过机械应变调控多层石墨烯层间范德华力和层间热阻的物理机制，发现纵向压缩应变可以减小多达 85%的层间热阻。另外，共价功能化被证实是有效提升界面之间热传输的方法，可以通过功能化分子在界面之间引入额外的导热通道。研究者们用 sp^2 共价键来代替石墨烯层间范德华力，构造无缝连接的石墨烯-碳纳米管混合物。通过并行连接多根碳纳米管，得到的混合物倍增了碳纳米管的热输运效率，导致混合物的法向热导率比相同厚度的多层石墨烯高出 2 个数量级，其热阻比最先进的导热界面材料低 3 个数量级。

上海第二工业大学于伟团队对二维材料的各向异性传热特性的综述中介绍到，通过磁场和电场外界调节可以实现二维材料的各向异性分布，从而产生各向异性的热传输。如图

2－22 所示，通过磁场对石墨烯悬浮液进行调控，可以实现材料热性能的各向异性，从而为加速电子设备散热提供更多途径，拓宽热管理的应用。

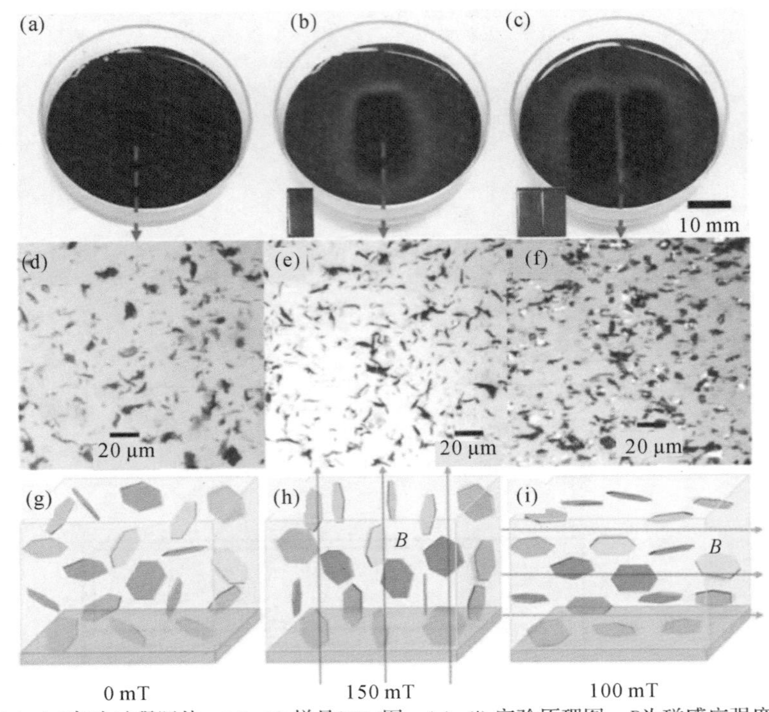

(a)~(c)实验过程照片；(d)~(f) 样品SEM图；(g)~(i) 实验原理图；B为磁感应强度

图 2－22　通过磁场调控石墨烯悬浮液

如前文所述，掺杂可以打开石墨烯的带隙并对其电学性能进行调控，而大量的模拟研究证实，石墨烯的热性能也会受到掺杂的影响。Shi 等人发现氮掺杂导致石墨烯的热导率严重下降；Chen 等人研究了不同比例的缺陷和同位素掺杂对石墨烯热导率的影响，通过关于声子平均自由程(MFP)的光谱声子松弛时间和归一化累积热，可以发现，在缺陷和掺杂石墨烯中长 MFP 声子模式会受到强烈抑制，导致石墨烯的热导率基本不随尺寸和温度发生变化。

2.4.3　石墨烯材料的热导率测试

对石墨烯材料热性能的研究主要集中在对其热导率的测定上。首次实验测定石墨烯热导率的是 Balandin 团队，他们利用拉曼光热技术，测试利用机械剥离法从石墨剥离出悬挂在 Si/SiO_2 基底上的单层石墨烯，其热导率处于$(4.84\pm0.44)\sim(5.30\pm0.48)\times10^3$ W/(m·K)范围内。除了拉曼光热法以外，还有很多种不同的方法可以用来测试二维材料的热性能，如表 2－3 所示，根据材料的尺寸和性能不同，需要选择简单准确的测试方法。但是每种方法都存在与固有属性、设备装置和几何尺寸几个因素相关的问题，通常很难明确指出哪种方法具有最好的精确度。如图 2－23 所示，对于不同厚度的材料可以选取不同的热测试方法。

其中热桥方法通常需要超净室中的微机电系统(MEMS)技术，因此工程应用不多；改进热桥(ITB)法可以给出非常精确的数值，但需要很长的时间设置实验装备；电子束自加热方法需要和热桥法类似的样品制备，而且需要在 SEM 腔体中使用电子束来加热样品，

表 2-3　热测试方法及优缺点

方　法	材料结构	材料尺寸	测试样品制备	测试项目	优　点	缺　点
热桥	悬浮单层～薄膜	几 μm～几十 μm	将材料薄片悬浮在微加热器和温度传感器上	横向热导率	高精度，能够测定单原子层的薄膜	样品制备复杂，影响样品和接触电极之间的接触热阻
电子束自加热	悬浮少层～薄膜	几 μm～几十 μm	改进热桥方法，材料安装在 SEM 腔体中	横向热导率、接触热阻、界面热阻	高精度	很难制备清洁、悬浮、适合测量的样品，不能测试相对较厚的样品
扫描热显微镜	单层～薄膜	几 μm～几十 μm	样品放在绝缘基底上	散热、局部热点、晶界，很难测定热导率	样品容易制备，能看到纳米尺度的局部温度和热传导	由于悬臂、空气对流、针尖样品界面热阻、热辐射等带来的热损失未知，很难测定热导率
拉曼光热法	悬浮单层～厚膜	几 μm～几 cm	样品悬浮在两个电极之间	横向热导率	样品制备容易、高精度、材料尺寸自由度高	原子级薄膜的样品制备复杂
脉冲光热反射法	纳米尺度薄膜～块体材料	mm	基底上的样品表面沉积金属薄膜	法向热导率、接触热阻	样品容易制备、高精度、材料尺寸自由度高	不能测定横向热导率
3ω 方法	纳米尺度薄膜～微米尺度材料	mm	样品表面沉积金属薄膜	横向、法向热导率	低成本、高精度	测量薄膜时，基底的热导率需要高于薄膜本身
瞬态平面源法	微米尺度～块体材料	mm	样品表面平整	横向、法向热导率、热扩散、比热容	快速、样品容易制备	非常薄、小尺寸或热导率很高的材料测试未经验证
激光闪光法	微米尺度～块体材料	mm	样品表面平整	横向、法向热导率	样品容易制备	不能测定非常薄、小尺寸的材料
电阻-温度测试法	悬浮薄片～块体材料	mm	材料长宽比小于 0.1	横向热导率、电阻-温度系数	低成本、样品容易制备	真空中测试，只适合导电材料
焦耳热法	悬浮薄片～块体材料	mm	材料长宽比小于 0.1	横向热导率	低成本、样品容易制备	只适合导电材料

虽然这种方法装置复杂，但可以直接测试接触热阻；扫描热显微镜方法不能直接得到热导率的数值，而是通常给出在亚微米长度范围的温度分布/梯度，比如越过晶界，这样可以在研究热输运特性时提供有用的信息。

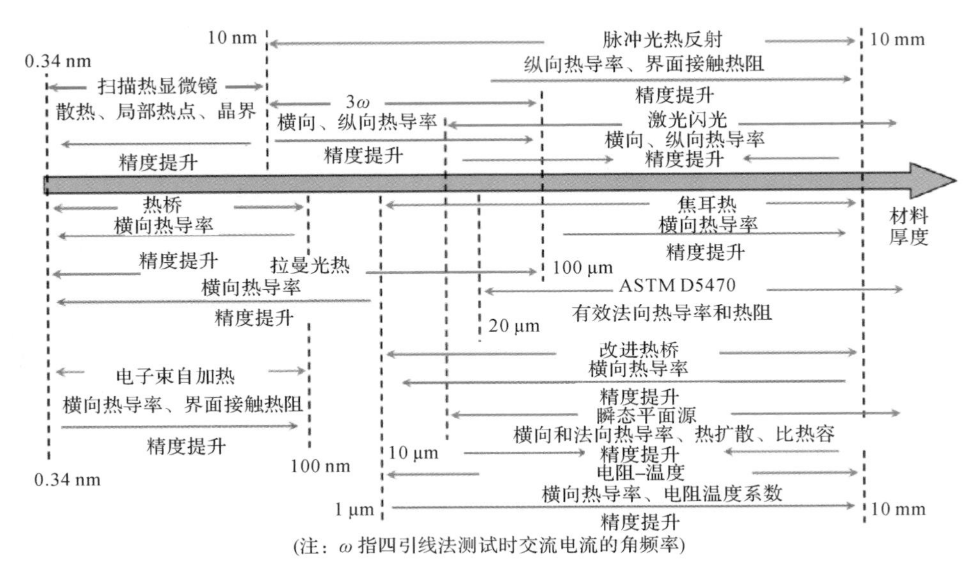

图 2-23　不同厚度二维材料的热测试方法

拉曼光热法需要在不同温度下校准系数，很难获得高精度，因此测试数据的可信度受到影响；脉冲光热反射或时域反射法适合测量 10 nm～10 mm 厚度材料的法向热导率和界面接触热阻，纳米厚度的材料或结构也可以采用这种方法测试，但制备样品的难度太大。3ω 方法需要在石墨烯和基底之间制作一个绝缘层，增加了额外的样品制备流程和成本。瞬态平面源方法可以快速测试不同材料的热性能，但不适合相对较厚和大尺寸的样品。激光闪光法不需要特殊的样品制备，适合通用的热测试，但不适合 10 μm 以下厚度的样品。

电阻-温度测试法尤其真空测试，是一种很好的测定方法，但需要很长的时间制备样品。焦耳热方法是基于傅里叶定律提供的简单快速的测量方法，大多数情况下都可以得到小于 20%的测试精度，关键问题是需要确定被测样品的辐射率和温度之间的关系。综上所述，焦耳热方法是目前最通用、简单易行的测试方法，可以对几微米到几毫米范围内不同厚度的石墨烯基薄膜的热性能进行快速测试。

本章小结

本章介绍了石墨烯材料的多种制备和转移方法，以及每种方法的优缺点和适用领域，为后续章节中石墨烯的应用研究提供了前期基础。石墨烯集众多优点于一身，其独特结构带来的优异特性体现在电学、光学、力学、热学等多个方面，针对后续章节所述的石墨烯在半导体领域的应用，本章重点围绕石墨烯材料的电学基本性质和电学性能的调控，以及石墨烯材料的热学性能和热导率测试方法，进行了相关研究进展的详细介绍。

第3章　石墨烯材料在半导体领域的应用发展

3.1　石墨烯材料在半导体领域的应用概述

利用微纳加工技术在半导体材料上实现小型固体电子器件和集成电路，是基于固体物理、器件物理和纳米电子学理论及方法的一门科学，即微电子技术，其中半导体集成电路及相关技术是核心。目前硅作为半导体产业的基础原料，被大量应用于集成电路的基质，多年来，半导体芯片、集成电路乃至信息技术产业一直遵照"摩尔定律"快速发展。

随着微电子器件的特征尺寸从微米到纳米级别的方向发展，集成度进一步扩大，"摩尔定律"不再能够完全描述集成电路工艺的进步，电子信息系统在朝着多功能化、小型化与低成本的方向发展时，原有特征尺寸的等比例缩小原则不再完全适用。即便资本支出不断增加，技术节点的变迁和晶圆尺寸的变化也在逐渐变缓，传统的硅半导体的性能将达到极限。在这样的背景下，石墨烯以其独特且优异的载流子输运特性和出色的热传导性能，以及电学可调控等优点，为下一代集成电路开发提供了材料支撑。石墨烯材料在信息领域的应用发展预测如图 3-1 所示。

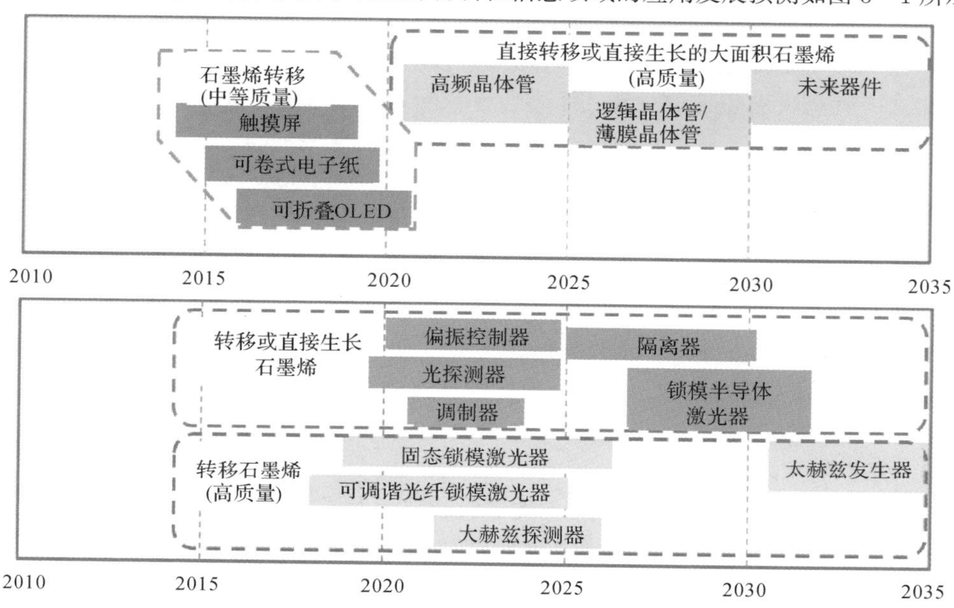

图 3-1　石墨烯在电子信息领域应用发展预测

在电子信息领域和光通信领域，石墨烯基高速电子器件有可能替代半导体硅材料，成为下一代超快集成电路和信息产业的基石。作为新一代柔性透明导电薄膜材料，石墨烯有望替代传统的氧化铟锡透明导电玻璃，推动柔性显示器、柔性触摸屏、柔性可穿戴器件、电子标签等柔性电子和光电子器件产业快速发展。在光电器件领域，基于石墨烯的光电探测器、传感器、电光调制器、锁模激光器、太赫兹发生器等都是未来产品的研发方向。

从技术研发角度看，2011 年加州大学研制出第一台石墨烯电光调制器；在有机发光二极管(OLED)方面，2012 年韩国浦项工科大学团队通过氯金酸掺杂降低石墨烯面电阻，并采用功函匹配的空穴传输层，制备出发光效率相当高的石墨烯 OLED 器件；2015 年，北京大学刘忠范团队通过采用银纳米线与石墨烯复合的办法，成功制备出电致变色原型器件；2017 年，中国科学院沈阳金属研究所成会明团队采用松香对大面积石墨烯进行转移，通过降低转移媒介高聚物在石墨烯电极上的残留，有效提升了石墨烯基 LED 器件的稳定性；2018 年，北京大学彭练矛团队采用石墨烯作为“冷”电子源，构建出狄拉克源碳基场效应晶体管，展示了石墨烯集成电路的发展前景；2019 年，北京石墨烯研究院魏迪团队利用高品质 CVD 石墨烯薄膜制备出透明高速无线射频识别(RFID)器件，其工作频率范围为 5.6～12.8 GHz。

从产业界的发展来看，2010 年，韩国三星电子公司制备出 30 英寸的石墨烯柔性透明导电薄膜，通过硝酸掺杂提升石墨烯的导电性，率先制作出石墨烯触摸屏；2013 年常州二维碳素公司宣布突破了石墨烯薄膜应用于手机触摸屏工艺，实现了石墨烯薄膜材料和现有氧化铟锡(ITO)工艺线的对接，并在 2014 年 5 月宣布其第一条年产能 3 万平方米石墨烯透明导电薄膜的生产线实现量产；无锡格菲电子薄膜公司于 2013 年 12 月形成年产 500 万片石墨烯触控产品，2014 年 9 月实现了产量翻番。2014 年，英国 BGTM 公司制备出第一枚无黏合剂的石墨烯天线，频率范围覆盖 10 MHz～10 GHz；2016 年 5 月，广州奥翼电子和重庆墨希两家公司宣布联合研发出首款石墨烯电子纸，该产品强度大、耐摔耐撞、能卷曲，非常适合应用于可穿戴式电子设备以及物联网等需要超柔性显示屏的领域。

另外，要保持集成电路在更小尺寸、更低成本和更高性能等多方面的领先性，最为有效的方法之一就是将更先进的封装技术整合到整个制造流程中，保证质量更高的芯片连接以及更低的损耗。此时半导体封装技术就扮演了越来越重要的角色，直接影响着器件和集成电路的电、热、光和机械性能，决定着电子产品的大小、重量、应用方便性、寿命、性能和成本。

随着集成电路的集成度不断提高，高功率芯片以及芯片的堆叠应用不断广泛起来，这些技术的快速发展随之带来的是单位体积上功耗的急剧增加，而功耗大部分转换为热能，由此带来的过高温度将降低半导体产品的工作稳定性。同时，产品内部与外部环境间形成的热应力会直接影响产品的电性能、工作频率、机械强度及可靠性。必须采用先进的封装工艺和性能优异的散热材料，使产生的热量迅速散发出去，从而保证半导体芯片在所能承受的最高温度内正常工作。石墨烯以其优异的导热导电性能，再加上其轻质和柔性的特征，无论是应用于封装互连还是封装散热等，都给高集成度的先进封装技术发展带来了新的希望。

虽然石墨烯材料的优异特性展示了其广阔的应用前景，但是在石墨烯真正应用于半导体领域时，仍面临诸多问题和挑战，可以归结为以下几个方面：

(1) 石墨烯自身性质存在不足，需要对结构进行针对性的调控或改性；

(2) 石墨烯材料的品质无法达到产业要求，需要改进制备方法，完善制备工艺；
(3) 单层石墨烯微观尺度的特异性质难以在宏观使用条件下继续稳定地保持下来；
(4) 石墨烯的成本高，与现有材料相比，市场竞争优势不足等。

3.2　石墨烯材料在半导体器件中的应用

硅作为半导体产业的基础原料，众所周知，“摩尔定律”是半导体行业发展的“圣经”。在硅基半导体上，每 18 个月实现晶体管的特征尺寸缩小一半，性能提升一倍。由于硅材料的加工极限一般认为在 10 nm，受物理原理制约，小于 10 nm 后硅半导体器件性能将不稳定，无法实现更高的集成度。半导体产业高速发展至现阶段，无论从技术角度看材料的极限，还是从经济角度看巨额的投资，“摩尔定律”都面临失效。在传统的硅半导体材料面临无法胜任的窘境时，石墨烯作为自然界最薄的半金属薄膜材料，其单原子层厚度是晶体管沟道材料减薄的极限，并能够有效减弱源漏极对沟道材料的静电耦合。将石墨烯用于半导体中，有潜力实现多种应用，包括场效应晶体管(FET)、逻辑电路、高频器件、传感器、存储器件、电磁器件等。

3.2.1　石墨烯场效应晶体管

晶体管的结构包括四个部分：栅极、沟道、连接沟道的源漏电极和介电层。栅极目前主要是硅，也可以是导体材料如 Pt、Al、Au 等，它的作用是调控半导体材料的载流子浓度；沟道由半导体材料组成；介电层用来阻隔栅极与沟道。场效应晶体管(FET)的几个基本器件参数分别是阈值电压、迁移率和开关比。

阈值电压是使沟道从不导电状态转为导电时所加的栅极电压大小，一般来说该值越低越好，表明器件可以在较低的电压下工作，从而降低能耗；迁移率是在单位电场作用下，电子或空穴载流子的平均移动速率，反映载流子在半导体中的传输能力，决定了器件的开关速率；开关比是指晶体管在“开”与“关”时的沟道电流之比，该值越大表明材料的半导体性能越显著，导带与价带之间的带隙越大。石墨烯用于场效应晶体管，一般有三种形式，如图 3-2 所示，分别为底栅石墨烯 FET、顶栅石墨烯 FET 和悬浮石墨烯 FET。

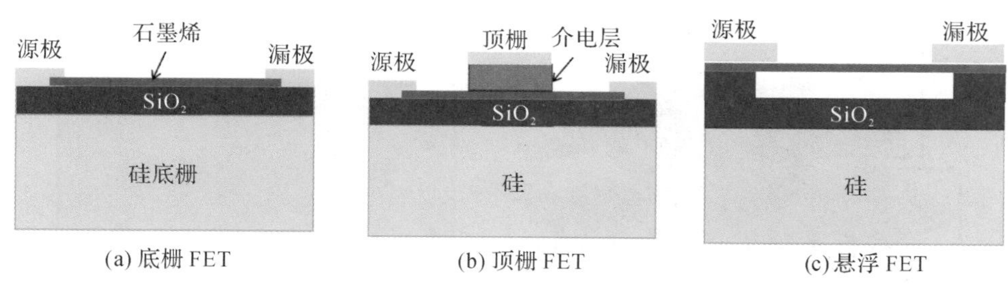

图 3-2　石墨烯 FET 示意图

研究者们实验发现，底栅石墨烯 FET 可以实现很高的载流子迁移率，室温下约为 10 000 $cm^2/V\cdot s$。由于实际集成电路中需要对单一晶体管实现独立的开关控制，而底栅极只能控制集成电路中众多的晶体管同时开或关，因此顶栅 FET 更适合应用。但是顶栅石墨烯 FET 因为引入介电层，使得引入的散射源增加，其载流子迁移率相比底栅 FET 大幅降低。

要提高石墨烯顶栅器件的载流子迁移率，可以通过两种方式来实现，即在石墨烯上沉积高介电常数的绝缘材料；减小石墨烯与绝缘层界面间的电荷密度。研究者们通过对介电层进行功能化处理，比如用 NO_2 功能化的 Al_2O_3 作为顶栅介电层，或者改进介电层制作工艺，比如采用电子束蒸发的方法先在石墨烯表面沉积一层 1～2 nm 的 Al，再在上面用原子层沉积法(ALD)沉积一层 Al_2O_3，可以将顶栅石墨烯 FET 的载流子迁移率提升至 8000 $cm^2/V \cdot s$。

悬浮石墨烯 FET 的设计是为了消除石墨烯与衬底材料接触时受到的带电杂质、表面极性声子等的散射作用。Bolotin 等的测试结果显示悬浮的石墨烯 FET 电子迁移率可达到 200 000 $cm^2/V \cdot s$，相比有衬底的 FET 迁移率提高了 10 倍，表明非悬浮的器件中，杂质引起的散射是限制电荷传输性能的主要原因。

虽然载流子迁移率高表明电子或空穴传输性能好，但是石墨烯 FET 的开关比非常小，仅在 1～10 左右，远远达不到半导体材料 10^4 的要求。因此，在石墨烯 FET 的应用中，保证其载流子迁移率的同时，要尽可能提升其开关比。

3.2.2 石墨烯逻辑电路

逻辑电路是计算机、数字控制、自动化等诸多领域的基础，主要利用二进制的运算规则实现逻辑运算。其中最基本的开和关依赖于材料中载流子浓度的调控，而运算速度则很大程度上依赖于材料中的载流子迁移率。因此具有极高载流子迁移率的石墨烯材料受到包括 IBM 等在内的广泛关注，石墨烯集成电路也取得了一定的研究进展，但是其最大的挑战也来自石墨烯材料本身。由于本征的石墨烯没有带隙，载流子浓度无法严格地调至零，也就是说，石墨烯晶体管难以关断。因此，石墨烯逻辑电路的发展，需要可靠的带隙打开方法以及工作原理上的创新。

前文提到过打开石墨烯带隙的方法有制备石墨烯纳米带、施加电场、化学改性等，但这些方法大多数打开的带隙不超过 360 meV，这使得石墨烯逻辑器件的开关比不超过 10^3，远远达不到逻辑电路要求的 10^6。2012 年三星公司设计出新的结构如图 3-3 所示，单层石墨烯与源极相连，硅与漏极相接，石墨烯与硅界面处形成肖特基势垒，与 n 型硅接触的石墨烯形成了 n 型掺杂，与 p 型硅接触的石墨烯形成了 p 型掺杂，从而构造出 n 型和 p 型两种石墨烯晶体管单元。

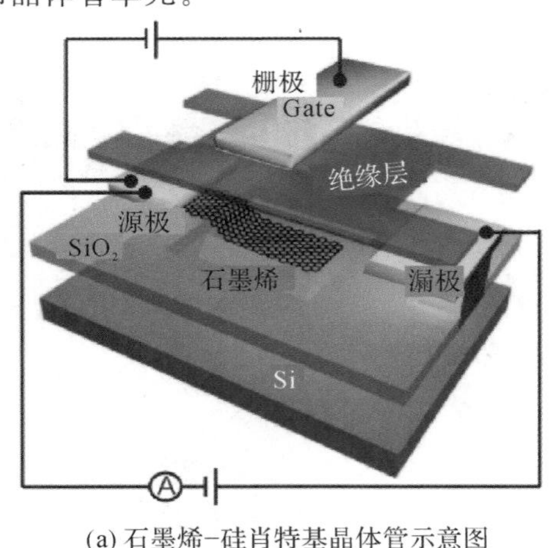

(a) 石墨烯-硅肖特基晶体管示意图

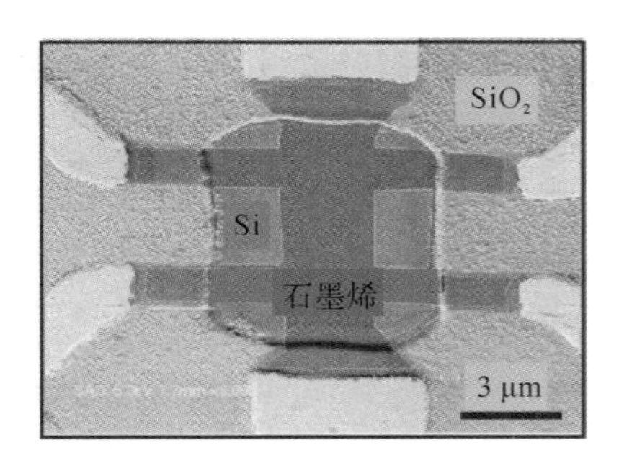

(b) SEM 图

图 3-3 石墨烯逻辑电路

石墨烯与硅的界面是一个平滑整齐的界面，这样使得缺陷及二氧化硅等电荷捕获位点尽可能少。通过转移 CVD 石墨烯到图案化的硅片上来实现晶体管的集成，进而构造出了直径为 6 英寸的包含 2000 个晶体管单元的石墨烯逻辑电路。通过调控栅压来控制石墨烯-硅肖特基势垒，从而实现开关电流比达到 10^5。器件开关比与电流密度还可以通过完善半导体制备工艺来提升，为石墨烯应用于逻辑器件电路带来可能性。

3.2.3　石墨烯高频器件

石墨烯因其超高的载流子迁移率，能使晶体管运行时具有极高的频率，因此在高频器件方面也表现出巨大的潜力。IBM 公司制备了 2 英寸的晶圆状石墨烯顶栅高频晶体管，顶栅长度为 240 nm 时，截止频率高达 100 GHz，远远超过相同栅极长度的硅基金属氧化物半导体场效应晶体管(MOSFET)的截止频率 40 GHz，表明石墨烯在高频电子器件中具有极高的应用潜力。

2010 年，Bai 等人采用自对准的方法，如图 3-4(a)所示，用高掺杂的氮化镓(GaN)纳米线做栅极，做好 Ti/Au 的源漏电极之后，接着在 GaN 两侧沉积铂薄膜(图 3-4(b))，沟道长度由纳米线的剖面尺寸决定，制备了沟道长度在 100 nm 以下的石墨烯晶体管。该方法制备的器件确保了石墨烯的高迁移率和源极、漏极及栅极之间的完美对齐。石墨烯与 GaN 的界面形成了一个类似肖特基的势垒(图 3-4(c))，从而防止石墨烯与栅极之间发生漏电情况，界面作为一个高介电常数的介电层，其厚度可以通过控制 GaN 的掺杂水平来控制，同时 Pt 源漏电极与 GaN 之间也可以形成肖特基势垒，以防止源漏极与栅极之间的漏电。器件测试显示载流子转变时间为 120～220 fs，截止频率在 700～1400 GHz，表现出石墨烯材料在太赫兹器件应用方面的巨大潜力。

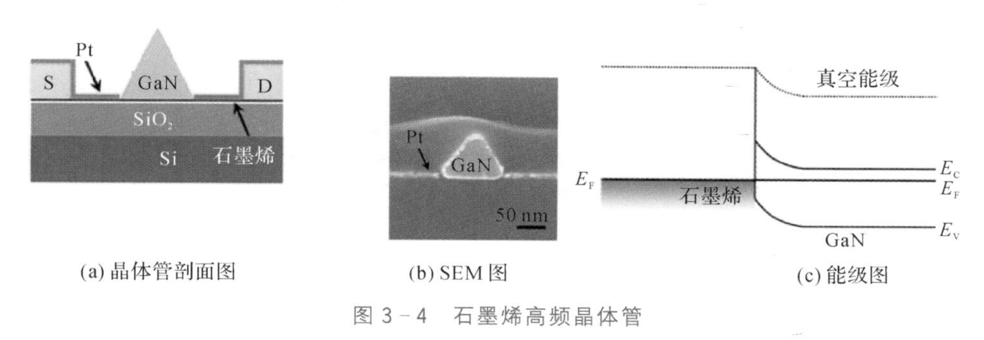

(a) 晶体管剖面图　(b) SEM 图　(c) 能级图

图 3-4　石墨烯高频晶体管

3.2.4　石墨烯传感器

在电子技术中，电信号更易于处理，因此常常将各种传感信号(气体、光、力等)转换成电信号进行处理。由于原子裸露在表面上，石墨烯的能带结构或电子态很容易受到外界信号的调制，从而导致电学性质的变化，这一特性赋予石墨烯在传感器领域强大的生命力和吸引力。在石墨烯传感领域，气体传感更偏向于基础研究。石墨烯具有较大的比表面积，表面容易吸附如 NO_2、CO_2、NH_3、卤素等，当表面吸附气体分子后导电性会发生变化，因此可以用作气体传感器。

图 3-5 所示是四种电阻型气体传感器的结构，其中图 3-5(a)是一个四电极的气体传

感器，中间引入一个微型的加热台用于控制传感温度，可以检测 NO_2、NH_3 和二硝基甲苯，传感性能受温度影响较大；图 3－5(b)是一个石墨烯场效应传感器，源漏电流依赖于栅压调控，也会因吸附目标分子而改变，可以检测 NO_2，当 NO_2 吸附到石墨烯表面时，电荷载流子的浓度增加，该器件开关比越高则传感器灵敏度越大；图 3－5(c)是采用聚二甲基硅氧烷(PDMS)压印的方法来图案化还原氧化石墨烯(RGO)薄膜，用来检测 NH_3，在氨气浓度为千分之一时，传感器的电导率会降低 10％，该方法适合于规模化制备 RGO 电子器件；图 3－5(d)是使用硅做的微悬臂梁测试表面功函数的变化，在 10 s 以内对目标分子做出响应，因为石墨烯在空气中表现为空穴导电，其表面吸附了目标分子后，可以改变它的偶极矩和电子亲和性，从而导致石墨烯表面功函数的增加。

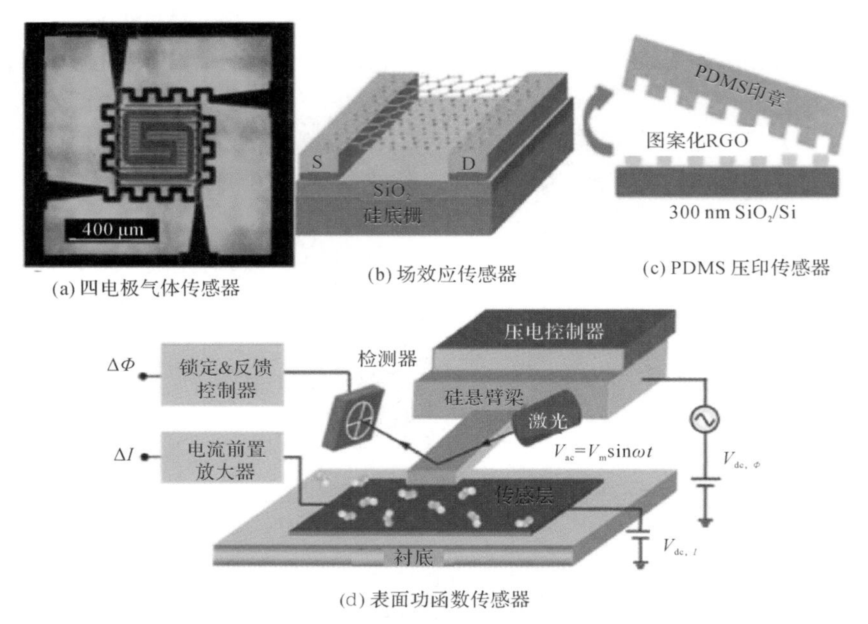

(a) 四电极气体传感器　(b) 场效应传感器　(c) PDMS 压印传感器

(d) 表面功函数传感器

图 3－5　石墨烯气体传感器

另外，通过施加应力使石墨烯晶格变形，改变其能带结构，也可以使其电学性质发生变化，从而制备出石墨烯压力传感器。研究者们发现，较小应变不能打开带隙，而形变较大时虽然电阻变化明显，但晶格的变形也可能是缺陷、晶界及转移过程带来的破坏，施加的压力较大也会造成无法恢复的变形，这些都限制了石墨烯压力传感器的应用。

由于石墨烯良好的二维导电性和生物相容性，与其他物质复合制备的生物复合材料可以应用于生物药品、癌细胞检测等领域。比如石墨烯/纳米金属复合材料生物电化学传感器，通过不同药物产生的电化学信号，可以测量血液、尿液中药物的浓度以及检测癌细胞，石墨烯的生物相容性使得该传感器能够吸附和聚集更多的肿瘤细胞标记物，吸附标记物前后的传感器电阻与吸附量高度相关。具有荧光特性的石墨烯量子点与金纳米粒子结合作为一种新型的荧光标记物，可以用于制备生物光学传感器，通过检测荧光强度的显著变化来对待测 DNA 进行分析检测，以实现对特定的 DNA 序列及病原体的检测。

2009 年美国 IBM 公司就研究了石墨烯-金属结的光伏效应，并对光电流进行成像研究；2017 年，西班牙光子科学研究所制作了互补金属氧化物半导体(CMOS)电路集成的石墨烯光电探测器，成功实现了 11 万个石墨烯通道的垂直集成，即真正意义上的石墨烯光电成像；2019 年 8 月，东旭光电公司开始和英国曼彻斯特大学合作，致力于悬浮石墨烯传感芯片产品的研发和商业化应用，该技术在力学、温度、湿度检测领域具有广泛的应用前景。

3.2.5 石墨烯存储器件

由于当今微纳电子技术迅速发展，非易失性存储器件应用需求与日俱增，其主要参数有组装密度、功耗、运行速率、数据可靠性和造价。组装密度越大，所能容纳的电子元器件数目越多，存储能力越强，而集成度和运行速率的提升又会带来器件能耗的增大。高质量的材料、复杂的纳米制备过程和充足的预测试都有利于制备出高性能存储器，但同时制备成本很高。石墨烯超高的载流子迁移率有希望获得高运行速率，超薄的厚度能够提升集成度，另外其薄膜的柔性可用来制备柔性器件，经溶液处理的兼容性能够降低器件制造的成本。

用石墨烯与铁电材料复合制备的晶体管存储器如图 3-6 所示，通过施加栅压对铁电材料的偶极取向进行调控，发现在开关状态之间，电阻变化率大于 350%。石墨烯与铁电衬底之间的界面具有能垒，使得石墨烯/界面的充放电与铁电极化现象之间存在着竞争关系，界面效应的存在使得晶体管中的电荷密度调控范围更宽。但由于石墨烯是零带隙，即使制备出石墨烯纳米带，也难以打开足够的带隙，因此石墨烯晶体管存储器的开关比很小，器件性能受到很大影响。

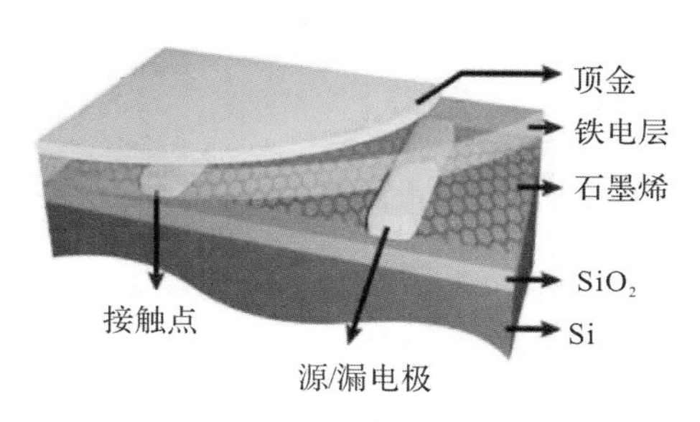

图 3-6　石墨烯铁电存储器

电阻式存储器也叫忆阻器，其结构简单、能耗低，能提升组装密度，也便于制备。研究者们通过在石墨烯/金属电极界面形成势垒和石墨烯内部形成纳米缝隙来实现物理变化型石墨烯忆阻器，可以获得较高的开关比和较长的数据存储时间。化学变化存储是另一种类型，基于溶液法的工艺有利于降低制造成本。He 等人制备铜-氧化石墨烯-铂夹层结构的存储器件，但开关比不理想，Zhuang 等人在氧化石墨烯的氧化位点上键接共轭聚合物，发生还原过程时电子从聚合物传递到氧化石墨烯，电化学氧化过程中，被还原的氧化石墨烯可以提供电子，向聚合物中的空穴传输。该器件有高阻态向低阻态切换的功能，具有较小的阈值电压，开关比为 10^3，且具有较好的稳定性，重复次数可达 10^8。

除了上述应用以外，由于单层石墨烯透光率可达 95%以上，作为电极材料石墨烯相比于传统透明电极材料氧化铟锡(ITO)，具有更好的强度、价格优势、更高的透光率和稳定性。研究者们将石墨烯作为有机发光二极管(OLED)中的透明导电电极，通过改性处理，改变石墨烯的功函数和面电阻来改善 OLED 效率，制备出的器件荧光效率可达 37.2 lm/W，磷光效率为 107.7 lm/W，相比相同制备条件下 ITO 作电极的荧光效率 24.1 lm/W 和磷光效率 85.4 lm/W，石墨烯电极都要更胜一筹。如果将石墨烯三个维度的尺寸都控制在

100 nm 以下，可以制备出石墨烯量子点器件，即“人造原子”，可以存储电子。不过该研究才刚刚起步，还有很多技术问题需要解决。

3.2.6 石墨烯电磁器件

石墨烯不仅具有良好的导电性和高介电常数，其独特的二维结构还使其表面具有大量暴露的化学键，因而在电磁场作用下更容易因为外层电子的极化弛豫而衰减电磁波。此外，化学方法制备的石墨烯具有丰富的缺陷和表面官能团，可以产生费米能级的局域化态，有利于对电磁波的吸收和衰减，使得石墨烯基复合材料在吸波领域有着巨大的应用潜力。

Liang 等采用氧化石墨作为前驱体，通过原位复合合成石墨烯/环氧基化合物，并研究了不同石墨烯含量的复合材料对电磁波屏蔽性能的影响。当石墨烯含量的质量分数为 15%时，复合材料的电磁波屏蔽达到－21 dB，这已经能满足商业应用的最低需求。Li 等报道了镍含量质量分数为 41%的石墨烯基复合金属镍吸波材料，通过分析与环氧树脂 1∶1 混合后制成 0.8 mm 厚的吸波涂层的电磁波反射衰减曲线，发现在 2～18 GHz 范围内涂层出现多个强吸收峰，最大吸收可达－33 dB，且制得的石墨烯基复合材料具有性能稳定、密度低、耐腐蚀、制作简单等特点。Singh 等通过在水合肼还原的氧化石墨烯悬浮液上原位生长 Fe_3O_4 纳米粒子，并进一步原位聚合苯胺制备三维还原氧化石墨烯-四氧化三铁-聚苯胺复合材料，最大反射损失为－26 dB。光谱分析表明，该混合结构在石墨烯和聚苯胺之间形成了固态电荷转移复合体，有效提高了阻抗匹配和偶极相互作用，从而表现出优良的微波吸收特性。

3.3 石墨烯材料在半导体封装中的应用

半导体芯片制造出来后，在没有将其封装成为器件或模块之前，始终处于周围环境的威胁之中，以目前集成电路的晶圆上薄膜工艺来看，其尺寸及其微小，结构也非常脆弱。为防止在加工与输送过程中，因外力或环境因素造成芯片被破坏而导致其功能的丧失，必须想办法对半导体芯片进行保护，即进行封装。半导体封装是芯片功率输入、输出同外界的连接途径，也是器件工作时产生的热量向外扩散的媒介。

在现代信息产业领域，散热问题常常成为产品进一步发展的技术瓶颈，手机、计算机、通信基站的散热问题都是未来石墨烯巨大的应用市场。以电子散热领域为例，根据中国石墨烯产业技术创新战略联盟(CGIA)预测，石墨烯散热材料在电子产品中的市场规模将会以 30%～40%的年均复合增长率迅速增长，2020 年占据市场空间 50%，达到约 23.8 亿元。石墨烯导热膜最先在华为公司应用于 2018 年发布的智能手机中，预计随着智能手机的发展，潜在市场规模将超过 15 亿元。截至 2020 年底，生产石墨烯基散热材料的企业已超过 30 家。

在半导体封装中，石墨烯应用形式有两种：一是单独使用，作为电和热的传输通道；二是作为填料和其他材料复合来提高复合材料的性能。石墨烯在半导体封装中的应用主要有散热片、热界面材料、热沉、互连以及无源元件几个方面。

3.3.1 石墨烯散热片

利用石墨烯超高的横向热导率可以制备清洁、超薄的散热片，主要有两种散热片：一种是 CVD 等方法制备的单层或多层石墨烯薄膜，另一种是以石墨烯为主体，采用多层石墨烯堆叠而成的高定向导热薄膜，一般是由氧化石墨烯膜经过还原后形成的石墨烯基薄膜。国内外企业和科研单位针对石墨烯散热片的应用展开了广泛的研究。众所周知，石墨烯的横向热导率比器件结构中使用的任何金属材料都要高。即使只有几纳米厚度的石墨烯薄膜仍然能保持其优异的声子热传导性能，相比于电子占主导地位，随着厚度减小导热性能迅速退化的金属薄膜来说，更加适合在半导体封装中做散热材料。

Yan 等人报道了用机械剥离高定向热解石墨(HOPG)得到多层石墨烯，将石墨烯散热材料附着在 SiC 衬底上生长的 GaN 高电子迁移率晶体管(HEMT)热点附近的漏极接触端，并延伸到器件边缘的石墨热沉，如图 3-7 所示。通过对器件伏安特性的测试发现，应用了石墨烯散热片之后，相同电压下漏极电流明显增大。当晶体管工作在 13 W/mm 时，热点的温度下降了 20℃；Bae 等人将单层或多层的石墨烯薄膜应用于柔性器件的表面，也取得了很好的散热效果；Shih 等人将单层石墨烯应用到光子晶体微腔，当光功率为 100 μW 时，温度下降超过了 45℃。除了实验研究以外，对于石墨烯散热应用的模拟工作也取得了很大的进展，如石墨烯在绝缘体上硅(SOI)的结构中散热，在三维集成电路中散热，在功率半导体器件及模块中散热等。

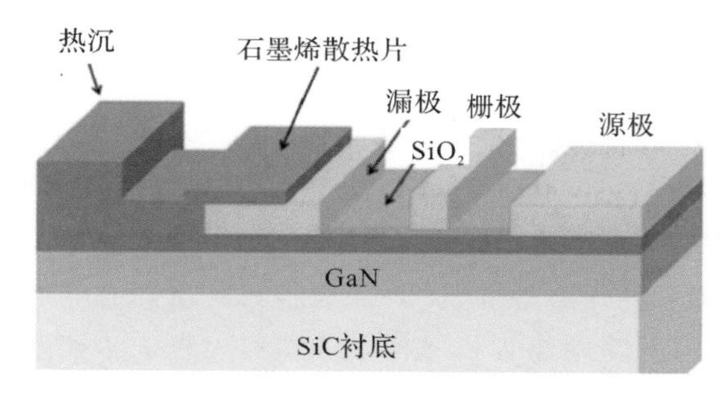

图 3-7　石墨烯在 GaN HEMT 中的散热应用

浙江大学高超团队提出连续化电焦耳热还原策略，设计并制备了基于辊对辊的电热装置，实现了石墨烯散热片的快速连续化制备，所制备的石墨烯薄膜结构均匀，取向性好，且热导率达 1285 W/m・K。国外瑞典斯玛特高科技等公司也一直专注于石墨烯散热片的研发与生产，产品性能如表 3-1 所示，国内常州富烯、深圳深瑞墨烯等公司规模化生产石墨烯散热片，年产量超过 500 万平方米，产品图片如图 3-8 所示。

表 3-1　瑞典斯玛特高科技公司石墨烯薄膜产品性能说明书

产品型号	厚度/μm	热导率/[W/(m・K)]	热扩散/(mm^2/s)	密度/(g/cm^3)	比热容/(J/(g・K))	电导率/(S/m)	机械强度/(MPa)
GF-20	20 ± 2	≥ 1200	≥ 800	1.9 ± 0.2	0.79 ± 10%	—	—
GF-50	50 ± 3	≥ 1140	≥ 759	1.9 ± 0.2	0.79 ± 10%	≥ 10^5	≥ 40
GF-100	100 ± 4	≥ 1100	≥ 735	1.9 ± 0.2	0.79 ± 10%	≥ 10^5	≥ 50
GF-150	150 ± 5	≥ 1050	≥ 700	1.9 ± 0.2	0.79 ± 10%	≥ 10^5	≥ 60
GF-200	150 ± 5	≥ 1000	≥ 650	1.9 ± 0.2	0.79 ± 10%	≥ 10^5	—

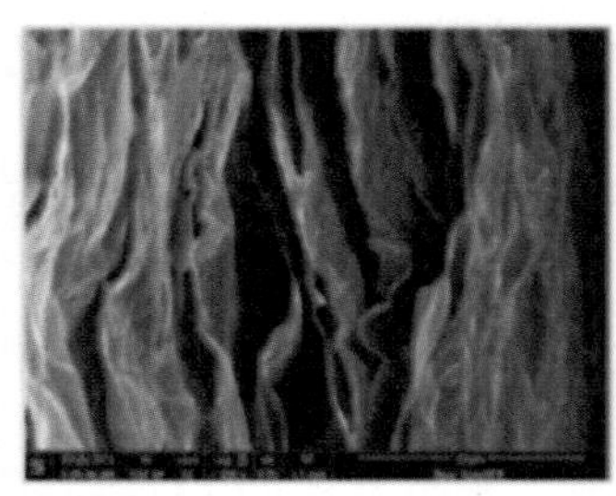
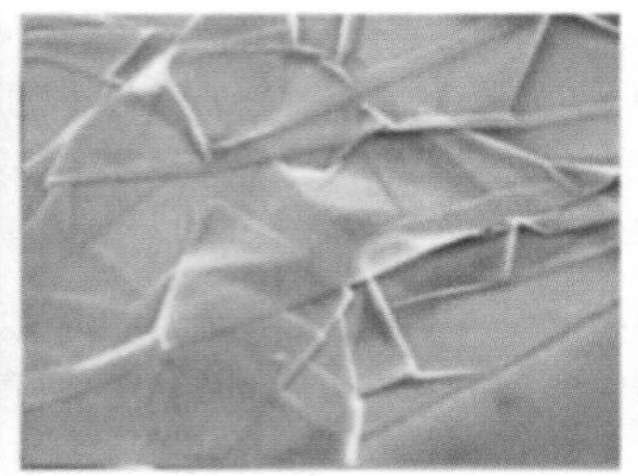

图 3-8 常州富烯石墨烯导热片产品图

基于石墨烯的异质结构薄膜也是石墨烯散热片发展的方向之一，Goli 等人发现石墨烯-铜-石墨烯异质结构的薄膜热导率比铜薄膜高出约 25%；Li 等将 GaN 键合到多层石墨烯构成的高导热复合材料(GC)上，构成，GaN/GC 结构，在二者之间获得了充分的界面热导，仿真发现相比于 GaN/SiC 和 GaN/Si 结构，GaN/GC 结构表现出更为优异的热性能。

3.3.2 石墨烯基热界面材料

石墨烯基热界面材料(TIM)如导热硅脂、导热凝胶、相变材料等，是电子设备热管理系统的关键部分，主要用于填补两种材料接合或接触时产生的微空隙及表面凹凸不平的孔洞，提高器件散热性能。高导热填料是提升 TIM 导热性能最重要的部分，传统的 TIM 材料主要是以银、铝等导热颗粒填充聚合物或油脂，填料填充体积要求达到 50%，才能达到室温下热导率为 1～5 W/(m·K)。如第 2 章所述，石墨烯具有超高的热传导系数，约 5300 W/(m·K)，是最理想的导热填料之一。

TIM 通常由基体材料和导热填料组成，环氧树脂具有良好的电绝缘性、粘接性和机械性能，是常用的基体材料。将石墨烯作为环氧树脂的填料可以大大增加环氧树脂的导热性能。Yu 等将石墨烯和环氧树脂复合，当填料体积为 25%时，其导热系数可达 6.44 W/(m·K)。将石墨烯加入焊料中可以提高其润湿性、熔点和机械性能，如 Sn-Ag-Cu、Sn-8Zn-3Bi、SAC305 等。石墨烯热传导的主要模式是声子，而声子在传递过程中，不可避免地要经过基底与填料界面，因此增加界面结合程度有利于声子传递，可以有效提高复合材料的导热性能。

导电胶作为无铅互连材料的一种，近年来在半导体封装中得到越来越多的应用，将石墨烯加入导电胶可以提高其电导率，提升机械性能。目前商用的绝缘导热垫主要是使用高导热陶瓷填料，如氧化铝、氮化铝、氮化硼等，与硅胶基底混合而成，其导热系数普遍小于 7 W/(m·K)，难以满足日益增长的散热需求。Dai 等研发了一种石墨烯/碳化硅纳米线复合热界面材料，垂直热导率可达 17.6 W/(m·K)，实现了石墨烯基复合热界面材料的重要突破。另外，石墨烯纤维也可以作为聚合物基体中的填充物，或者以独立结构应用于柔性电子或纺织品中。Li 等人研究发现，熔融石墨烯纤维制作的柔性多孔无纺布密度为 0.22 g/cm^3，面内热导率可以达到 301.5 W/(m·K)。

3.3.3 石墨烯热沉

热沉是半导体封装中用来冷却半导体芯片的装置，通常石墨烯薄片在横向上有很好的散热能力，而其法向上却很弱。研究者们发现三维结构石墨烯可以解决导热性能法向导热差的问题，主要包括石墨烯泡沫、垂直排列石墨烯片以及混合石墨烯结构三种结构形式。

石墨烯泡沫是将石墨烯组装成一个多孔宏观尺度泡沫状结构，如图 3-9 所示，其多孔性使得石墨烯泡沫的热导率很低，大约为 0.26～1.7 W/(m·K)。尽管如此，相比于孔隙度低一个数量级的金属泡沫，二者展现出近似的热导率。另外，石墨烯泡沫具备非常高的可压缩性，压缩的石墨烯泡沫热导率大约为 88 W/(m·K)，同时在低压下具有很低的界面热阻，很适合用于界面散热。

(a) 样品实物图

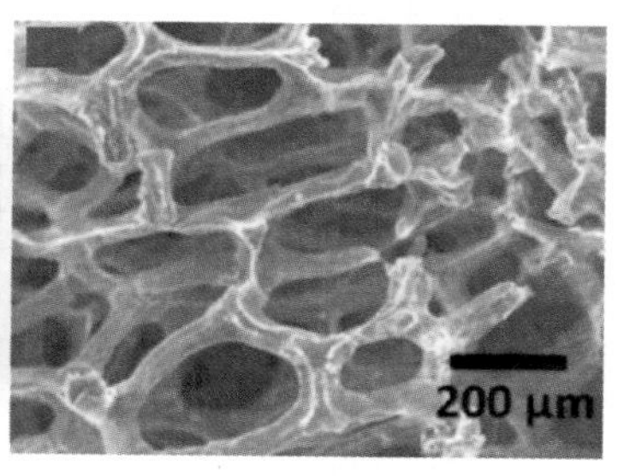

(b) 样品 SEM 图

图 3-9　石墨烯泡沫

瑞典斯玛特公司用多层石墨烯材料在横向和法向上堆叠出针翅散热器形状。如图 3-10 所示，石墨烯热沉法向热导率可以达到 1000～1500 W/(m·K)，大约为铜的 4 倍，铝的 7 倍，而其密度只有 1.1 g/cm^3，是铜的 1/8，铝的一半。

图 3-10　石墨烯热沉

利用石墨烯和其他材料复合，也可以得到法向热导率高的热沉结构，Hsieh 等人制备的石墨烯/碳纳米管复合材料热导率可达 1900 W/(m·K)；Lin 等制备的石墨烯/铜复合材料热沉的热导率可达 2100 W/(m·K)。Saito 等人在 GaN HEMT 与散热器之间使用法向平面内堆叠石墨烯构成的铜层压垂直基板，替换常用的铜基复合基板。这样制作的铜层压垂直基板的热导率是各向异性的，在法向热导率很高，虽然随温度升高热导率会下降，但在200℃时仍可以达到 1200 W/(m·K)以上，而在横向热导率较低，只有 5 W/(m·K)。

将上述石墨烯在半导体封装中的散热应用概括如表 3-2 所示，综合对比不同形态石墨烯产品的热导率、传热方向以及应用领域。其中单层、少层石墨烯的热导率接近理论最大值，但附着在基底表面时导热性能大幅下降。另外，较薄的单层或少层石墨烯散热片虽然热导率高，但总体传热相对较小。尽管如此，由于石墨烯散热片尺寸小，可以放置在离热源非常近的位置，满足特殊的应用场合。宏观尺寸的石墨烯散热片可以应用于很多散热场合，如手机散热等，相比于石墨烯薄膜，液相剥离石墨烯与基底之间的附着力更强，但热导率不高。尽管可以通过高温退火和压制提升热导率，但这种方法与大多数基底不能兼容。相反，石墨烯薄膜可以离开基底单独处理，这就为开发石墨烯的高导热性能提供了潜在的工艺可行性。石墨烯增强复合物很适合作为TIM用于聚合物基体中，以减小接触热阻，虽然其热导率比起纯石墨烯材料要低很多，但是高含量石墨烯的复合物还是具有比市场销售的同类产品更高的热导率。

表3-2　不同形态石墨烯材料的热管理应用

材料/结构	应用领域	热导率/(W/(m·K))	传热方向
单层、少层石墨烯	散热片(微型)	>2000(悬浮) 600(附着基底上)	横向
石墨烯薄膜	散热片	1000～3000	横向
液相剥离石墨烯	散热片	120	横向
石墨烯泡沫	TIM	<2(原始态) 90(压缩)	各向同性
垂直排列石墨烯	TIM	100～600	单向法向、横向
石墨烯增强复合物	TIM，导热复合材料，涂料	3～15	各向同性
石墨烯纤维	柔性散热片，智能纺织品	1200～1600(单根纤维)	单向

3.3.4　石墨烯互连

互连是半导体封装的重要功能之一，互连的作用是提供信号通道并供给电源。传统的铜互连中，电阻率会在纳米尺度下受晶界和侧壁散射的影响而增加，当特征尺寸缩小到30 nm时电阻率几乎增加1倍。石墨烯互连近些年来取得了很大进展，Kim等人将石墨烯应用于LED阵列的互连，发现可以与传统的薄膜技术兼容；Wong等人比较了石墨烯导线和铜线的寿命和可靠性，发现当厚度很小时，石墨烯要优于铜。此外，石墨烯纳米带可以在作器件的同时，也可以作为互连应用。

3.3.5　石墨烯无源元件

无源元件是半导体产品系统中的主要功能元件，包括电阻类、电感类和电容类元件，典型电路中80%的元件是无源的，占去电路板50%的面积，这些元件的共同特点是吸收并消耗有源元件提供的电能。由于石墨烯独特的结构以及可以在微纳尺度上进行处理，基于石墨烯的电阻器、电容器和电感器已经实现了设计和应用。

本章小结

本章简要综述了近年来石墨烯材料在半导体器件以及封装领域的应用研究进展。学术研究表明，石墨烯以其独特且优异的载流子输运特性、电学性能可调控的优点，以及通过对石墨烯进行化学修饰改性，或与其他传统材料复合，使其借助石墨烯良好的导电性、生物亲和性、力学热学等性能以及其独特的二维片层结构的限域作用等优势，在半导体领域有着广阔的应用空间。然而，从应用研究的角度思考，目前石墨烯在半导体领域的很多应用研究还处于理论或早期试验的阶段，围绕石墨烯与包括应用基底在内的其他材料之间的界面相互作用、石墨烯制备、转移工艺与半导体制造工艺的兼容等问题，还需要进一步开展深入研究。虽然石墨烯材料真正实现在半导体领域的规模化应用还有很长的路要走，但其中表现出的巨大性能优势与产业化前景，非常值得学术界与产业界投入更多的时间与精力。

尽管石墨烯材料在半导体领域中的应用范围非常广泛、应用形式多种多样，但由于笔者水平有限，本书在后续章节中具体介绍的石墨烯在半导体领域中的应用案例，主要是围绕笔者团队的研究方向进行叙述。在半导体器件应用方面主要介绍石墨烯在人工电磁材料器件中的相关研究，在半导体封装应用方面以石墨烯材料在功率半导体器件和模块中的散热应用研究为主要介绍对象。如果通过本书的抛砖引玉，能够吸引更多的学者参与石墨烯在半导体领域的相关应用研究，进而优化我国石墨烯产业的发展布局，提升我国在全球石墨烯产业发展中的核心竞争力，则是本书的最大价值所在。

第4章　石墨烯人工电磁材料的吸波特性

前文已经介绍过，石墨烯作为一种单层碳原子厚度的二维六边形晶格结构，实际上是一种零带隙半导体。其独特的电子性质引起了众多研究者的兴趣，正成为研究的热点。近年来，人们对石墨烯人工电磁材料进行了大量的理论和实验研究。人工电磁材料是指亚波长结构通过周期排列或非周期排列产生自然材料所没有的特性的一类材料统称。这类材料的特性依赖人工结构，而不依赖材料本身，也就是说相同的材料通过设计不同的人工结构，其特性也随之变化。人工电磁材料的概念最早出现在1968年，当时指由Veselago提出的电单负（负介电常数或者负磁导率）以及电双负材料（同时具备负介电常数和负磁导率），后来人们把这类材料都归类到人工电磁材料里。但在当时这些概念的提出由于没有试验验证的条件一直备受质疑，直到1999年J. B. Pendry提出人工磁导体，随后D. R. Smith等人通过开口谐振环证明了负介电常数材料的存在，这才开始了人工电磁材料的蓬勃发展。人工电磁材料具备自然材料所没有的特性，如负折射效应、逆多普勒效应、负电（磁）导率、完美成像、完美吸波等，成为材料学的一个重要的分支，在电磁隐身、电磁传感器、电磁滤波器等方面有潜在的应用。

石墨烯人工电磁材料有响应速度快、电可调谐性、超薄等特点，在电磁透镜、电磁吸收等方面有潜在的应用。本章介绍石墨烯在不同波段的电磁特性模型，重点介绍人工电磁材料吸波器的几种不同的分析方法，分析几种不同类型的石墨烯人工电磁材料结构及吸波特性，介绍石墨烯人工电磁材料在电磁吸波器方面的应用。

4.1　石墨烯人工电磁材料吸波器概述

普通的金属-介质人工电磁材料，随着结构的确定，其特性也随之固定，这样便限制了人工电磁材料的应用范围。因此，研究者把一些可调的材料如液晶、变容二极管、石墨烯等电可控材料加入人工电磁材料中实现可控的人工电磁材料。

在石墨烯的诸多研究中，研究者们都把注意力集中在石墨烯人工电磁材料的吸收特性上，单层石墨烯的吸收率仅为2.3%，因此如何提高石墨烯人工电磁材料的吸收率成为人们关注的热点。研究者在微波段、太赫兹波段、光波段等关注完美吸波特性（即吸收率超过

90%)。2008 年，Landy 通过人工电磁材料实现了完美吸波，如图 4-1 所示。与传统的吸波器相比，它具有体积小、厚度薄的优点。完美吸波虽然吸收率高，但是吸收频率范围窄，在某些方面应用范围受到限制。因此研究者开始研究多波段的吸收问题。在某些应用如电磁隐身、太阳能等方面希望实现宽频带吸收，因此宽带吸收也被广泛研究。

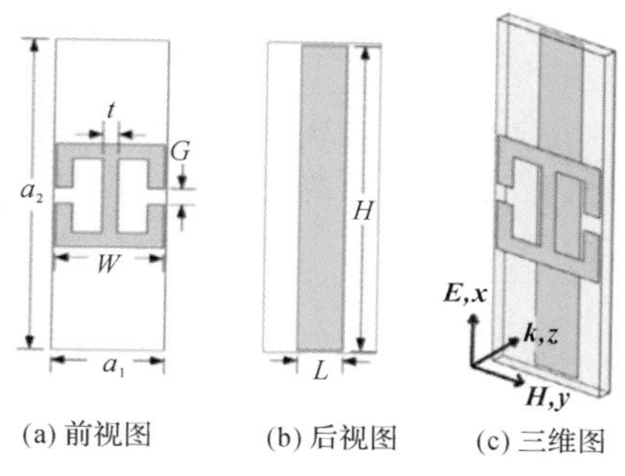

图 4-1　完美吸波器单元结构图

研究者将双层石墨烯线集成到一个由十字形金属谐振器组成的单元中，如图 4-2 所示，并通过将其等效为传输线的方法研究了该吸波器的特性，得到吸收率接近 100%的吸收效果。图 4-3 所示，在 GHz 频段范围，将多层石墨烯掺杂到聚合物材料中，通过控制石墨烯的电参数可以灵活控制聚合物的电导率，从而达到宽带吸收的效果。

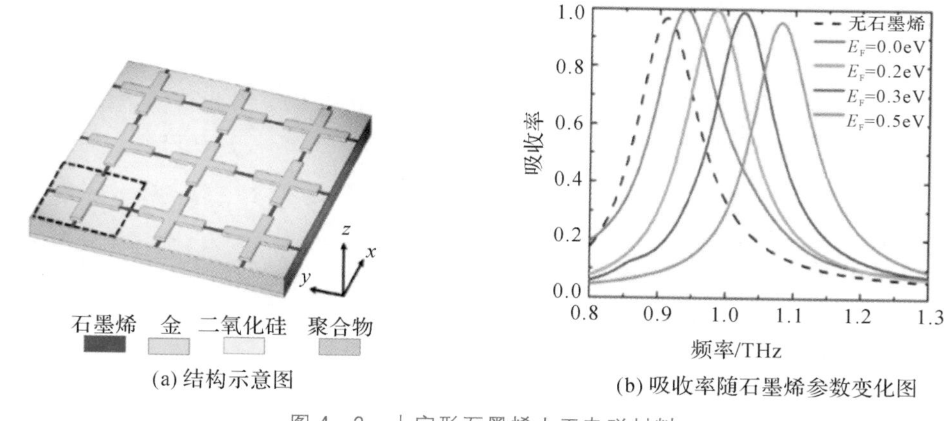

图 4-2　十字形石墨烯人工电磁材料

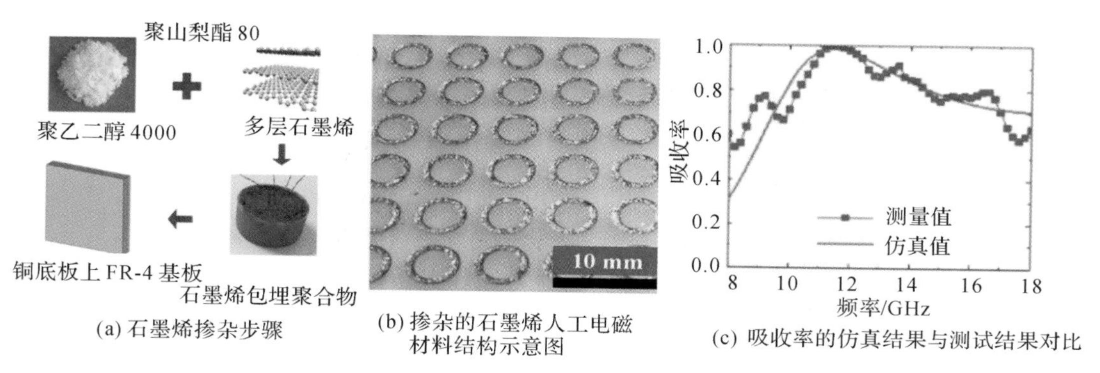

图 4-3　宽带石墨烯人工电磁材料吸波器

4.2 石墨烯人工电磁材料吸波器性能与分析

4.2.1 石墨烯电磁理论模型

1. Kubo 模型

对于单层或者少层(小于 4 层)石墨烯,其电磁特性用表面电导率 σ 来描述,可通过 Kubo 电导率模型考虑带间和带内跃迁。电导率由式(4-1)得出:

$$\sigma = \frac{\mathrm{i}e^2 k_B T}{\pi\hbar^2(\omega + \mathrm{i}/\tau)}\left(\frac{\mu_c}{k_B T} + 2\ln(\mathrm{e}^{-\frac{\mu}{k_B T}} + 1)\right) + \frac{\mathrm{i}e^2}{4\pi\hbar}\ln\left|\frac{2\mu_c - \hbar(\omega + \mathrm{i}/\tau)}{2\mu_c + \hbar(\omega + \mathrm{i}/\tau)}\right| \tag{4-1}$$

上式中,ω 为角频率,$\hbar$ 为约化普朗克常数,k_B 为玻尔兹曼常数,e 为电子-电荷,T 为温度,μ_c 为化学势,τ 为电子-声子弛豫时间。

2. Drude 模型

在低太赫兹频率范围,由于 Pouli 不相容原理,石墨烯的费米能级增加到光子能级的一半以上,石墨烯带间的电导率的贡献可以忽略不计,因此对于高掺杂石墨烯来说,可以只考虑费米能级 $E_F \gg k_B T$ 以及 $E_F \gg \hbar\omega$ 的情况,石墨烯的电导率可以通过类 Drude 模型表示如下:

$$\sigma = \frac{\mathrm{i}e^2 E_F}{\pi\hbar^2(\omega + \mathrm{i}/\tau)} \tag{4-2}$$

这里,弛豫时间 $\tau = (\mu E_F)/(e\nu_F^2)$,$\nu_F$ 为费米速度,μ 为电子迁移率,E_F 为费米能级。由实验测试可以得到 $\mu = 3000\ \mathrm{cm^2/(V \cdot s)}$,$\nu_F = 1.1\times10^6\ \mathrm{m/s}$。

我们假设石墨烯薄膜的电子能带结构不受相邻结构的影响,因此石墨烯的等效介电常数 ε_G 可以写成

$$\varepsilon_G = 1 + \mathrm{i}\frac{\sigma}{d_G\omega\varepsilon_0} \tag{4-3}$$

上式中,d_G 为石墨烯的厚度,ε_0 为真空中的介电常数。

3. 光波段模型

在光波段,石墨烯的等效折射率还可以用下式来表示:

$$n_G = 3 + \frac{\mathrm{i}C_1}{3}\lambda \tag{4-4}$$

上式中 C_1 约等于 $5.446\ \mu\mathrm{m}^{-1}$。石墨烯的等效介电常数 ε_G 可通过 $\varepsilon_G = n_G^2$ 得到。

4.2.2 人工电磁材料吸波原理

根据电磁波理论,一般规定均匀平面波沿 z 轴方向传播,电磁波沿 z 轴方向转播的波函数为:

$$\boldsymbol{E} = \boldsymbol{E}_m \mathrm{e}^{\mathrm{j}(\omega t - \boldsymbol{k}\cdot\boldsymbol{r})} \tag{4-5}$$

式中 ω 为电磁波的角频率,$\boldsymbol{E}_m$ 为垂直于 z 轴的常矢量,$\boldsymbol{k}$ 为波矢量,$\boldsymbol{r} = \boldsymbol{r}_x + \boldsymbol{r}_y + \boldsymbol{r}_z = \boldsymbol{e}_x x + \boldsymbol{e}_y y + \boldsymbol{e}_z z$ 为位置矢量,那么,磁场强度可以用式(4-6)表示:

$$\boldsymbol{H} = \frac{1}{\eta}\boldsymbol{e}_z \times \boldsymbol{E} = \frac{1}{\eta}\boldsymbol{e}_z \times \boldsymbol{E}_m \mathrm{e}^{\mathrm{j}(\omega t - \boldsymbol{k}\cdot\boldsymbol{r})} \tag{4-6}$$

式中，η 为波阻抗。那么，向任一方向传播的均匀平面波的波矢量为

$$\boldsymbol{k}=\boldsymbol{e}_1 k$$

$$\boldsymbol{E}=\boldsymbol{E}_{\mathrm{m}}\mathrm{e}^{\mathrm{j}(\omega t-\boldsymbol{k}\cdot\boldsymbol{r})} \tag{4-7}$$

$$\boldsymbol{H}=\frac{1}{\eta}\boldsymbol{a}_k\times\boldsymbol{E}=\frac{1}{\eta}\boldsymbol{a}_k\times\boldsymbol{E}_{\mathrm{m}}\mathrm{e}^{\mathrm{j}(\omega t-\boldsymbol{k}\cdot\boldsymbol{r})} \tag{4-8}$$

如图 4－4 所示，电磁波由媒质 1 向媒质 2 传输时，在垂直入射时，入射波的电场和磁场可以表示为

$$\boldsymbol{E}_1^+=\boldsymbol{e}_x E_{\mathrm{m1}}^+\mathrm{e}^{-\Gamma_1 z} \tag{4-9}$$

$$\boldsymbol{H}_1^+=\frac{1}{\eta_1}\boldsymbol{e}_z\times\boldsymbol{E}_1^+=\boldsymbol{e}_y\frac{1}{\eta_1}E_{\mathrm{m1}}^+\mathrm{e}^{-\Gamma_1 z} \tag{4-10}$$

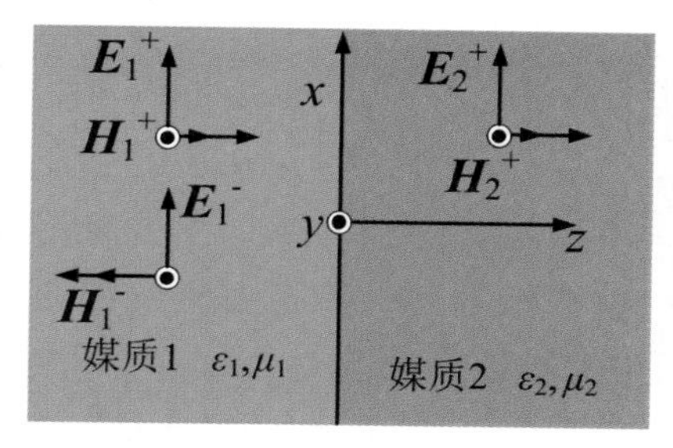

图 4－4　均匀平面波垂直入射到两种导电媒质分界面上示意图

反射波的电场和磁场可以用下式表示：

$$\boldsymbol{E}_1^-=\boldsymbol{e}_x E_{\mathrm{m1}}^-\mathrm{e}^{+\Gamma_1 z} \tag{4-11}$$

$$\boldsymbol{H}_1^-=\frac{1}{\eta_1}(-\boldsymbol{e}_z)\times\boldsymbol{E}_1^-=-\boldsymbol{e}_y\frac{1}{\eta_1}E_{\mathrm{m1}}^-\mathrm{e}^{+\Gamma_1 z} \tag{4-12}$$

透射波的电场和磁场则表示为

$$\boldsymbol{E}_2^+=\boldsymbol{e}_x E_{\mathrm{m2}}^+\mathrm{e}^{-\Gamma_2 z} \tag{4-13}$$

$$\boldsymbol{H}_2^+=\frac{1}{\eta_2}\boldsymbol{e}_z\times\boldsymbol{E}_2^+=\boldsymbol{e}_y\frac{1}{\eta_2}E_{\mathrm{m2}}^+\mathrm{e}^{-\Gamma_2 z} \tag{4-14}$$

则介质面 1 的合成电场和磁场分别为

$$\boldsymbol{E}=\boldsymbol{E}_1^++\boldsymbol{E}_1^-=\boldsymbol{e}_x E_{\mathrm{m1}}^+\mathrm{e}^{-\Gamma_1 z}+\boldsymbol{e}_x E_{\mathrm{m1}}^-\mathrm{e}^{+\Gamma_1 z} \tag{4-15}$$

$$\boldsymbol{H}=\boldsymbol{H}_1^++\boldsymbol{H}_1^-=\boldsymbol{e}_y\frac{1}{\eta_1}E_{\mathrm{m1}}^+\boldsymbol{e}^{-\Gamma_1 z}-\boldsymbol{e}_y\frac{1}{\eta_1}E_{\mathrm{m1}}^-\mathrm{e}^{+\Gamma_1 z} \tag{4-16}$$

透射系数和反射系数分别为

$$t=\frac{E_{\mathrm{m2}}^+}{E_{\mathrm{m1}}^+}=\frac{2\eta_2}{\eta_2+\eta_1} \tag{4-17}$$

$$r=\frac{E_{\mathrm{m1}}^-}{E_{\mathrm{m1}}^+}=\frac{\eta_2-\eta_1}{\eta_2+\eta_1} \tag{4-18}$$

吸收率为

$$A=1-|t|^2-|r|^2 \tag{4-19}$$

通过式(4－19)可以发现，为了提高吸收率就要减小透射系数和反射系数。2008 年，Landy 使用的三明治结构即为中间介质层两侧是金属条和背靠背的开口谐振环的周期结构。

后来人们发现，在人工电磁材料的介质基板后面涂覆一层金属层，由于金属的表面趋肤效应，电磁波无法穿透金属，因此透射系数近似为 0，即式(4-19)可简化为 $A=1-|r|^2$，因此后来研究的大部分人工电磁材料吸波器的背板都是金属材料。

4.2.3 石墨烯人工电磁吸波器分析方法

1. 介电常数与磁导率

由麦克斯韦方程组可知，介质材料的电场和磁场与介质的介电常数、电导率之间存在以下的本构关系：

$$J=\sigma E \tag{4-20}$$

$$E=\frac{D}{\varepsilon}=\frac{D}{\varepsilon_0\varepsilon_r} \tag{4-21}$$

$$H=\frac{B}{\mu}=\frac{B}{\mu_0\mu_r} \tag{4-22}$$

这里，E 为电场强度(V/m)，H 是磁场强度(A/m)，D 是电通量密度(C/m^2)，B 是磁感应强度(Wb/m^2)，J 是电流密度(A/m^2)，ε_0 为自由空间的介电常数，其值等于 8.854×10^{-12}(F/m)，μ_0 为自由空间的磁导率，其值等于 $4\pi\times10^{-7}$(H/m)。ε_r 和 μ_r 分别为介质的介电常数(等效介电常数)和磁导率(等效磁导率)。因此材料变化也就意味着介电常数和磁导率也跟着变化，对电磁波的响应也会发生变化。

2. 等效介质理论

当人工电磁材料的结构发生变化时，对电磁波的响应也会随之变化，根据前面介质的介电常数与电场之间的关系如式(4-21)所示，在电通量密度 D 没有发生变化的条件下，电场产生了变化，也就意味着结构的介电常数发生了变化。Koschny 等人提出等效介质理论，紧接着，D. R. Smith 等人通过 S 参数反推出结构的等效介电常数和等效磁导率。现将这一过程简述如下。

根据传输矩阵理论，在一维结构的平板介质中，电磁波传输矩阵 $\boldsymbol{T}$ 可用式(4-23)进行表示：

$$\boldsymbol{T}=\begin{bmatrix}\cos(nkd) & -z\sin(nkd)/k\\ k\sin(nkd)/z & \cos(nkd)\end{bmatrix} \tag{4-23}$$

上式中，k 为波数，d 为人工电磁材料结构的厚度，z 为结构的等效阻抗，n 为介质的等效折射率。

传输矩阵中，反射系数 r 为

$$r=\frac{T_{21}-\mathrm{i}kT_{12}}{2T_{11}+(\mathrm{i}kT_{12}+T_{21}/\mathrm{i}k)}=\mathrm{i}(1/z-z)\sin(nkd)/2 \tag{4-24}$$

透射系数 t 为

$$\begin{aligned}t&=\frac{2}{2T_{11}+(\mathrm{i}kT_{12}+T_{21}/\mathrm{i}k)}\\&=\frac{1}{\cos(nkd)-\mathrm{i}(z+1/z)\sin(nkd)/2}\end{aligned} \tag{4-25}$$

散射矩阵 $\boldsymbol{S}$ 为

$$\boldsymbol{S}=\begin{bmatrix} S_{11} & S_{12} \\ S_{21} & S_{22} \end{bmatrix} \tag{4-26}$$

式(4-26)中的 $S_{11}=S_{22}=r$，$S_{12}=S_{21}=t$。因此可以得到

$$z=\pm\sqrt{\frac{(1+S_{11})^2-S_{21}^2}{(1-S_{11})^2-S_{21}^2}} \tag{4-27}$$

$$n=\pm\frac{1}{kd}\arccos[(1-1-S_{11}^2+S_{21}^2)/2S_{21}] \tag{4-28}$$

$$\varepsilon=n/z,\ \mu=nz \tag{4-29}$$

根据式(4-27)、(4-28)和(4-29)可得结构的等效介电常数和等效磁导率。

3. 阻抗匹配理论

从 4.2.2 小节中的电磁波传输过程可以看出，如果希望吸波器性能提高，即吸收效率接近 100%，则反射率 $R(R=r^2)$ 近似为 0。而根据等效介质理论可知，

$$R=\left|\frac{Z_1-Z_0}{Z_1+Z_0}\right| \tag{4-30}$$

这里 Z_1 为吸波器的等效阻抗，Z_0 为自由空间的阻抗，若要实现完美吸收效应，则要求 $Z_1=Z_0$，即 $R=0$。自由空间的阻抗 Z_0 一般认为是 377 Ω(归一化后为 1)。因此在设计吸波器结构时，使吸波器的等效阻抗接近 377Ω(归一化值为 1)就容易得到吸收率接近 100% 的完美吸波器。

4. 多反射理论

另外一种解释吸波原理的理论也被广泛应用，这就是多反射理论(也称为干涉相消理论)。如图 4-5 所示，典型的吸波器大都采用 Fabry-Perot 谐振腔结构，经过多重反射后会产生干涉相消的现象，根据式(4-19)可知，吸收率越大，则需要透射率和反射率越小。由于吸波器的底板为金属，电磁波无法穿透，因此无法产生透射，所以透射率等于 0；又由于干涉相消的产生所以反射率也近似等于 0，这样吸收率近似为 100%，即产生了完美吸收。当然大部分情况下反射率做不到完全等于 0，因此吸收率也达不到 100%。但是干涉相消理论为提高吸波器的吸收率的设计和研究提供了思路。吸收率可以用式(4-31)来进行表示：

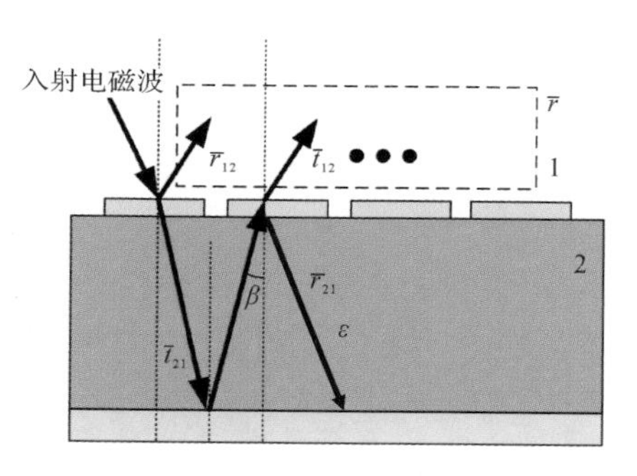

图 4-5　多反射理论示意图

$$\boldsymbol{A}=1-\bar{r}\approx 1-\bar{r}_{12}+\frac{\bar{t}_{12}\bar{t}_{21}\mathrm{e}^{\mathrm{i}2\beta}}{1+\bar{r}_{21}\mathrm{e}^{\mathrm{i}2\beta}} \tag{4-31}$$

因此研究者重点关注的是如何减小反射系数来增加吸收率。

4.3 石墨烯人工电磁材料在全向器件中的应用

4.3.1 概述

全向器件是对入射角度不敏感的一种器件，在电磁隐身、太阳能等方面有潜在的应用。一个理想的太阳能吸波器需要有效地选择性吸收和可调的带宽，优异的导热性和稳定性，以

及结构简单的高效太阳能电池热能转换功能。如图 4-6 所示，一种三维结构石墨烯人工电磁材料表现出全向吸收的特性且可实现灵活的可调性，展现了宽带太阳能吸收效果。图 4-7 显示的是太赫兹石墨烯基吸收材料可实现近 100%的全方向的吸收。微波段的全方向高效吸波也被关注，如图 4-8 所示。X 和 Ka 波段的全方向极化调制器也已被人们设计出来。

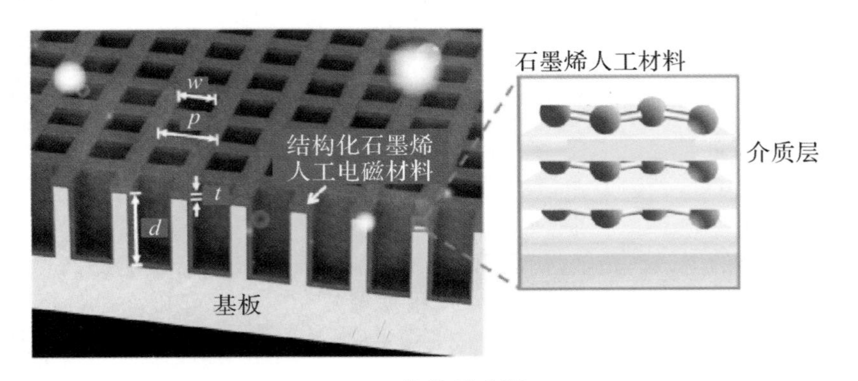

(a) 结构示意图

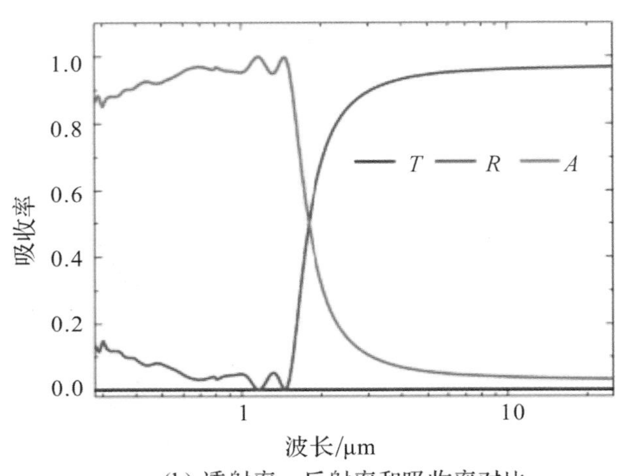

(b) 透射率、反射率和吸收率对比

图 4-6　三维结构石墨烯人工电磁材料太阳能吸波器

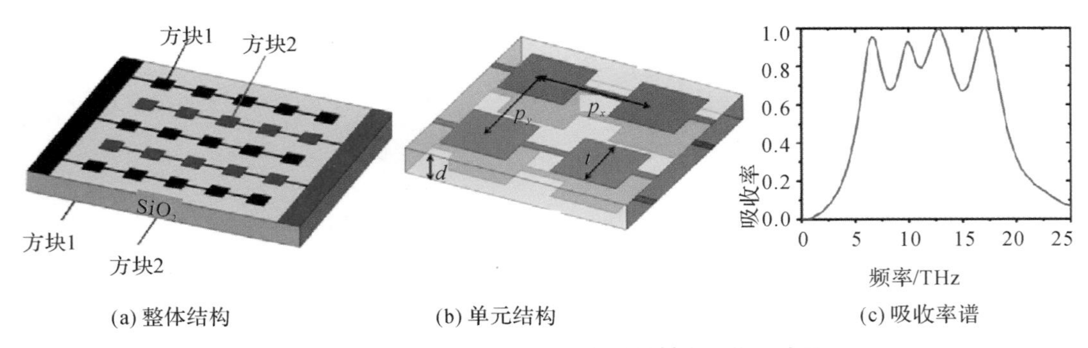

(a) 整体结构　(b) 单元结构　(c) 吸收率谱

图 4-7　三维结构石墨烯人工电磁材料太阳能吸波器

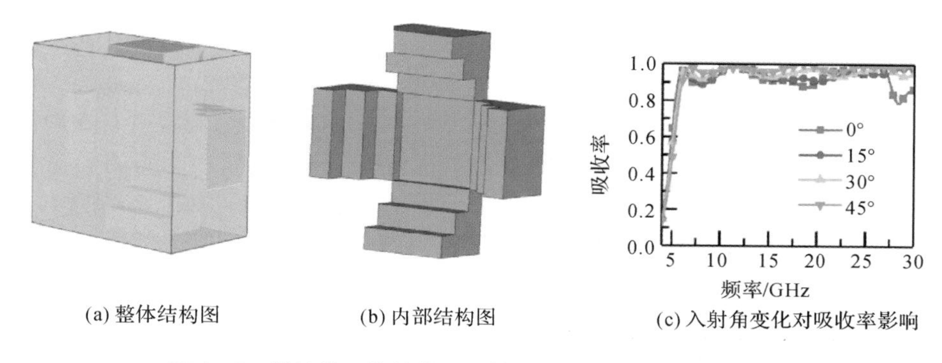

图 4-8　微波段三维结构石墨烯人工电磁材料全向吸波器

4.3.2　石墨烯人工电磁材料的近红外可调谐吸波器

1. 结构设计

本节介绍一种基于石墨烯人工电磁材料的近红外可调谐吸波器结构。该结构为多层的复合结构，如图 4-9 所示，表面由石墨烯和金的纳米圆盘组成，介质层为氟化镁，基板为金层，假设在室温（$T=300$ K）条件下工作，石墨烯的化学势 $\mu_c=0.3$ eV，使用具有周期性边界条件的时域有限差分法进行分析。假设电磁波沿 $-z$ 方向传播，由于底部为金属层，透射率为 0，根据式(4-19)可得，吸收率 $A(\omega)=1-R(\omega)$，$R(\omega)=|s_{11}|^2$为反射率。氟化镁的介电常数为 1.9，聚酰亚胺的介电常数为 1.8+0.03i，金的介电常数可以通过 Drude 模型来表示，如式(4-32)所示：

$$\varepsilon_{Au}=1-\frac{\omega_p^2}{(\omega^2+i\omega\gamma)} \tag{4-32}$$

这里，ω_p 为等离子频率，等于 1.37×10^{16} Hz，γ 为碰撞频率，等于 4.07×10^{13}s。

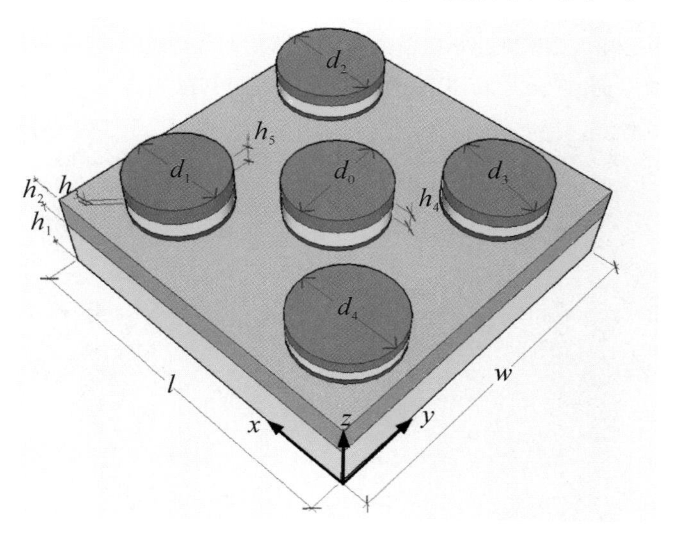

图 4-9　具有纳米圆盘的多层人工电磁材料单元结构示意图

2. 结果与分析

为了研究石墨烯在该结构中的作用，首先分析有无石墨烯层的结构在垂直入射下的吸收率。设单元结构的尺寸为 $w=l=600$ nm，$h_1=50$ nm，$h_2=20$ nm，$h_3=0.5$ nm，$h_4=h_5=10$ nm，$d_0=d_1=d_2=d_3=d_4=100$ nm。如图 4-10(a)所示，与没有石墨烯层的结构的吸收率相比，有石墨烯层可以调节纳米圆盘结构的吸收率，这是因为石墨烯等效介电常数的虚部在一定频率范围内变化显著，如图 4-10(b)所示。在 215、233.75 和 243.25 THz 的频率下，可以发现在五个纳米圆盘上有大小相同的三个吸收频点，吸收率分别为 88%、86%和 44%，如图 4-10(a)所示。

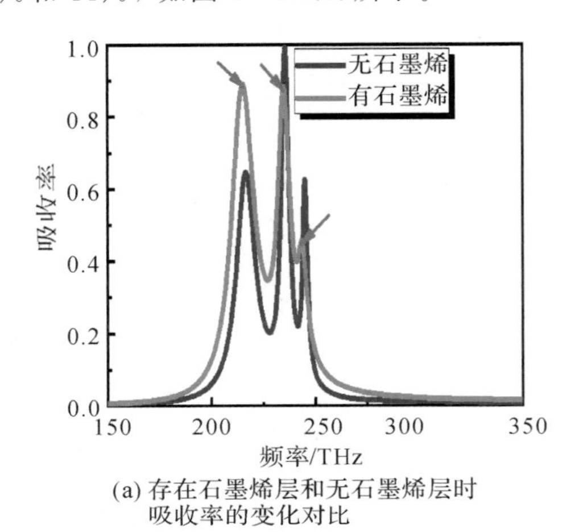

(a) 存在石墨烯层和无石墨烯层时吸收率的变化对比

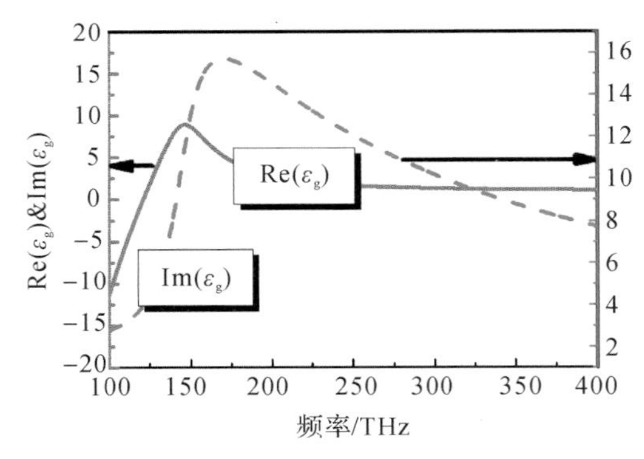

(b) 石墨烯在 100~400 THz 下的等效介电常数的实部与虚部的变化情况

图 4-10　石墨烯的吸收率与等效介电常数

为了进一步研究在不同频率点的吸收情况，如图 4-11 所示，我们绘制了三个吸收峰的表面电流分布。从该图中可以观察到中心的纳米圆盘与周围的纳米圆盘之间存在强烈的谐振。在 215 THz 处谐振的产生主要是由于中间的纳米盘与周围的 4 个纳米盘之间在对角线上的能量耦合。由 233.75 THz 处的表面电流可以看出，能量主要集中在中间纳米盘和周围 4 个纳米盘边缘。而在 243.25 THz 处能量主要集中在周围的 4 个纳米盘上。

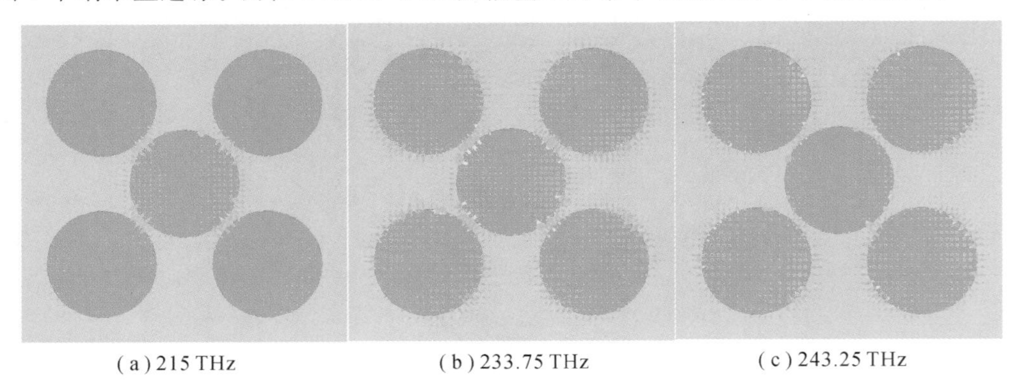

(a) 215 THz　　(b) 233.75 THz　　(c) 243.25 THz

图 4-11　不同频率处表面电流分布情况

3. 尺寸变化对吸收特性的影响

为了进一步研究该结构的吸收特性，我们调整纳米盘的直径如下：$d_0=120$ nm，$d_1=$

$d_2 = d_3 = d_4 = 80$ nm，其他参数与图 4 - 10 一致。图 4 - 12(a)中显示了纳米圆盘结构的吸收率，可以发现此时出现两个吸收峰，说明改变纳米圆盘直径会导致谐振频率的偏移。图 4 - 12(b)和(c)所示的是两个谐振频率下的表面电流分布。图 4 - 12(b)显示在 196.25 THz 处表面电流主要集中在中间位置的尺寸较大的纳米圆盘上，说明此时入射电磁波在尺寸大的纳米圆盘上产生了谐振。图 4 - 12(c)中，在 280.25 THz 处为另一个谐振频率，四个纳米圆盘边缘的表面电流分布不完全相同，此时中间位置的尺寸较大的纳米圆盘与四周的尺寸较小的纳米圆盘产生了耦合谐振，能量主要集中在纳米圆盘在对角线位置的边缘处。

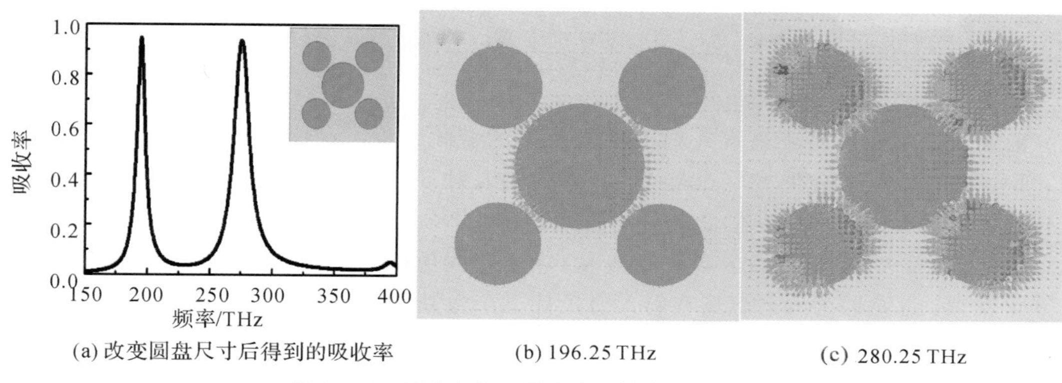

(a) 改变圆盘尺寸后得到的吸收率　(b) 196.25 THz　(c) 280.25 THz

图 4 - 12　吸收率与不同频率下的表面电流分布

现在进一步减小四个纳米圆盘的直径，保持中心纳米圆盘的半径和中心位置不变。图 4 - 13 中显示的是谐振频率下的吸收谱和表面电流分布。与图 4 - 12 类似，中心纳米盘的直径决定了低频谐振频率，四个尺寸较小的纳米圆盘决定了高频谐振频率。

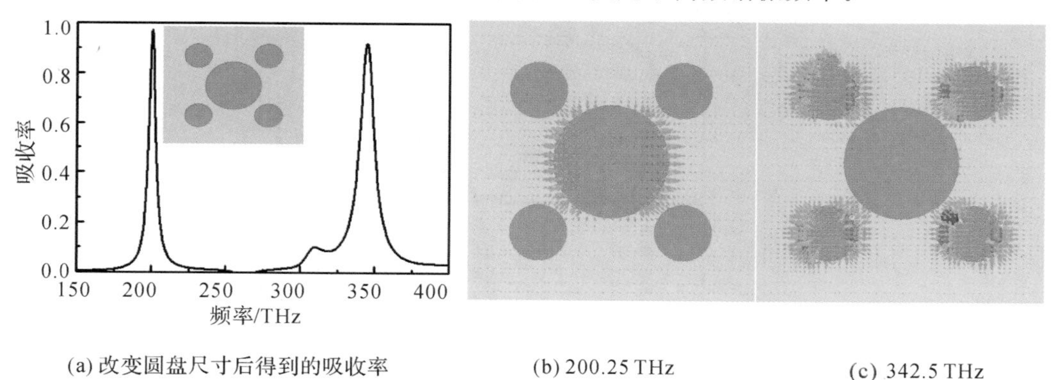

(a) 改变圆盘尺寸后得到的吸收率　(b) 200.25 THz　(c) 342.5 THz

图 4 - 13　谐振频率下的吸收谱与表面电流分布

保持中心纳米盘直径不变，两对角线纳米盘直径一致，分别为 60 nm 和 80 nm，吸收谱和表面电流分布如图 4 - 14 所示。在图 4 - 14(a)中，三个吸收峰分别出现在 198.5 THz、280 THz 和 342.25 THz 处。比较图 4 - 12 和 4 - 13 的结果，我们发现低频吸收峰出现在较大直径的纳米圆盘谐振频率处，在 280 THz 处的谐振是由于 $-45°$ 对角线上的圆盘与中心圆盘之间产生的谐振，而 342.25 THz 处的频点则是由 $+45°$ 对角线上的圆盘与中心圆盘之间产生的谐振引起的。因此改变四个纳米盘的尺寸可以得到多频吸收的效果。

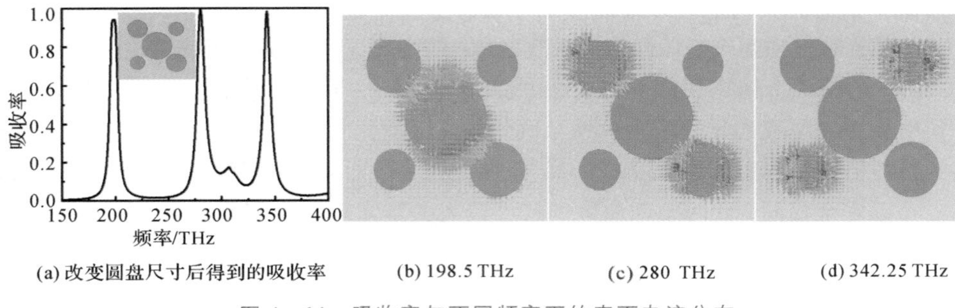

(a) 改变圆盘尺寸后得到的吸收率　(b) 198.5 THz　(c) 280 THz　(d) 342.25 THz

图 4-14　吸收率与不同频率下的表面电流分布

4. 全向及偏振特性讨论

前面讨论了在平面波垂直入射下的吸收率的变化情况。对比垂直入射角对吸收的影响，下面我们分别讨论在30°、50°、70°、80°的斜入射下，纳米圆盘在不同直径时的吸收率变化图。在图4-15(a)中，在 $d_0=120$ nm、$d_1=d_2=d_3=d_4=80$ nm 的条件下，当入射角增大时，在200 THz左右的吸收峰基本不变，吸收值略有降低。中频和高频处的吸收频点变化较大，这是因为入射电场在斜入射条件下产生新的分量，从而在新的频点又产生谐振。因此新的谐振频点随入射角变化而变化。图4-15(b)显示的是 $d_0=120$ nm、$d_1=d_2=d_3=d_4=60$ nm 时的吸收频谱，与4-15(a)类似的是低频点吸收频率几乎不变，中频和高频的频点变化明显。在图4-15(c)中，当 $d_1=d_3=60$ nm、$d_2=d_4=80$ nm 时，结果与图4-15(a)和(b)类似，当入射角变化时，低频处200 THz左右的谐振频点几乎不变，因此得到在200 THz处全向吸收的结果，该结果在全向器件中有潜在的应用。

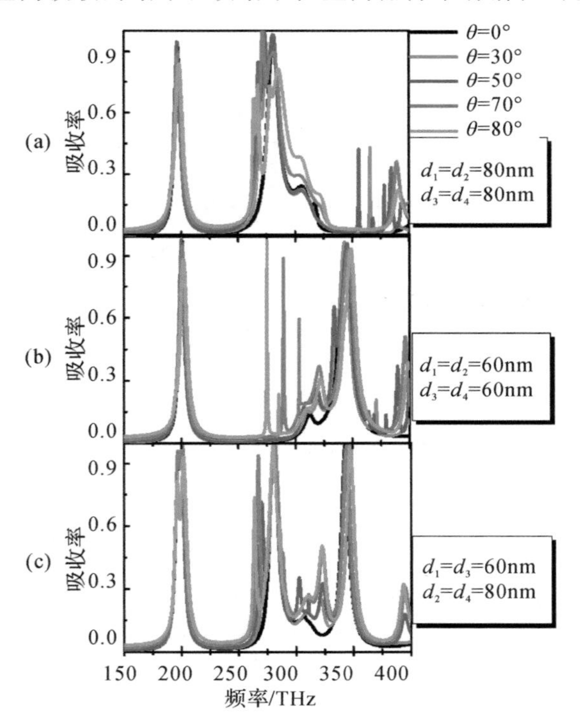

图 4-15　不同入射角度下石墨烯人工电磁材料吸波器的吸收率的变化($d_0=120$ nm)

图 4－16 显示的是在不同的偏振条件下，即在横电波(Transverse Electric Wave，TE)和横磁波(Transverse Magnetic Wave，TM)时的吸收率的对比。从该图中可以看出，对于不同尺寸的纳米盘，其吸收率不同，但是在 TE 和 TM 波条件下，吸收率几乎无变化，因此该结构还具备偏振不敏感的特点。

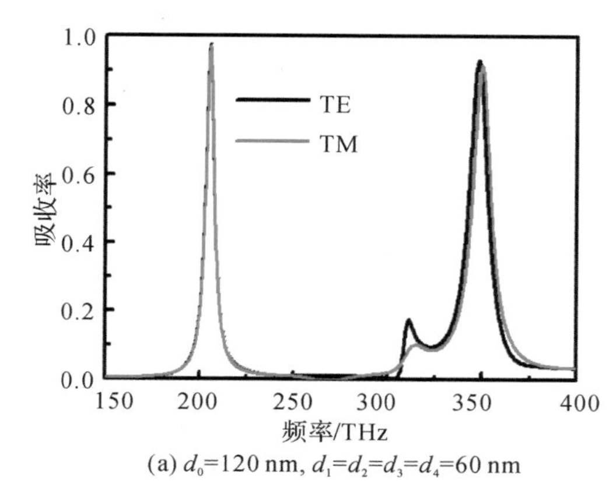

(a) d_0=120 nm, d_1=d_2=d_3=d_4=60 nm

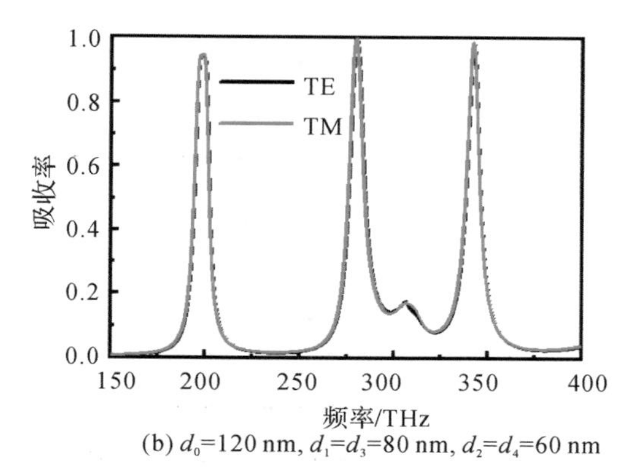

(b) d_0=120 nm, d_1=d_3=80 nm, d_2=d_4=60 nm

图 4－16　TE 模式和 TM 模式下吸收率对比

综上所述，我们从理论上研究了由金属、各向同性介质和石墨烯组成的多层结构，得到偏振无关吸收特性，根据纳米圆盘的表面吸收电流分布得到该多层结构的电磁波吸收的物理机制。分析得到石墨烯人工电磁材料的吸收率可以通过纳米盘的直径来调节，并且发现了双波段、三波段吸波器。而且该多层石墨烯人工电磁材料吸波器在低频段具有大角度入射的特性，可应用于全向吸波器以及多波段吸波器，同时兼具偏振不敏感的特性。

4.3.3　石墨烯人工电磁材料的完美吸波器

接下来介绍另一种基于石墨烯人工电磁材料的完美吸波结构，利用电磁仿真方法对其在近红外波段吸收率性能进行研究。通过调节结构参数，实现了对吸波频带的调控，同时研究了电磁波入射角度对吸收率的影响，实现了全向的高效吸收。

1. 结构设计

如图 4－17 所示，我们设计石墨烯人工电磁材料为 4 层层状周期结构，从底层到顶层的介质分别为金层、二氧化钛(TiO_2)、石墨烯、金四层结构。定义每层厚度分别为 h_1、h_2、h_3、h_4(从底层开始)，每个周期单元长度为 a，宽度为 b，顶层圆环外径为 r，内径为 r_1，圆环中心有一石墨烯圆柱，厚度为 h_3+h_4，圆柱直径为 r_0，电磁波传播沿 $-z$ 方向，电场沿 x 方向。

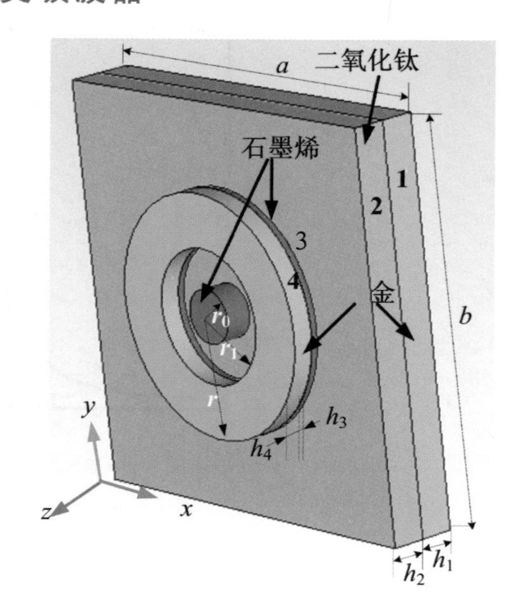

图 4－17　石墨烯人工电磁材料吸波器几何结构

首先我们考虑该结构中几何参数对电磁波吸收特性的影响。选择参数 $h_1 = 20$ nm，$h_3 = 0.5$ nm，$h_4 = 20$ nm，$a = b = 300$ nm，$r = 180$ nm，$r_1 = 100$ nm，$r_0 = 40$ nm，图 4－18(a)显示当 TiO_2 层厚度增加时会使得吸收率增加，在 30 nm 时吸收率达到最大，TiO_2 层厚度大于 30 nm 后又会使得吸收率减小，这说明介质层厚度对吸收率起到较强的调谐作用。取 $h_2 = 30$ nm，其余参数不变，改变顶层金圆环厚度，我们发现，吸收率的值受其厚度影响较大，当金环厚度 h_4 在 20 nm 时，吸收率可达到 100%。从图 4－18(b)可以看出，介质层厚度对吸收率影响较大。

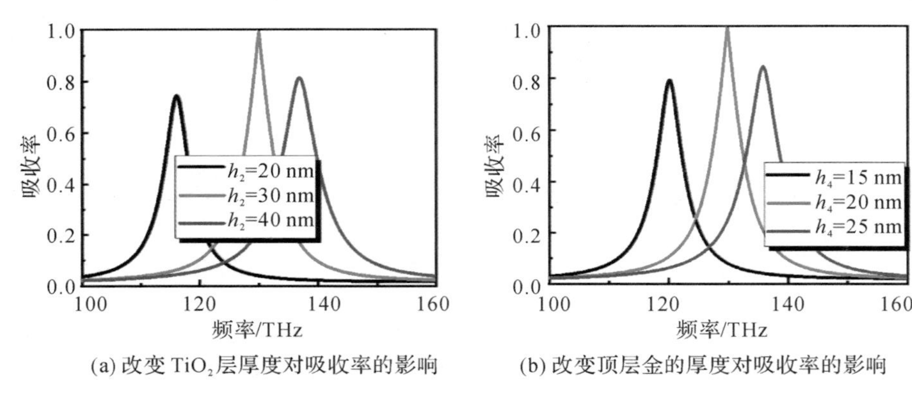

(a) 改变 TiO_2 层厚度对吸收率的影响　　(b) 改变顶层金的厚度对吸收率的影响

图 4－18　石墨烯人工电磁材料吸收率与厚度关系

2. 结果与分析

选择 $h_2 = 30$ nm，$h_4 = 20$ nm，从图 4－19 可以看出，存在石墨烯圆盘时的吸收率接近 100%，频点在 130 THz 左右，无石墨烯圆盘时吸收率降到 95% 以下，且频点左移至 105 THz 左右，说明单元结构中心的石墨烯圆盘能够起到调谐吸收频段和吸收率的作用。

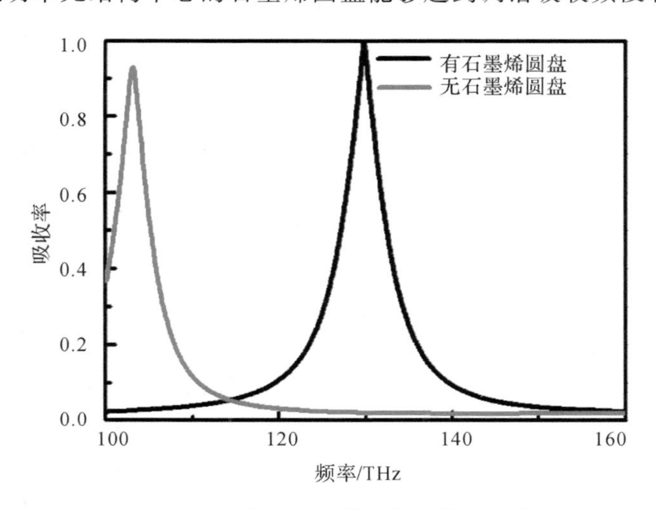

图 4－19　有无石墨烯圆盘吸收率对比

不改变几何参数，我们画出该单元结构在 TE 和 TM 偏振下 130 THz 处的电场分布及表面电流分布，如图 4－20 和 4－21 所示。结果显示，单元结构上的圆环周围的电场较强，表面电流聚集，说明该圆环在增强吸收方面效果较好，而且 TE 和 TM 偏振下电场分布和表面电流分布类似，说明该结构具备偏振不敏感的特点。

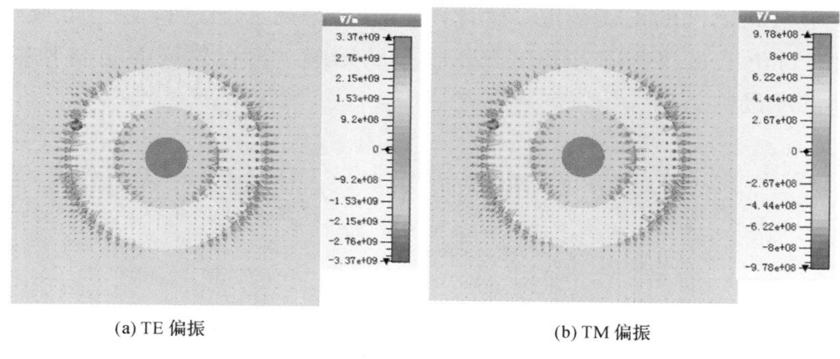

(a) TE 偏振　　(b) TM 偏振

图 4-20　130 THz 处的电场分布

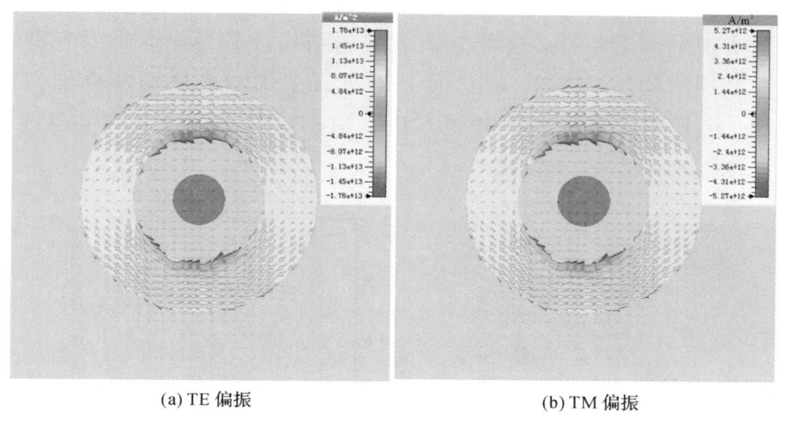

(a) TE 偏振　　(b) TM 偏振

图 4-21　130 THz 处的表面电流

3. 全向特性分析

前面显示的结果是在垂直入射的情况下得到的。下面我们假设入射角从 0°到 85°变化，我们分别取 0°、30°、50°、70°、85°时吸收率的变化情况，如图 4-22 所示。从该图可以看出，在 0°～70°变化范围内，吸收频段及吸收率变化不大，即具有大角度高效吸收的效果，可实现全向吸波器。

我们采用电磁仿真的方法对石墨烯人工电磁材料的吸收特性进行了研究，首先分析了石墨烯人工电磁材料单元结构参数对吸收率的影响，并在此基础上得到完美吸收的几何参数，从吸波器的电场分布及表面电流分布，研究了吸收特性的物理机理，同时考虑了电磁波入射角对吸收率的影响。研究结果表明，通过合理选择该结构的几何参数，得到完美吸收；当入射角增加时，吸收频段和吸收率变化不大，可实现大角度的全向吸收。以上研究结果为石墨烯人工电磁材料吸波器制备提供了理论依据。

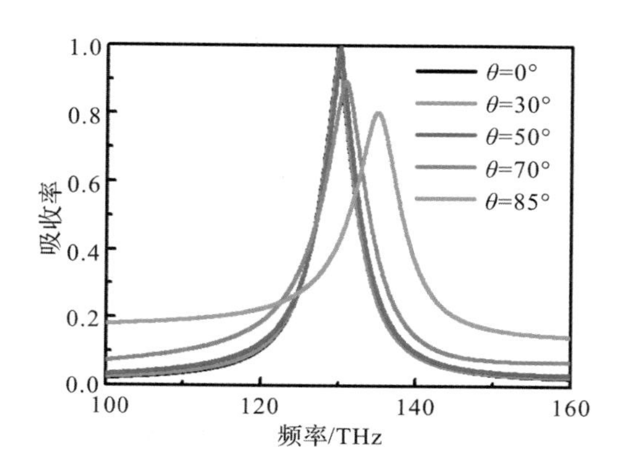

图 4-22　电磁波入射角对吸收率的影响

本节概述了全向器件的发展概况，设计了两种石墨烯人工材料的全向吸波结构，分析了吸波的原理，讨论了参数变化对吸波器吸收率的影响，为石墨烯人工材料在全向吸波器件上的应用提供了设计思路。

4.4 石墨烯人工电磁材料在双频吸波器中的应用

4.4.1 概述

双波段人工电磁材料吸波器在红外波段、太赫兹波段、光通信波段等有广泛的研究和应用，图 4-23 显示的是通过微机电系统(Micro-electro-mechanical system，MEMS)控制的双波段吸波器实现电调谐特性，这种电调谐方法结构比较复杂。研究者把石墨烯加载到三维人工电磁材料等结构里，如图 4-24 所示，将石墨烯与介质交替叠加实现多电压控制的双波段吸波器。用石墨烯实现电控制的方法结构相对简单，可以产生高效、双波段的吸波特性，在不同的频段有潜在的应用。

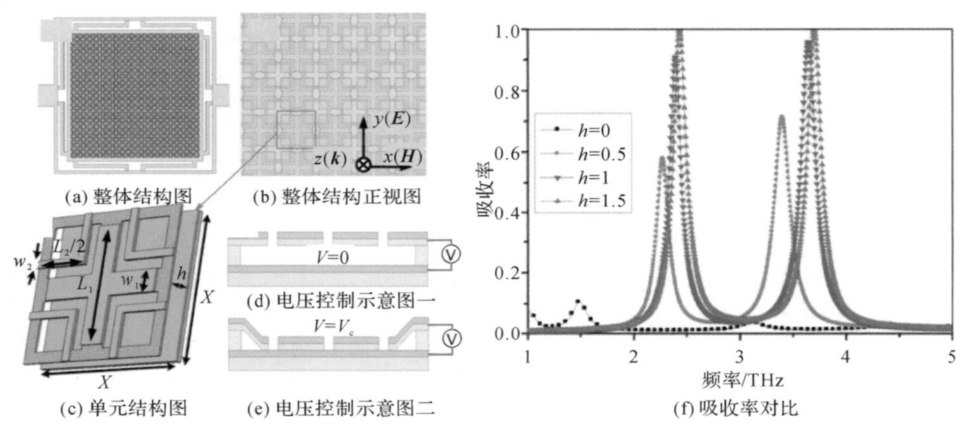

图 4-23 太赫兹波段 MEMS 控制的人工电磁材料双波段吸波器

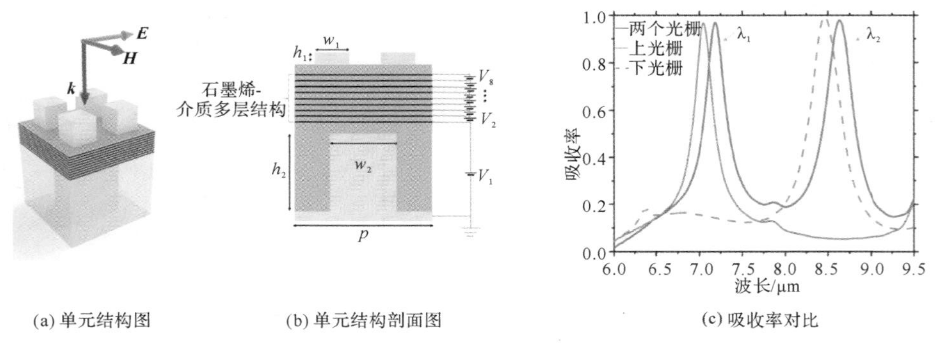

图 4-24 三维结构的双波段完美吸波器

4.4.2 结构设计与结果分析

我们在金属基底上设计一个基于石墨烯的复合结构单元，由金-二氧化钛(TiO_2)-石墨

烯(自下而上)组成，氟化锂(LiF)介电层位于金属基底之上，复合结构单元位于 LiF 介电层之间，如图 4－25 所示。在周期性边界条件下，利用时域有限差分法分析电磁波垂直入射情况下该复合结构的吸波率。石墨烯单元结构的尺寸参数如下：$w=2\ \mu m$，$z_1=0.5\ \mu m$，$z_2=0.5\ \mu m$，$z_3=1\ nm$；z_1、z_2、z_3、z_4 分别为金、TiO_2、石墨烯和 LiF 的厚度。w、w_b 和 w_m 分别是金、LiF 和石墨烯的宽度。假设电磁波在 TM 模式下沿 z 方向传播，电磁波可以完全被结构底部的金层反射，与上一小节结果一致，吸收率 $A(\omega)=1-R(\omega)$，透射率 $T(\omega)=|S_{21}|^2=0$，反射率 $R(\omega)=|S_{11}|^2$。

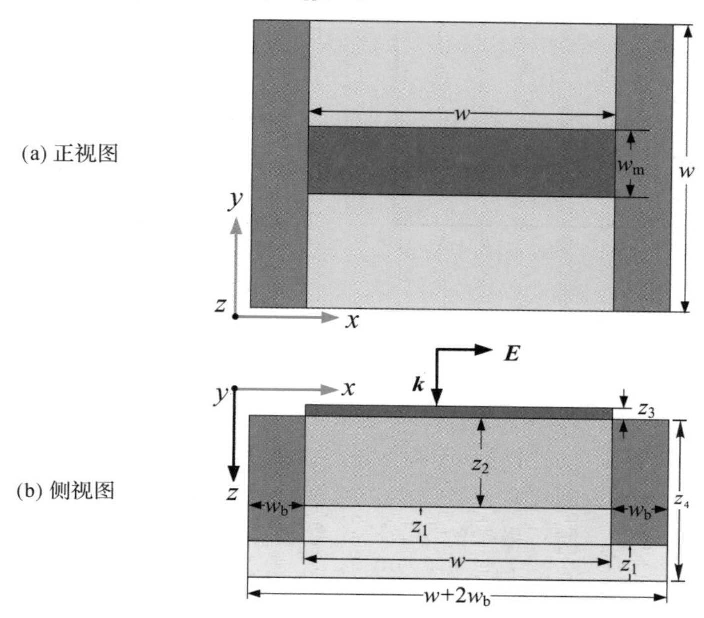

图 4－25　石墨烯人工电磁材料的双频吸波器结构示意图

为了研究石墨烯人工电磁材料在结构中的作用，我们比较了不同结构的波吸收情况，如图 4－26 所示，无 LiF 层的结构的吸收率近似为零，而完整结构在 36.23 THz 左右可以获得较理想的吸收率。

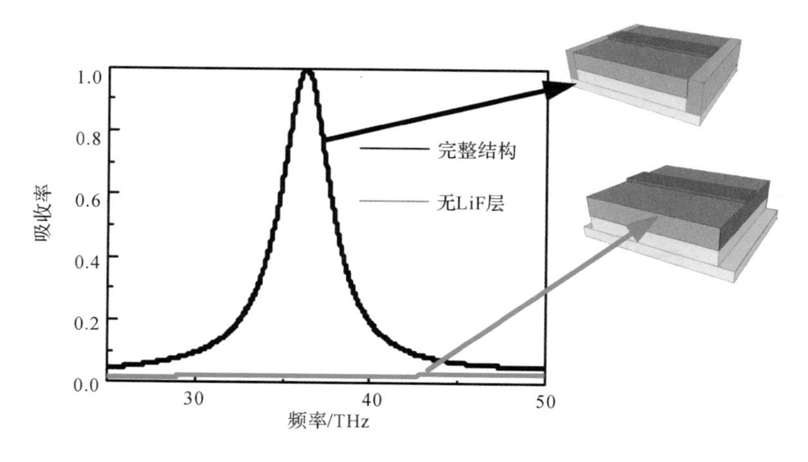

图 4－26　不同结构的吸收率对比

为了说明该结构的吸收机理，图 4－27 显示了该结构的等效介电常数 ε 和归一化的等效阻抗 z 的变化情况。在图 4－27(a)的谐振频率下，ε 的虚部接近于0(0.044)，而 ε 的实部值较大。因此，吸收谐振是电谐振。此外，从图 4－27(b)中的等效阻抗可以看到，在 36.23 THz 左右，归一化等效阻抗虚部近似为 0，而实部近似为 1，基本上实现了阻抗匹配。

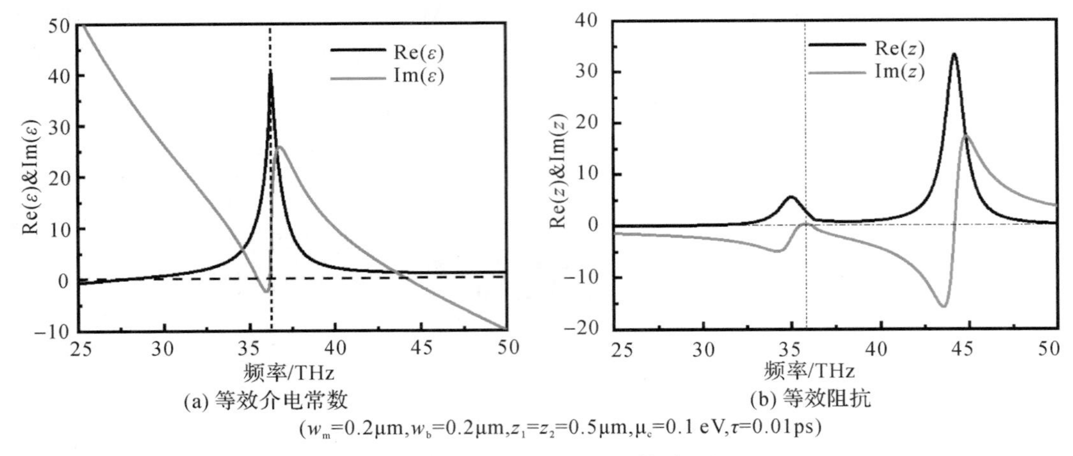

图 4－27　等效介电常数与等效阻抗

考虑石墨烯的介电常数受化学势 μ_c 和电子-声子弛豫时间 τ 的影响。图 4－28 示出了吸收光谱随 τ 的变化而变化的情况。结果表明，在 τ 大于 1 ps 时，可以获得双波段吸收，在 36.4 THz 时吸收峰几乎没有变化，但在 34.3 THz 时出现较大的波动。说明化学势 μ_c 和电子-声子弛豫时间 τ 可以控制石墨烯的等效介电常数。

如图 4－29 所示，τ＝10 ps 时，其他参数如图 4－28 所示，使用等效介质理论计算复合吸收体的归一化等效阻抗 z。在 34.3 THz 和 36.4 THz 处，阻抗的实部接近 1(归一化阻抗)，阻抗的虚部为 0。同理可得，对应的阻抗是匹配的。

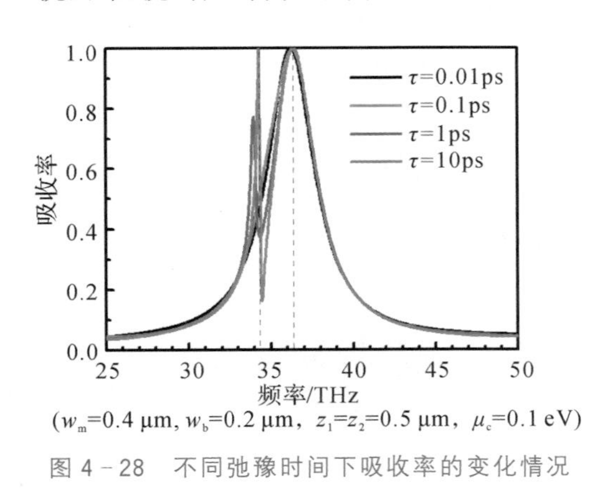

图 4－28　不同弛豫时间下吸收率的变化情况

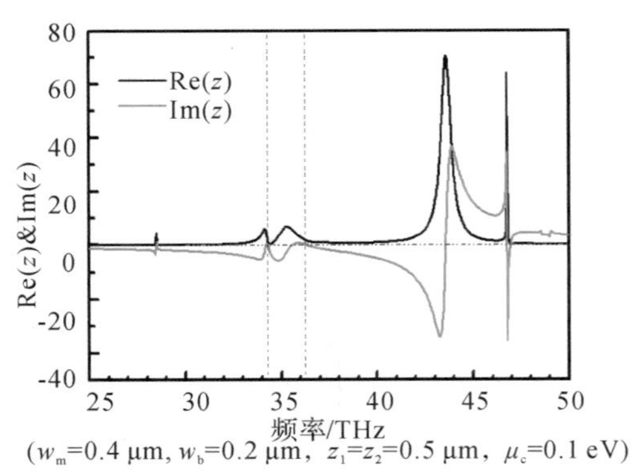

图 4－29　25～50THz 下 τ＝ 10 ps 的等效阻抗

4.4.3　吸波特性分析

为了进一步研究该结构的吸收特性，如图 4－30 所示，我们计算了该结构的吸收频点的电场和表面电流分布，与 34.3 THz 和 36.4 THz 的两个吸收峰相比，我们可以发现，在谐振频率下，电场分布集中在结构表面，如图 4－30(a)和(d)所示。在图 4－30(b)(正视图)和(c)(侧视图)中可以清楚地表示 34.3 THz 的表面电流分布。可以看出，表面电流分布集中在 LiF 层上，并且在 LiF 和石墨烯带之间最密集。36.4 THz 的图 4－30(e)(正视图)和(f)(侧视图)显示了类似的结果。与图 4－30(c)相比，最大密度出现在远离石墨烯带的 LiF 层两侧，这是因为两层 LiF 相当于电容，将能量局限在 LiF 层上。

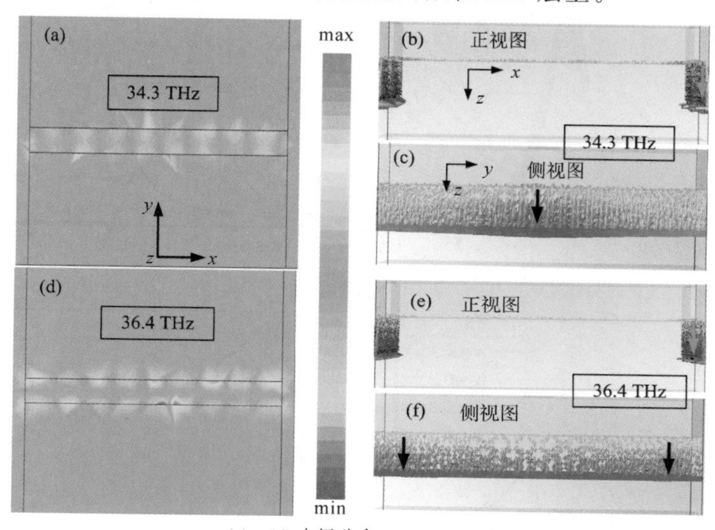

(a)、(d) 电场分布；(b)、(e) 正视图；
(c)、(f)侧视图
(w_m=0.4 μm, w_b=0.2 μm, z_1=z_2=0.5 μm, μ_c=0.1 eV, τ=10 ps)

图 4－30　频点 34.3 THz 和 36.4 THz 处的电场和表面电流分布

图 4－31 显示了石墨烯的化学势 μ_c 和电子-声子弛豫时间 τ 对复合结构的吸收频点的影响。μ_c 的增加导致吸收率降低，而在图 4－31(a)中，τ＝0.01 ps 时吸收频点几乎没有变化。但是，当 τ＝ 1 ps 时，可以观察到双频吸收。因此，吸收率可以通过 μ_c 和 τ 来调节，这是因为这两个参数可以控制石墨烯的等效介电常数，进而控制了吸收率的变化。

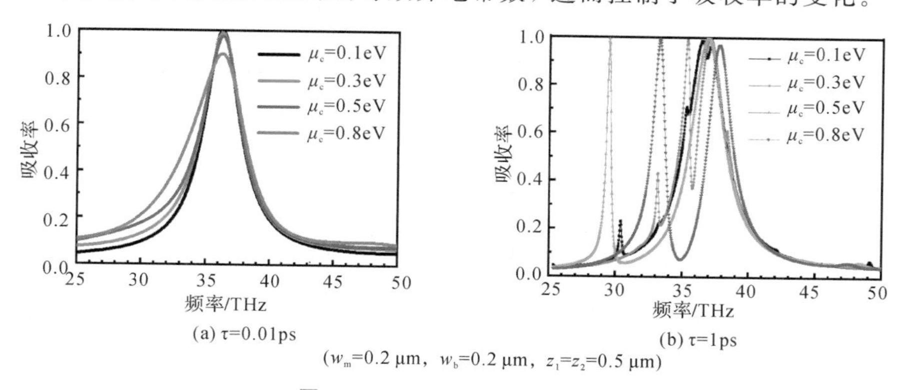

(w_m=0.2 μm, w_b=0.2 μm, z_1=z_2=0.5 μm)

图 4－31　不同 μ_c 下的吸收率

为了研究石墨烯在我们所用的结构中的吸收作用，我们分析了结构在正入射下的吸收，如图 4－32(a)、(b)所示。选择 w_b＝0.2 μm，w_m 为从 0.2 到 1.6 μm，其他参数不变。结果表明，当 w_m＝0.2～1.6 μm 时，可在接近 36.23 THz 处获得完美的吸收。图 4－32(a)还显示，随着 w_m 的增加，石墨烯带对吸收的影响很小。

为了进一步了解吸收的物理机制，图 4-32(b)中显示出该结构的吸收率随频率变化的情况。我们可以从中观察到吸收可以通过 LiF 板的宽度 w_b 来调节。当 w_b 为 0.2 μm 时，在36.23 THz 处产生了一个理想的吸收体，表明 LiF 层的宽度可以调节谐振频率。图 4-32(c)和(d)表明，当 w_b 增大时，等效介电常数 ε 的实部和虚部会发生红移。

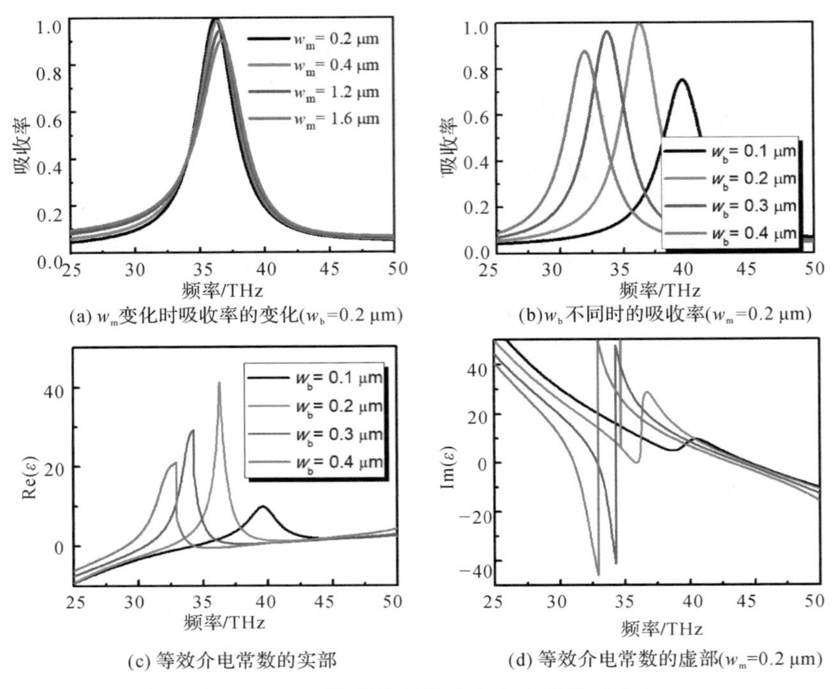

(a) w_m变化时吸收率的变化(w_b=0.2 μm)　(b)w_b不同时的吸收率(w_m=0.2 μm)

(c) 等效介电常数的实部　(d) 等效介电常数的虚部(w_m=0.2 μm)

图 4-32　石墨烯的吸收率与介电常数的变化

如图 4-33 所示，考虑 z_1 和 z_2 的进一步变化对吸收率的影响。随着 z_1 和 z_2 的增加，吸收率呈现红移现象。此外，在改变 z_1 时，该偏移范围较大，而在改变 z_2 时则较小。因此介质的厚度对吸收率影响较大。

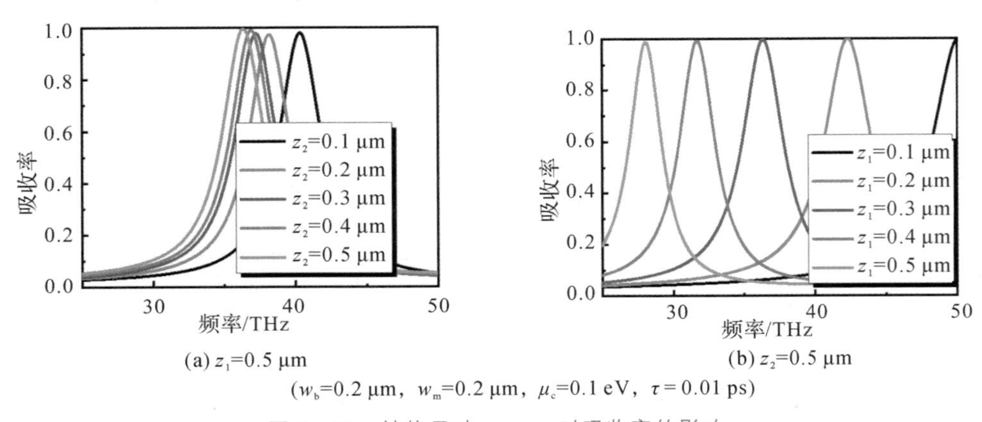

(a) z_1=0.5 μm　(b) z_2=0.5 μm

(w_b=0.2 μm，w_m=0.2 μm，μ_c=0.1 eV，τ = 0.01 ps)

图 4-33　结构尺寸 z_2、z_1 对吸收率的影响

本小节通过在金属基底上设计一种三维石墨烯人工电磁材料结构，得到了中红外波段窄、双波段的完美吸收，并进行了理论分析。我们提出的石墨烯人工电磁材料由金-TiO_2-

石墨烯三层结构组成。通过数值模拟分析了该结构的等效介电常数和归一化等效阻抗。通过改变石墨烯的化学势、电子-声子弛豫时间、LiF 和 TiO_2 的宽度，可以调节该人工结构的吸收特性。研究结果对完美吸波器、滤波器、光通信等领域的应用具有一定的参考价值。

4.5　石墨烯双曲人工电磁材料及应用

双曲人工电磁材料，即一种具有双曲线色散关系的各向异性介质材料，如图 4-34 所示。我们已在微波、光学和红外频率范围内对这种材料进行了研究。双曲人工电磁材料容易获得比较大的群速度，因此在光通信、光存储、光波导以及纳米级谐振器等领域有潜在的应用。

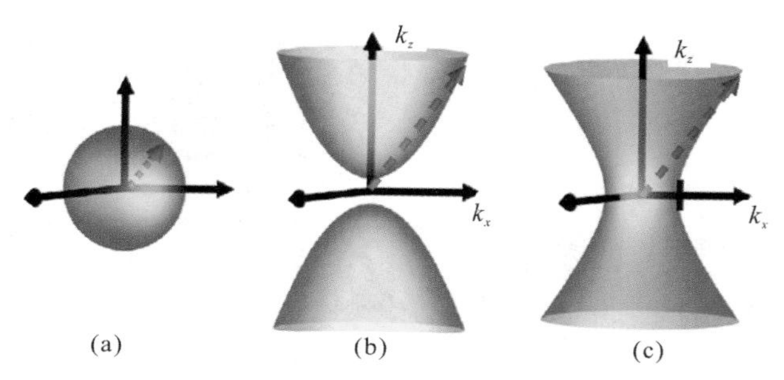

图 4-34　双曲人工电磁材料的散射曲线

近年来，随着纳米工艺的不断发展，双曲人工电磁材料逐渐被人们重视。早在 1969 年，加利福尼亚的 Fisher 等人首先在磁化等离子体天线中通过实验实现了双曲色散特性，但在当时并未提出双曲色散特性(Hyperbolic Dispersion)的概念，直到 2003 年，Smith 等人研究人工电磁材料时在文中提出一种开口谐振环的结构具有双曲线的色散特性，如图 4-35 所示，人们把具有双曲色散特性的人工电磁材料称为双曲人工材料(简称双曲材料)。

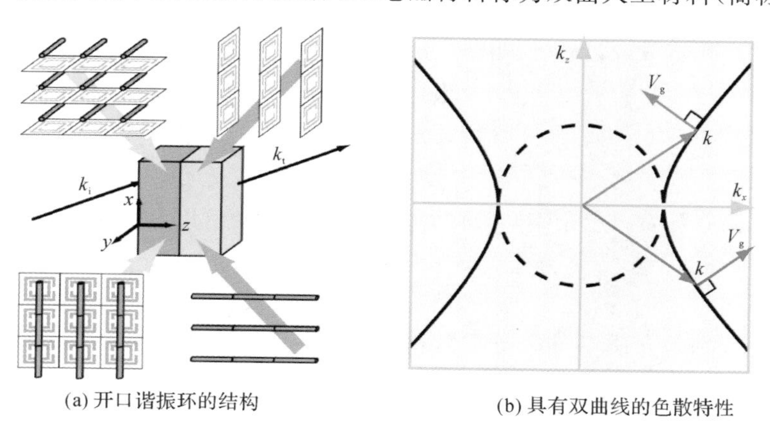

图 4-35　双曲色散特性

近年来，随着人工电磁材料研究的不断深入，作为人工材料的一个分支，双曲人工材料的特性也得到了越来越多的研究者的关注，并且迅速成为研究热点。2008 年 J. Yao 等人在 Science 上发表文章提出一种基于 Al_2O_3/Ag 材料的纳米线结构，如图 4-36 所示，通过实验证明该结构能产生光学负折射现象。2009 年 Noginov 等人通过实验证明了利用氧化铝和银能够实现各向异性，且在波长大于 0.84 μm 时表现出双曲色散曲线。现有的研究表明，当特定的两种材料按照一定方式组合后，即会在特定的频段出现双曲色散特性。最近，High 等人在 Nature 上发表的研究成果表明在可见光波段已实现双曲材料。

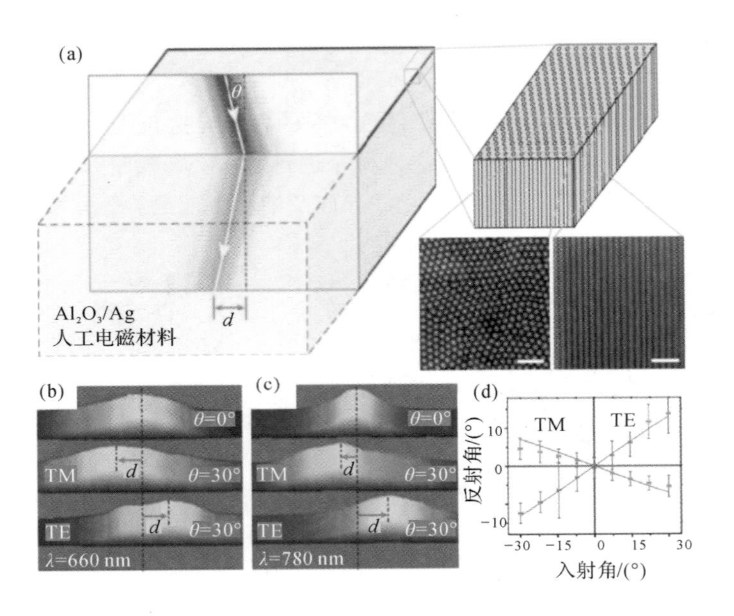

图 4-36 石墨烯纳米线人工电磁结构

4.5.1 石墨烯双曲材料的电磁特性

1. 双曲人工电磁材料的电磁特性

对于一维双曲人工电磁材料的几何模型，根据相对介质理论，其等效介电常数可以表示为式(4-33)所示形式：

$$\boldsymbol{\varepsilon}=\begin{bmatrix}\varepsilon_{xx} & 0 & 0\\ 0 & \varepsilon_{yy} & 0\\ 0 & 0 & \varepsilon_{zz}\end{bmatrix} \tag{4-33}$$

这里 $\varepsilon_{xx}=\varepsilon_{yy}=\varepsilon_{\parallel}$，$\varepsilon_{zz}=\varepsilon_{\perp}$. 水平和垂直方向相对介电常数可以表示为式(4-34)所示形式：

$$\varepsilon_{\parallel}=\frac{t_g\varepsilon_g+t_c\varepsilon_c}{t_g+t_c},\quad \varepsilon_{\perp}=\frac{\varepsilon_g\varepsilon_c(t_g+t_c)}{\varepsilon_c t_g+\varepsilon_g t_c} \tag{4-34}$$

这里的 ε_c 和 t_c 分别是介质 C 的介电常数和厚度，ε_g 和 t_g 分别是介质 G 的介电常数和厚度（下文也有用 d 表示厚度）。

对于横磁波来说，传输的色散曲线为 $k_z^2/\varepsilon_{xx}+k_x^2/\varepsilon_{zz}=k_0^2$。如果 $\varepsilon_{xx}\varepsilon_{zz}<0$，则色散曲线为双曲线型；当 $\varepsilon_{xx}\varepsilon_{zz}>0$ 时，则色散曲线为椭圆型，如图 4-34 所示。

2. 双曲人工电磁材料的分析方法

一般情况下，对于半无限大的一维结构，吸收率是频率和入射角的函数。利用传输矩阵方法计算斜入射条件下的电场和磁场分量，假设第 l 层两侧电场和磁场的切向分量分别为 E_l 和 H_l，可以写为式(4-35)：

$$\begin{pmatrix} \boldsymbol{E}_l \\ \boldsymbol{H}_l \end{pmatrix} = \begin{pmatrix} \cos q_l & -\dfrac{\mathrm{i}}{\eta_l}\sin q_l \\ -\mathrm{i}\eta_l \sin q_l & \cos q_l \end{pmatrix} \begin{pmatrix} E_{l+1} \\ H_{l+1} \end{pmatrix} = \boldsymbol{M}_l \begin{pmatrix} E_{l+1} \\ H_{l+1} \end{pmatrix} \tag{4-35}$$

这里，$q_l = \dfrac{\omega}{c}\sqrt{\varepsilon_l}\sqrt{\mu_l}\, d_l \sqrt{1-\dfrac{\sin^2\theta}{\varepsilon_l}\mu_l}$ (l=A、B、H)，c 为真空中的光速，对于 TE 波，$\eta_l = \dfrac{\sqrt{\varepsilon_l}}{\sqrt{\mu_l}}\sqrt{1-\dfrac{\sin^2\theta}{\varepsilon_l}\mu_l}$，对于 TM 波，$\eta_l = \dfrac{\sqrt{\mu_l}}{\sqrt{\varepsilon_l}}\sqrt{1-\dfrac{\sin^2\theta}{\varepsilon_l}\mu_l}$，因此传输矩阵 $\boldsymbol{M}$ 可以表示为

$$\boldsymbol{M} = (M_A M_B M_H)^N \tag{4-36}$$

这样，反射率、透射率和吸收率可以表示为

$$R = \left| \frac{M_{11} + M_{12}/\eta_0 - M_{21}\eta_0 - M_{22}}{M_{11} + M_{12}/\eta_0 + M_{21}\eta_0 + M_{22}} \right|^2 \tag{4-37}$$

$$T = \left| \frac{2}{M_{11} + M_{12}/\eta_0 + M_{21}\eta_0 + M_{22}} \right|^2 \tag{4-38}$$

$$A = 1 - R - T \tag{4-39}$$

4.5.2　石墨烯双曲材料在角度可调谐吸波器中的应用

这里介绍一种一维周期结构的石墨烯双曲人工电磁材料吸波器，采用传输矩阵法分析入射电磁波角度变化对一维周期结构的石墨烯基人工电磁材料的吸收。计算结果表明，吸收对入射角和特定频率下电磁波的极化不敏感，但在其他频率，它随电磁波的极化而变化。

在 4.2.1 小节中已经介绍了石墨烯的电导率以及等效介电常数与化学势之间的数学关系式(4－1)至(4－3)，图 4－37 显示的是当化学势变化时对石墨烯电导率的影响。从图 4－37(a)可以看出不同化学势 μ_c 值下电导率 σ 的实部的变化，具体来说，当 μ_c 增加时电导率的实部也随之增加，与此同时，随着频率增加电导率的实部会产生衰减。从图 4－37(b)中可以看出，电导率的虚部的变化也是类似的。这表明了石墨烯在可调谐人工电磁材料和人工电磁材料器件中的潜在应用。

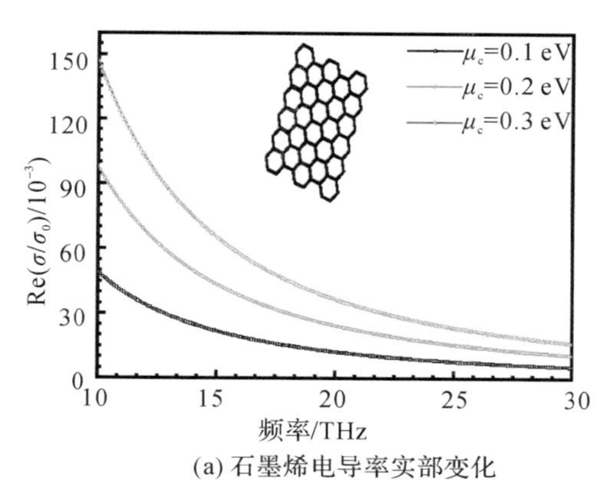

(a) 石墨烯电导率实部变化

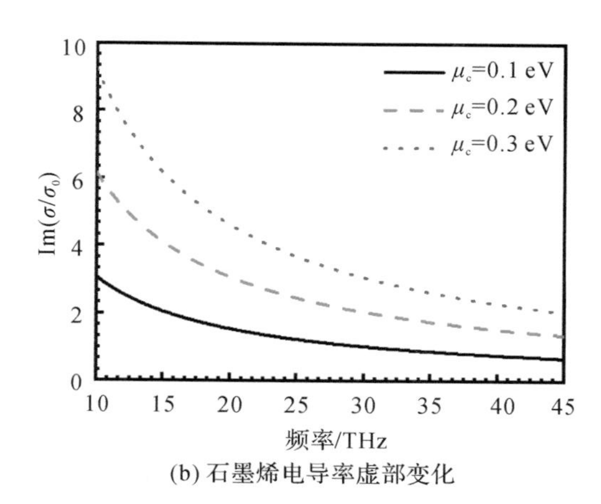

(b) 石墨烯电导率虚部变化

图 4－37　石墨烯相对电导率随化学势的变化

图 4－38(a)和(b)表明了介电常数 ε_g 的实部和虚部随频率的变化。结果表明，化学势 μ_c 可以调节 ε_g，其低频变化范围大，高频变化范围小。根据 4.5.1 小节中式(4－34)，图 4－

39 画出的是 $\varepsilon_{/\!/}$ 的实部随 μ_c 和 d_C 变化的情况。如图 4-39(a)所示，当 μ_c 增加时，$\varepsilon_{/\!/}$ 的实部也随之减小，频率越低变化范围越大，也就是说 μ_c 能调谐 $\varepsilon_{/\!/}$ 的实部，另外越往高频段，$\varepsilon_{/\!/}$ 的实部越接近 0。即有效折射率也近似为 0。在图 4-39(b)中，当 d_C 减小时也存在类似的结果，即选择合适的参数可以实现有效折射率近似为 0 的结果。

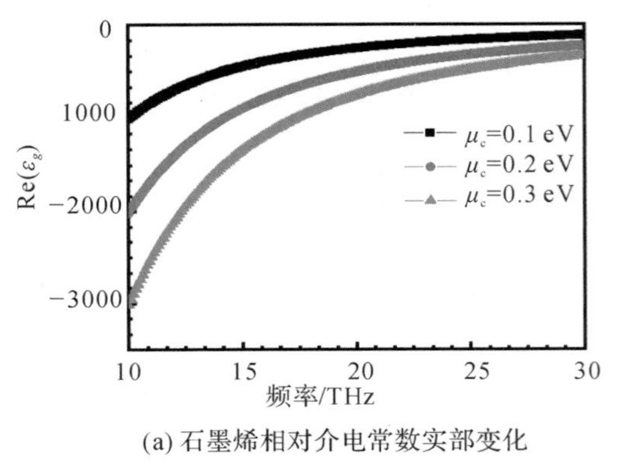

(a) 石墨烯相对介电常数实部变化

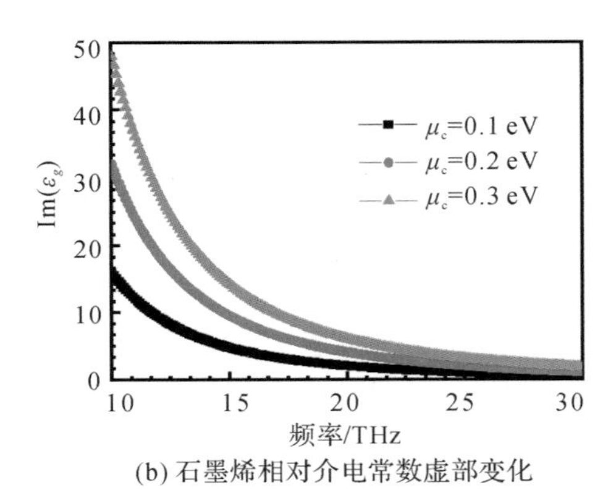

(b) 石墨烯相对介电常数虚部变化

图 4-38 石墨烯相对介电常数随化学势的变化

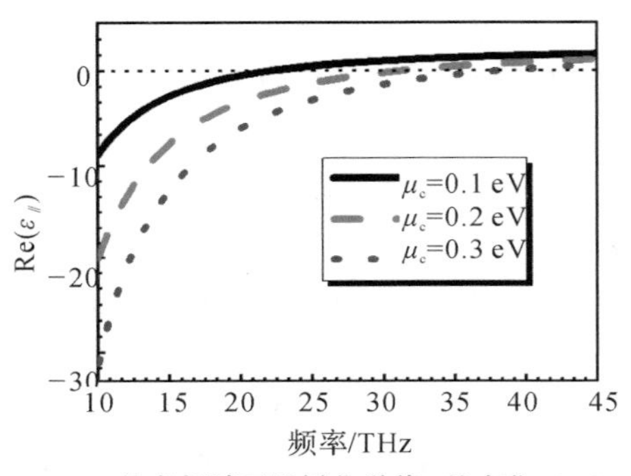

(a) $\varepsilon_{/\!/}$ 的虚部随石墨烯化学势 μ_c 的变化(d_C=30 nm)

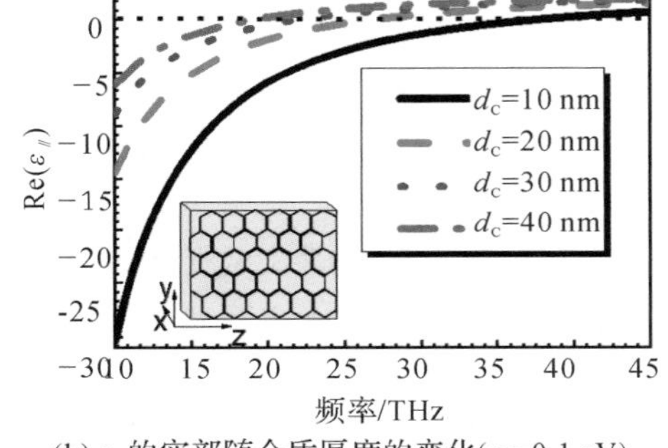

(b) $\varepsilon_{/\!/}$ 的实部随介质厚度的变化(μ_c=0.1 eV)

图 4-39 石墨烯双曲人工电磁材料水平介电常数 $\varepsilon_{\parallel}$ 的变化

当电磁波的传播方向不是电磁波的平行方向时，电磁波的传播方向与波矢量可能不一致。根据界面处的边界条件，以及入射波矢量沿界面方向的分量与折射波矢量相等，所以各向异性材料中的电磁负折射是能量(群速度)负折射，波矢和坡印廷矢量方向不一致。各向异性材料低吸收时的有效相指数 n_p 和群速度 n_g 取决于 Snell 定律，见式(4-40)和(4-41)所示。

$$n_p = \sqrt{\varepsilon_{\parallel} + \left(1 - \frac{\varepsilon_{\parallel}}{\varepsilon_{\perp}}\right)\sin^2\theta} \tag{4-40}$$

$$n_g = \sqrt{\frac{\varepsilon_{\perp}^2}{\varepsilon_{\parallel}} - \frac{\varepsilon_{\perp}}{\varepsilon_{\parallel}}\left(1 - \frac{\varepsilon_{\parallel}}{\varepsilon_{\perp}}\right)\sin^2\theta} \tag{4-41}$$

根据式(4-41)计算得到群速度 n_g 随频率和入射角 θ 变化的结果，如图 4-40 所示。通过图 4-40(a)可得到，当入射角 θ 变化时，群速度的实部在 22.4 THz 左右产生较大的值，且不受入射角 θ 影响，类似的，如图 4-40(b)，群速度的虚部也存在类似的结果。

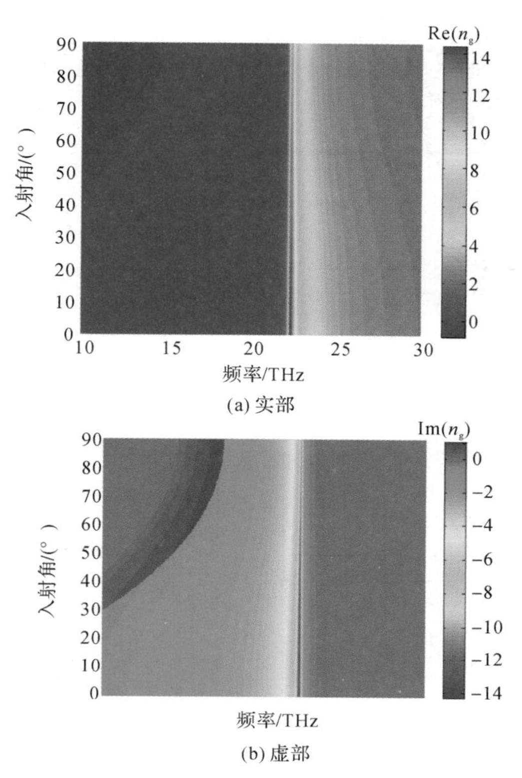

图 4-40　在 μ_c=0.1eV、d_c=30nm 条件下群速度的变化情况

下面以一维石墨烯双曲人工电磁材料为例，分析石墨烯双曲人工电磁材料的电磁特性以及在工程中潜在的应用。如图 4-41 所示，该一维石墨烯双曲人工电磁材料是由普通介质和石墨烯进行堆叠的周期结构$(ABM)^N$，其中 A、B、M 分别代表五氧化二钽(Ta_2O_5)、二氧化硅(SiO_2)和石墨烯双曲人工电磁材料，N 是周期数。

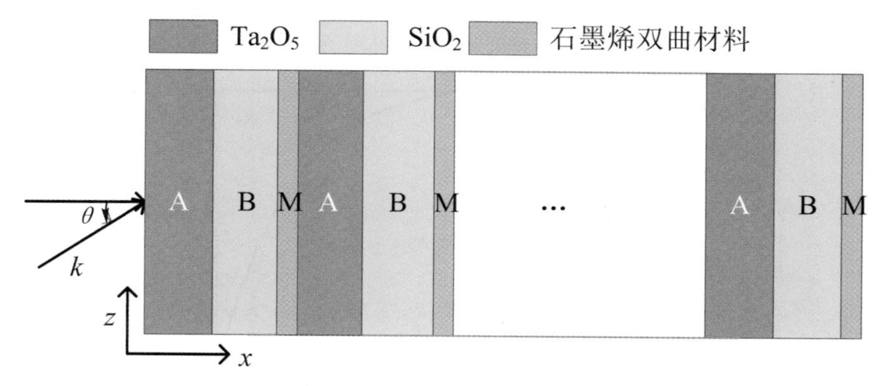

图 4-41　周期性一维石墨烯双曲人工电磁材料的结构示意图

根据以上的分析，材料 A、B 的折射率和厚度分别为：n_A=2.15，d_A=1 μm，n_B=1.46，d_B=1 μm。双曲材料的折射率和厚度分别为 1.5 和 30 nm，其中 μ_c=0.1 eV，周期 N=9，分析吸收谱在 10～30 THz 间变化情况。图 4-42 显示了不同入射角下，TE 波和 TM 波的吸收光谱随频率的变化。在 10～30 THz 频率范围内，入射角为 0°～30°时，TE 波和 TM 波的吸收峰相似，当入射角大于 50°时，TM 波会出现新的吸收

峰，随着入射角的增大，该吸收峰会发生蓝移，而 22.4 THz 的吸收峰基本不变。对于 TE 波，当入射角小于 70°时，只在 22.4 THz 处有吸收峰。这一结果与图 4－40 分析的群速度的变化结果相吻合。

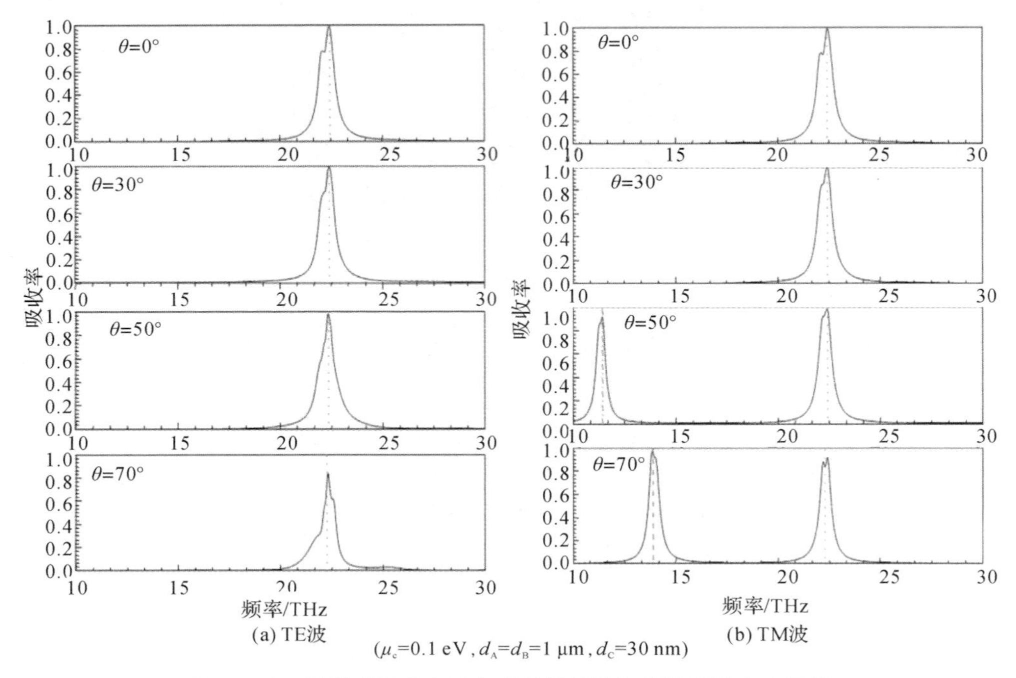

图 4－42 石墨烯双曲人工电磁材料的吸收率随频率变化情况

图 4－43 显示的是在 22.4 THz，入射角 θ 变化时 TE 波和 TM 波的吸收率对比，从该图可以得到，在入射角 θ 小于 40°时，TE 和 TM 波的吸收率几乎一样，接近 100%，当入射角 θ 继续增加后，TE 和 TM 波展现了不一样的吸波特性，TM 波可实现在入射角接近 79°时吸收率依然达到 80%，实现了大角度吸波的特性。图 4－44 显示的是从 10 THz 到 30 THz 范围内入射角的变化对吸收率的影响，结果与图 4－42 类似，此处不再赘述。

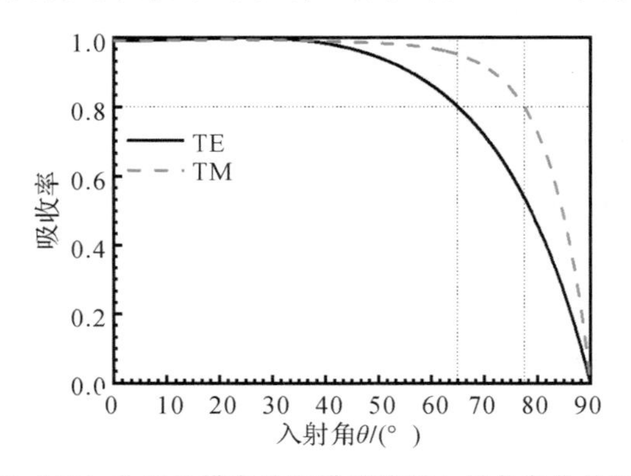

图 4－43 在 22.4 THz 处对比横电波和横磁波随入射角变化的吸收率变化情况

本小节设计了石墨烯基双曲人工电磁材料在远红外波段的一维周期结构，分析了基于石墨烯的双曲人工电磁材料的等效介电常数，并讨论了 TE 和 TM 波的吸收情况。在 10 THz 到 30 THz 范围内，入射角的变化对 TE 和 TM 波的吸收率在低频范围影响较小，这一结果可应用于极化不敏感的完美吸波器的设计，同时，TM 波的低频范围内在大入射角时产生的新的吸收频点也可用于分束吸收的场合。

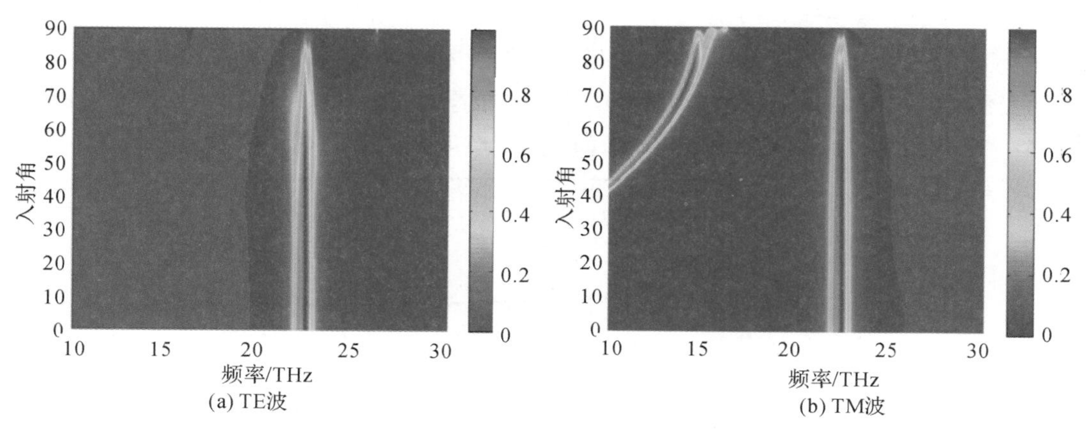

图 4-44　在不同入射角和频率变化情况下的吸收率情况

4.5.3　石墨烯双曲材料在宽带吸波器中的应用

近年来，宽带高吸收效率尤其适用于各种技术应用，如太阳能电池、光子辐射探测器和高效热发射器。为了获得高吸收率，需要在较宽的频率范围内将电磁波局限于有耗材料内部。

1. 一维周期结构的宽带吸波器

这里研究了石墨烯双曲人工电磁材料对周期结构的宽带吸收效果。上一小节已经分析得到石墨烯双曲人工电磁材料结构的折射率可以通过化学势和介质厚度来调节。本小节利用传输矩阵法，对由石墨烯双曲人工电磁材料和两种各向同性介质组成的一维周期结构实现的宽带吸收进行了理论研究，计算结果表明，吸收带宽可以通过入射角和结构参数进行调节。

图 4-45 绘制了由两种介质层和石墨烯双曲人工电磁材料组成的一维周期结构$(ABGH)^N$中斜入射电磁波的示意图，其中 A、B 和 GH 分别代表两种常规材料层和石墨烯双曲人工电磁材料。N 是周期数。GH 是由石墨烯和介质 C 两层材料组成的石墨烯双曲人工电磁材料。

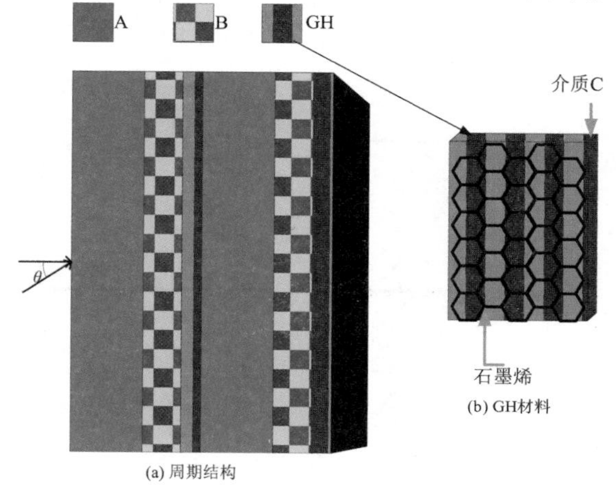

图 4-45　一维石墨烯人工电磁材料的单元结构

首先，我们研究了由介质 C 和石墨烯组成的单层石墨烯双曲人工电磁材料的群速度。我们选择的结构参数分别为：$\varepsilon_A = 2.8$，$d_A = 5\ \mu m$，$\varepsilon_B = 1$，$d_B = 2.8\ \mu m$，$\varepsilon_C = 14.3$，$d_C = 10\ nm$，等效磁导率 $\mu_A = \mu_B = \mu_C = 1$。我们给出了数值计算的结果，图 4-46 到图 4-49 分别显示了公式(4-40)和(4-41)对石墨烯人工电磁材料的折射率 n_g 实部(实线)和虚部(虚线)的变化。在图 4-46 中，在垂直入射下，我们选择 $\tau = 10^{-13}\ s$，$d_C = 10\ nm$(室温下)。根据图 4-46，当 μ_c 增加时 n_g 的实部产生了明显的蓝移，n_g 的虚部也产生了明显的蓝移。

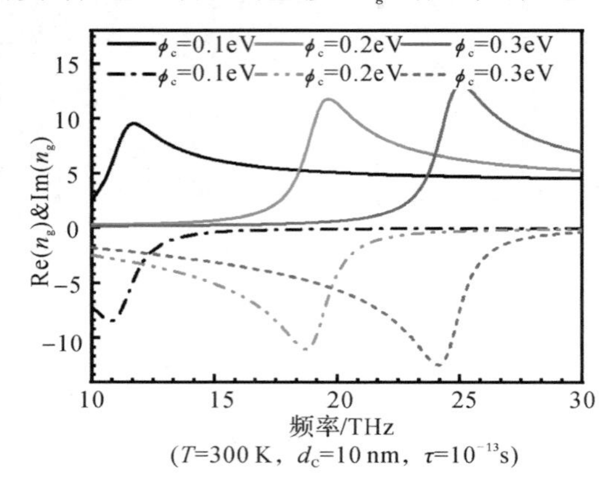

图 4-46　石墨烯双曲人工电磁材料的折射率 n_g 在不同化学势下的变化情况

如图 4-47 所示，当温度增加时 n_g 的实部和虚部有一定范围的红移，与图 4-46 相比，此变化范围较小，因此一般情况下温度的影响可以忽略不计。图 4-48 的显示结果与图 4-47 相似，n_g 可由介质 C 厚度 d_C 集中调谐并且随着 d_C 的增加具有较大的红移。如图 4-49 所示，当 τ 分别为 10^{-12} s、10^{-13} s、10^{-14} s 时，n_g 在 19 THz 处变化显著。τ 越小，n_g 越小。从图 4-46 到图 4-49 可以看出，石墨烯双曲人工电磁材料的 n_g 的实部总是正的，虚部是负的，这可以分别通过 μ_c、τ 和 d_C 来调节。这些结果可为石墨烯在具体器件设计中的参数选择提供理论指导。

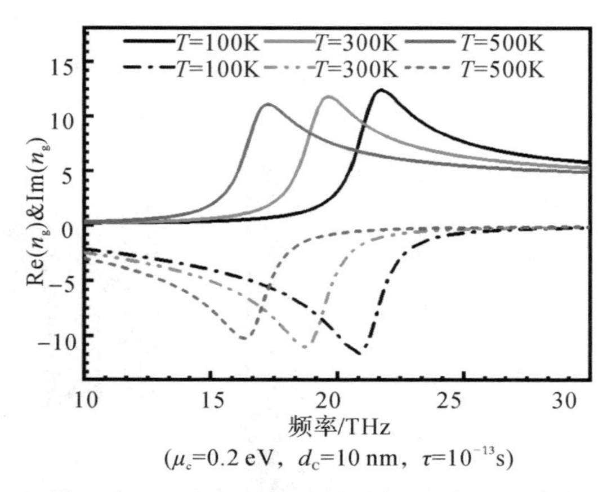

图 4-47　石墨烯双曲人工电磁材料的折射率 n_g 在不同温度下的变化情况

接下来我们利用传输矩阵法分析一维石墨烯双曲人工电磁材料在垂直入射条件下对频率的吸收特性。我们在图 4-50 中绘制了一维石墨烯双曲人工电磁材料的吸收率、反射率和透射率的关系图，其结构参数选择如下：$\varepsilon_A=2.8$，$\varepsilon_B=1$，$\varepsilon_C=14.3$，$d_C=10$ nm，$\tau=10^{-13}$ s，$d_G=0.35$ nm，$\mu_c=0.2$ eV，$T=300$ K，$N=40$。如图 4 - 50 所示，在两个完全反射带隙之间的 15～24 THz 处可以发现一维石墨烯双曲人工电磁材料的宽带吸收。结果表明，在 15～24 THz 的频率范围内，吸收带的边缘发生突变，吸收特性表现较好。

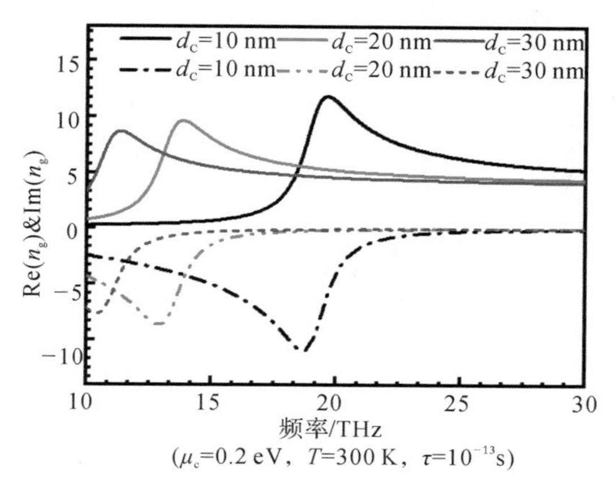

图 4 - 48　石墨烯双曲人工电磁材料的折射率 n_g 在不同介质厚度下的变化情况

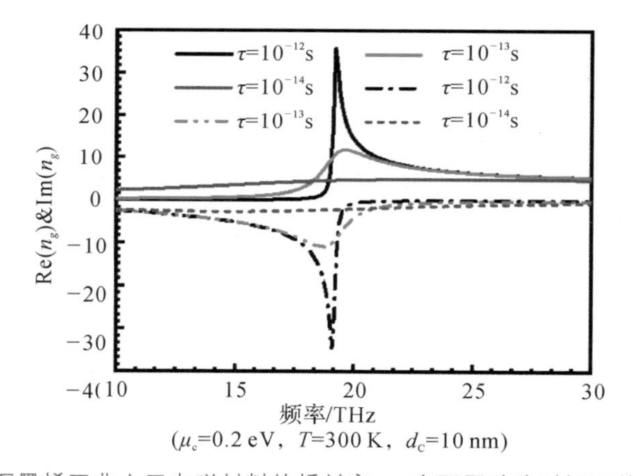

图 4 - 49　石墨烯双曲人工电磁材料的折射率 n_g 在不同弛豫时间下的变化情况

接下来讨论介质层 A、层 B 和层 C 的厚度对一维石墨烯双曲人工电磁材料垂直入射时的吸收的影响。如图 4 - 51 所示，一维石墨烯双曲人工电磁材料的吸收对介质层 A 的厚度比较敏感，吸收谱变化较大，不过吸收的频带范围在 15～24 THz 范围内基本不变。同时，在宽带吸收时，15～24 THz 的频率范围内吸收率可达 90%。图 4 - 52 展示了一维石墨烯人工电磁材料的吸收特性随介质层 B 厚度变化的趋势，从图中可以看出，当 d_B 增大时，吸收带会产生一定范围的红移。为了研究介质层 C 厚度对一维石墨烯双曲人工电磁材料的吸收率随频率的影响，图 4 - 53 显示了吸收率随介质层 C 厚度变化的情况。根据图 4 - 48 可知，介质层 C 的厚度会影响石墨烯双曲人工材料的折射率 n_g，因此对吸收频带也有影响，具体来说，当介质层 C 厚度增加时，吸收带产生了一定范围的红移，这一变化趋势与图 4 - 53 的变化趋势一致。

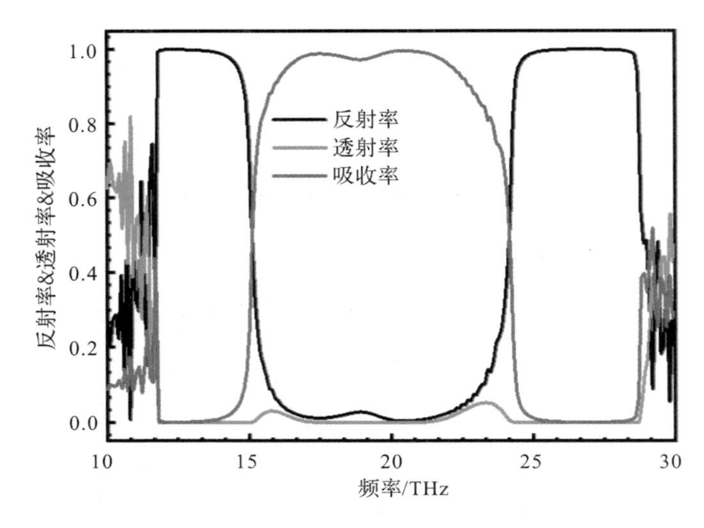

图 4-50 垂直入射条件下一维石墨烯双曲人工电磁材料的吸收率、反射率和透射率对比

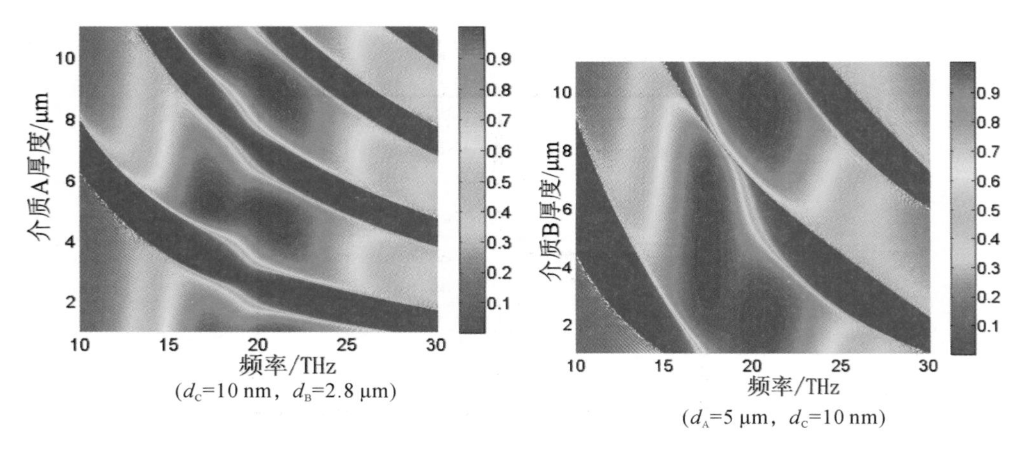

图 4-51 一维石墨烯双曲人工电磁材料在 d_A 变化下的吸收率

图 4-52 一维石墨烯双曲人工电磁材料在 d_B 变化下的吸收率

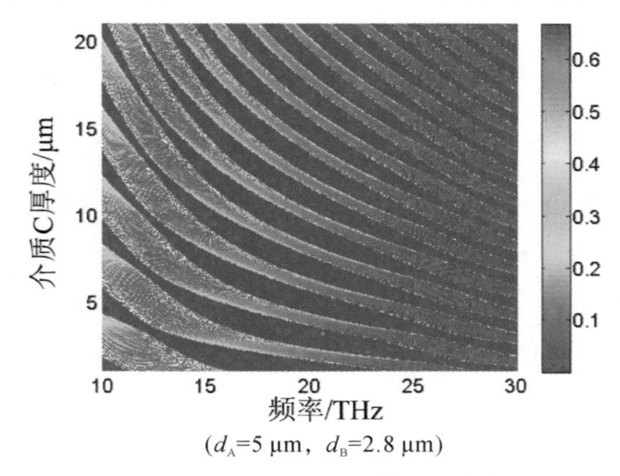

图 4-53 一维石墨烯双曲人工电磁材料的吸收率随 d_C 的变化情况

最后，我们研究入射角对一维石墨烯双曲人工电磁材料吸收的影响。如前所述，一维石墨烯双曲人工电磁材料的吸收可以通过介质厚度来调节。因此在这一部分中选择了如下参数：$d_A = 5\ \mu m$，$d_B = 2.8\ \mu m$，$d_C = 10\ nm$，其他参数不变。图 4 - 54 显示的是一维石墨烯双曲人工电磁材料对在斜入射条件下 TE 波和 TM 波的吸收率的影响。如图 4 - 54 所示，当入射角增大时，TE 波和 TM 波的吸收带频率都发生蓝移。同时 TM 波(如图 4 - 54(b)所示)的吸收带在大约 60°的入射角处闭合，这是因为入射波耦合到布鲁斯特窗口了。

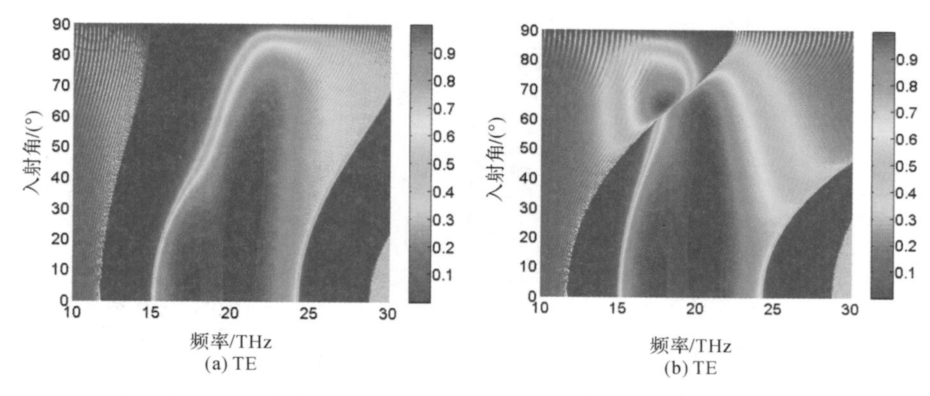

图 4 - 54　一维石墨烯双曲人工电磁材料的吸收率变化与入射角的关系

如图 4 - 55 所示，我们将吸收的频带范围与入射角度的变化做了对比，当入射角从 0°→60°增加时，吸收带减小。随着 θ 的增大，TE 波的高频带边缘逐渐增大，而下边带边缘逐渐减小。与 TE 波相比，TM 波的高、低频段变化较大。结果表明，在小于 60°范围内，入射角对吸收频带有一定的影响，随着角度的增加，吸收频带略有减小。

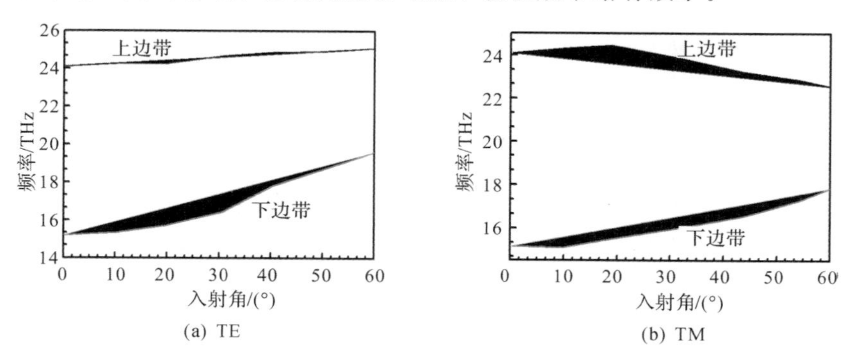

图 4 - 55　一维石墨烯双曲人工电磁材料上下边带随入射角的变化

综上所述，我们用传输矩阵法研究了由各向同性介质和石墨烯双曲人工电磁材料组成的一维石墨烯双曲人工电磁材料的大角度宽带吸收。结果表明，石墨烯双曲人工电磁材料的有效群速度随入射角和温度的变化很小，可以分别由化学势、介电厚度调节。结果表明，在垂直入射角下，当吸收值为 90%时，其带宽吸收约为 9 THz。数值结果表明，一维石墨烯双曲人工电磁材料的吸收带对介质厚度很敏感。宽带吸收在滤光片、太阳能电池、未来光电子等领域具有潜在的应用前景。

2. 一维 Fibonacci 数列的准周期结构的宽带吸波器

接下来我们设计另一种石墨烯双曲人工电磁材料在宽带吸波器里的应用。图 4 - 56 绘制了由两种介质层和石墨烯双曲人工电磁材料组成的一维 Fibonacci 准周期结构中斜入射电磁波的示意图。我们研究了每个细胞的周期性结构。我们假设前两个链为 S(1)={AB}和 S(2)={Q}的 Fibonacci 序列，其中 A、B 和 Q 分别代表损耗介电层、传统材料层和石墨烯双曲人工电磁材料。电介质 A、B 和石墨烯双曲人工电磁材料的厚度分别表示为 d_A、d_B、d_Q($d_Q=d_C+d_G$)，如图 4-56(a)所示。图 4-56(b)描绘了一维石墨烯双曲人工电磁材料单元的示意图，该单元由介质 C(铯铅氯化物，$CsPbCl_3$)和石墨烯组成。

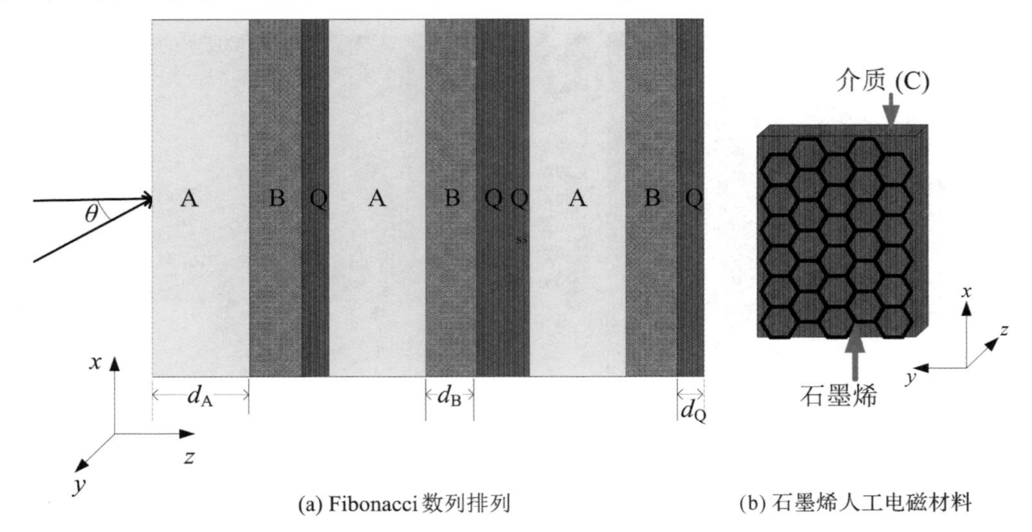

图 4-56 一维准周期 Fibonacci 数列排列的石墨烯人工电磁材料的结构示意图

我们考虑到对于 x、y 方向为半无限大的平面，通过传输矩阵法计算 TM 波的吸收随频率和入射角的变化关系。吸收率可以通过 $A=1-|r|^2-|t|^2$ 得到，其中 r、t 分别是反射系数、透射系数。

在这一部分中，我们研究了一维 Fibonacci 准周期石墨烯双曲人工电磁材料在中红外波段的吸收特性，并分别研究了一维 Fibonacci 准周期石墨烯双曲人工电磁材料的吸收带随介质厚度、石墨烯人工电磁材料和石墨烯的变化关系。我们选择的结构参数分别为 $\varepsilon_A=2.8+0.09i$，$\mu_A=1$，$d_A=5.5\ \mu m$，$\varepsilon_B=1.21$，$\mu_B=1$，$d_B=1\ \mu m$，$\varepsilon_C=14.3$，$\mu_C=1$，$d_G=0.335\ nm$，$\mu_G=1$。(这里未考虑材料的磁性，故等效磁导率 μ_A、μ_B、μ_C、μ_G 皆为 1。)

前面已经提到，在设计吸波器结构时，往往会在结构底板上涂覆一层金属层来减小透射从而提高吸收率，图 4-57(a)显示的是无金属反射层的 Fibonacci 准周期石墨烯双曲人工电磁材料$(ABQ)^N$ 的反射率、透射率和吸收率对比，N 是周期数。$(ABQ)^N$ 参数的结构参数分别为：$d_C=15\ nm$，$\tau=20\ fs$，$\mu_c=0.3\ eV$，$T=300\ K$，$N=12$。如图 4-57(a)所示，在 16～26 THz 的频率范围内，反射率很小，但是由于没有反射的金属层$(ABQ)^N$，透射率较大，此时吸收率较小。为了获得更大的吸收，在$(ABQ)^N$ 结构中增加银(Ag)作为金属反射层，电导率设置为 $6.3\times10^7\ S/m$。也可以选择其他金属，如铜(Cu)、铝(Al)，这对结果没有影响。$(ABQ)^N Ag$ 的反射率、透射率和吸收率如图 4-57(b)所示。可以看到，增加了金属层后，吸收比$(ABQ)^N$ 结构的大，透射几乎为零。在 27 THz 时吸收率接近 100%，在 16 THz 时为 60%，但是由于反射的存在，吸收值在要求的频率范围内波动。根据吸收、反射和透射之间的关系，想要提高吸收率，就需要减少透射和反射，以获得更大的吸收。在结构上增加金属反射层后透射率会减小至近似为零，因此如何减小反射率，提高吸收率成为设计重点。

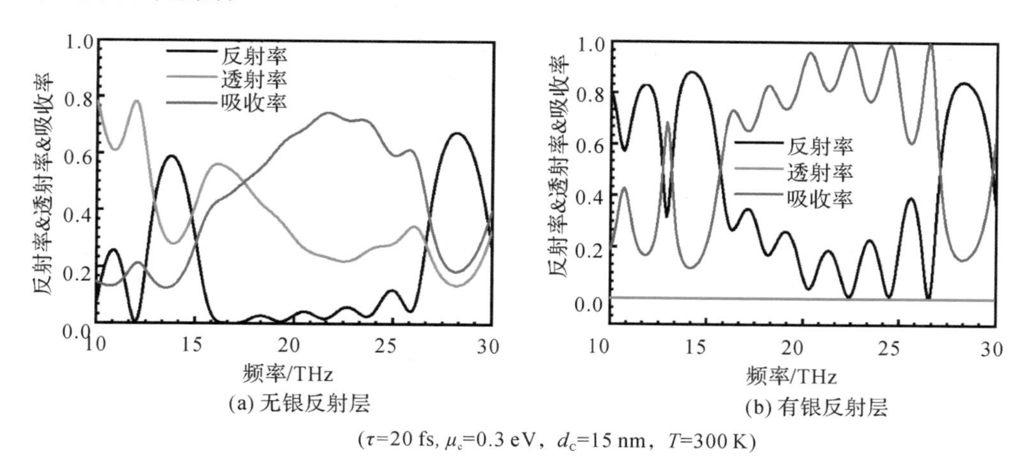

图 4-57 反射层吸收率、反射率和透射率的对比

在 Fibonacci 准周期石墨烯双曲人工电磁材料中要实现高效的宽带吸收，可以通过前文所述的阻抗匹配理论减小反射。选择介电常数 $\varepsilon_M=1.4$ 的材料 M、其厚度为 $d_M=3\ \mu m$，结构如图 4-58 里的插图所示，即 $M(FS)^N Ag$，其中 M、FS(FS 指的是 Fibonacci 数列，N 是 Fibonacci 数列的阶数)和 Ag 分别表示阻抗匹配层、Fibonacci 准周期石墨烯双曲人工电磁材料和金属背向反射器，其吸收谱如图 4-58 所示。从图中可以得到在 15.5 THz 至 26.5 THz 的范围内，吸收率都大于 90%，即产生了高效的宽带吸收。

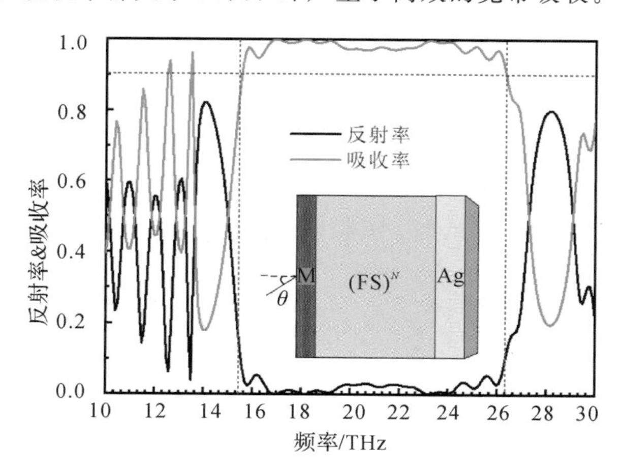

图 4-58 $M(FS)^N Ag$ 结构的反射率和吸收率的对比

接下来我们将讨论石墨烯双曲人工电磁材料中的石墨烯对吸收的影响。如图 4-59 所示，吸收带宽几乎不受 τ、μ_c、T 和 N 等参数的影响，但这些参数可以调节吸收率大小。当 τ 为 20 fs 时，吸收率大于 200 fs 和 2 fs 时的吸收，如图 4-59(a)所示，即当 $\tau=20$ fs 时吸收率达到最大值。在图 4-59(b)和(d)中，证明了吸收随着 μ_c 的增加和 N 的增加而增加。在图 4-59(c)中，可以观察到由于温度对石墨烯的电导率影响较小，因此在石墨烯双曲人工材料中等效介电常数 $\varepsilon_{\parallel}$ 在 250～350 K 变化非常小，所以在不同的温度下，吸收率几乎是恒定的。

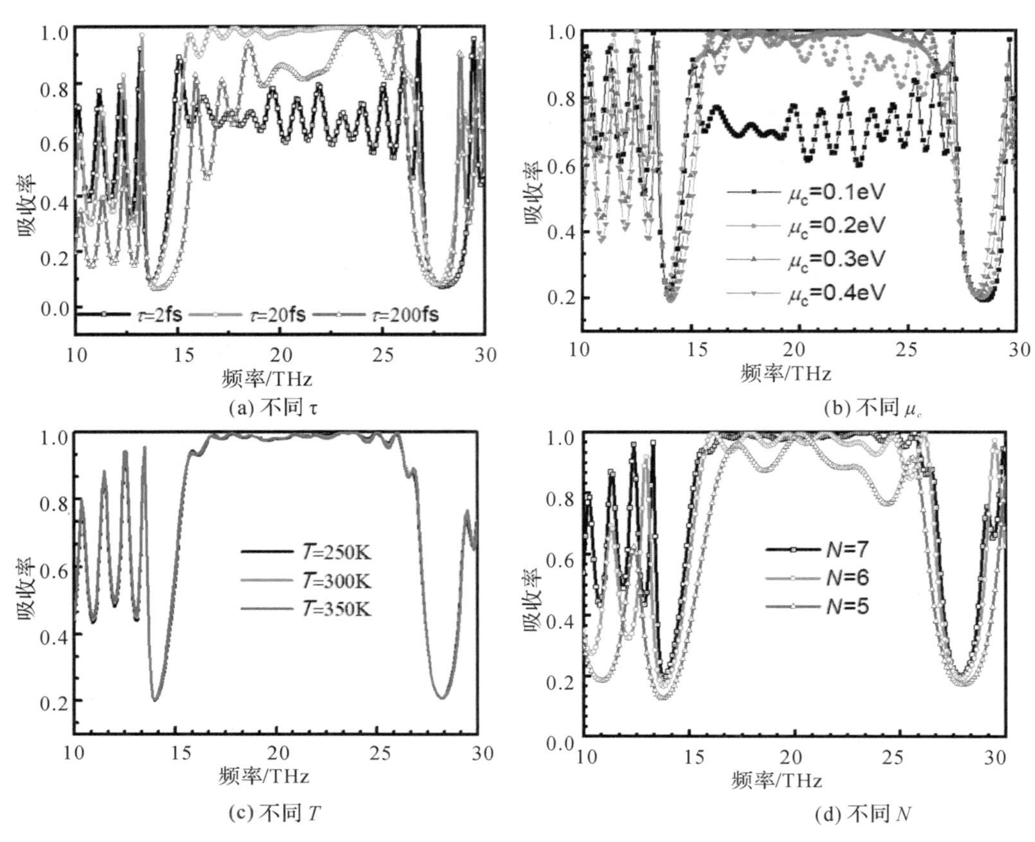

图 4-59 结构为 M $(FS)^N$ Ag 的石墨烯双曲人工电磁材料的吸收率在 TE 模式下的变化

为了研究石墨烯双曲人工电磁材料对吸收的影响，我们在图 4-60 中绘制了 M $(FS)^N$ Ag 结构的吸收率与石墨烯双曲人工电磁材料的介质 C 介电常数和厚度之间的关系。如图 4-60(a)所示，ε_C 对吸收率影响较大，当 ε_C 为 15 左右时，吸收率约为 100%。如图 4—60(b)所示，当 d_C 为 10 nm 时，吸收率在低频范围内波动，当 d_C 增大时，吸收率在高频区出现波动。

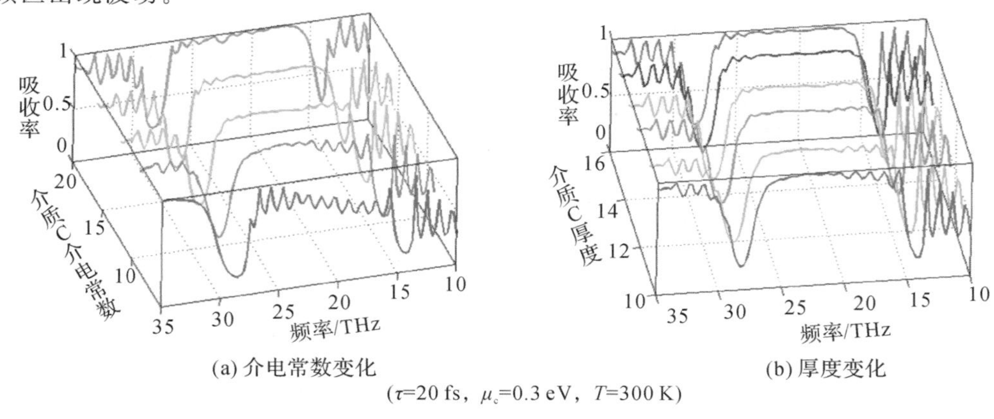

(a) 介电常数变化　　(b) 厚度变化

(τ=20 fs，μ_c=0.3 eV，T=300 K)

图 4-60 吸收率与材料介电常数及厚度的关系

接下来分析电磁波入射角对吸收率的影响。由以上讨论可知，在正常入射下，吸收带从 15.5 THz 到 26.5 THz。现在我们在图 4－61(a)中绘制了从 17 THz 到 25 THz 入射角的吸收曲线。结果表明，当入射角在－75°～＋75°范围内变化时，在 M $(FS)^N$Ag 结构中，在频率范围为 19 THz～25 THz 时，吸收系数接近 1。图 4－61(b)显示了从 0°到 89°变化的结果，吸收带随着 TM 模式逐渐发生蓝移，而带宽越大吸收越小。我们可以看到，图 4－61(b)的宽带吸收区域在 15.5 THz 到 26.5 THz 之间，吸收带宽的频率范围是 11 THz。我们可以得出结论，利用 Fibonacci 结构可以实现 TM 模式的宽带吸收。很明显，在准周期结构中引入石墨烯双曲人工电磁材料，以及在结构背面增加金属反射层可以获得宽带吸收。

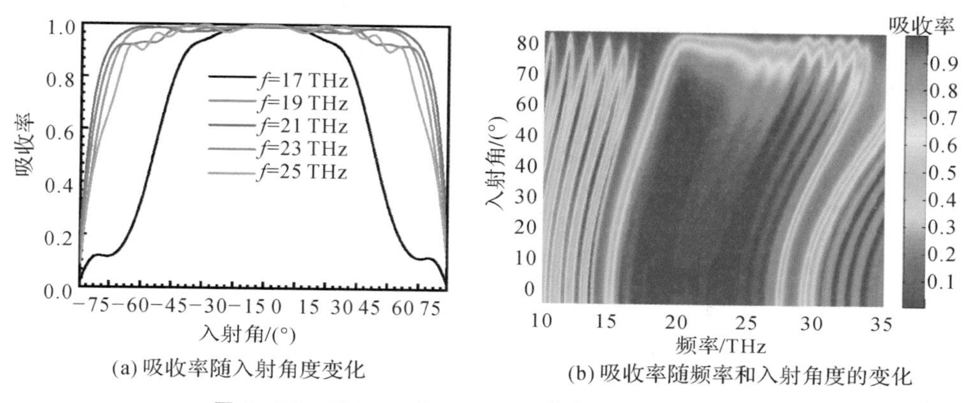

(a) 吸收率随入射角度变化　　(b) 吸收率随频率和入射角度的变化

图 4－61　17 THz～25 THz 下吸收率随入射角的变化

综上所述，我们研究了由有耗介质、各向同性介质和石墨烯双曲人工电磁材料组成的一维准周期结构的宽带吸收，并按照 Fibonacci 序列的递归规则排列；讨论了石墨烯双曲人工电磁材料的相对介电常数和 M $(FS)^N$Ag 结构的吸收带，这些吸收带可以通过石墨烯人工电磁材料和入射角进行调节。结果表明，这种新型三元准周期结构具有阻抗匹配和全反射的宽带吸收特性，对电磁波入射角不敏感。综合研究结果，我们得出结论：利用Fibonacci 序列的递推规则可以得到宽带吸收，而石墨烯双曲人工电磁材料可以调谐吸收率。与以往的一些常规谐振吸收材料相比，我们提出的结构具有更大的带宽和在中红外频率范围内的吸收。这种显著的宽带吸收特性在红外隐身和宽带光电探测器中具有潜在的应用前景。

3. 光波段多频吸波器

下面我们分析在光波段石墨烯双曲人工电磁材料的吸波特性。由式(4－4)可以得到石墨烯在光波段的等效介电常数，将介电常数的实部和虚部受化学势影响的关系画在图 4－62 中。在图 4－62 中，我们得到了具有不同化学势 μ_c 参数的石墨烯的 ε_g 的实部和虚部的变化情况。结果显示，增加 μ_c 会降低 ε_g 的实部。

图 4－63 为一维准周期结构的石墨烯双曲人工电磁材料的结构示意图，该结构由介质 D、A、B 和石墨烯双曲人工电磁材料 M 组成，衬底为金属，这里选择金属金(Au)。电介质 A、B、D 和石墨烯的厚度分别表示为 d_A、d_B、d_D、d_G，石墨烯和材料 C 组成双曲人工材料 M，如图 4－63(a)所示。

我们还讨论了一维准周期石墨烯人工电磁材料的吸收带宽，研究了 D$(ABM)^N$Au 的周期结构，N 是周期数。$(ABM)^N$ 的结构参数分别为：$d_C=15$ nm，$\tau=20$ fs，$\mu_c=0.3$ eV，$T=300$ K，$N=12$。有无石墨烯层的吸收率如图 4－63(b)所示。从结果上看，有石墨烯层会产生双频带吸收，无石墨烯层时可以实现宽带吸收。这一结果说明石墨烯层在该结构中可以作为开关，调节吸波器的宽带。

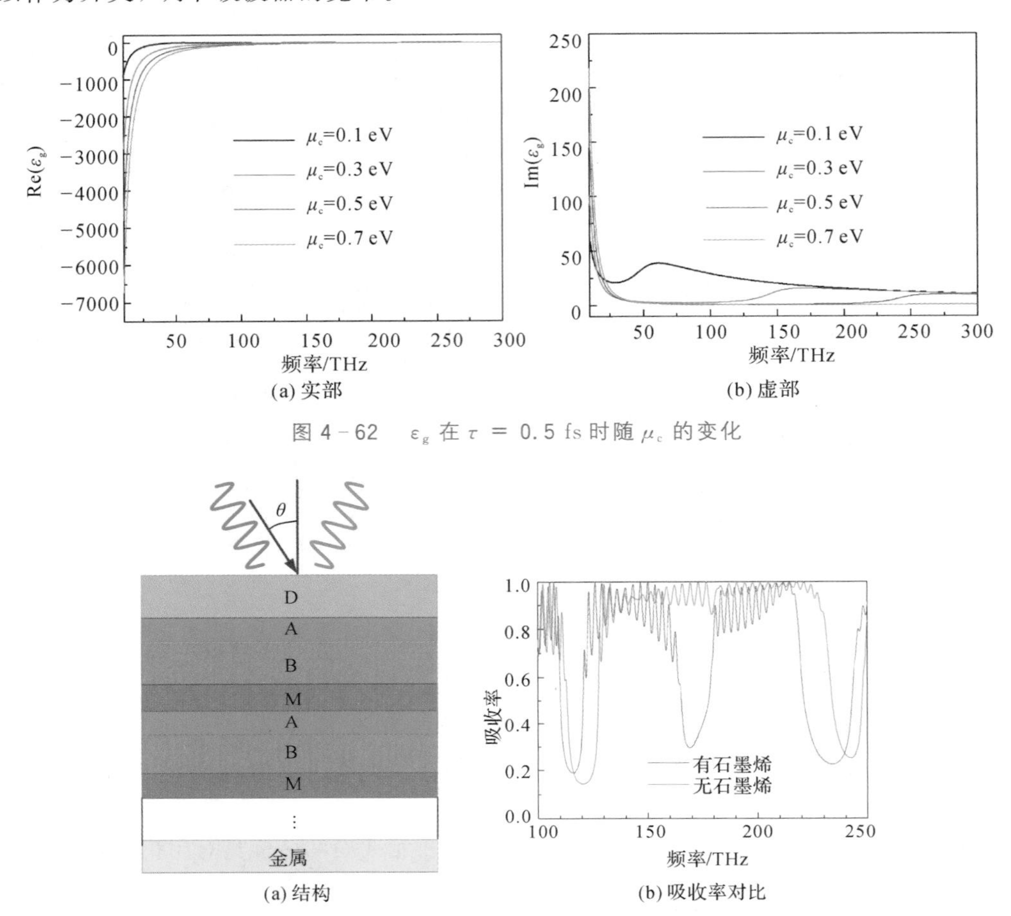

图 4-62 ε_g 在 τ = 0.5 fs 时随 μ_c 的变化

图 4-63 一维准周期石墨烯人工电磁材料吸波器结构及有无石墨烯层的吸收率对比

图 4-64 显示的是双曲人工材料的厚度发生变化对吸收率的影响。可以发现，随着厚度的增加，吸收带宽会产生红移，同时，在中间频率范围内的吸收阻带也更加明显，说明石墨烯双曲人工材料对吸收率的调节作用明显。

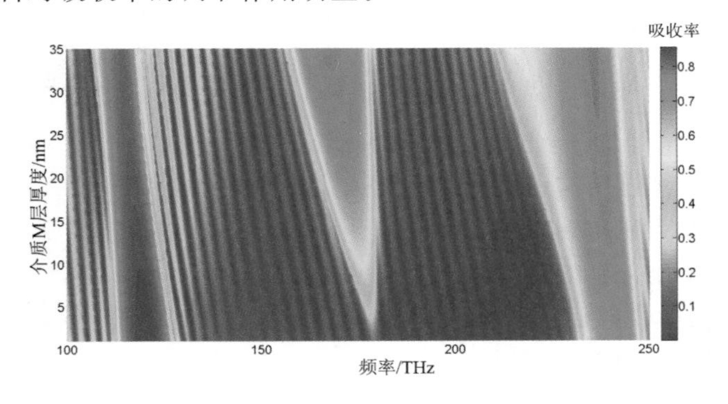

图 4-64 双曲材料的介质层厚度的变化对吸收率的影响

为了进一步分析该结构对入射角的敏感度，图 4－65 显示的是在频率为 170 THz 处的吸收率和反射率随入射角的变化情况，从该图上可以得到，当角度小于 15°时吸收率基本维持在 30％左右，当角度大于 30°后吸收率增加比较明显，在接近 60°时吸收率接近 100％。需要说明的是，在此范围内吸收率产生振动的原因是这种类光子晶体内部产生的振荡，当周期更大时，该现象会得到改善。当入射角大于 60°后吸收率又产生了波动，在 65°左右吸收率降到 30％左右，随后又在 71°左右达到最大值。图 4－66 显示的是从 166 THz 到 177 THz 的频率范围的吸收率随角度的变化，得到的结果与图 4－65 类似。随频率增加吸收窗口会产生一定蓝移。以上的结果在角度开关上有潜在的应用。

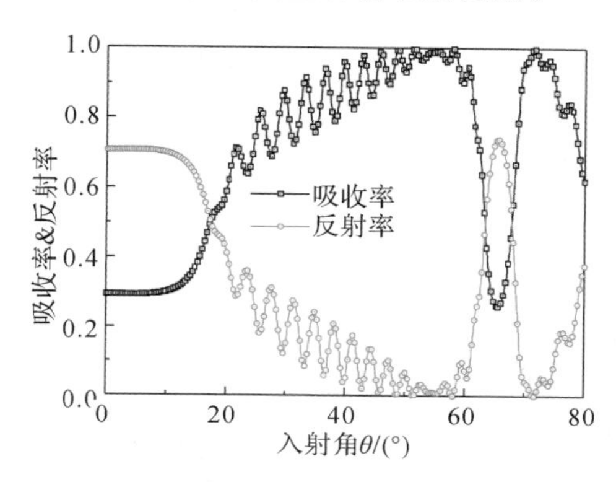

图 4－65　在 TE 模式下 f ＝ 170 THz 时的吸收率和反射率随入射角的变化

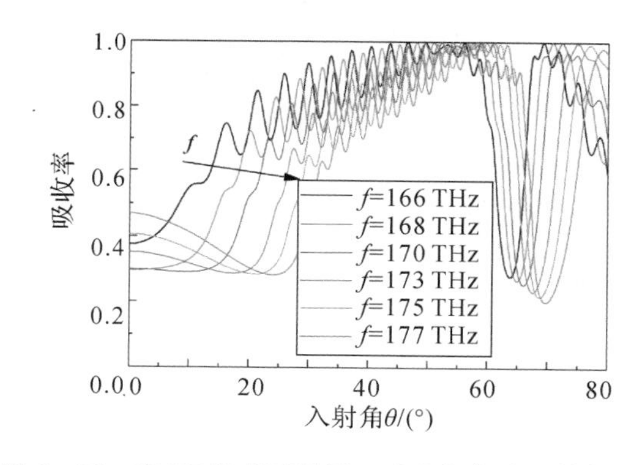

图 4－66　在 TE 模式下不同 f 时吸收率随入射角的变化

4.5.4　石墨烯双曲材料在双控可调谐吸波器中的应用

本小节从理论上研究了石墨烯和电介质交替层的双电压调节的吸收结构。石墨烯人工电磁材料和铜层被放置在堆叠结构的顶部和底部，用于近红外频段以增强吸收。我们讨论了在不同化学势下石墨烯人工电磁材料的等效介电常数。通过双电压调节石墨烯的化学势可以得到多波段吸波特性。这一结果可为多波段吸收材料的设计提供灵活性，并易于推广到近红外频率范围。

1. 结构设计

图 4－67(a)显示的是双电压控制吸波器的单元结构，由石墨烯双曲材料 GH(由单层石墨烯和介质材料 M 组成)、电介质(A 和 B)、石墨烯、铜(Cu)堆叠组成。每一层材料的介电常数

用 ε_x 表示，层厚度用 d_x 表示，其中 x 表示介质 A、介质 B、石墨烯 G、石墨烯双曲材料 GH 或 Cu。金属层作为背板可以增强反射率以获得更大的吸收。其他金属，如金和银都可以用作底部的反射层。通过为导电接触层和铜反射层施加栅极电压，在不同的石墨烯层上施加不同的偏压(V_1 和 V_2)。两种偏置电压可以分别控制不同石墨烯层的化学势。串联的电阻(R_1 和 R_2)被用来减小支路上的电流。石墨烯的化学势可以被外加电压控制，外加电压 V_g 与化学势 μ_c 之间的关系可以写成式(4-42)和式(4-43)的形式：

$$\mu_c = \sqrt{\pi n_0}\,\hbar \upsilon_F \tag{4-42}$$

$$|\varepsilon_F| = \hbar \upsilon_F \sqrt{\pi |\alpha_c(V_g - V_{E0})|} \tag{4-43}$$

这里 μ_c 是化学势，$\upsilon_F = 1\times 10^6$ m/s 为费米速度，$\alpha_c \approx 7\times 10^{10}$ $\mathrm{cm^{-2}V^{-1}}$，$V_{E0} = \varepsilon_{F0}/(\hbar^2 \upsilon_F^{\ 2}\pi\alpha_c)$，$\varepsilon_{F0}$ 为石墨烯在零电压下的费米能级。

在数值计算中，我们假设相关参数如下：$\varepsilon_A = 5.7121$，$\varepsilon_B = 2.6244$，$d_A = \lambda_0/(4n_A)$(其中 $n_A = (\varepsilon_A)^{0.5}$)，$d_B = \lambda_0/(2n_B)$(其中 $n_B = (\varepsilon_B)^{0.5}$)，$d_G = 0.35$ nm，$T = 300$ K，介质材料 M 的厚度 $d_m = 6$ nm，介电常数 $\varepsilon_m = 26.3$，$\lambda_0 = 1.55$ μm。铜的导电率为 5.8×10^7 S/m。

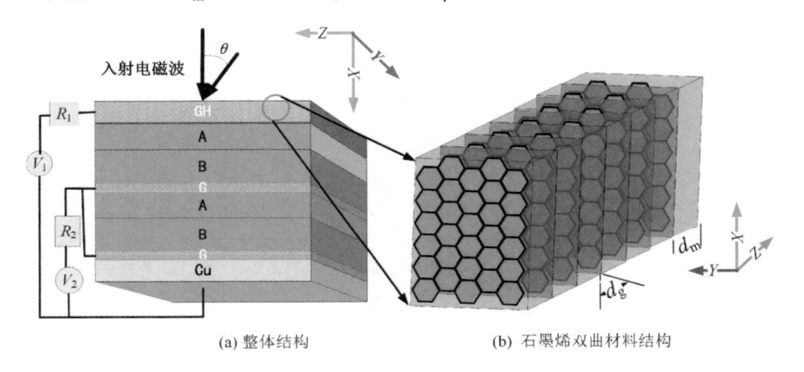

图 4-67 石墨烯双曲人工电磁材料的结构示意图

2. 双曲人工材料的介电常数

现在我们讨论石墨烯的相对电导率(σ/σ_0，$\sigma_0 = e^2/4\hbar$)和石墨烯双曲人工电磁材料的相对介电常数。石墨烯双曲材料的相对电导率随 μ_c 和 τ 的变化如图 4-68 所示。μ_c 越大，相对电导率的虚部变化越大，如图 4-68(a)所示。如图 4-68(b)所示，当化学势增加时，电导率的实部急剧变化。

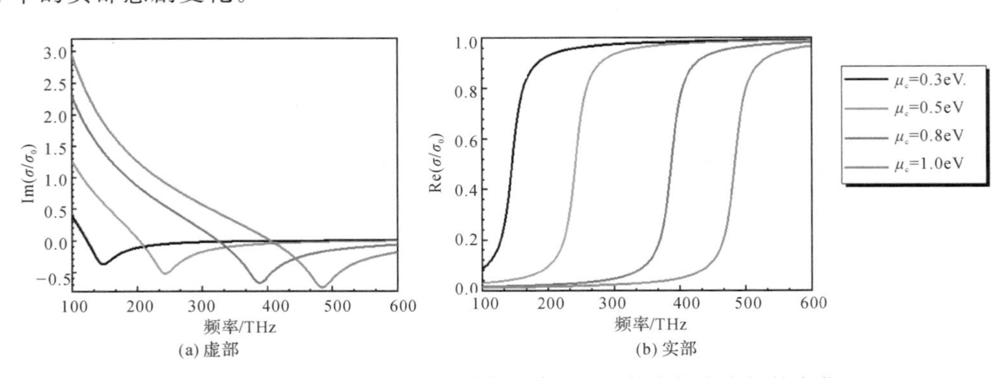

图 4-68 不同 μ_c 条件下相对电导率 σ/σ_0 的实部和虚部的变化

图 4－69 显示的是双曲人工材料的水平和垂直方向的等效介电常数，通过公式(4－33)和(4－34)可以计算得到。从图 4－69(a)和(b)可以发现，$\varepsilon_{\parallel}$ 的实部和虚部随着化学势的增加产生明显的右移，不同的是虚部会随着化学势的增加右移的同时，幅值也随之减小。从图 4－69 的(c)和(d)可以发现，$\varepsilon_{\perp}$ 的实部随着化学势的增加右移的同时其幅值的变化也更加明显，虚部的变化与实部的变化趋势是类似的。从等效介电常数的变化可以看出，化学势对介电常数的影响较大。

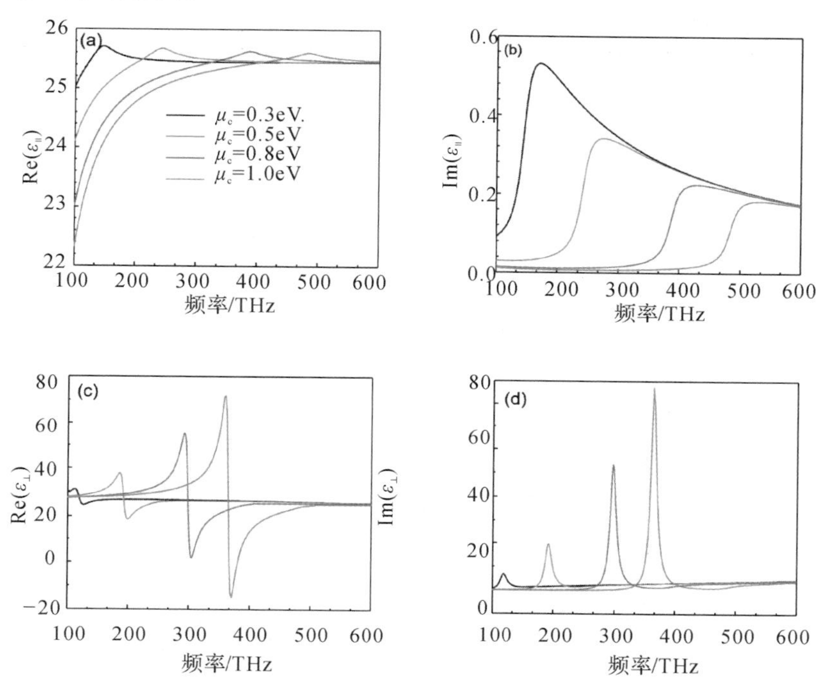

图 4－69　水平分量和垂直分量的介电常数的实部和虚部的对比

3．结果分析与讨论

接下来分析各参数对结构吸收率的影响。我们选择以下参数：$V_1=\mu_c=0.3$ eV(石墨烯双曲人工电磁材料的化学势)，$V_2=\mu_{c1}=0.8$ eV(石墨烯的化学势)，$d_{GH}=63.5$ nm。所有其他参数与图 4－69 相同。随着石墨烯人工电磁材料和石墨烯厚度的变化，出现三个吸收峰，如图 4－70 所示。为了了解石墨烯人工电磁材料中的介质如何影响我们所选结构的吸收，我们分析了介质材料 M 的厚度 d_m 对吸收的影响，并绘制了 d_m 为 6 nm、10 nm 和 14 nm 时的吸收曲线，如图 4－70(a)所示。随着 d_m 的增加，吸收峰频点保持不变。中间吸收峰随 d_m 的降低而增加。图 4－70(b)是石墨烯双曲人工材料的厚度 d_{GH} 的变化对吸收曲线的影响，很明显，这一变化结果与图 4－70(a)不同。随着石墨烯双曲人工电磁材料厚度的增加，吸收出现蓝移，当双曲石墨烯人工电磁材料厚度为 127 nm 时，中间吸收峰具有近乎完美的宽带吸收，如图 4－70(b)所示。

图 4－71(a)和(b)表明，当 μ_c 从 0.3 eV 增加到 0.5 eV 时，高频区的两个吸收峰变化较小。低频吸收峰变化较大。图 4－71(c)和(d)显示，随着 μ_c 的增加，高频段吸收增加。

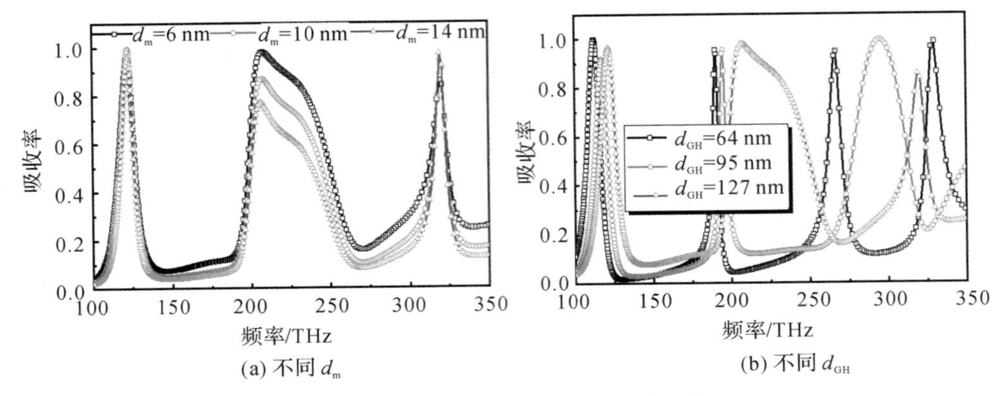

图 4-70 吸收率在不同厚度下的变化

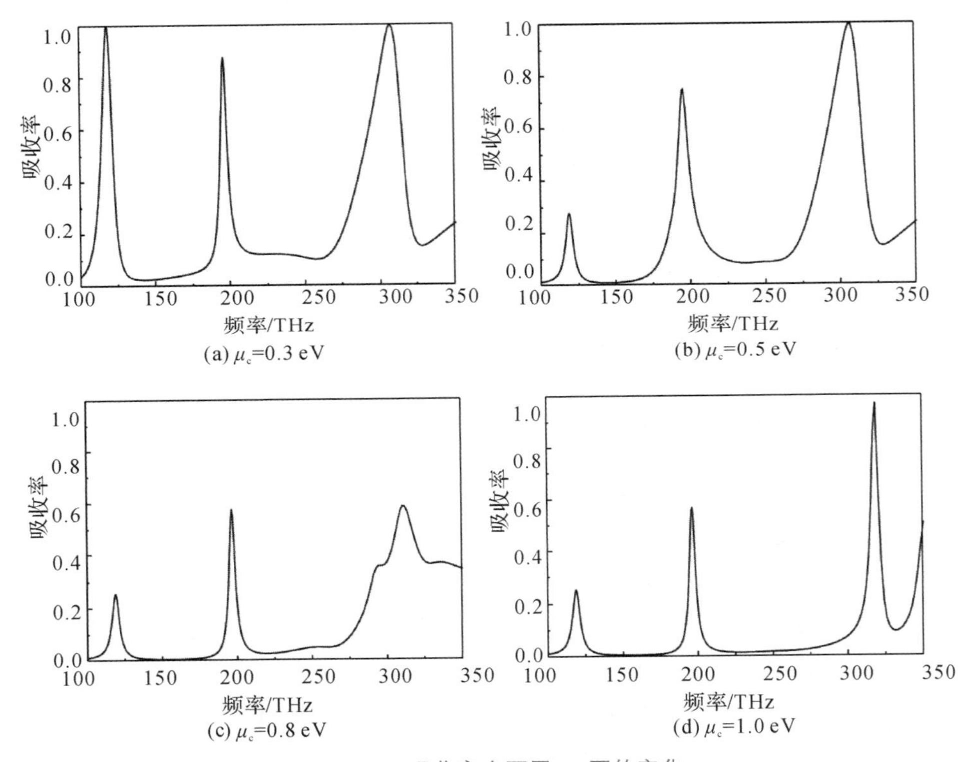

图 4-71 吸收率在不同 μ_c 下的变化

为了进一步分析化学势 μ_c 如何影响吸收峰，我们在图 4-72 中绘制了吸收率随工作频率和 μ_c 的变化图。为了探究吸收率的变化，图 4-72(b)中显示的是 $\varepsilon_\perp$ 的虚部在化学势调节下的变化，对比图 4-72(a)会发现吸收率主要受双曲石墨烯材料的 $\varepsilon_\perp$ 的虚部的影响。考虑到两个化学势都会影响第二个吸收峰，我们在图 4-73 中显示了频率约为 200 THz 的吸收率随化学势 μ_c 和 μ_{c1} 的变化，结果显示，当 μ_{c1} 小于 0.4 eV 时，如果 μ_c 在 0.48～0.57 eV 范围之外，则吸收大于 0.8；当 μ_c 大于 0.4 eV 时，如果 u_c 在 0.48～0.57 eV 范围之外，则吸收会减小。

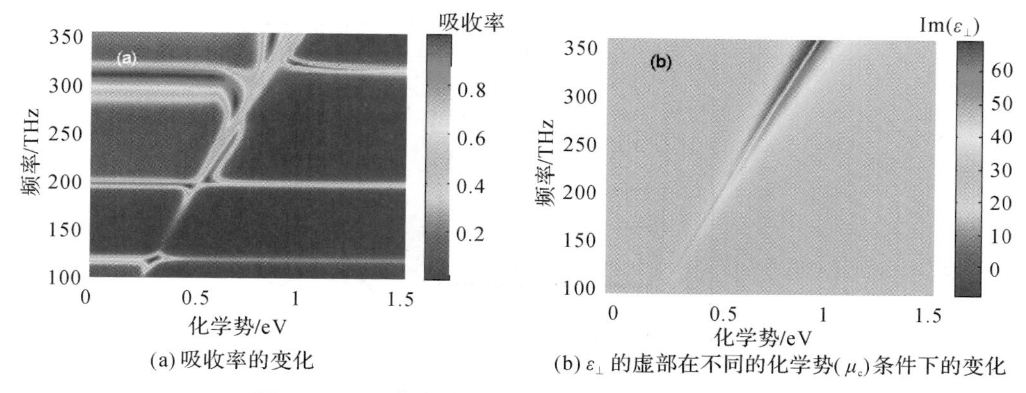

(a) 吸收率的变化

(b) $\varepsilon_\perp$ 的虚部在不同的化学势(μ_c)条件下的变化

图 4-72 吸收率随工作频率和化学势(μ_c)的变化

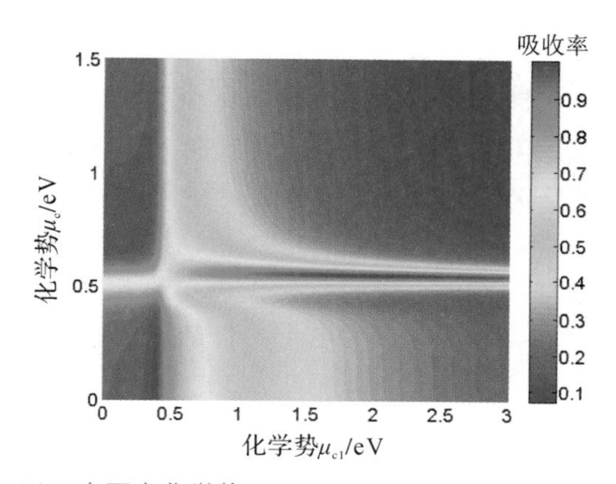

图 4-73 在两个化学势(μ_c、μ_{c1})不同的条件下吸收率的变化

电磁波的入射角也会影响吸收。图 4-74 显示了入射角从 0°改为 80°时吸收率的变化结果。对于 TM 模，当入射角小于 50°时，吸收带有轻微的蓝移。

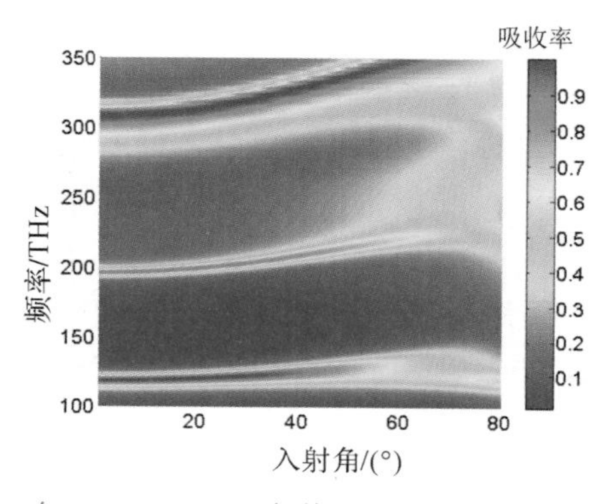

图 4-74 在 λ_0 = 1.55 μm 条件下入射角度不同时吸收率的变化

在图 4-70 中的第二峰值处可以发现宽带吸收。作为一个例子，图 4-75 绘制了具有不同厚度的石墨烯双曲人工电磁材料的吸收率。在 d_{GH} 为 135 nm 时可以产生近 35 THz 的吸收带宽，从 215 THz 到 250 THz，吸收率大于 90%。这一结果为叠层石墨烯人工电磁材料在宽带吸收材料中的应用提供了潜在的可能性。

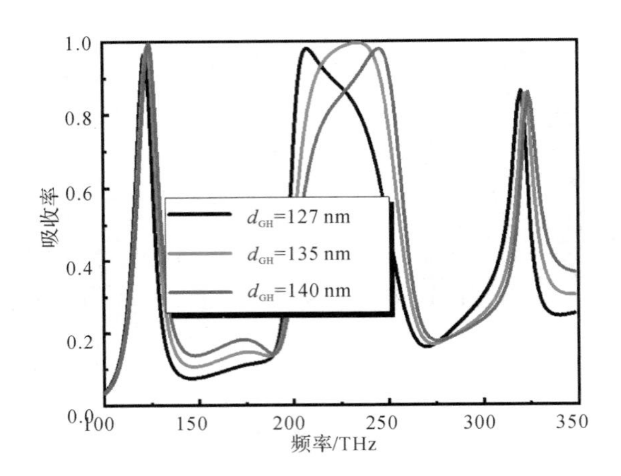

图 4 - 75　在双曲人工材料的厚度变化情况下的吸收率的变化

我们从理论上分析了由石墨烯双曲人工电磁材料和交替的介质层及铜反射层组成的叠层结构的双电压可调谐吸收。利用石墨烯和石墨烯双曲人工电磁材料的化学势可以调节吸波器的吸收带宽。为了提高吸收，石墨烯人工电磁材料和铜反射器分别放置在层叠结构的顶部和底部。我们讨论了化学势、介质厚度、电磁波入射角等因素的影响。结果表明，在较大的频率范围内可以对吸收进行调制。我们获得了一个带宽接近 35 THz 的宽带吸收。我们的分析可应用于近红外隐身器件和宽带光电子器件的设计。

本 章 小 结

本章首先简单介绍了人工电磁材料的发展及应用，然后从石墨烯的电磁特性出发，介绍了石墨烯在微波段、太赫兹波段以及光波段的电磁特性的模型，分析了石墨烯人工电磁材料在不同波段的潜在应用，介绍了石墨烯人工电磁材料吸波原理及分析方法。

我们设计了由金-氟化镁-石墨烯-金-聚酰亚胺组成的石墨烯人工电磁材料在近红外波段实现可调谐的吸波器。从理论上研究了由金属、各向同性介质和石墨烯组成的多层结构的偏振无关吸收特性，且具备多波段吸波特性。该多层石墨烯人工电磁材料吸波器在低频段具有大角度入射的特性，具有全向吸收特点，在全向器件中有潜在的应用价值。同时介绍了一种由金-石墨烯-二氧化钛-金组成的石墨烯人工电磁材料的完美吸波结构，通过调节结构参数，实现了对吸波频带的调控，同时研究了电磁波入射角度对吸收率的影响，实现了全向的高效吸收。研究结果表明，本章所设计的石墨烯人工电磁材料结构具有大角度完美吸收的特性，也具有吸收频段可调谐等优点。

我们设计了一种由金- TiO_2 -石墨烯以及氟化锂介电层组成的双频段吸波器结构，该双频吸波器的频点由石墨烯的参数化学势和弛豫时间决定。利用等效阻抗理论分析了结构的等效阻抗，得到在吸收频率点处的归一化阻抗近似为 1，实现了阻抗匹配，得到近完美吸收的效果。我们分析了结构参数对吸收率的影响，为设计石墨烯人工电磁材料双频吸波器提供了设计思路。

本章介绍了石墨烯双曲人工电磁材料的基本概念和电磁特性，设计了一种一维周期结构的石墨烯双曲人工电磁材料吸波器，采用传输矩阵法分析入射电磁波角度变化对一维周期结构的双曲石墨烯人工电磁材料的吸收特性的影响，得到在特定频率下对电磁波的极化和角度不敏感的吸收特性。我们研究了一种由两种介质层和石墨烯人工电磁材料组成的一维周期结构实现对红外波段的宽带吸收。设计了一种由石墨烯和电介质交替层的双电压调节的吸波器的单元结构。讨论了不同化学势下石墨烯人工电磁材料的等效介电常数，通过改变石墨烯的化学势得到双栅偏压调节实现在光波段范围内的多波段吸收特性。本章也分析了红外波段和光波段的石墨烯双曲人工电磁材料潜在的应用价值。

第5章　石墨烯人工电磁材料传感器特性研究

前面已经提到，石墨烯人工电磁材料对电磁波的调控作用十分明显，因此在不同波段的各类电子器件中都有应用。传感器作为一种检测装置，能响应到被测量的信息，并能将检测响应到的信息按一定规律变换成为电信号或其他所需形式的信息输出，实现信息的传输、处理、存储、显示和控制等要求。传感器在生产生活中有着十分广泛的应用，本章里我们来讨论石墨烯人工电磁材料在传感领域的研究及相关应用。

5.1　人工电磁材料传感器原理

人工电磁材料传感器根据应用情况的不同有不同的类别，一种称为折射率传感器，它是利用“不同介质的折射率不同，对电磁波的响应不同”的机理制成的。具体来说就是人工电磁材料在不同介质环境里对电磁响应会发生变化，利用这一变化反过来判断介质环境的特点。另一种是生物化学传感器，其工作原理如下：首先通过相关设备检测出人工电磁材料的等效介电常数，然后将细胞等被测生物样本或者化学液体气体等被测样本放置在人工电磁材料表面或者腔体内，通过相关的设备检测出人工电磁材料等效介电常数的改变，最后根据测出的等效介电常数的变化得到被测样本的信息。人工电磁材料传感器具有制备简单、检测灵敏度高等特点，在传感领域有十分强大的潜在应用。本章介绍的传感器属于前一种类别。下面首先介绍折射率传感器和传感器单元结构中的经典开口环结构，然后介绍人工电磁材料的等效原理，最后介绍折射率传感器的基本性能指标。

5.1.1　人工电磁材料折射率传感器基本概念

在进一步理解折射率传感器特性前，我们首先通过广义斯涅尔定律来说明其工作原理。

图5-1中，介质A的折射率为n_i，介质B的折射率为n_t，当一束平面波以入射角θ_i斜入射至分界面上，θ_i，θ_r，θ_t分别为入射角、反射角和透射角，φ和$\varphi+d\varphi$分别为入射波由路径I和J传播时产生的相位，在非理想界面上会产生相位差$d\varphi$，则波矢量的大小$k_1=$

ωn_i，$k_2=\omega n_t$。当界面为理想介质分界面时，则有

$$\sin\theta_i k_1-\sin\theta_r k_1=0 \tag{5-1}$$

$$\sin\theta_i k_1-\sin\theta_t k_2=0 \tag{5-2}$$

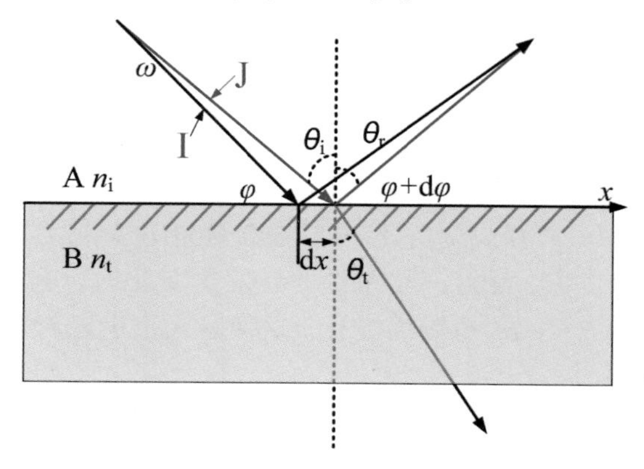

图 5-1　平面波斜入射示意图

式(5-1)和式(5-2)分别为斯涅尔反射定律和折射定律。当界面为非理想情况时，在介质分界面上会产生相位突变 $\mathrm{d}\varphi/\mathrm{d}x$，在这种情况下，反射角和折射角不仅与入射角有关，还与 $\mathrm{d}\varphi/\mathrm{d}x$、折射率、波长等有关，此时可以推导出广义斯涅尔反射定律和折射定律，如式(5-3)和式(5-4)所示：

$$k_0 n_i\sin\theta_i\mathrm{d}x+\mathrm{d}\varphi-k_0 n_i\sin\theta_r\mathrm{d}x=0 \tag{5-3}$$

$$k_0 n_i\sin\theta_i\mathrm{d}x+\mathrm{d}\varphi-k_0 n_t\sin\theta_t\mathrm{d}x=0 \tag{5-4}$$

其中 $k_0=2\pi/\lambda_0$，代入式(5-3)和式(5-4)，得到式(5-5)和式(5-6)：

$$\sin\theta_i-\sin\theta_r=-\frac{\mathrm{d}\varphi}{\mathrm{d}x}\frac{\lambda_0}{2\pi n_i} \tag{5-5}$$

$$n_i\sin\theta_i-n_t\sin\theta_t=-\frac{\mathrm{d}\varphi}{\mathrm{d}x}\frac{\lambda_0}{2\pi} \tag{5-6}$$

这就是广义反射定律和折射定律的公式。由式(5-5)和式(5-6)可知，改变材料的折射率便会改变折射或者反射的相位变化量(也称为相位梯度)，从而也会改变电磁波的反射和折射，如图 5-2 所示。

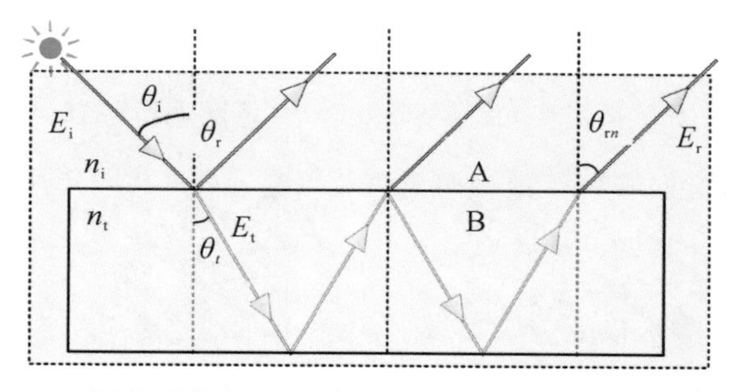

图 5-2　光(电磁波)在不同介质分界面上的反射和折射示意图

图 5-2 中，E_i、E_t、E_r 分别为入射波、透射波、反射波的电场强度，θ_i、θ_r、θ_t 分别为入射角、反射角和透射角，分界面两侧的媒介的折射率分别为 n_i、n_t，θ_{rn} 为第 n 次反射的

反射角(n 为反射次数)。

反射系数和折射系数见式(5-7)和式(5-8)。经过多次的反射和折射后，反射系数可以推导得出，如式(5-9)所示：

$$r = R\mathrm{e}^{\mathrm{i}\theta_r} \tag{5-7}$$

$$t = T\mathrm{e}^{\mathrm{i}\theta_t} \tag{5-8}$$

$$r' \approx r_{12} - \frac{t_{12}t_{21}\mathrm{e}^{\mathrm{i}2\beta}}{1 + r_{12}\mathrm{e}^{\mathrm{i}2\beta}} \tag{5-9}$$

这里，$\beta=\beta_r+\mathrm{i}\beta_i=(\varepsilon_0)^{0.5}k_0 d$，$\beta_r$ 为电磁波传输相位，β_i 为材料表面待测物体的系数，d 为材料厚度，从式(5-9)可得，当待测材料发生变化时，电磁波的反射率也随之变化，同理，吸收率 $A=1-R^2-T^2$ 也随之变化。这便是人工电磁材料传感器的基本原理。

5.1.2 人工电磁材料生物化学传感器基本原理

前文已经提到，当放置不同的被测样本在人工电磁材料表面或者内部时，能够改变人工电磁材料的等效介电常数，从而改变电磁波的响应结果，这样即可反过来判断被测样本的不同，这就是生物化学传感器的基本原理。这类人工电磁材料传感器通常采用开口谐振环结构，这类结构可以通过等效电路进行分析，如图 5-3 所示。入射的电磁波引起的感应电荷在开口处聚集而产生感应电场，感应电荷的移动产生感应环形电流。

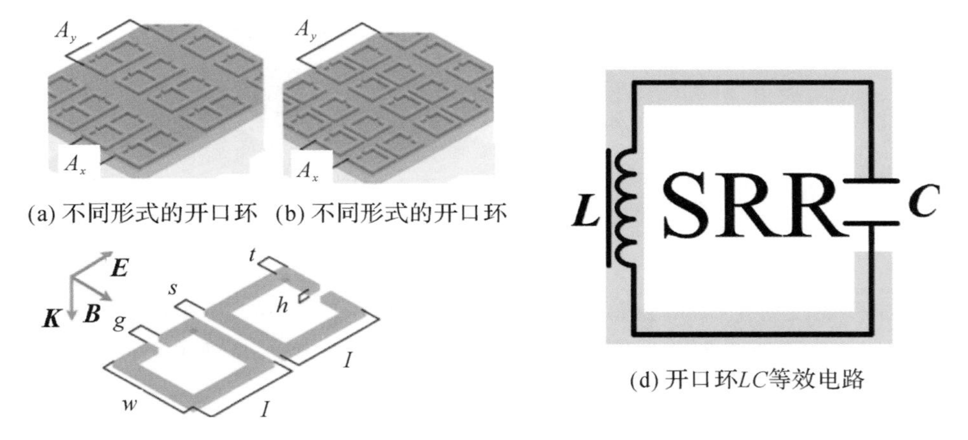

(a) 不同形式的开口环 (b) 不同形式的开口环

(c) 开口环尺寸示意图

(d) 开口环LC等效电路

图 5-3 开口谐振环等效成 LC 谐振回路示意图

开口谐振环结构的谐振峰可等效为电感(L)与电容(C)共同作用下产生的 LC 谐振。谐振频率 ω 为

$$\omega = \frac{1}{\sqrt{LC}} \tag{5-10}$$

一般情况下，等效电感 L 变化较小，主要的变化体现在等效电容 C 上。因此，不同的待测物体放置于人工电磁材料的表面，会引起等效电容 C 的变化，谐振频点也随之变化，这样就能根据频点变化反推待测样本的特点。

5.1.3 人工电磁材料传感器性能指标

人工电磁材料传感器的主要性能指标有品质因数 Q(Quality)、灵敏度 S(Sensitivity)和 FOM (Figure of Merit)值。品质因数 Q 是判断传感器谐振特性的重要指标，可以定义为式(5－11)的形式，通常品质因数越大，表示谐振曲线越尖锐，损耗越小，如图 5－4 所示，$Q_{L1}>Q_{L2}$。

$$Q=\frac{f}{\text{FWHM}} \tag{5-11}$$

其中，f 表示中心谐振频率($\omega=2\pi f$)，FWHM (Full Width Half Maximum)为半波带宽，见图 5－4 所示。

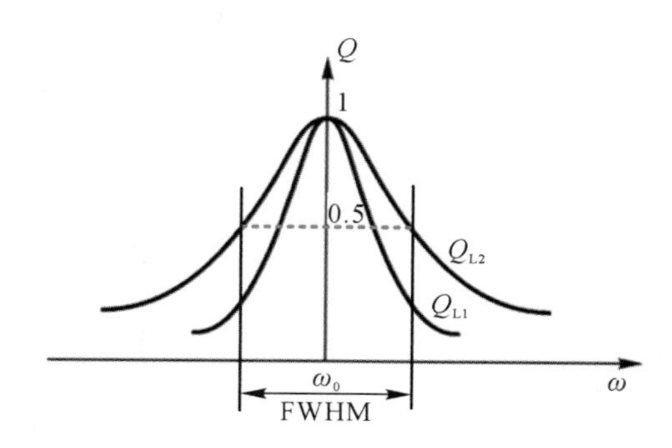

图 5－4　品质因数与半波带宽示意图

灵敏度 S 的定义是传感器对单位量分析物变化所导致的响应量变化程度。而影响人工电磁材料传感器灵敏度的因素只有表面分析物折射率的变化，单位折射率变化范围内传感器中心谐振频率的频移量或者透射强度的变化量代表其灵敏度，其表达式为

$$S=\frac{\Delta f}{\Delta n}$$

其中 Δf 为频率偏移量，Δn 为折射率的变化量，单位为 THz/RIU (Refractive Index Unit，一种反映传感器折射率灵敏度的参量)。

另外，FOM 值也是一种表示传感性能指标的值，多用于传感器之间传感性能的比较。FOM 值的表达式为

$$\text{FOM}=\frac{S}{\text{FWHM}}$$

FOM 值越高，传感器的传感性能越好。

石墨烯人工电磁材料传感器具有灵敏度高、调谐方便等特点，在折射率传感和生物化学传感等方面都有潜在的应用价值。

5.2 微波段石墨烯人工电磁材料传感器特性与分析

5.2.1 结构设计

本节我们研究在微波范围内具有可调电容和开口环的双层石墨烯人工电磁材料结构中

的传感效应。首先分析没有石墨烯时的传感特性。如图 5-5(a)和(b)所示，采用人工电磁材料组成的周期性单元结构由底部的 Rogers 衬底和顶部的铜开口环组成。假设电磁波沿 z 方向传播，在周期性边界条件下，采用时域有限积分法计算电磁波在垂直入射($\theta=0°$)时的传输特性。z_1 和 z_2 分别是基板和铜的厚度。设计的单元结构沿 x、y 方向的周期为 L，其几何参数分别为：开口环长度为 l，开口环宽度为 w，开口环间隙长度为 g。Rogers 衬底的介电常数为 2.2，铜的电导率为 5.8×10^7 S/m。在开口环间隙焊接一个可调电容(应用中一般用变容二极管)。结构的二维尺寸选择如下：$L=39$ mm，$w=2.25$ mm，$z_1=1.575$ mm，$z_2=0.2$ mm，$g=8$ mm，$l=14.5$ mm，$C=3$ pF。为了研究该结构的电磁特性，我们先来对比没有可调电容和有可调电容结构的透射特性，如图 5-5(c)所示。

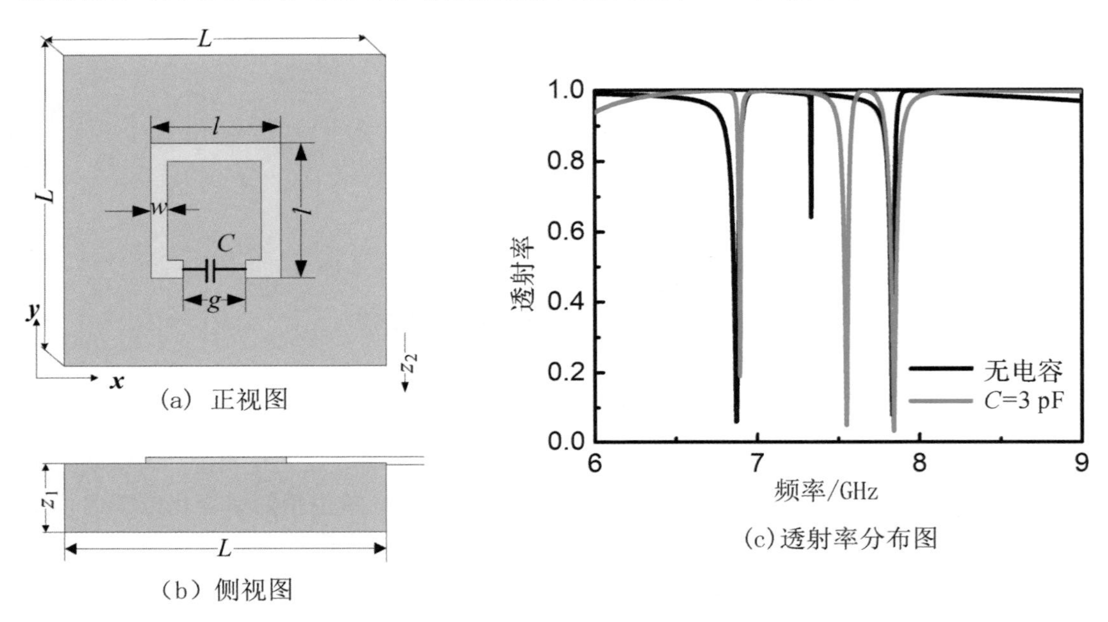

图 5-5 微波段传感器单元结构

图 5-6 和图 5-7 显示了有和没有电容的结构的透射光谱。如图 5-6 所示，无电容结构的谐振频点值为 ω_1、ω_2、ω_3。表面电流分布如图 5-6(b)~(d)所示。如图 5-6(b)所示，频点 ω_1 产生的表面电流主要分布在开口环的左右两个竖条，类似电偶极子，产生了方向相反的电流。如图 5-6(c)所示，频点 ω_2 产生的表面电流主要分布在整个开口环上，且电流方向一致，此时开口环等效为一个电感。如图 5-6(d)所示，频点 ω_3 产生的表面电流主要分布在整个开口环上，且电流方向一致，与图 5-6(c)相比，电流方向刚好相反，此时开口环依然等效为一个电感。当加载电容 $C=3$ pF 时，如图 5-7 所示，产生了 ω_1'、ω_2'、ω_3'的谐振频点，其中频率为 7.551 GHz 的谐振频点 ω_2'更加明显，如图 5-7(a)所示。这是由于电容的加入，改变了谐振频点的频率。图 5-7(b)显示的是 ω_1'的表面电流分布，与图 5-6(b)显示的结果类似。图 5-7(c)显示的是 ω_2'的表面电流分布，可以看到电流主要聚集在电容两侧。图 5-7(d)显示的是 ω_3'的表面电流分布，可以看到电流主要聚集在开口环处的电容和开口环上，可以等效为 LC 电路。

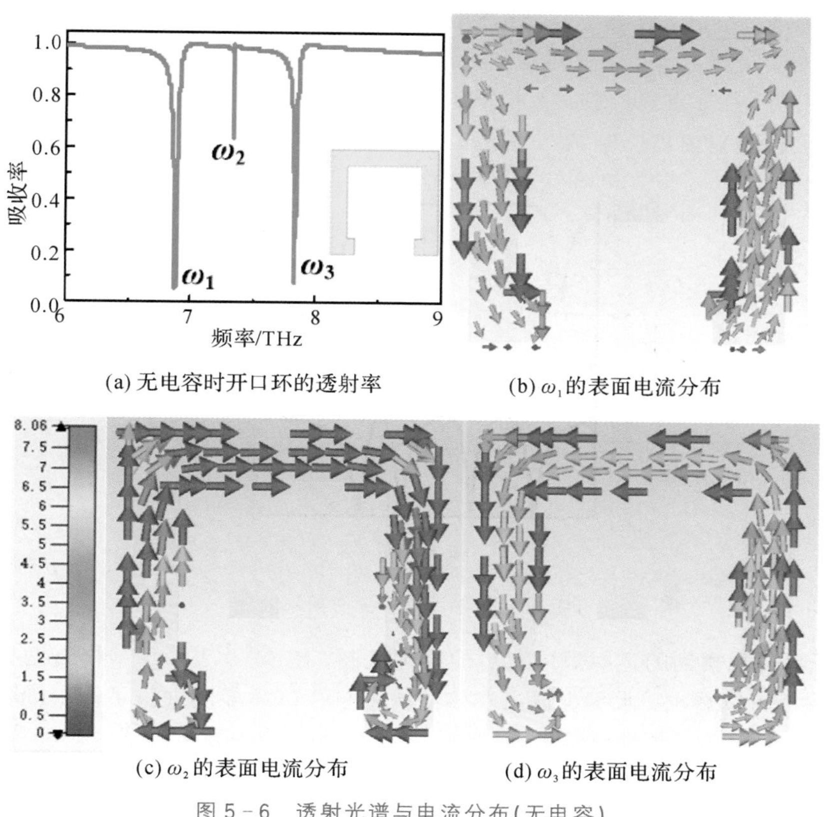

(a) 无电容时开口环的透射率　(b) ω_1 的表面电流分布

(c) ω_2 的表面电流分布　(d) ω_3 的表面电流分布

图 5-6　透射光谱与电流分布(无电容)

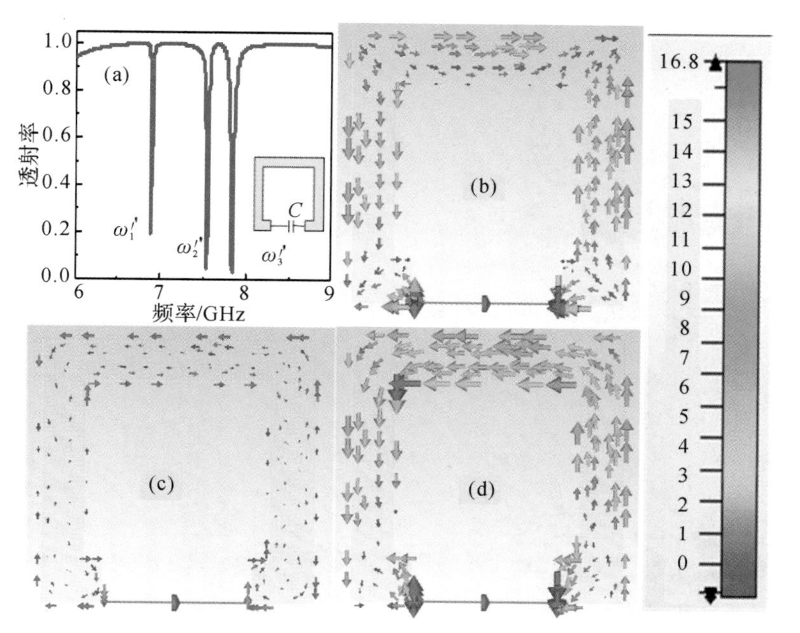

(a) 有电容时 SRR 环的透射谱；(b)~(d)为频点ω_1'、ω_2'、ω_3'的表面电流分布情况

图 5-7　透射光谱与电流分布(有电容)

为了产生多波段传感效应，可以对以上结构进行改进，在图 5-8 中添加了水平金属条。并将结构进行拆分，计算了部分结构的透射谱，如图 5-8 所示，在只有水平金属条时会产生高低两个谐振频点，很显然高频为高次谐振频点。将水平金属条与前面讨论的结构结合，结果表明，在 a 点(见图 5-8)又发现一个新的谐振点，并且可以在 6.5～7.1 GHz 范围内获得多波段透射窗口。

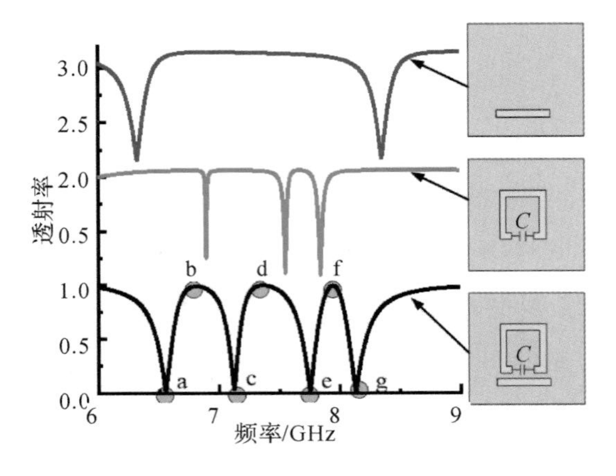

图 5-8　不同结构的透射率对比

为了理解所观察到的透射效应背后的物理机制，图 5-9 表示了结构谐振频点的表面电流。从图 5-9 可以看出，水平金属条在该结构中与开口环多次进行了能量耦合。下面进一步分析结构参数以及石墨烯对透射特性的影响，以进一步得到传感器的相关特性。

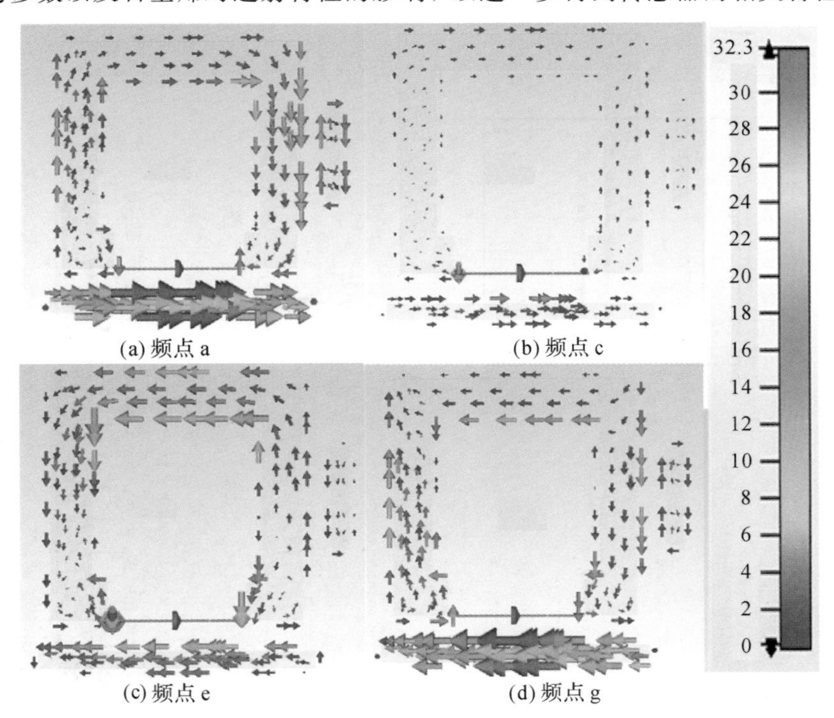

图 5-9　改进型传感器单元完整结构在谐振频点的表面电流分布

5.2.2　结果分析与性能讨论

图 5－10 示出了开口环的开口宽度 g 的变化对透射光谱的影响。增大开口环的宽度间隙 g 会导致透射窗口红移，透射率也随之提高，同时透射谱线的 Q 值也会随之减小。

图 5－11 表示水平金属条的长度 l_1 对传输特性的影响。可以发现，在图 5－11 中，中间频段的透射谐振点会随着 l_1 增大而消失。通过图 5－9 的表面电流分布说明，该水平金属条在谐振中作为电偶极子与开口谐振环之间存在能量耦合，从电路的角度也可把该金属长条等效为电感，与开口谐振环等效的 LC 回路之间的能量耦合。

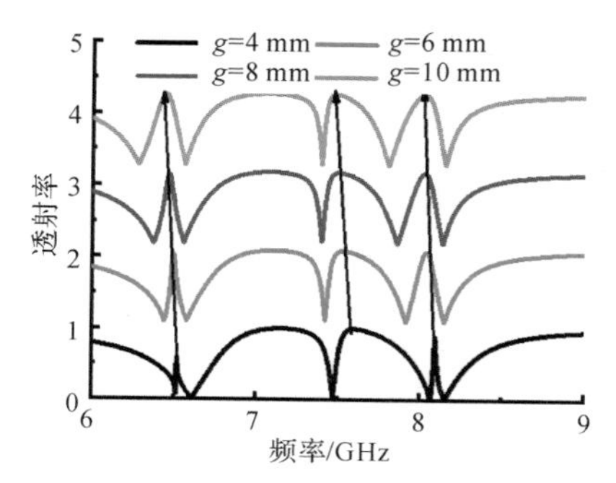

图 5－10　SRR 环的间隙 g 变化时对透射率的影响

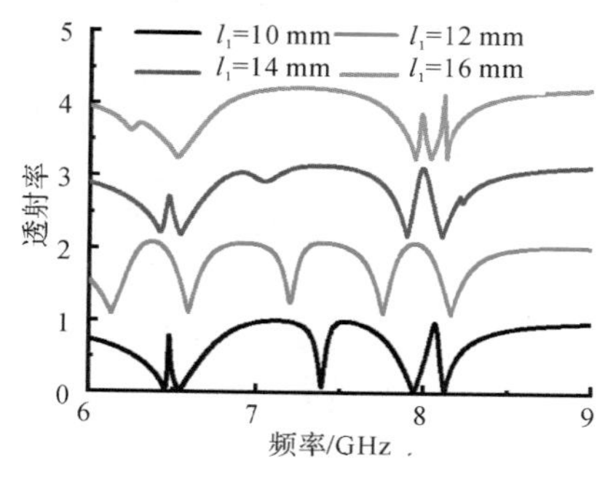

图 5－11　水平横条长度 l_1 对透射率的影响

为了进一步研究电容对该结构的透射率的影响，图 5－12 显示了改变电容值会导致不同的传输特性。从图 5－12 可以看出，当电容值增加时，透射窗口在 C 从 0.05 pF 到 0.6 pF 的范围内发生红移。当 C 大于 0.6 pF 时，谐振频率没有变化。结果表明，电容值越小，中间频点的偏移越大，该结构可以作为电压检测传感器使用。

图 5－13 显示了当结构置于不同介电常数环境中时的透射光谱。可见，在环境介电常数增大时，透射光谱发生红移。此外，所有谐振频率的变化是一致的。因此该结构在传感领域有着潜在的应用前景。

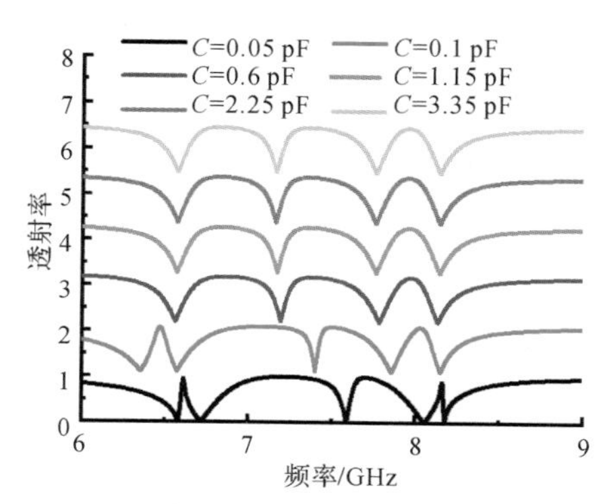

图 5－12　电容值变化对透射率的影响

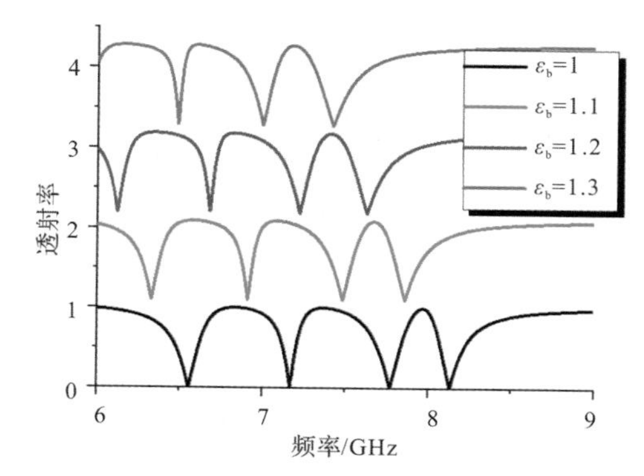

图 5－13　环境介电常数变化对透射率的影响

5.2.3　石墨烯人工电磁材料的传感特性

考虑石墨烯在该结构中的作用，将石墨烯层加载在该结构的反面，即最底层加载石墨烯薄膜，如图 5－14 所示。石墨烯的电磁特性见第 4 章相关内容。

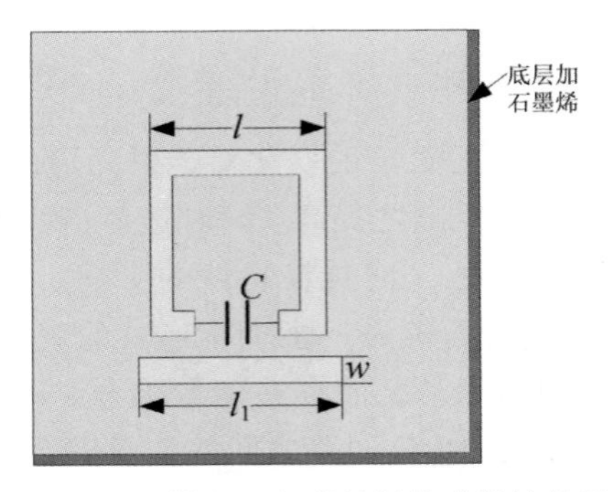

图 5-14　石墨烯人工电磁材料传感器结构示意图

图 5-15 显示了石墨烯的化学势改变对该结构透射率的影响。从图 5-15(a)可以看出，在 6～9 GHz 范围内，石墨烯的化学势变化对透射率的影响较小。图 5-15(b)显示的是在 7.2 GHz 左右的局部放大图，从该图中可以发现，只在 7.2 GHz 左右的透射谷点处略有频偏。

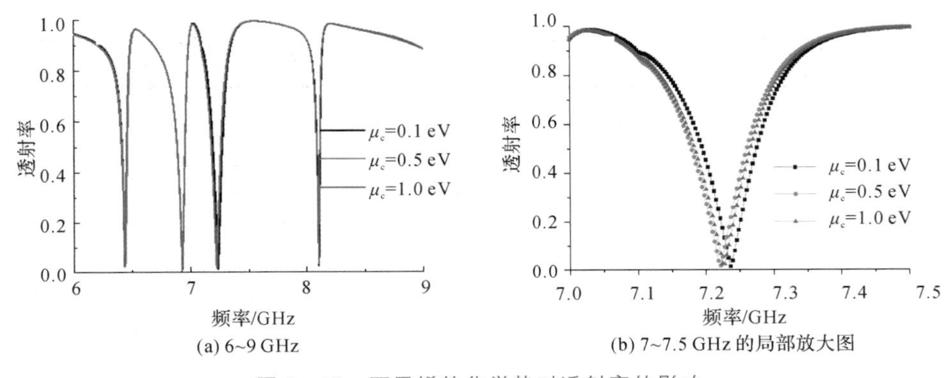

图 5-15　石墨烯的化学势对透射率的影响

图 5-16 和 5-17 显示的是该结构作为传感器使用时的传感性能。图 5-16 显示的是灵敏度(图中用 S 表示)与环境介电常数(图中用 ε_b 表示)之间的关系，从该图能够看到，在环境介电常数为 1.2 左右时灵敏度最高。图 5-17(a)显示的是 FOM 的变化，同样地，FOM 也在环境介电常数为 1.2 左右时最大；但是品质因数 Q 的变化会随着环境介电常数的增加而减小，如图 5-17(b)所示。该分析结果对此结构在传感领域的应用提供了思路，也为工程技术人员的工程设计提供了方法。

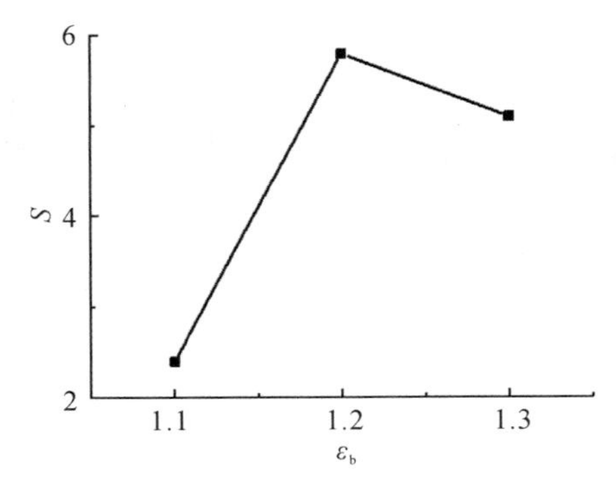

图 5-16　石墨烯人工电磁材料的灵敏度与环境介电常数的变化关系

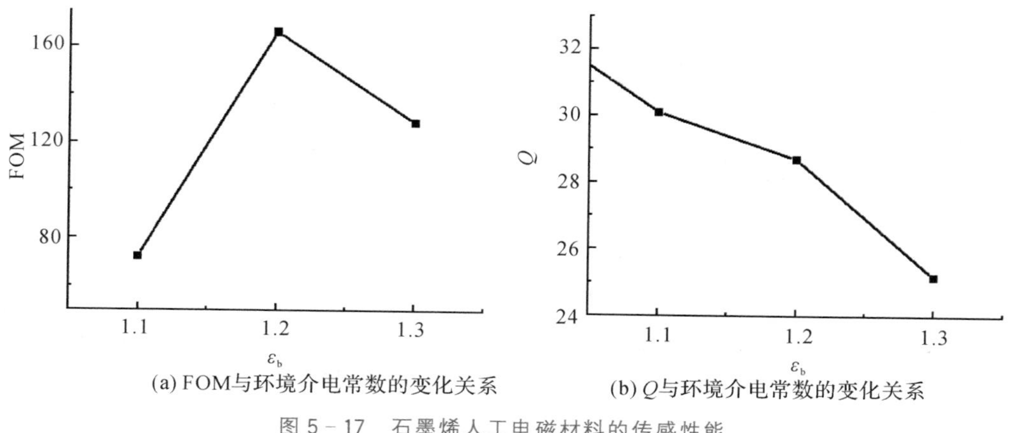

(a) FOM与环境介电常数的变化关系　　(b) Q与环境介电常数的变化关系

图 5-17　石墨烯人工电磁材料的传感性能

5.3　光波段石墨烯人工电磁材料传感器

5.3.1　双调谐人工电磁材料传感器设计

1. 结构设计

本节提出了一种以二氧化钒(VO_2)方环嵌入石墨烯圆盘叠层的三层结构单元。VO_2 是一种温度相变材料，在高温下具有金属特性，在室温下具有绝缘性能。石墨烯的介电常数可以通过一些参数来调节。因此，通过调节石墨烯的参数和环境温度，可以实现三控结构的反射窗口。此外，通过数值计算可以实现大角度的反射。理论结果表明，该结构可应用于传感器、大角度器件和开关器件。石墨烯的电磁特性在前面已经讨论过，这里不再赘述。

1) VO_2 电磁特性

下面介绍 VO_2 的电磁特性。作为一种典型的相变材料，VO_2 具有温度敏感特性，当温度为 300 K 时，VO_2 呈现的是绝缘态；当温度为 350 K 时，VO_2 呈现的是金属态。在太赫兹波段等效介电常数可以用下面的 Drude 模型表示，

$$\varepsilon_{VO_2}=\varepsilon_\infty-\frac{\omega_p^2(\sigma_{VO_2})}{\omega(\omega+i\gamma)} \tag{5-14}$$

这里，ε_∞ 为 VO_2 在无限频率时的介电常数，σ_{VO_2} 为 VO_2 的电导率，$\omega_p(\sigma_{VO_2})$ 为不同的电导率条件下的等离子频率，γ 为碰撞频率，根据实验测得 $\varepsilon_\infty=12$，二氧化钒(VO_2)的电导率 σ_{VO_2} 在 10 到 2×10^5 S/m 之间变化，其他参数关系为 $\gamma=5.75\times10^{13}$ rad/s，$\omega_p(\sigma_{VO_2})=\omega_p(\sigma_0)(\sigma_{VO_2}/\sigma_0)^{0.5}$，其中 $\omega_p(\sigma_0)=1.4\times10^{15}$ rad/s，$\sigma_0=3\times10^5$ S/m，S 为电导率的单位西门子。

图 5-18 为在不同的温度条件下 VO_2 电导率变化从而导致其等效介电常数变化的情况。计算结果显示在 20～60 THz 范围内 VO_2 的等效介电常数的实部几乎为常数，只与温度有关，当温度变化时电导率也随之变化，随着温度的降低，电导率也减小，等效介电常数的实部的绝对值也随之减小。其 VO_2 等效介电常数的虚部不仅与温度有关，而且随着频率的增加，其值也随之减小。

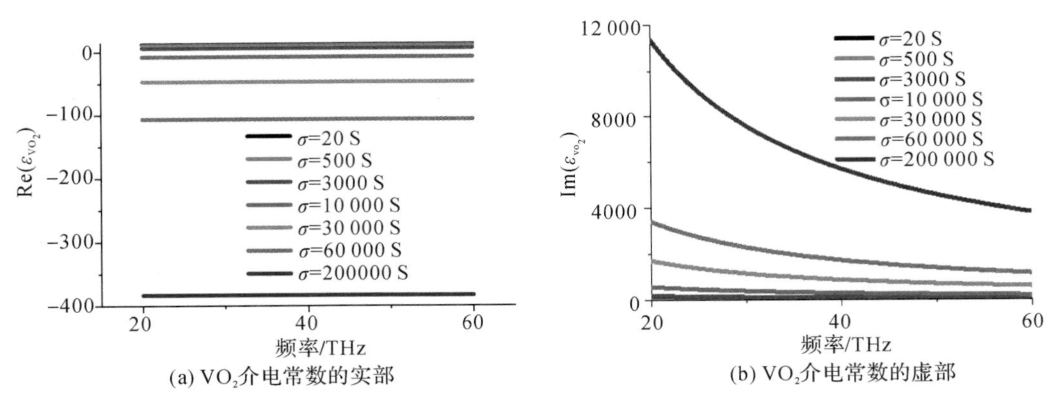

(a) VO_2介电常数的实部　　(b) VO_2介电常数的虚部

图 5-18　二氧化钒(VO_2)在温度(电导率)不同的条件下介电常数的变化情况

2）结构传输特性

在具有金衬底的介质硅(Si)上放置一个由 VO_2 方环堆积而成的三层结构的单元。图 5-19 所示为 VO_2 方环内嵌套石墨烯圆盘。采用时域有限积分法，求解在 x、y 轴为周期边界，z 轴为开放边界的空间条件下电磁波在垂直入射($\theta=0°$)时的情况。假设电磁波沿 z 轴传播。金、硅、石墨烯和 VO_2 层的厚度分别为 t、t_1、t_2 和 t_3。该结构的单元几何结构参数为 $l=1.6$ μm，$t_1=3$ μm，$t=0.1$ μm，$t_2=0.01$ μm，$t_3=0.1$ μm，$l_2=1.2$ μm，$l_1=1.57$ μm，$R=0.4$ μm。

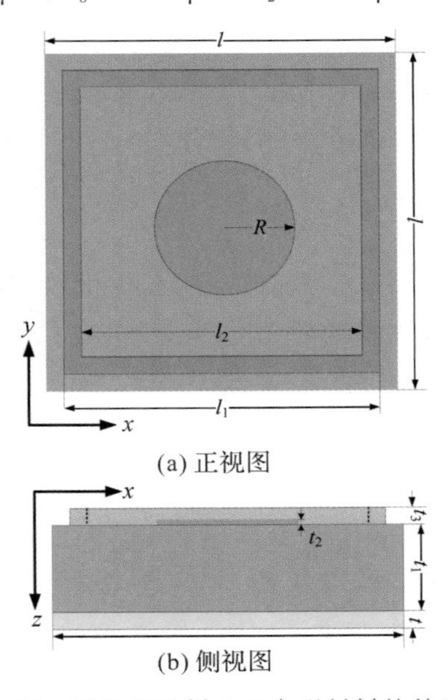

(a) 正视图

(b) 侧视图

图 5-19　三层石墨烯人工电磁材料的单元结构

图 5-20 显示了只有 VO_2 方环、只有石墨烯圆盘和集成的多层结构的反射光谱。在图 5-20 中，只有 VO_2 和只有石墨烯分别在 B 点和 A 点上才能产生谐振频率。在整个结构的 35.995 THz 和 48.19 THz(C 点和 D 点)处达到了双谐振频率。与 VO_2 结构相比，石墨烯结构的反射光谱非常清晰。包含 VO_2 和石墨烯的完整叠层结构的反射如图 5-20 中红线所示，它不同于 VO_2 或石墨烯的部分结构。

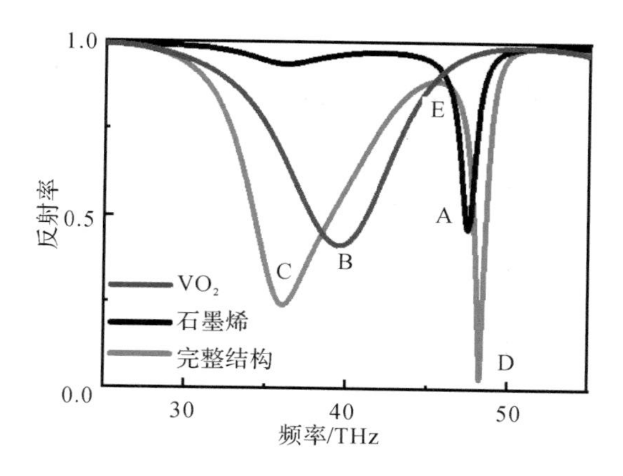

图 5－20　只有 VO_2 方环、只有石墨烯圆盘和三层完整结构的反射率对比

3）参数对传输特性的影响

（1）结构参数对传输特性的影响。

图 5－21 显示了反射光谱随 R 和 l_2 结构参数的变化情况。图 5－21(a)中石墨烯圆盘半径 R 大于 0.4 μm 时，会在高频段产生新的谐振频点。这是由于半径较小，二氧化钒和石墨烯之间距离较大，很难实现能量的耦合，增大半径后使得两部分结构产生能量的耦合，因此产生了新的谐振频点。图 5－21(b)表示反射窗口随 VO_2 方环的长度变化而产生的变化。与图 5－21(a)不同，l_2 可以调节低频段的谐振频率处的 Q 值，然而，l_2 对高频谐振频率处的 Q 值基本没有影响。

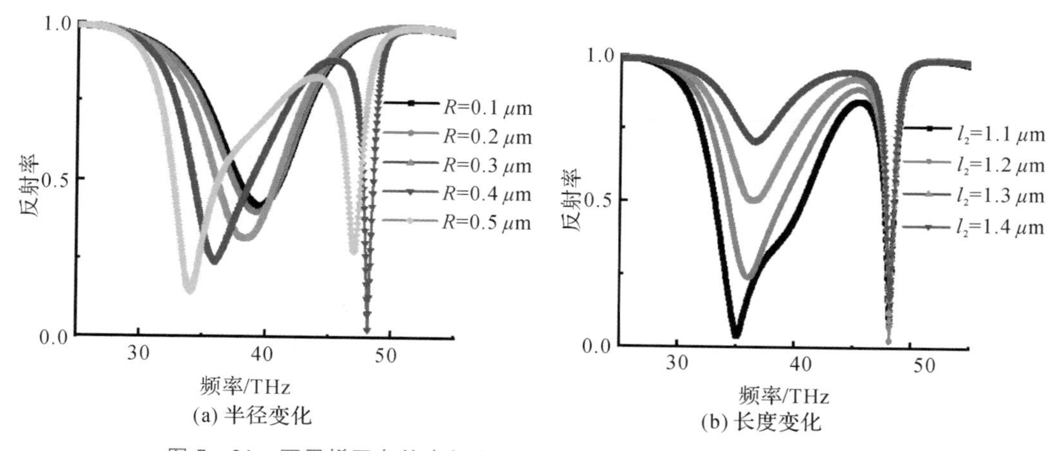

图 5－21　石墨烯圆盘的半径和 VO_2 方环的长度变化对反射率的影响

（2）石墨烯和 VO_2 参数对传输特性的影响。

如前所述，石墨烯的有效介电常数 ε_G 可以通过化学势 μ_c 和弛豫时间 τ 来调节，但温度 T 对其没有影响。与石墨烯相反，VO_2 的介电常数 ε_{VO_2} 可以用 T 调节，这意味着石墨烯和 VO_2 的介电常数可以分别通过 μ_c、τ 和 T 来调节。因此，三调谐人工电磁材料具有更大的优势。

为了解释温度 T 对传输特性的影响，图 5－22 显示了不同温度下反射窗在 $\mu_c=0.5$ eV 时的变化。结果表明，温度对传输窗口的影响是明显的。VO_2 具有金属特性，当温度 T 大于 340 K 时，VO_2 可以与石墨烯发生耦合，但在温度降至 323 K 以下时，VO_2 作为绝缘体不能与石墨烯耦合，因此只有一个谐振频点。

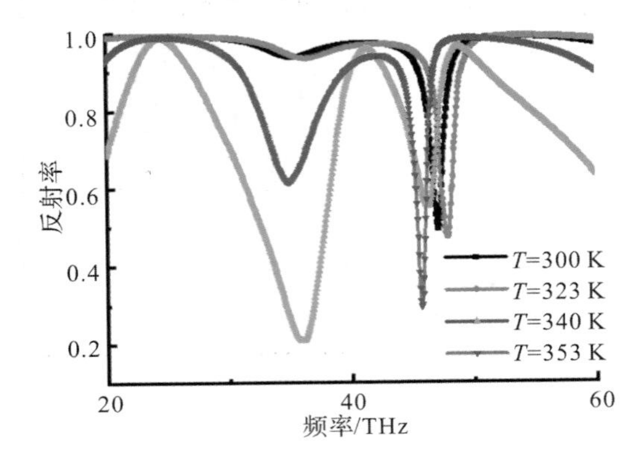

图 5-22　温度变化对反射率的影响

为了进一步研究三控结构的传输特性，我们分析了在 $T=340$ K 时，反射率随石墨烯的化学势 μ_c 和电子-声子弛豫时间 τ 的变化，发现 μ_c 对反射窗口的低频范围影响较小，对图 5-23(a)中的高频范围影响较大。这是由于谐振频率的高频带是由石墨烯方环产生的。图 5-23(b)表明 τ 对反射光谱的影响很小，τ 越大，反射窗口的变化越大。

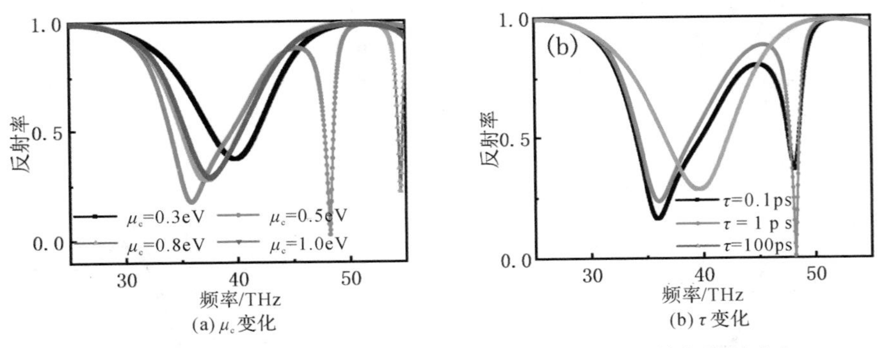

图 5-23　在 $T=340$ K 条件下 μ_c 和 τ 变化对反射率的影响

(3) 入射角对传输特性的影响。

图 5-24 显示了反射光谱随入射角 θ 的变化。从图 5-24 可以看出，增大 θ 会导致其反射窗口蓝移。此外，高频段的反射变化较小，而低频段的反射变化较大。

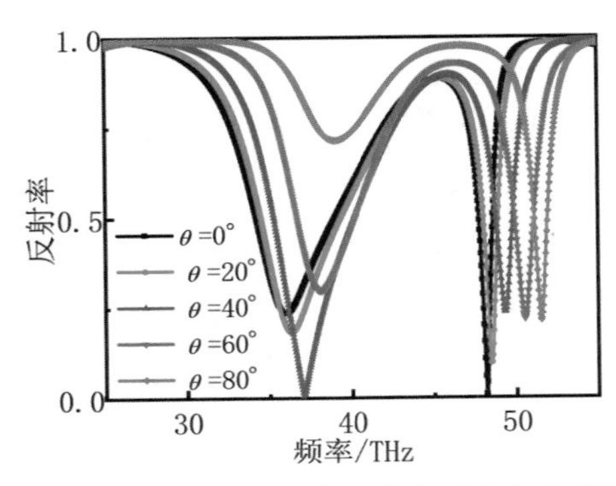

图 5-24　入射电磁波角度 θ 变化对反射率的影响

2. 传感特性分析

前面我们研究了不同背景介电常数下的传输特性。在图 5－25 中可以发现，当环境介电常数 ε_b 从 1.0 到 2.0 变化时，反射窗口发生了明显的红移现象。这一结果是折射率传感器的典型现象。图 5－26 显示的是灵敏度 S、品质因数 Q 与环境介电常数 ε_b 之间的关系。从图 5－26(a)中可以看到，随着环境介电常数的变化，灵敏度 S 会先增加然后在 1.65 左右又产生衰减，从图 5－26(b)中可以得到在环境介电常数为 1 时空气中的 Q 值最大，当介电常数继续增加时 Q 值变化较小，几乎维持在 14 左右。从图 5－27 中可以看到 FOM 的变化最大可以达到 80，说明该结构在折射率传感器方面有潜在的应用。

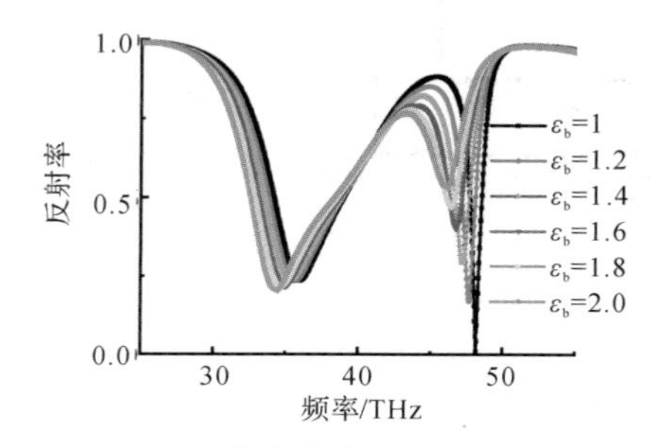

图 5－25　环境介电常数变化对反射率的影响

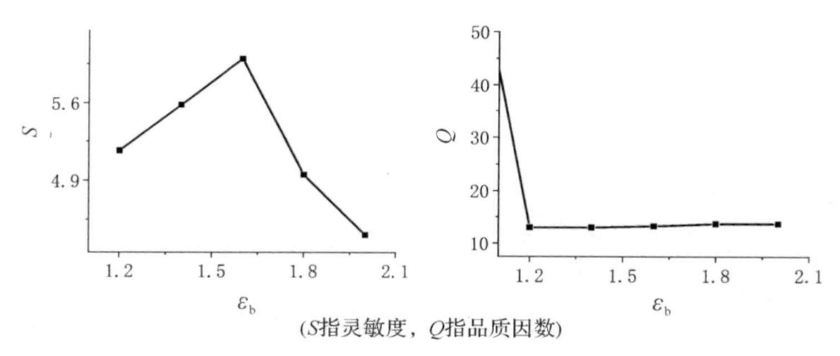

图 5－26　S、Q 与环境介电常数间的关系

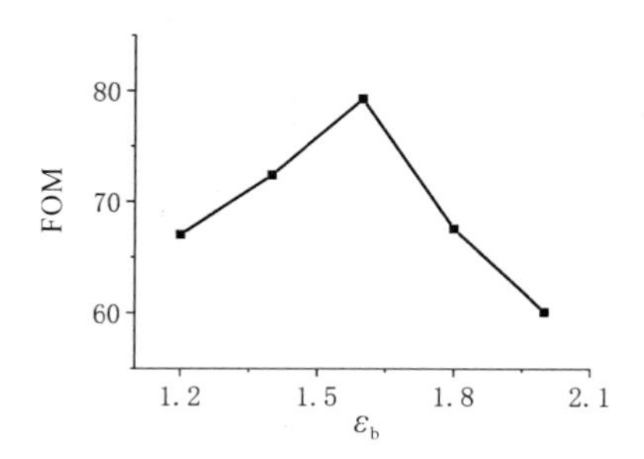

图 5－27　FOM 随环境介电常数的变化关系

5.3.2　多频点吸收型传感器设计

1. 石墨烯的介电常数的调谐性

本小节通过时域有限差分法研究了由复合结构实现的吸收型传感器的特性。首先分析

了石墨烯等效介电常数在所研究频率范围内的变化情况，图 5－28 显示了不同 μ_c 条件下石墨烯的等效介电常数 ε_g 的变化情况。在低频下，μ_c 越小，ε_g 的实部越大，如图 5－28(a)所示。当化学势降低时，ε_g 的虚部变化平缓，如图 5－28(b)所示，在 $\mu_c = 0.1$ eV 时，ε_g 的虚部较大。

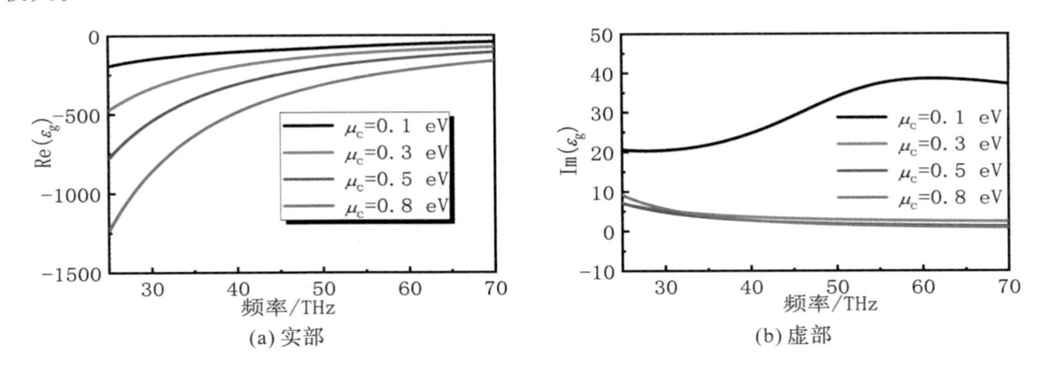

(a) 实部　　(b) 虚部

图 5－28　光波段石墨烯等效介电常数的实部、虚部随频率的变化

2. 结构设计

如图 5－29 所示，我们设计的复合结构是由石墨烯带和基底组成的单元构成的多层结构。基底结构由金和 MgF_2 层的介质组成，两侧由介质填充。金、MgF_2、介质(介电常数为 ε_3)和石墨烯的厚度分别为 z_1、z_2、z_3 和 z_4。金和电介质的宽度分别为 l_1 和 l_2，石墨烯带的宽度为 l_4(中间)和 l_3(两侧)。石墨烯带之间的宽度间隙为 f，该单位的整体尺寸为 $w \times l$。

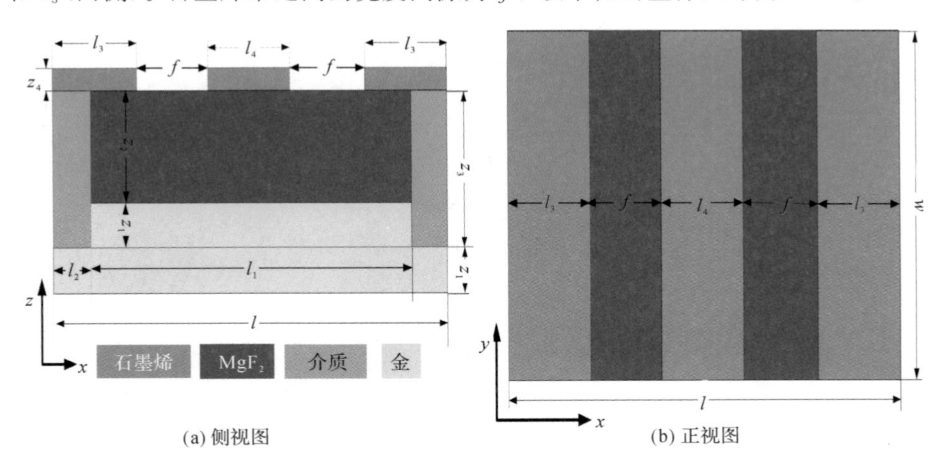

(a) 侧视图　　(b) 正视图

图 5－29　光波段人工传感器单元结构图

3. 结果分析

我们假设电磁波沿 $-z$ 方向传播，由于金属的趋肤效应，电磁波可以完全被结构底部的金层反射。吸收特性为 $A(\omega) = 1 - R(\omega) - T(\omega)$，其中 $T(\omega) = |S_{21}|^2 = 0$ 为透射率，S_{21} 为透射系数，$R(\omega) = |S_{11}|^2$ 为反射率，S_{11} 为反射系数。结构的等效阻抗 z 必须与自由空间相匹配，使 $R(\omega)$ 最小并接近于零，以获得最大的吸收。z 可以从式(5－12)得到：

$$z = \pm\sqrt{\frac{(1 + S_{11})^2 - S_{21}^2}{(1 - S_{11})^2 - S_{21}^2}} \tag{5-12}$$

为了研究石墨烯在该结构中的吸收率，我们分析了结构在电磁波垂直入射时的吸收特性，如图 5-30(a)所示，周期单元尺寸如下：$w=2\ \mu m$，$l_1=2\ \mu m$，$l_2=0.5\ \mu m$，$z_1=1\ \mu m$，$z_2=2\ \mu m$，$z_3=z_1+z_2=3\ \mu m$，$z_4=1\ nm$，$\varepsilon_3=9$。结果表明，该结构在 TM 模式下的谐振频点为 31.62 THz 和 54.48 THz，吸收率分别为 97.22%和 97.06%。为了说明其吸收特性的物理机制，我们用阻抗匹配的理论说明该现象，图 5-30(b)显示的是结构的等效阻抗 z。与图 5-30(a)中的吸收峰相比，在吸收频点 32.2 THz 和 54.5 THz 处，等效阻抗约为 1，实现了阻抗匹配，因此在 TM 模式下反射接近于零。TE 模式谐振频点为 46.7 THz，吸收率为57.34%，此时等效阻抗也较小，因此在该模式下产生了一个谐振频点。

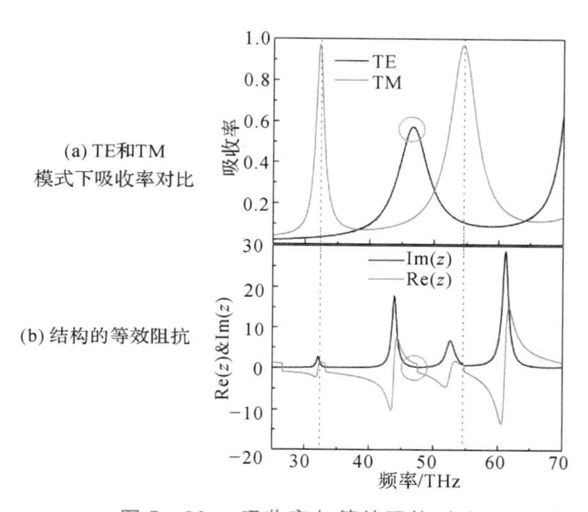

图 5-30　吸收率与等效阻抗对比

3. 结果讨论

1）两侧介质材料变化对结果的影响

我们在复合结构两边选择了不同的电介质，并比较了结构的吸收情况，如图 5-31 所示。结果表明，该结构的吸收可以通过介质的介电常数来调节，在一定频率下可以获得接近完美的双波段吸收。此外，我们发现在改变材料时，低频吸收峰几乎不变，高频吸收峰随着介电常数的增加而红移。结果表明，高频吸收峰对两侧介质都很敏感。

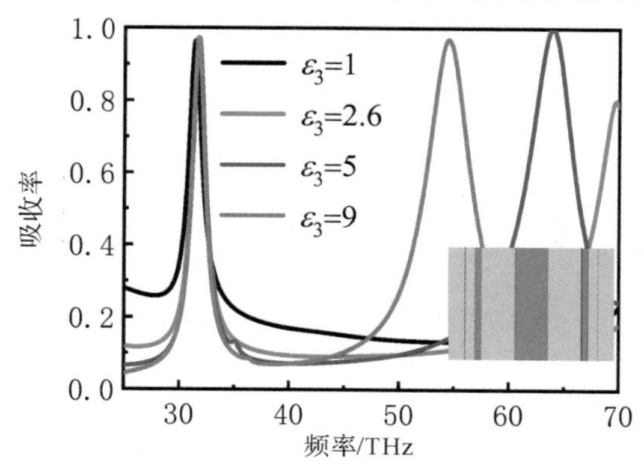

图 5-31　不同中间介质条件下的吸收率对比

为了更好地阐明吸收机理，我们研究了谐振频率的电场分布，如图 5－32 所示。比较图 5－32(a)和(b)可以看出，在 31.62 THz 处电场集中在石墨烯带的中部，在另一频率 54.48 THz 时电场是通过石墨烯带的中间和侧面耦合而得到的。

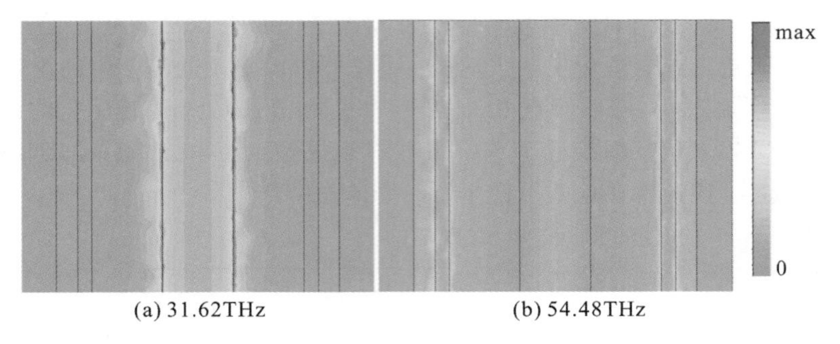

图 5－32　中间介质层介电常数为 9 时吸收频点的电场分布

2）中间介质层厚度对结果的影响

在比较中间介质层厚度的差异时，我们讨论了图 5－33 中不同 z_2 的吸收变化，结果表明，z_2 可以调节吸收带，并可以获得多波段吸收。MgF_2 的介质层厚度可能导致金与石墨烯发生谐振，因此吸收峰和吸收值会发生变化。

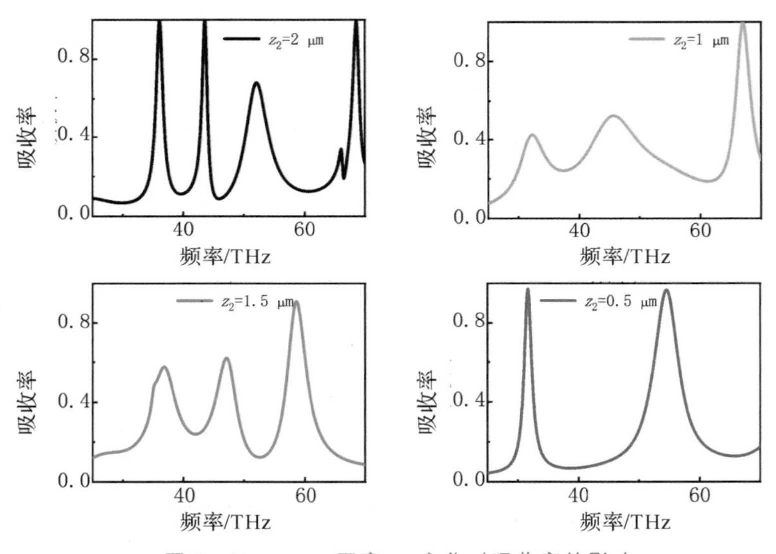

图 5－33　MgF_2 厚度 z_2 变化对吸收率的影响

3）石墨烯条宽度变化对结果的影响

为了进一步了解所设计结构的吸收特性，我们选择 $\varepsilon_3=9$，$z_2=2\ \mu m$，将参数 l_3 从 1 μm 改为 0.2 μm，并保持其他参数不变，以获得不同的正入射吸收情况。图 5－34 所示为当 l_3 变化时吸收率的变化情况。当 l_3 从 1 μm 降低到 0.2 μm 时，低频和高频的吸收峰变化较大。可以看出，降低 l_3 会导致吸收频点产生蓝移。结果表明，在一定频率下，结构的几何参数可以调节谐振。但在 43.77 THz 频率下，吸收峰几乎没有变化。所以，在限定的频率范围内，石墨烯带的宽度可以调节吸收，而在另一个频率范围内则保持不变。

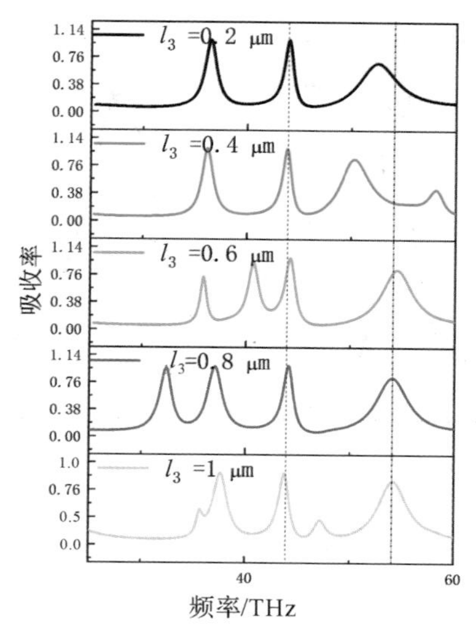

图 5－34　l_3 变化对吸收率的影响

为了进一步说明 l_3 的影响，我们计算了 l_3 为 0.8 μm 时的电场分布，结果如图 5－35 所示。电场集中在石墨烯带两侧和中间的介质层中，如图 5－35(a)和(b)所示。在 32.05 THz 频率下，磁场分布呈现石墨烯带边部的特征，在 36.73 THz 处集中在石墨烯带中部，如图 5－35(e)和(f)所示。图 5－35(c)表明，电场分布主要集中在 43.77 THz 处的中间石墨烯带顶面。在 43.77 THz 时，磁场的分布特征为介质板与中间介质之间的晶格谐振。如图 5－35(g)所示。对比图 5－35(d)和(h)，可以发现在频率为 53.77 THz 处主要表现为磁谐振，电场分布较弱。

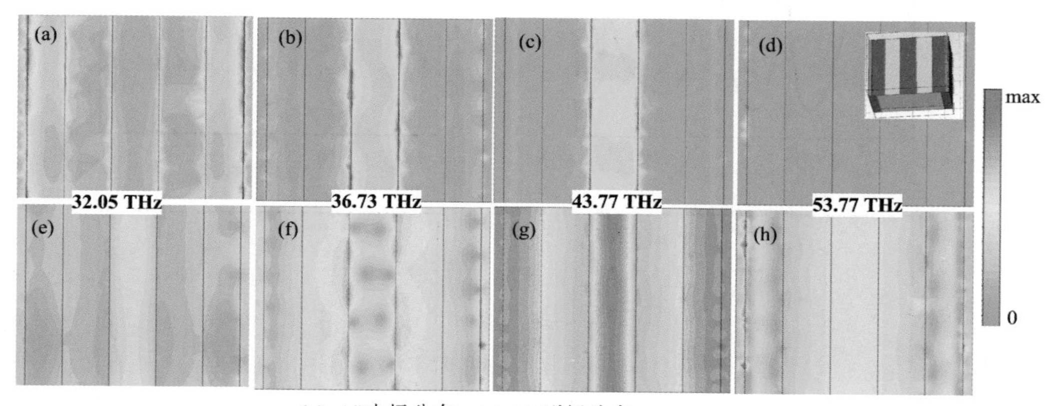

(a)~(d)电场分布，(e)~(h)磁场分布

图 5－35 在频点 32.05、36.73、43.77、53.77 THz 处的电场和磁场分布

在图 5－36 中，我们表示了石墨烯带间隙 f 在不同宽度下的吸收情况，证明了吸收峰可以被 f 调谐，在一定的频率范围内可以获得多带吸收。随着 f 的增加，低频峰的变化较小，而在高频时变化较大。由于中间石墨烯带保持不变，因此当改变 f 时，43.54 THz 处的吸收基本上是恒定的。

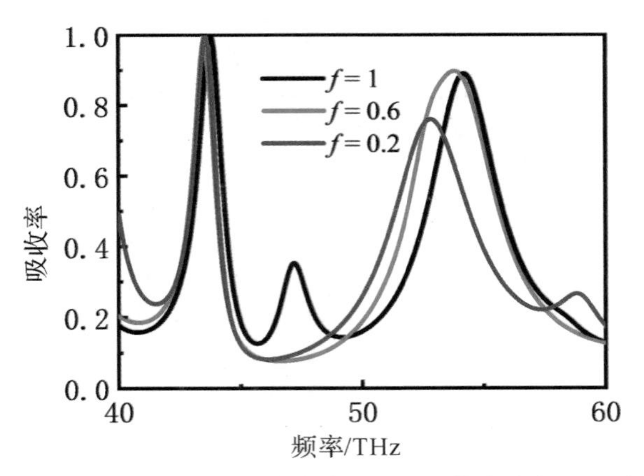

图 5－36 在不同石墨烯带宽度条件下吸收率的电场和对比

4) 石墨烯化学势对结果的影响

我们改变石墨烯的化学势 μ_c 来分析吸收率的变化，如图 5－37 所示。当 ε_3 为 9 时，吸收率随 μ_c 的变化较明显。当 μ_c＝0.1 eV 时，低频段产生的谐振频点处的吸收率接近 100％，中频段的吸收率较低；当 μ_c＝0.3 eV 时，低频段的两个频点和高频段的吸收率接近 100％；随着 μ_c 的增加，在 0.5 eV 和 0.8 eV 时低频段的两个频点位置几乎不变，但吸收率变化较大，高频段的吸收频谱变化较大。综合图 5－37 可以证实化学势 μ_c 能够调节吸收谱。

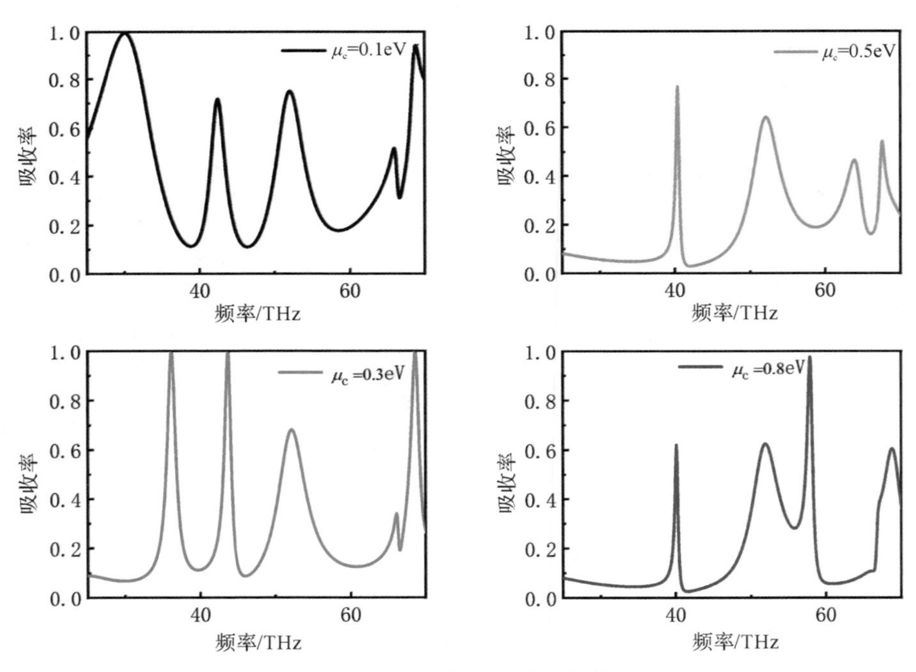

图 5－37 石墨烯化学势改变时吸收率的变化情况

图 5－38 显示的是该结构在频点 40.03 THz 处吸收率随化学势 μ_c 变化的趋势图，可以发现，在化学势接近 0.6 eV 时吸收率达到最大，而且随着化学势的增加，吸收率有先增加后减小的变化趋势，这一结果在传感开关器件中有潜在的应用价值。

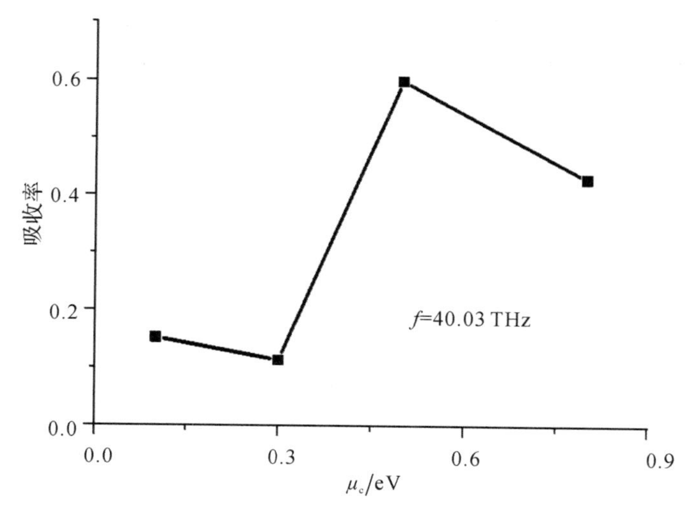

图 5-38　40.03 THz 处吸收率随化学势变化的传感特性

5.3.3　单频点吸收型传感器设计

1. 结构设计

下面介绍另一种折射率传感器的设计与应用。我们在不同的介质层上堆叠不同尺寸的金属圆环谐振器，采用时域有限积分方法分析了该结构的电磁特性。通过改变结构的几何参数，可以得到窄带和宽带的吸收材料。我们的研究结果为石墨烯在吸波器、开关、传感器和滤波器等方面的应用提供了可能。

我们考虑在介质基底上堆叠不同半径金环的多层结构单元，如图 5-39 所示，在 x、y 轴为周期边界和 z 轴为开放边界的空间条件下，计算电磁波在垂直入射($\theta=0°$)情况下的反射率、透射率和吸收率。金的介电常数前文已经说明，此处不再赘述。衬底的介电常数为 2.65，介质损耗角正切为 0.06。我们假设电磁波沿 z 轴传播。

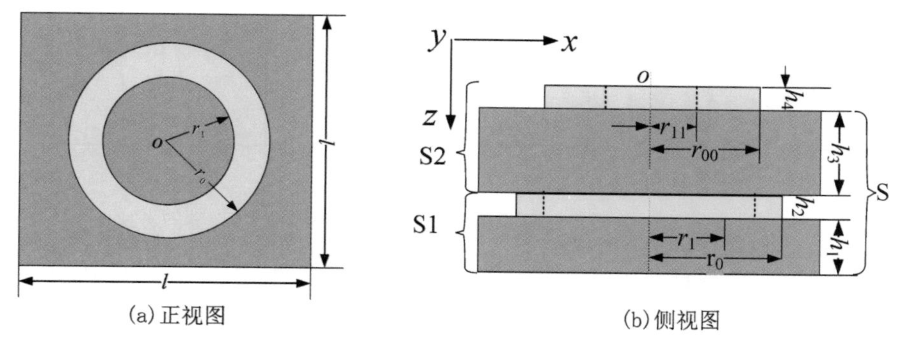

图 5-39　多层折射率传感器的单元结构

该结构包括四层，从下往上分别为介质基板 1、金属圆环 1、介质基板 2、金属圆环 2。具体来说，介质基板 1 在 $x-y$ 平面上的尺寸为 $l\times l$，金属圆环 1 的外径为 r_0，内径为 r_1，以上两层表示为 S1 结构。介质基板 2 和外径为 r_{00}、内径为 r_{11} 的金属圆环 2 表示为 S2 结构。结构厚度分别如下(自下而上)：h_1、h_2、h_3、h_4。

通过对所提出结构的研究，验证了数值方法的正确性。根据能量守恒，电磁波的吸收率可以由 $A(f)=1-R(f)-T(f)$ 给出，其中 $R(f)$ 是反射率，$T(f)$ 是透射率，f 为入射电磁波的频率。由于没有金属接地板作为衬底，因此该结构的透射率不为零。

2. 传输特性分析

单元周期结构的几何尺寸如下：$l=5.43\ \mu\text{m}$，$h_1=0.2\ \mu\text{m}$，$h_4=0.1\ \mu\text{m}$，$h_2=0.2\ \mu\text{m}$，$h_3=1\ \mu\text{m}$，$r_{00}=2\ \mu\text{m}$，$r_{11}=0.6\ \mu\text{m}$，$r_0=2.45\ \mu\text{m}$，$r_1=2\ \mu\text{m}$。图 5-40 给出了 S1、S2 和整个结构的反射率、透射率和吸收率的对比。结构 S1 在中高频可以得到窄带和多带吸收的特性，然而吸收值很小。与结构 S1 相比，结构 S2 的吸收非常小，当结构 S1 和 S2 堆叠为完整结构时，其吸收率在低频点表现出接近理想的窄带吸收，在中频段得到吸收率不高的宽带吸收。

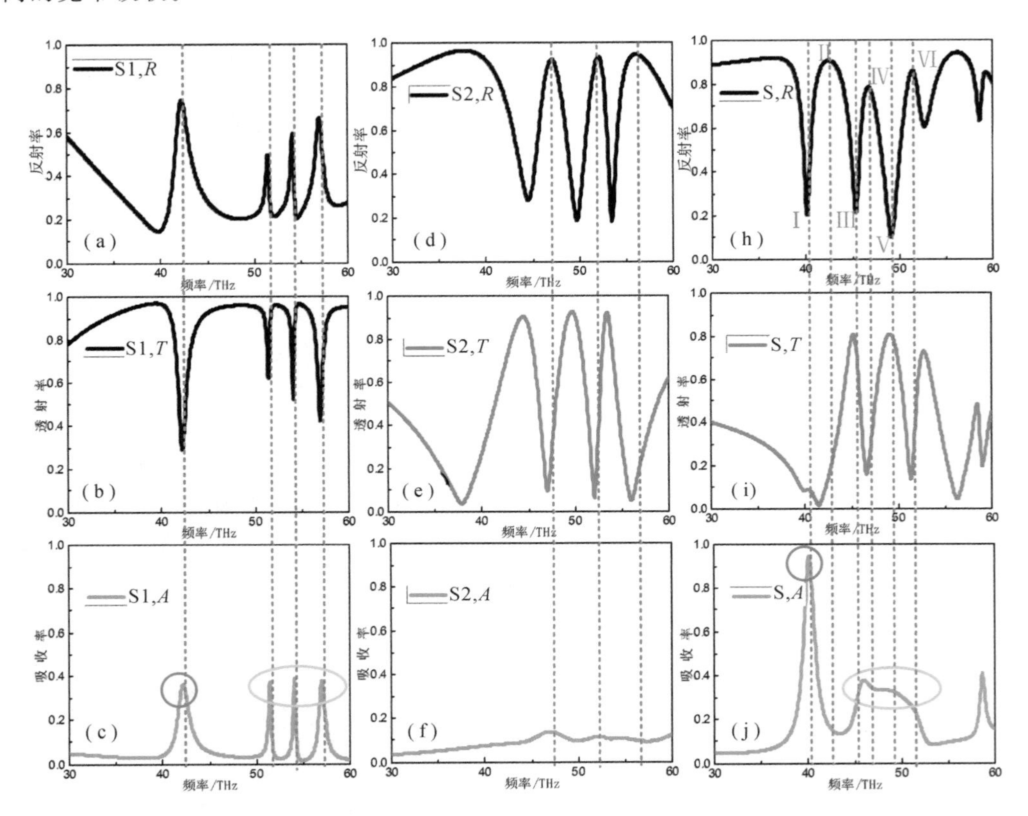

图 5-40 部分结构与完整结构的反射率、透射率和吸收率的对比

下面利用等效介质理论对上述模拟结果进行分析和说明。整个结构的透射、反射和吸收如图 5-41(a)所示，等效介电常数和阻抗分别用反演法计算(见第 4 章)，如图 5-41(b)、(c)和(d)所示。通过比较可以发现，吸收率高所对应的是等效介电常数虚部较大的频点位置，由吸波理论可知介电常数的虚部越高，吸收越大，与吸波理论相吻合。同时窄带高效吸收可以通过阻抗匹配理论进行解释，从图 5-41(d)中可以看出，该结构在吸收率最高的频点处的归一化等效阻抗近似于空气阻抗(归一化阻抗为 1)，也就是说该结构的等效阻抗在吸收率最大的频点处可与空气实现阻抗匹配。

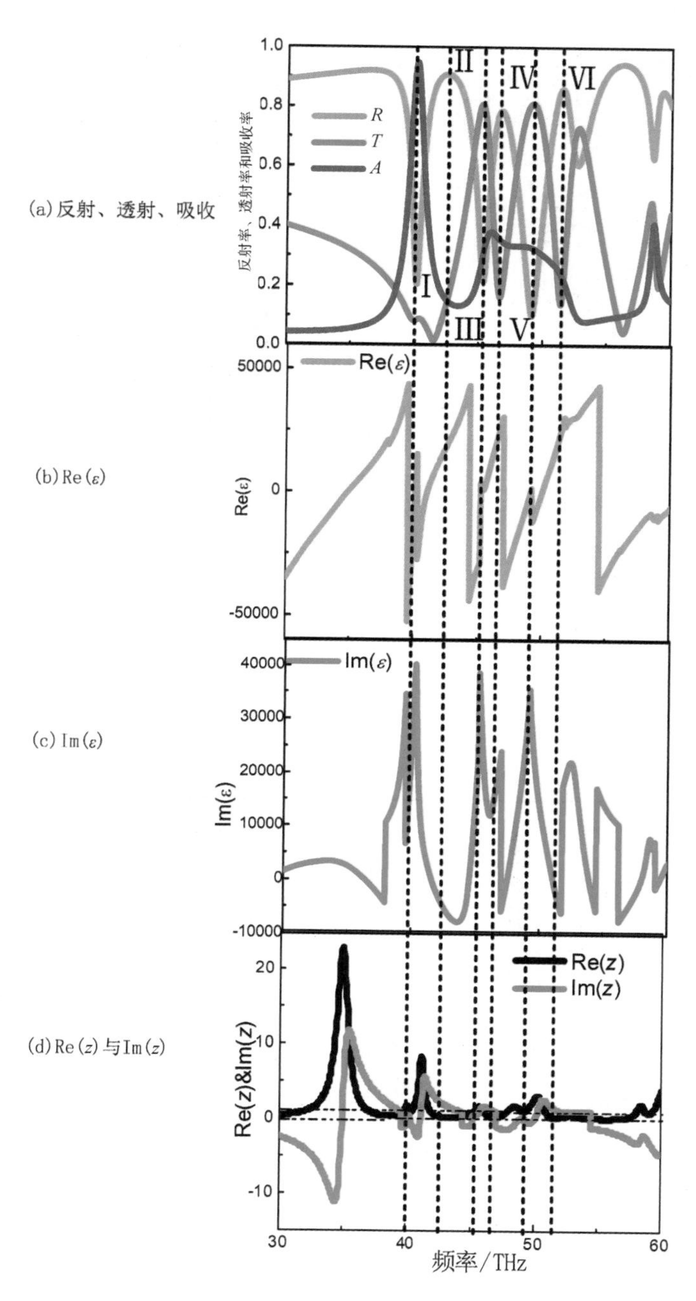

图 5-41　完整结构的反射率、透射率、吸收率以及等效介电常数和等效阻抗的对比

为了了解所观察到的吸收效应背后的物理机制，图 5-42 示出了我们所研究结构的表面电流分布情况。从图 5-42 可以看出，Ⅰ、Ⅲ、Ⅴ三个反射波谷(见图 5-41(a)中的标注)的表面电流分布，如图 5-42(a)(c)(e)所示，电流分布的强度较强，而反射峰Ⅱ、Ⅳ和Ⅵ的激发较弱，如图 5-42(b)(d)(f)所示。这主要是因为结构 S1 受入射光的强烈激发而直接产生了耦合，结构 S2 不能被入射光激发，而是与结构 S1 之间产生了耦合。

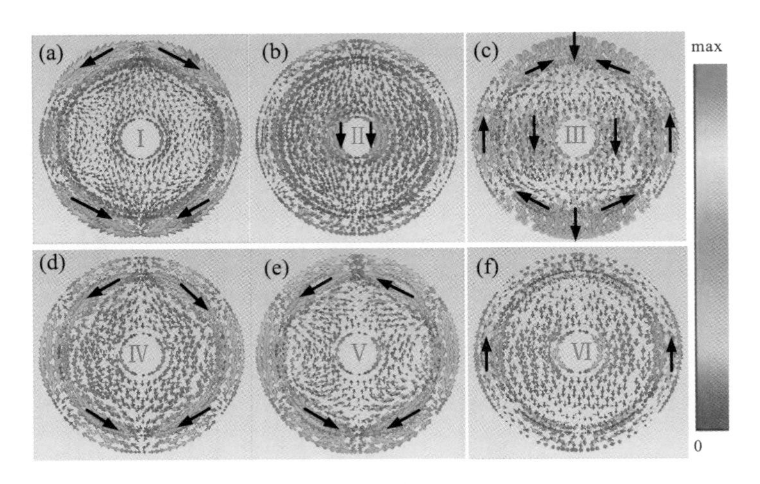

图 5-42　反射率峰值和谷值对应频点表面电流分布

3. 结果讨论

图 5-43 显示了每层厚度的吸收光谱差异。随着介电层厚度 h_1 和 h_3 的增加，吸收在低频时发生红移。然而，改变环的厚度 h_2，吸收在低频时随 h_2 的增加向右移动(蓝移)，在高频时基本保持不变。而改变环的厚度 h_4 时，只在高频频段吸收有变化，低频和中频几乎不变。结果表明，介质层对吸收有较大影响，金属环对吸收影响较小。这是由于金属的趋肤效应，金属的厚度 h_2 和 h_4 对吸收影响不大。

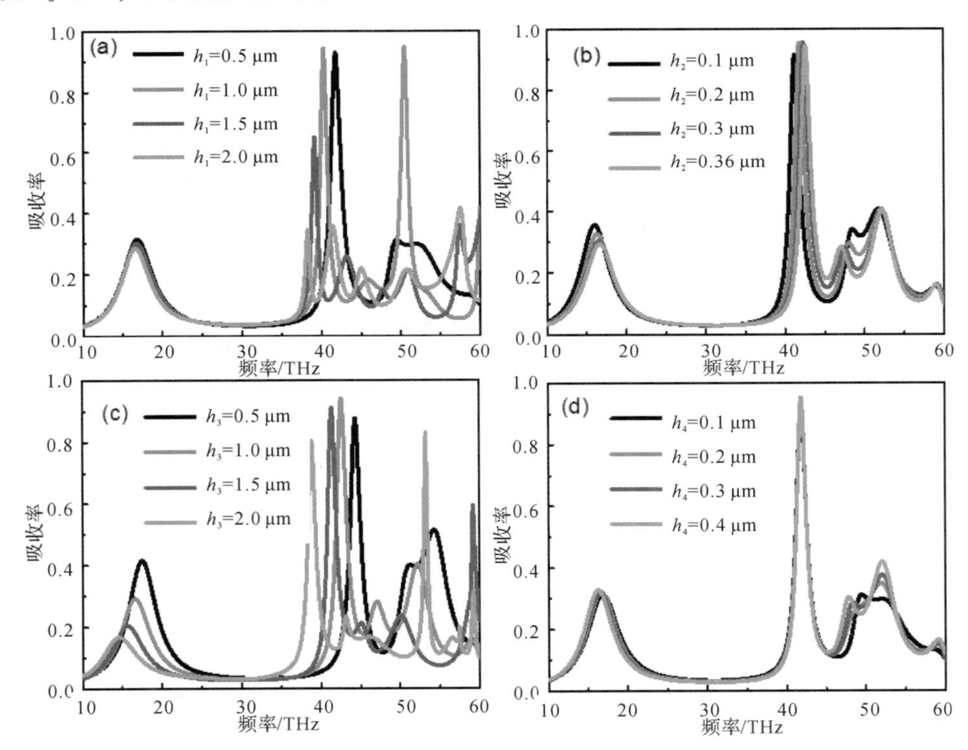

图 5-43　各层厚度变化对吸收率的影响

为了进一步解释结果，图 5 - 44 和图 5 - 45 显示了结构 S1 的圆环大小对吸收的影响。图 5 - 44 显示的是圆环内径 r_{11} 对吸收率的影响，当 r_{11} 为 0.6 μm 时，在低频段产生一个吸收率较高的吸收频点，高频段的吸收率较低，且产生了宽带吸收的结果，当 r_{11} 增大到 2.0 μm 时，低频段吸收频点位置几乎未发生变化，但吸收效率降低，高频段产生了 3 个吸收频点，尽管吸收率都不高，也就是说，该圆环的大小对吸收率影响较大，对吸收频点的值影响较小。图 5 - 45 显示了圆环外径对吸收率的影响，与图 5 - 44 得到的结果类似，即结构 S1 的圆环对吸收率影响较大，而对吸收频点的值影响较小。这主要是因为，中间层圆环材料为金属层，吸波的原理是利用了金属的介质损耗。

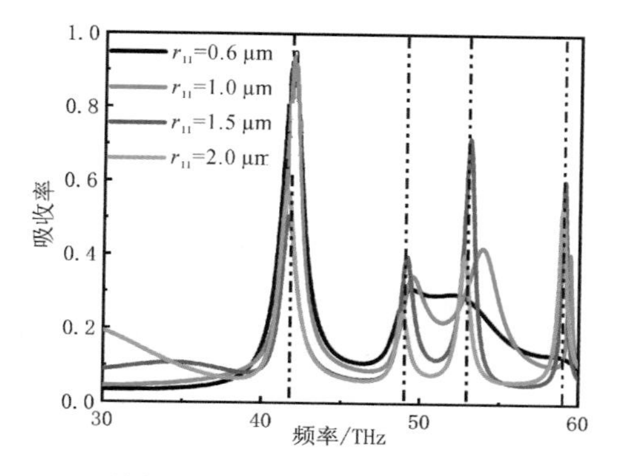

图 5 - 44　结构 S2 中圆环内径对吸收率的影响

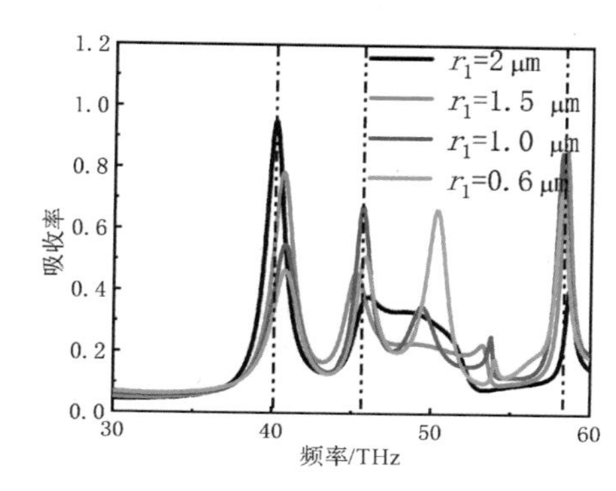

图 5 - 45　结构 S1 中圆环外径对吸收率的影响

如图 5 - 46 所示，我们在不同折射率的背景环境中分析了吸收光谱。结果表明，随着折射率 n 的增加，当 n 从 1 到 1.6 变化时，频率峰值会发生明显的红移。所以该结构的材料具有潜在的传感应用前景。

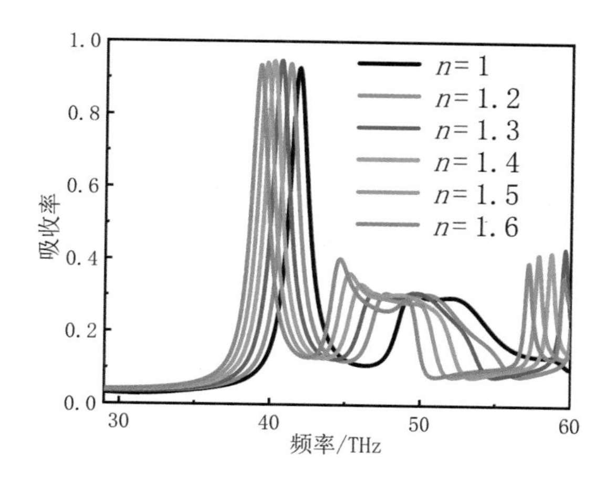

图 5 - 46　环境折射率 n 改变对吸收谱的影响

如图 5 - 47 所示，我们通过在图 5 - 47(a)中施加不同的入射角来调节吸收。为了进一步研究材料的开关性能，我们将重点放在图 5 - 47(b)中的频率 46 THz 处。当入射角小于 25°时，吸收系数大于 0.4。然而，当斜入射角度较大时，吸收系数的值也产生较大的波动。该结果可作为判断是否为斜入射的依据。此外，如果仅考虑垂直入射的条件，该结构也可以作为逻辑开关使用。

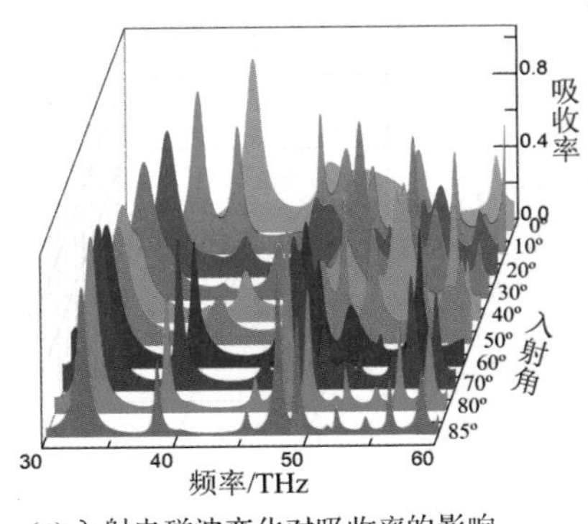

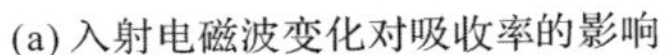
(a) 入射电磁波变化对吸收率的影响

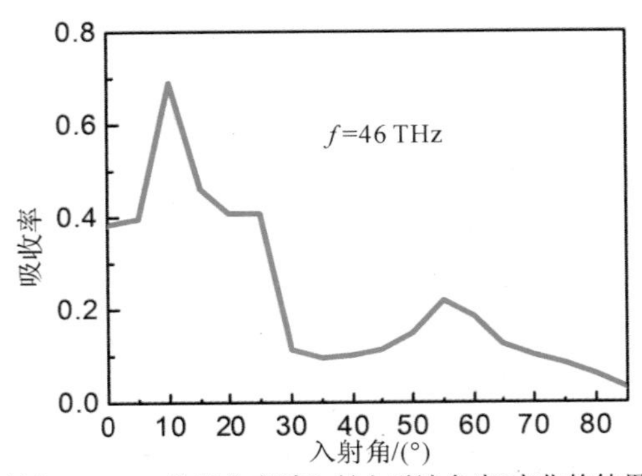

(b) 频点f=46THz处吸收率随入射电磁波角度θ变化的结果

图 5－47　入射角对吸收率的影响

图 5－48 针对的是增加石墨烯层后的改进型的石墨烯人工电磁材料吸收型传感器结构，即在前面分析的 S1 结构的基础上通过转移法实现表面生长一层石墨烯层，其他结构参数不变。石墨烯层大小与基板尺寸一致。图 5－48 显示的是该结构在不同的介质环境下的吸收率的变化情况，从该图可以看出，当环境的介电常数增加时，反射率有较大的变化，相应的，吸收率也随之变化。这是因为环境的介电常数发生变化，谐振特性也随之变化。

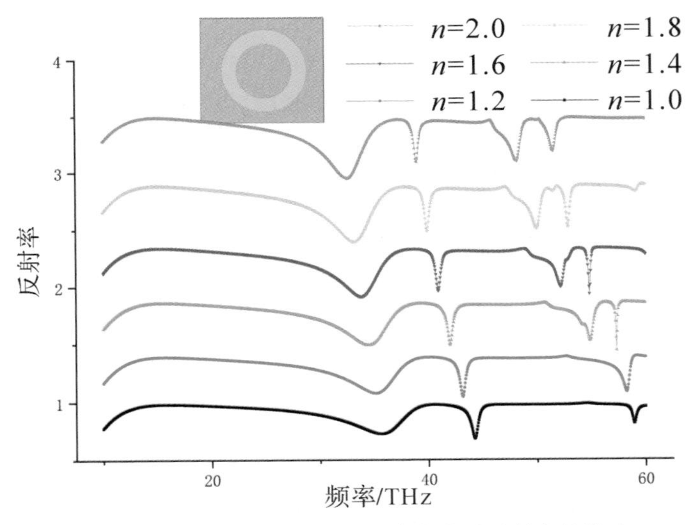

图 5－48　背景环境的折射率变化对反射率的影响

值得注意的是，本节是采用时域有限积分方法得到的仿真结果。虽然模拟结果可能存在误差(模拟忽略了材料的不均匀性和测量误差)，但其结果对工程实践仍有指导意义。

5.4　太赫兹波段石墨烯人工电磁材料传感器设计

下面介绍一种工作于太赫兹波段的石墨烯人工电磁材料传感器，其单元结构如图 5－49 所示。本节通过在二氧化硅介质基底上溅射金属薄膜与通过 CVD 在金属上生长单层石墨烯后转移到二氧化硅介质基底上相对比，得到石墨烯人工电磁材料传感器的特性，结构单元的参数如图 5-49 所示，在 x、y 轴为周期边界和 z 轴为开放边界的空间条件下，使用时域有限差分法计算电磁波的垂直入射情况（$\theta=0°$）。金属薄膜可以选择金，介电常数见前面的介绍。二氧化硅衬底的介电常数为 3.7。假设电磁波沿 z 轴传播。

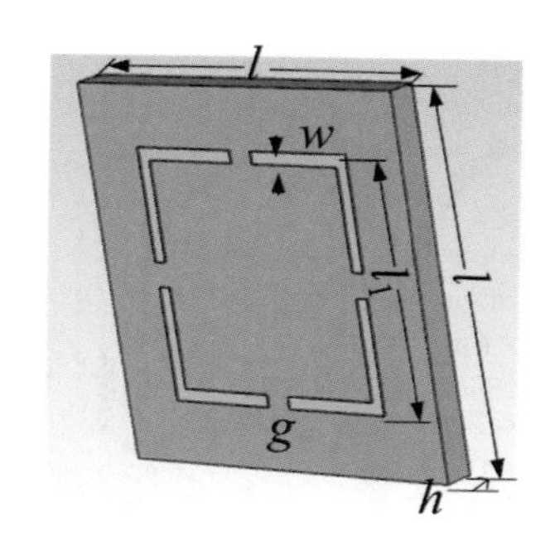

图 5－49　四开口折射率传感器单元结构图

5.4.1　结构设计

我们选择 $x-y$ 平面上尺寸为 $l\times l$ 的二氧化硅基板。石墨烯或者金属开口环的尺寸相同，外边长为 l_1，宽度为 w，开口间隙宽度为 g，二氧化硅厚度为 h，金属层厚度为 t，石墨烯厚度为 t_g。

选择石墨烯人工电磁材料传感器尺寸如下：$l_1=84\ \mu\text{m}$，$w=8\ \mu\text{m}$，$g=10\ \mu\text{m}$，$h=10\ \mu\text{m}$，$t=1\ \mu\text{m}$，$t_g=1\ \text{nm}$，$l=120\ \mu\text{m}$。对比开口环为金和石墨烯时的透射率，如图5-50所示，可以看出石墨烯人工电磁材料的谐振频点会产生红移，透射率也略有减小。

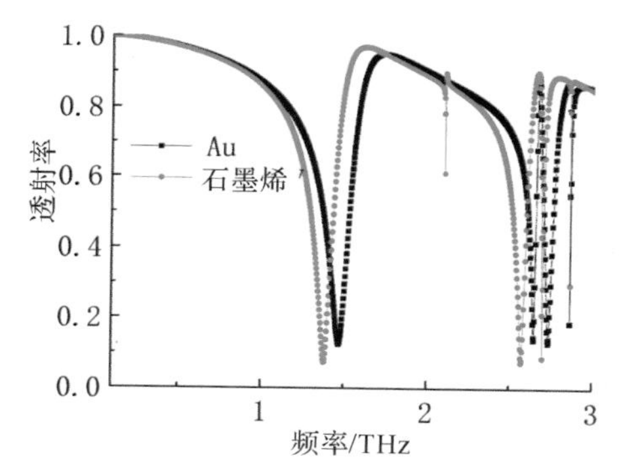

图 5－50　四开口环材料为金和石墨烯时的透射率对比

5.4.2　结果分析与性能讨论

下面分析开口间隙 g 发生变化时透射率的变化，如图 5-51(a)所示。图 5-51(b)和(c)分别为低频段和高频段的局部图，从图 5-51(b)中可以发现随着 g 的增加，低频谐振频点将会产生蓝移，且透射率略有增加，说明开口间隙对谐振频率有影响，这与前面所述的开口环可以等效为 LC 谐振电路，开口处可等效成电容一致，当开口距离变化时，相当于等效电容值也随之变化，因此谐振频点也随之变化。图 5-51(c)反映出 g 增加时高频段频点 2.6 THz 和 2.71 THz 处的变化也产生蓝移，但是在透射峰值 2.68 THz 处却几乎不产生变化，在谐振频点 2.8666 THz 处也不随 g 的增加而改变，这说明开口间隙的大小对以上两个频点几乎无影响。

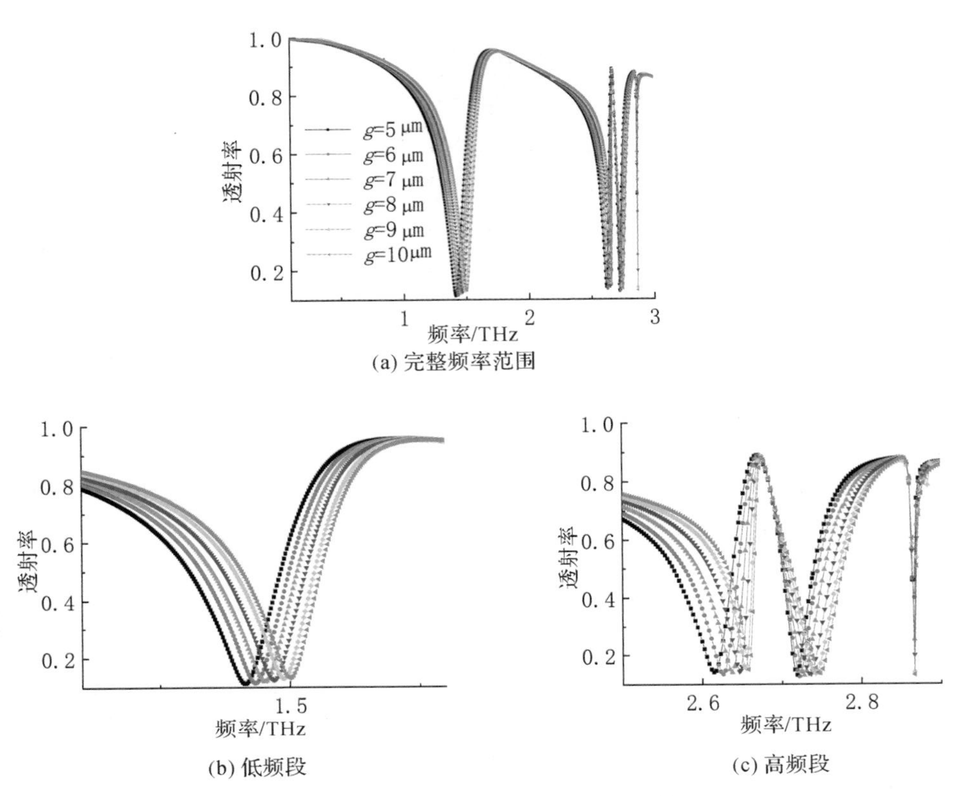

图 5-51 开口距离 g 对透射率的影响

图 5-52 显示的是当环境折射率变化时对透射率的影响。从图中可以得到，当环境折射率 n 增加时，透射频点会产生红移，且会产生新的谐振频点。值得注意的是，在高频段，反射窗口会随之增加，如图 5-52 上虚线所示。

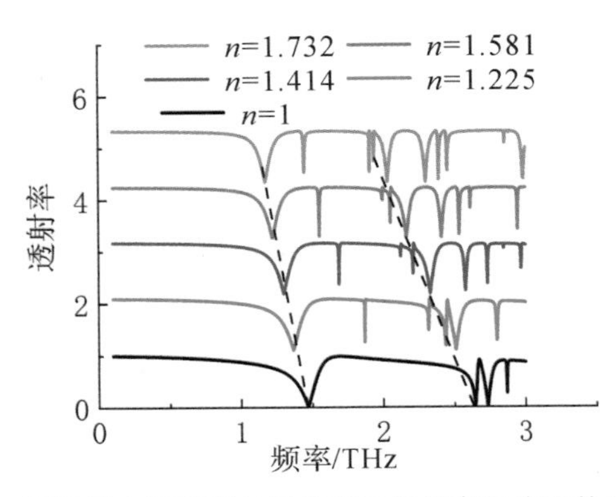

图 5-52 石墨烯人工电磁材料在不同折射率环境下的透射率对比

本章小结

石墨烯人工电磁材料作为一种新兴的电磁材料，在传感领域有着不可或缺的重要作用。本章首先介绍了人工电磁材料传感器的类别、基本原理及性能指标，其次介绍了几种在不同频段的石墨烯人工电磁材料传感器的结构设计与传感性能。

我们研究了在微波范围内具有可调电容和开口环的双层石墨烯人工电磁材料结构中的传感效应。通过对比分析了有无石墨烯对传感特性的影响。通过分析发现该结构中石墨烯的化学势的变化对传感特性影响较小，但由于石墨烯的加入，传感器的灵敏度等各项指标显著增加，该分析结果对此结构在传感领域的应用提供了思路，也为工程技术人员的工程设计提供了方法。

在红外光波段，我们首先引入了 VO_2 这种温度相变材料，在具有金衬底的介质硅(Si)上放置一个由 VO_2 方环堆积而成的三层结构的单元结构。我们设计的这种温度和电压的双控结构用来实现光波段的折射率传感特性。理论结果表明，该结构可应用于传感器、大角度器件和开关器件。石墨烯人工电磁材料的加入，为传感器的应用和发展拓宽了领域。其次，我们设计了多层的立体结构，实现了多频点的吸收型传感器结构，该结构是由石墨烯带和基底构成的单元组成的多层复合结构。基底结构由填充金和 MgF_2 层的介质组成。该研究结果可应用于某些频率下的理想吸波和红外隐身。另外，我们设计了单频点吸收型传感器结构单元，单元结构为在介质基底上堆叠不同半径金环的多层结构，我们分析了该结构的传感特性。

第6章　石墨烯人工电磁材料在新型器件中的应用

随着通信技术的不断发展，众多新型电磁器件不断涌现，除了前面两章介绍的电磁吸波器和传感器以外，还有各种类型的调制器、电磁开关、耦合器、慢光器件以及电磁滤波器等新型器件。本章将介绍几种新型电磁器件最新的研究成果，并讨论石墨烯人工电磁材料在这些电磁器件中的优势及其应用。

6.1　石墨烯人工电磁材料在全向慢光器件中的应用

6.1.1　全向器件概述

全向器件(Omnidirectional Devices)作为一种对入射波方向性要求不高的器件，在太阳能电池、隐身器件等方面有广泛的应用。根据传输特性的不同，全向器件分为反射型、透射型和吸收型三种类型。图6-1所示的是一种吸收型的器件(石墨烯表面激元极化偏振器)的结构及吸收率。由于单层或者少层石墨烯容易和其他分子间产生 Fabry-Perot (FP) 或者 Lorenz-Mie 谐振，因此改变结构设计可以实现极化不敏感的全向吸收，用于红外或者太赫兹波段的传感器及探测器。

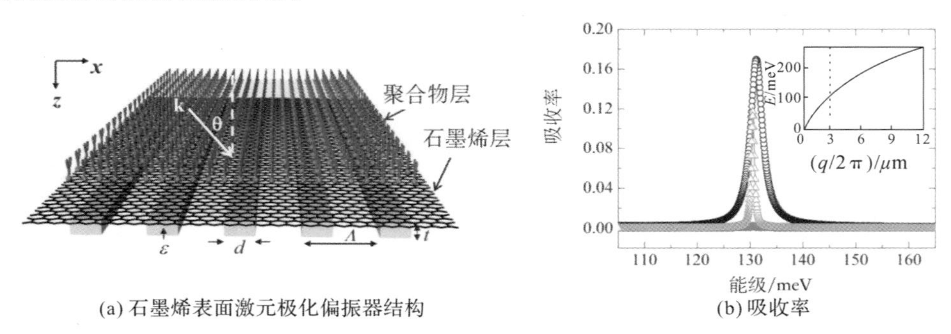

(a) 石墨烯表面激元极化偏振器结构　　(b) 吸收率

图6-1　石墨烯表面激元极化偏振器结构及吸收率

一种全向的可见光波段吸波器由平面多层介质膜和金属膜组成，模拟和实验的吸收效率高于 90%。前文提到，单层石墨烯的吸收率仅为 2.3%，因此，如何增强石墨烯吸收率以便在可见光波段产生更大的吸收被研究者广泛关注。利用纳米腔结构实现增强石墨烯吸收率的全向吸波器，在太阳能相关设备中有潜在的应用。如图 6－2 所示，由石墨烯/六方氮化硼（h－BN）/石墨烯多层结构组成的电可调谐的中红外等离子体声子吸波器，具有全向和偏振不敏感的近完美谐振吸收的特点，可以应用于中红外波段的声子传感器。

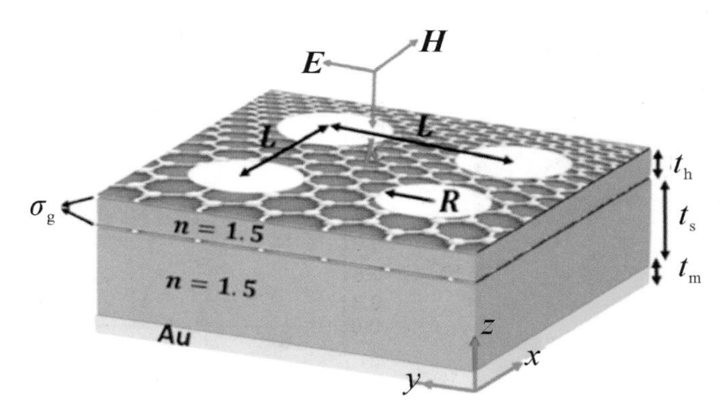

图 6－2　石墨烯声子材料单元结构图

6.1.2　慢光器件概述

慢光效应指的是光在传输过程中其速度远低于真空中光速的一种现象。具有这种效应的器件称之为慢光器件。慢光器件在光延迟器、光存储器以及光通信器件等方面具有潜在的应用价值。产生这种慢光效应的原因是电磁诱导透明效应（Electromagnetically Induced Transparency，EIT），EIT 是一种原子系统里的量子干涉效应，由于该效应的出现，使得原本不透明的波谱上产生了一个透明的传输窗口。具体来说是由于控制光源和泵浦光源同时加于原子上，原子的跃迁通道之间产生的量子相消干涉，使得光在原子谐振频点上吸收减小，从而产生一个透明的传输窗口。伴随电磁诱导透明效应的产生，原子介质在该透明窗口处具有很强的色散特性，同时群折射率很大，因此光的群速度会大大降低，于是就会产生慢光效应。

原子系统里实现电磁诱导透明效应的实验条件很苛刻，需要极低的温度和极强的泵浦光源，因此研究者们不断探索在室温下也能产生类似电磁诱导透明效应的现象。很快，研究者们发现，在电路系统、力学系统以及人工电磁材料中也会产生类似电磁诱导透明现象（类 EIT），这一发现拓宽了慢光器件的研究和设计范围。

近年来，在微波、太赫兹波、红外以及光波段中使用人工电磁材料实现类 EIT 效应的研究引起人们广泛关注。东南大学的学者设计了一种 U 型叉状金属人工电磁材料，在旋转至不同角度时产生了类 EIT 现象，该结构具有高 Q 值、结构简单等特点，如图 6－3 所示。

最近，有研究者设计了一种平面人工电磁材料，在微波段进行了数值模拟和实验验证，得到了类 EIT 效应，如图 6－4 所示。该结构是一组周期性排列的环形和锯齿形螺旋谐振器，其中每个谐振器可以直接被外场激发产生类 EIT 效应，表现出很强的色散行为，产生较高的群指数和群时延，有希望在慢光器件上获得广泛的应用。

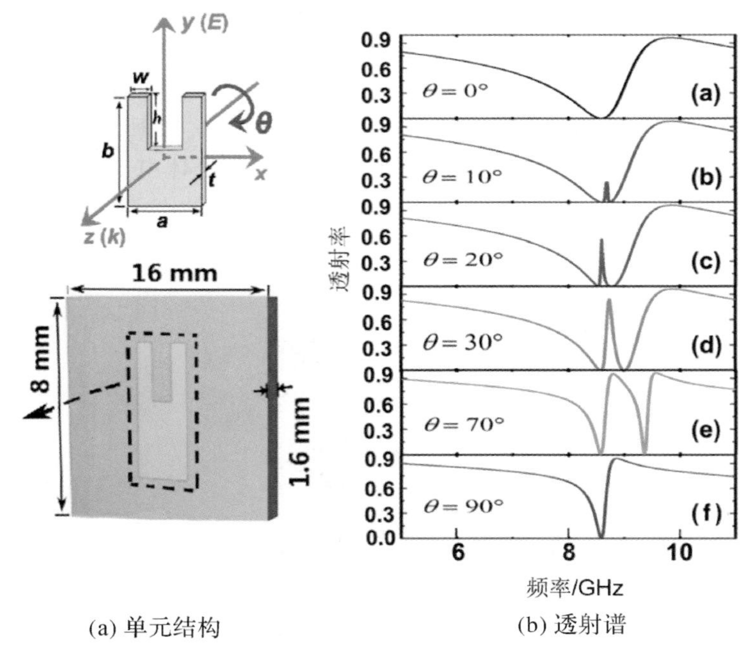

(a) 单元结构　　　　(b) 透射谱

图 6-3　U 型人工电磁材料单元结构图及透射谱

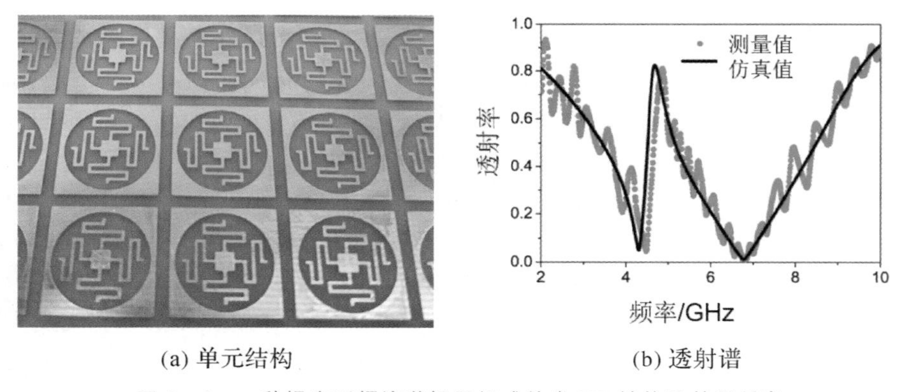

(a) 单元结构　　　　(b) 透射谱

图 6-4　一种锯齿形螺旋谐振器组成的类 EIT 结构及其透射率

6.1.3　石墨烯人工电磁材料的全向慢光器件设计与分析

本节利用二次谐波耦合实现宽带和多波段类 EIT 效应。我们通过引入 U 形开口环谐振器(SRRs)和切割线(CW)，研究一种三明治结构的平面微波波段人工材料的慢光效应。

1. 结构设计与结果

我们提出的人工材料结构如图 6-5 所示，是由石墨烯-金-二氧化硅-金(自上而下)组成的人工电磁材料单元，使用时域有限差分法进行数值计算，边界条件为 x、y 方向是周期性边界，z 方向为开放空间，考虑在垂直入射($\theta=0°$)条件下该结构对电磁波的响应，假设电磁波沿 z 方向传播。

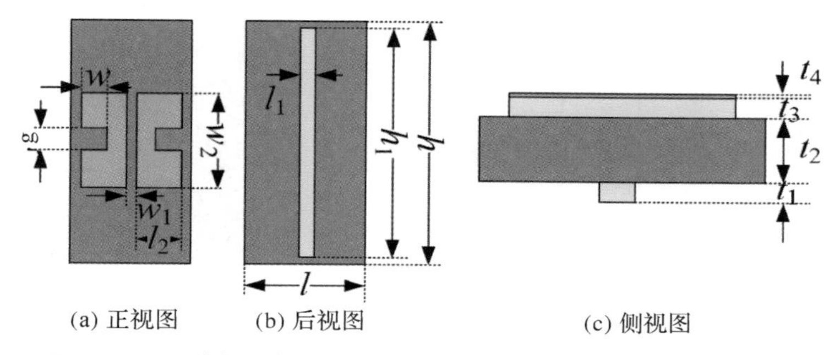

(a) 正视图　(b) 后视图　(c) 侧视图

图 6-5　一种全向多层石墨烯人工电磁材料的慢光器件单元结构

该结构的中心尺寸为 $l \times h$，两侧分别为 SRRs 和 CW，l_1、h_1 分别是 CW 的宽度和长度。结构的几何参数如下：SRRs 的宽度、长度和间隙分别为 l_2、w_2 和 w_1，g、w 如图所示。底层金、二氧化硅、金和石墨烯的厚度分别是 t_1、t_2、t_3 和 t_4。

为了研究设计结构的电磁诱导透明特性，接下来分析该结构的透射率，如图 6-6 所示。材料的几何参数设计如下：$l = 4.2$ mm，$h = 12$ mm，$h_1 = 11.8$ mm，$t_1 = 0.1$ mm，$t_2 = 0.5$ mm，$t_3 = 0.02$ mm，$l_1 = 0.1$ mm，$l_2 = 3.9$ mm，$w = 2.3$ mm，$w_1 = 0.3$ mm，$w_2 = 3.9$ mm，$g = 0.5$ mm。图 6-6(a)、(b)、(c)分别给出了只有 CW、SRRs，以及具有完整结构的传输特性。在图 6-6(a)中，在基波频点 1 和谐波频点 2 处获得 CW 结构的传输光谱。图6-6(d)显示了 CW 结构的谐振频点 1 和 2 处的电流表面分布，基波频点 1 处的表面电流主要是 CW 作为偶极子与电磁波进行耦合，频点 2 产生的表面电流分布可以发现此时产生明显的高次谐波。在图 6-6(b)中可以看到在高频段 SRRs 上产生类 EIT 效应。图 6-6(e)显示的表面电流分布可以看到，频点 3 的表面电流主要集中在 SRRs 的开口处；频点 4 的表面电流较弱，意味着在该频点上产生了诱导透明；频点 5 的表面电流方向与频点 3 的方向相同，电流强度更大，这是由于结构的不对称性产生了类 EIT 效应。将 CW 和 SRRs 组合成完整结构的透射谱显示在图 6-6(c)中，可以发现多个谐振频点 A、C、E、G。为了探究产生谐振的原因，画出完整结构的表面电流分布，如图 6-6(f)所示，可以发现低频谷 A(图 6-6(c))是由入射电磁波基波谐振引起的，而高频谷 E 和 G(图 6-6(c))是由 SRRs 谐振引起的。在中频 C 时，SRRs 与 CW 之间的电耦合可获得类 EIT 效应，其中低 Q 的 SRRs 为明模(能够与入射电磁波直接耦合实现能量传输)，高 Q 的 CW 为暗模(不能够与入射电磁波直接耦合实现能量传输，需借助明模)。透明频点 B 是由于 SRRs 和 CW 的基波谐振频点之间产生耦合引起的，透明频点 D 是由于 SRRs 和 CW 的二次谐波的谐振频点之间产生耦合引起的，因此产生了多波段的类 EIT 效应。

2. 结果讨论

为了进一步研究该结构对类 EIT 效应的影响，调整结构上的 SRRs 之间的间隙 w_1 和 CW 的长度 l_1，其他参数不变，在图 6-7 中显示了透射率随这两个参数变化产生的影响。如图 6-7(a)所示，可以发现 w_1 对多波段类 EIT 效应的影响不大，由于 SRRs 和 CW 之间存在电耦合，w_1 会影响中频段的谐振频点。CW 的长度 l_1 对透射光谱的影响见图 6-7(b)所示，从透射谱中可以看到改变 l_1 在低频时影响较大，在高频时影响较小。

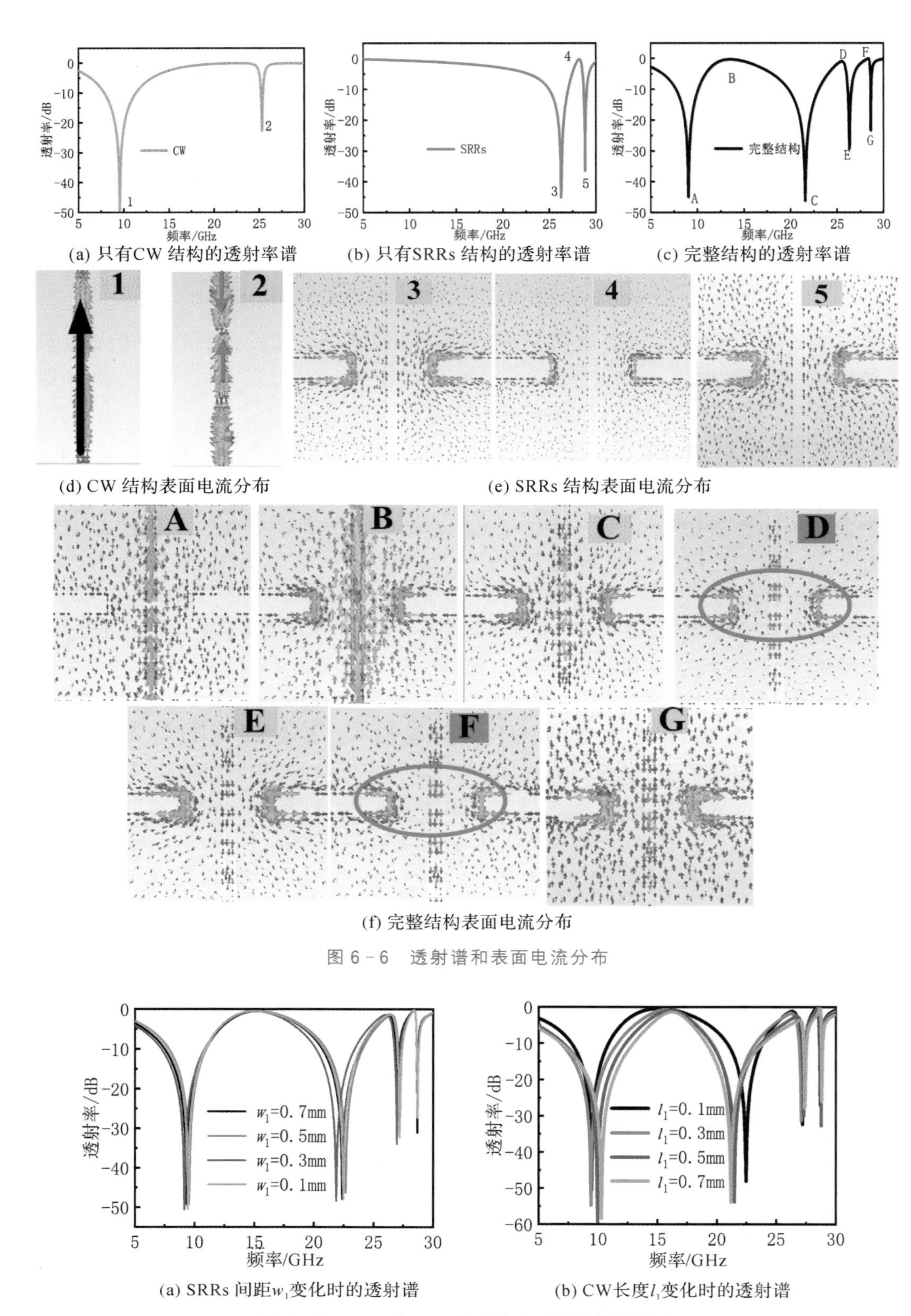

(a) 只有CW 结构的透射率谱　(b) 只有SRRs 结构的透射率谱　(c) 完整结构的透射率谱

(d) CW 结构表面电流分布　(e) SRRs 结构表面电流分布

(f) 完整结构表面电流分布

图 6－6　透射谱和表面电流分布

(a) SRRs 间距w_1变化时的透射谱　(b) CW长度l_1变化时的透射谱

图 6－7　SRRs 和 CW 尺寸变化对透射谱的影响

SRRs 环的宽度 w 变化相对应的透射谱如图 6-8 所示。可见，在低频下，w 对透射率的影响很小，而在其他频率下，w 对透射率影响较大，这是由于低频段的频点主要由 CW 产生，因此改变 SRRs 环的宽度 w 影响较小。对高频段影响较大，这主要是因为高频段的频点主要由 SRRs 产生的。

图 6-9 显示的是上述 SRRs 的缝隙宽度 g 变化对传输特性的影响。10 GHz 左右的低频段频点偏移较小，中频和高频段的频点偏移范围较大，这是因为在 SRRs 上的谐振点主要由其上的开口缝隙产生，因此变化更为明显。

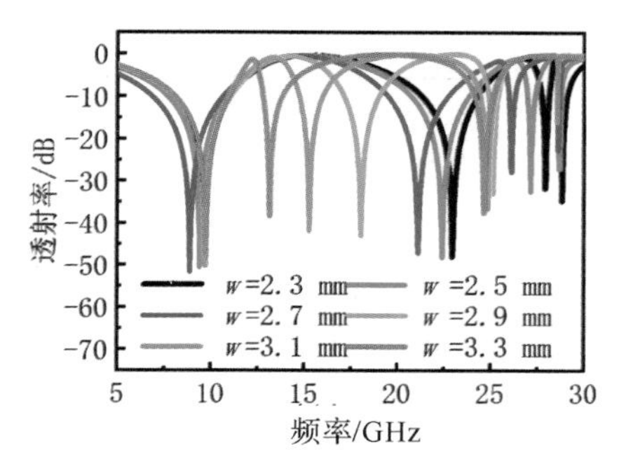

图 6-8　不同的 w 变化时对应的透射谱

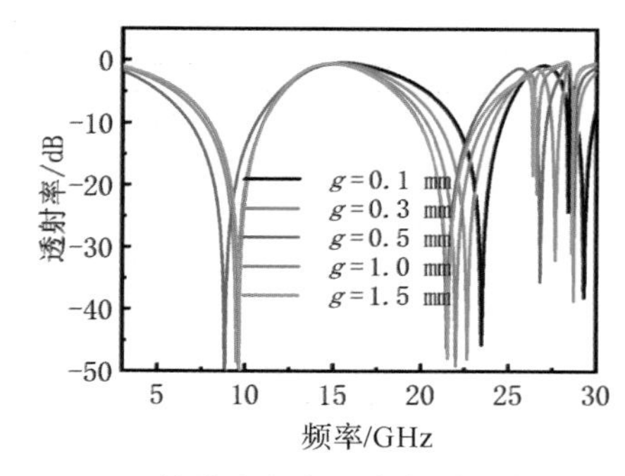

图 6-9　SRRs 的缝隙宽度 g 变化对应的透射谱变化

3. 类 EIT 斜入射时的理论分析

为了研究该结构的全向特性，下面通过耦合理论推导考虑入射波的入射角度为 θ 时的透射率的数学表示。根据耦合理论有式(6-1)：

$$\ddot{P}_1(t)+\gamma_1\dot{P}_1(t)+\omega_0^2P_1(t)-\kappa P_2(t)=g_1E_0\cos\theta t$$
$$\ddot{P}_2(t)+\gamma_1\dot{P}_2(t)+\omega_0^2P_2(t)-\kappa P_1(t)=0 \tag{6-1}$$

这里 P_1、P_2、γ_1、γ_2 分别是模式 1、2 的能量及谐振损耗，ω_0 为谐振频率，κ 为耦合系数，g_1 为入射电场 E_0 与明模之间的耦合系数，θ 是入射电磁场的入射角。

$$P_1=\frac{g_1E_0(\omega_0^2-\omega^2+\mathrm{i}\omega\gamma_2)\cos\theta t}{(\omega_0^2-\omega^2+\mathrm{i}\omega\gamma_1)(\omega_0^2-\omega^2+\mathrm{i}\omega\gamma_2)-\kappa^2} \tag{6-2}$$

则线性极化率 χ_1 可定义为 P_1/E_0：

$$\chi_1=\frac{P_1}{E_0}=\frac{g_1\cos\theta t(\omega_0^2-\omega^2+\mathrm{i}\gamma_2\omega)}{(\omega_0^2-\omega^2+\mathrm{i}\gamma_1\omega)-\kappa^2} \tag{6-3}$$

那么透射率 T 和极化率 χ_1 之间的关系可由式(6-4)表示如下：

$$|T|=\left|\frac{c(1+n_s)}{c(1+n_s)-\mathrm{i}\omega\chi_1}\right| \tag{6-4}$$

为了分析入射角对传输特性的影响，我们设置了不同的入射角条件下，透射光谱与极化率之间的关系，如图 6-10 所示。结果表明，透射谷和峰值(图 6-10 中的粉红色圆圈)对入射波不敏感，其他频率对入射波敏感。在约 18 GHz 的中频范围内，$\theta>30°$ 可获得新的透射谐振点。这些结果表明，该人工电磁材料在斜入射角下仍能保持类 EIT 特性，说明该结构具有全向的电磁诱导透明特性。

4. 石墨烯调谐作用与慢光特性

在有石墨烯($\mu_c=0.5$ eV)和无石墨烯条件下的透射光谱如图 6-11 所示，石墨烯的化

学势 μ_c 可以调谐 ε_g，因此也改变了石墨烯人工材料的谐振频率，从而可以调节类 EIT 现象。

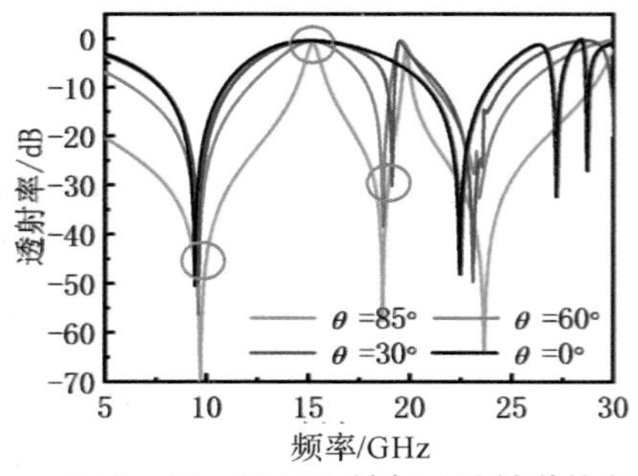

图 6-10　不同入射角下透射谱的变化

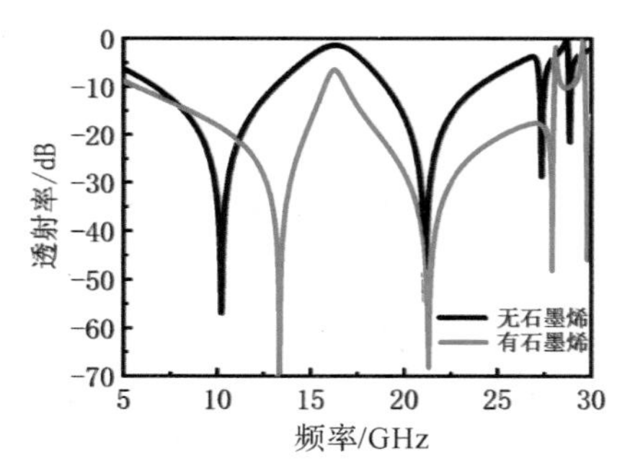

图 6-11　石墨烯在该全方向结构中的作用对比

类 EIT 效应的一个显著特点是能够实现光通信应用的慢光。上述结构的群延迟 τ_g 使用 $\tau_g=-\mathrm{d}\varphi(f)/\mathrm{d}f$ 进行计算，其中 f 是频率，φ 为相位。我们可以观察到透射窗口内 τ_g 较大，如图 6-12(b)所示，这是因为在透射窗口内存在较强的色散效应。这表明该结构在慢光器件中有潜在的应用。

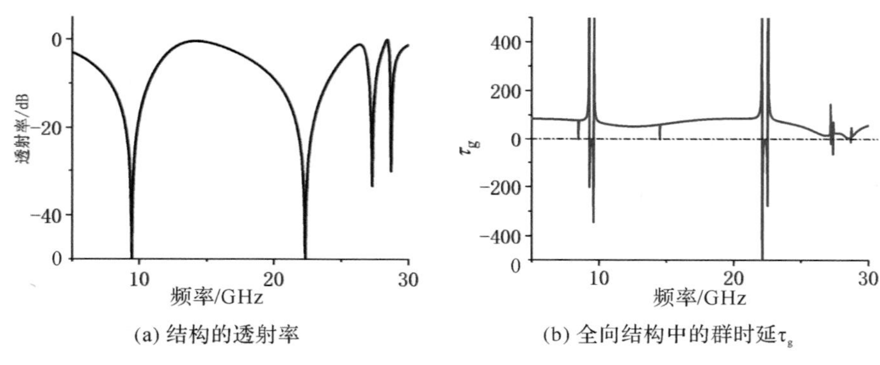

图 6-12　慢光效应

本小节设计了一种微波波段的石墨烯-金-二氧化硅-金多层结构的人工电磁材料。结果表明，该结构具有明显的慢光效应，而且随着入射角的变化，该结构仍能保持类 EIT 特性，改变石墨烯的化学势，类电磁诱导透明效应有明显的变化，这意味着石墨烯可以调谐类电磁诱导透明效应。这些结果在微波器件、传感器和开关器件等领域也具有广阔的应用前景。

6.2　双向石墨烯人工电磁器件

6.2.1　概述

传统的人工电磁器件大多为单向器件，以透射型为例，前向为输入端，后向为输出端，如图 6-13(a)所示，一般称为单向器件，而 6-13(b)所示的前后向都可以为输入或者输出的情况一般称为双向器件。双向器件，尤其是大角度的双向器件不受位置或者入射电磁波的角度影响，因此应用范围更为广泛。

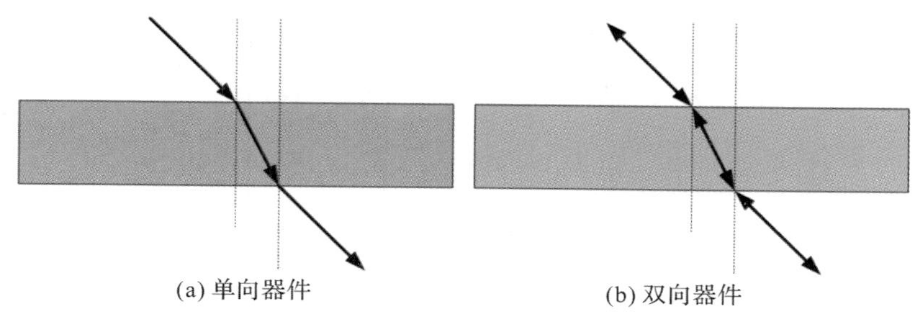

图 6－13　单双向器件示意图

6.2.2　双向石墨烯人工电磁器件设计与分析

1. 太赫兹透射型双向器件

1）结构设计

本小节介绍一种透射型的双向器件，如图 6－14 所示，自下而上依次为石墨烯-聚酰亚胺-石墨烯组成的结构单元，石墨烯环位于聚酰亚胺层之上，聚酰亚胺的底层为正方形的石墨烯薄膜，该薄膜与顶层的石墨烯环结构刚好互补。采用全波仿真工具进行仿真设计，假设电磁波沿 z 方向传播，在周期性边界条件下，首先考虑电磁波是垂直入射($\theta=0°$)的情况。d_1 和 d_2 分别是聚酰亚胺和石墨烯的厚度。聚酰亚胺为边长是 a 的正方形，顶层石墨烯环的半径为 R，b 为底层石墨烯方块的边长。聚酰亚胺的介电常数为 3.1。石墨烯的等效介电常数 ε_g 见第 4 章相关章节。

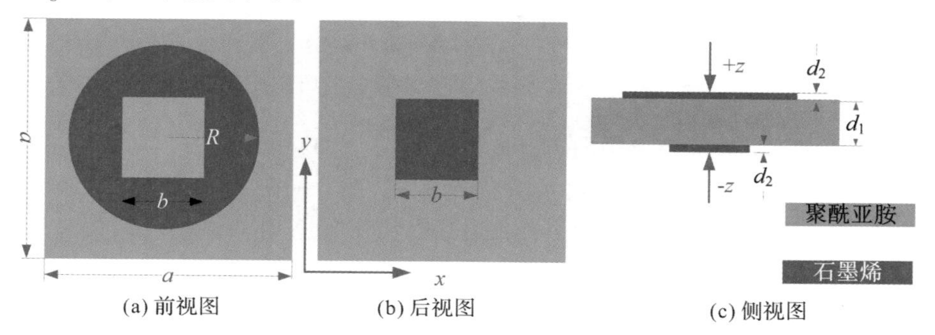

图 6－14　双向石墨烯人工电磁器件单元结构

2）结果分析

为了研究所设计结构的电磁特性，我们分析了该结构的透射系数，如图 6－15 所示。周期单元结构的尺寸如下：$a=12\ \mu\text{m}$，$b=4\ \mu\text{m}$，$d_1=0.5\ \mu\text{m}$，$d_2=0.001\ \mu\text{m}$，$\mu_c=0.1\ \text{eV}$，$\tau=10\ \text{ps}$，$R=4\ \mu\text{m}$。分别计算只有顶层石墨烯环和聚酰亚胺层、只有底层正方形的石墨烯薄膜和聚酰亚胺层的透射率，如图 6－15 所示。从图中可看出，顶层石墨烯环和聚酰亚胺层分立单元在 $\omega_f=8.6840\ \text{THz}$ 处产生谐振，底层正方形的石墨烯薄膜和聚酰亚胺层会在 $\omega_b=7.4656\ \text{THz}$ 处产生谐振，从图中可以看出前者的透射谱 Q 值更大(透射曲线尖锐)，即在 8.6840 THz 处的损耗更小(Q 值越大，损耗越小)。

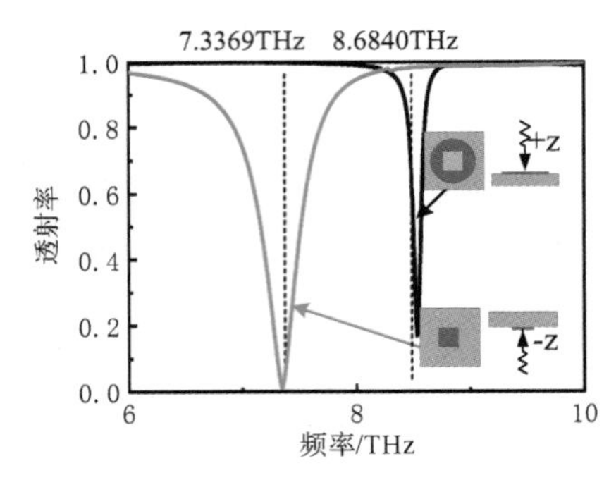

图 6-15 双向石墨烯人工电磁器件在不同方向传播时的透射率对比

为了进一步解释该结果，图 6-16 分别给出了只有顶层石墨烯环和聚酰亚胺层、只有底层正方形的石墨烯薄膜和聚酰亚胺层两种结构，在不同谐振频点 8.6840 THz 和 7.4656 THz 的局部电场分布。结果表明，电场主要集中在石墨烯的表面。不同的是，8.6840 THz 的电场主要集中在石墨烯环的内外边缘。而 7.4656 THz 的电场主要集中在 x 方向的石墨烯方块边缘。

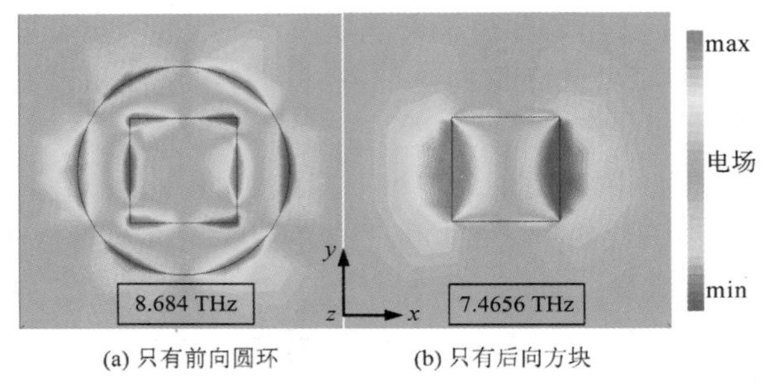

(a) 只有前向圆环　(b) 只有后向方块

图 6-16 分立结构的谐振频点的电场分布图

如图 6-17 显示的是完整结构的透射谱，在 $\omega_{whole1}=6.8023$ THz、$\omega_{whole2}=8.1478$ THz 处产生谐振，在 7.4359 THz 处透射系数接近 1。从图 6-18 可以看出，6.8023 THz 和 8.1478 THz 两个谐振点的电场很强，而 7.4359 THz 的透射峰点电场较弱，如图 6-18(a)、(c)和(e)所示，这是由于在 7.4356 THz 产生了干涉相消。磁场的分布正好相反，如图 6-18(b)、(d)和(f)所示。这是由于只有顶层石墨烯环和聚酰亚胺层的结构能够被入射电磁波激发产生谐振，然后与只有底层正方形的石墨烯薄膜和聚酰亚胺层进一步能量耦合产生一透明窗口，进而产生了类 EIT 效应。

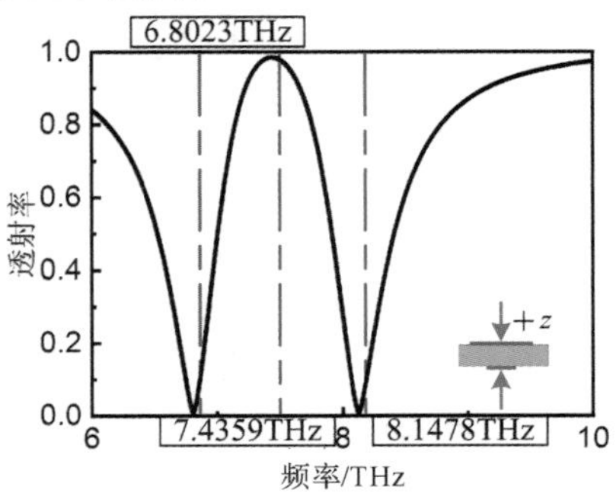

图 6-17 完整结构的双向石墨烯人工电磁器件的透射谱

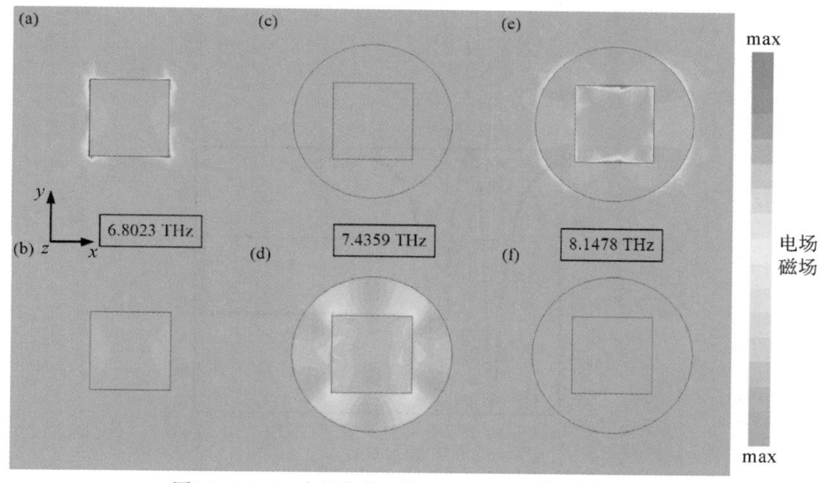

图(a)、(c)、(e)电场分布，图(b)、(d)、(f)磁场分布
(6.8023THz、7.4359 THz、8.1478 THz处)

图 6-18　不同频点的电场分布与磁场分布

3）双向特性分析与讨论

现在，我们对所设计的结构进行双向特性研究。如图 6-19 所示，显示了 $+z$ 和 $-z$ 两个相反方向以及 TE 模式和 TM 模式的透射谱对比。表明无论是从 $+z$ 还是 $-z$ 方向激励，都可以获得相同的透射谱，而且该结构还具有极化不敏感的特性。

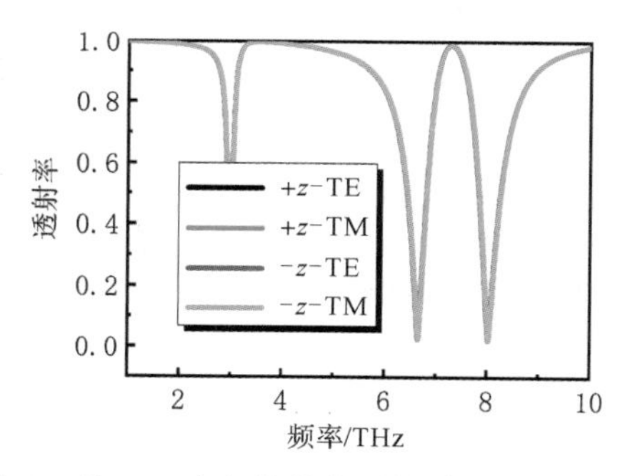

图 6-19　从 $+z$ 和 $-z$ 方向传输的透射谱以及 TE 和 TM 模式对比

图 6-20 通过反演法分别绘制了 $+z$ 和 $-z$ 方向结构的等效介电常数的实部和虚部的对比图。从该图可得，无论从 $+z$ 还是 $-z$ 方向传输，其等效介电常数变化规律一致，因此能够得到双向的透射型器件，该结果可为双向滤波器或反射器的设计提供思路。

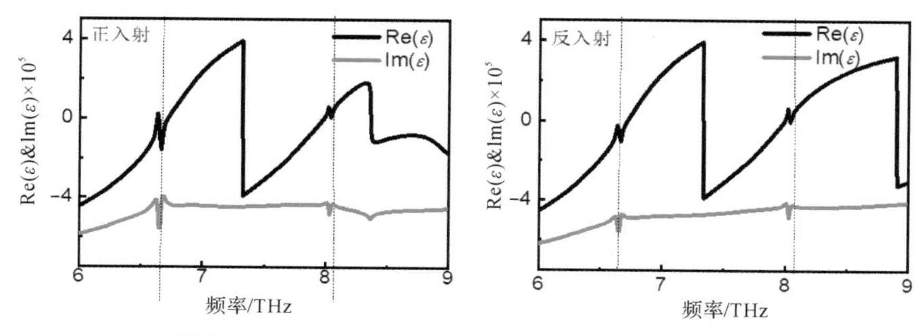

图 6-20　从 $+z$ 和 $-z$ 方向传输的等效介电常数对比

下面对参数进行优化设计。图 6－21 显示的是石墨烯厚度 d_2 变化的透射谱，从该图来看，石墨烯层厚度增加会使频点产生蓝移，对透射窗口的宽度影响较小，因此可根据频点的设计需求选择合适的石墨烯层厚度。

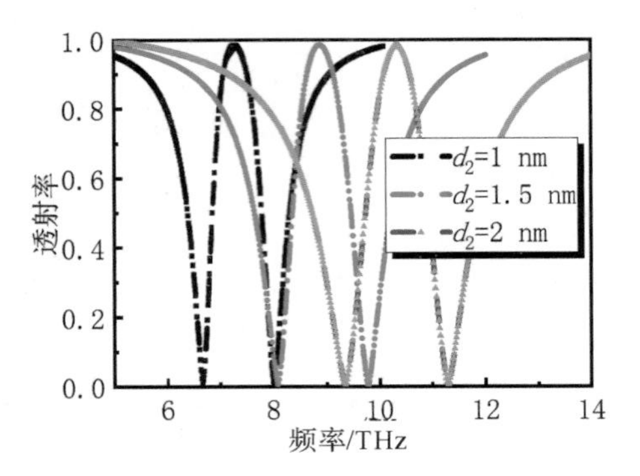

图 6－21　石墨烯层厚度对透射系数的影响

图 6－22 显示了正方形的石墨烯薄膜的边长 b 对结构的透射谱的影响。从该图可以看出正方形的石墨烯薄膜的边长 b 的大小可以对透射谱的宽度进行调谐。随着 b 的增加，高频和低频谐振点都有红移。高频的红移比低频大，因此 b 越小，带宽越大。

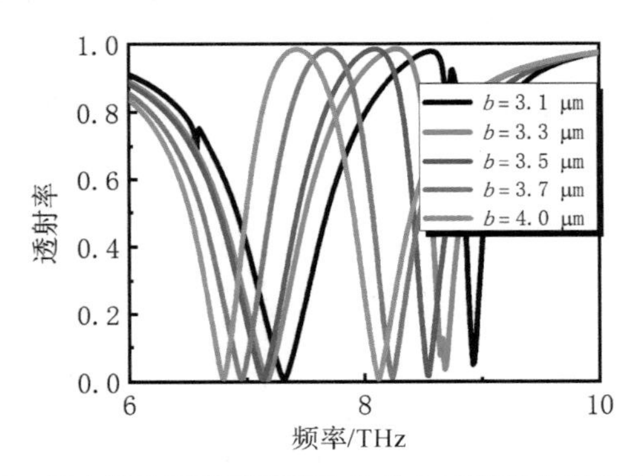

图 6－22　正方形的石墨烯薄膜的边长 b 对结构的透射谱的影响

图 6－23 是顶层石墨烯环的半径 R 变化对透射谱的影响。从该图中可观察到 R 越大，透射窗口的带宽越宽。同时，低频点产生的红移比高频点的范围大，这说明顶层石墨烯环对低频点影响更大。

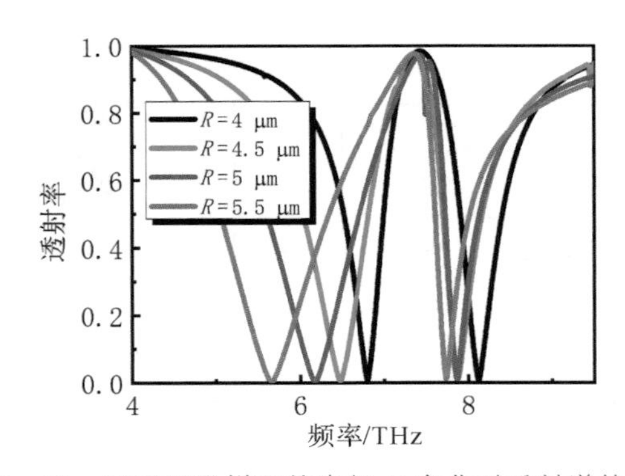

图 6－23　顶层石墨烯环的半径 R 变化对透射谱的影响

下面来分析石墨烯在该结构中所起的可调谐作用。图 6－24 显示了不同 μ_c 值的条件下该互补结构的透射光谱。从图中可看出，当 μ_c 值从 0.1 eV 增加到 0.8 eV 时，透射谱会产生明显的蓝移。

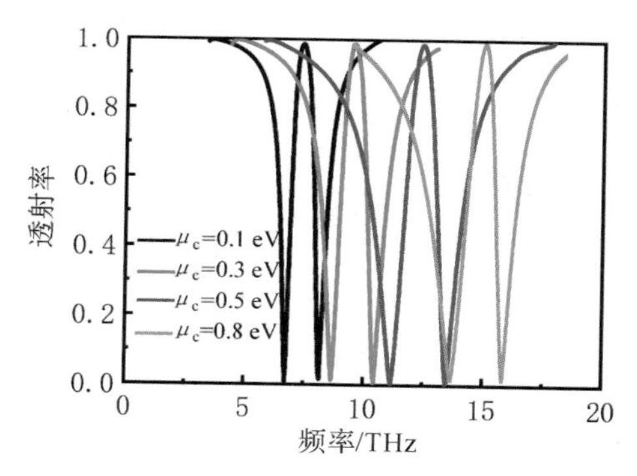

图 6－24　不同 μ_c 值下透射谱的变化

图 6－25 显示了透射光谱随电子-声子弛豫时间 τ 变化而变化的情况。结果表明，τ 的减小会导致高频偏移，τ 为 10 ps 时 EIT 窗口在 5～10 THz 之间产生，当 τ 分别减小为 1 ps 和 0.1 ps 时 EIT 窗口偏移到 10～25 THz 之间，同时获得较宽的透射窗口。因此 τ 的取值可根据工作频点选择。

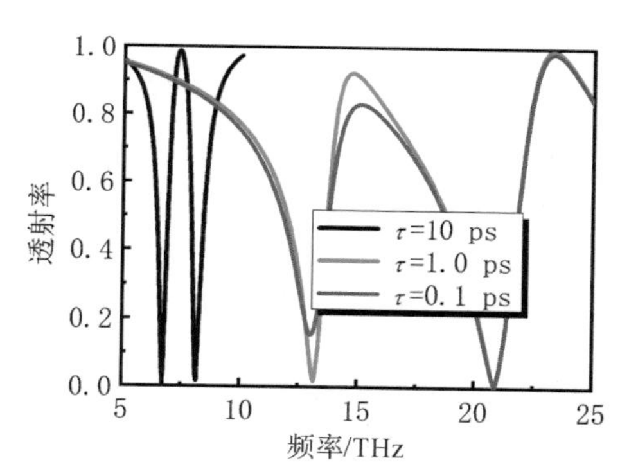

图 6－25　不同的电子－声子弛豫时间 τ 对透射率的影响

2. 低太赫兹双向器件设计

1）结构设计

下面介绍另一种低太赫兹波段的双向器件。如图 6－26 所示，该结构基板为硅介质，首先考虑基板上制作材料为金，形状为开口环裁剪结构和 4 个扇形的双层结构，基板是长度为 a 的正方形结构，厚度为 t_1。假设电磁波沿 z 方向传播，金的介电常数参考第 4 章的 Drude 模型，金的厚度为 t_2。该单元结构的二维尺寸选择如下：$a=100\ \mu m$，$R_1=45\ \mu m$，$R_2=40\ \mu m$，$R_3=26\ \mu m$，$t_1=5\ \mu m$，$t_2=1\ \mu m$，$b_1=10\ \mu m$，$b_2=10\ \mu m$。

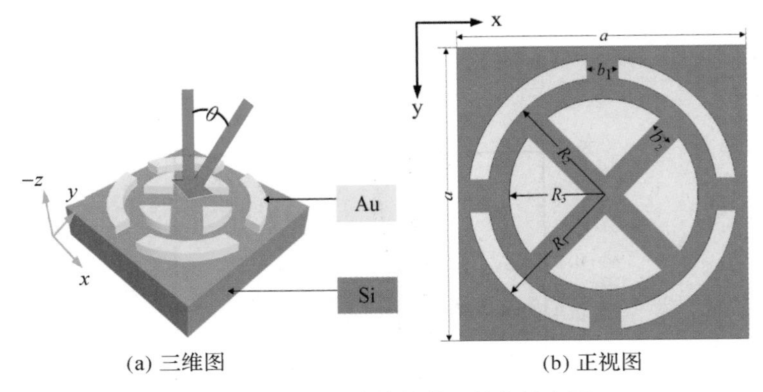

(a) 三维图 (b) 正视图

图 6-26 双向器件的单元结构示意图

在图 6-27 中，仅有开口环、四个扇形，以及具有完整结构的传输频谱分别以黑线、红线和蓝线示出。只有开口环的谐振发生在 1.086 THz，由于 Q 值较低，此时作为明模式存在，只有 4 个扇形结构的谐振频点为 1.804 THz，Q 值较高，因此作为暗模式存在。从完整结构的透射谱可以看出，该双层结构的透射光谱显示除了位于 1.086 THz 和 1.733 THz 处的两个谐振频点外，在 1.266 THz 处产生了透射窗口，这与原子系统的 EIT 光谱相似，因此该结构能够产生类 EIT 效应。

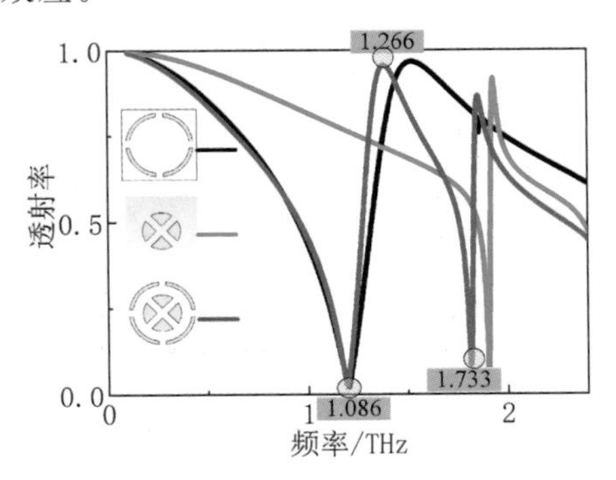

图 6-27 部分结构与完整结构的透射率对比

为了进一步了解类 EIT 现象的物理机制，我们计算了 1.086 THz、1.266 THz 和 1.733 THz 的表面电流分布和电场分布，如图 6-28 所示。谐振谷分别为 ω_{v1} = 1.086 THz 和 ω_{v2} = 1.733 THz，谐振峰频点为 ω_p = 1.266 THz。在 1.086 THz 处，表面电流主要分布在开口环上，这是因为入射光可以直接激发开口环，因此开口环可看作明模，这与图 6-27 中显示的透射谱 Q 值较低所得到明模的结论一致。在 1.733 THz 的频点上，表面电流主要分布在开口环和四个扇形上，而且，开口环上电流方向与1.086 THz 时的方向相反，表明此时能量从四个扇形结构耦合回开口环上。这说明入射光可以直接激发明模，暗模可以通过明模和暗模之间的耦合间接激活。然后，间接激发的暗模式将能量耦合回明模式，这就导致 1.266 THz 处产生了透明窗口。从图 6-28 中可以看到，在透明频点处表面电流分布最强，而电场分布最弱，说明该结构产生了磁谐振。读者可进一步参阅有关电磁诱导透明的相关文献。

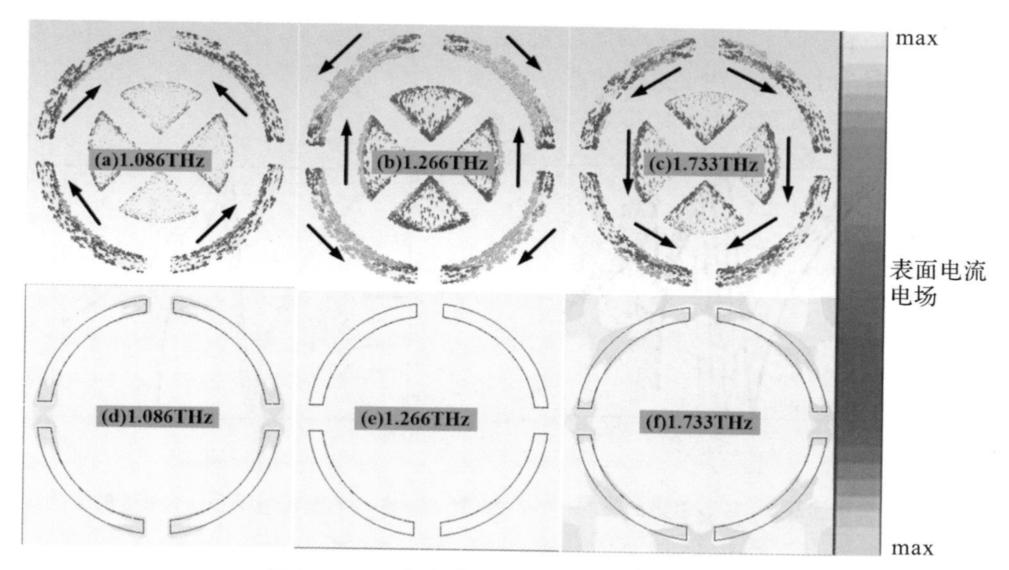

图 6－28　不同频点处的表面电流和电场分布

为了进一步验证仿真结果的正确性，我们采用时域有限积分法(FITD)和有限元(FEM)两种方法对图 6－26 中结构的透射谱进行了比较分析如图 6－29 所示。两种不同的方法都可以得到类 EIT 窗口，进一步验证了本结构产生的结果的可靠性。由于两种方法的精度不完全相同，计算方法也不同，因此结果略有不同。

2）双向特性

下面讨论该结构的双向特性。开口环和四个扇形结构分别放置在硅衬底的正面和反面。如图 6－30 所示，电磁波分别从结构的正面和反面入射，透射谱基本一致。

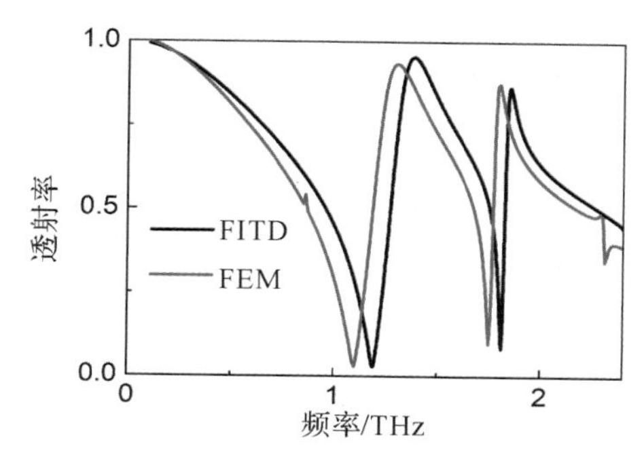

图 6－29　时域有限积分法和有限元法的结果对比

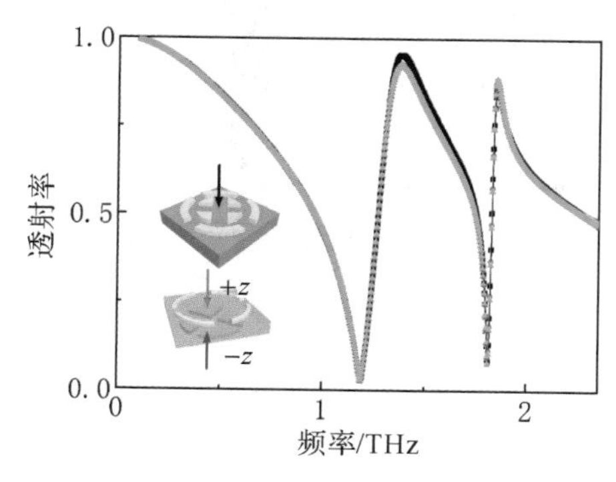

图 6－30　从 $+z$(自上而下)和从 $-z$(自下而上)两个方向进行传输的电磁波透射谱对比

接下来讨论三层结构的几何尺寸对透射谱的影响。如图 6－31 所示，显示的是开口环的开口间隙 b_1 对透射谱的影响。从该图可以看出随着 b_1 的增加，频谱发生了明显的蓝移现象，且低频段的频偏范围比高频段要大，这是因为开口环的谐振频点在低频，这与图 6－27 显示的结果一致。

图 6－32 显示了四个扇形结构的间隙 b_2 对传输特性的影响。可以发现 b_2 对抵赖透射率几乎没有影响，但高频段的透射率随着 b_2 的增加而降低。结果表明，扇形结构的间隙只影响高频谐振点，对低频谐振点的影响较小。

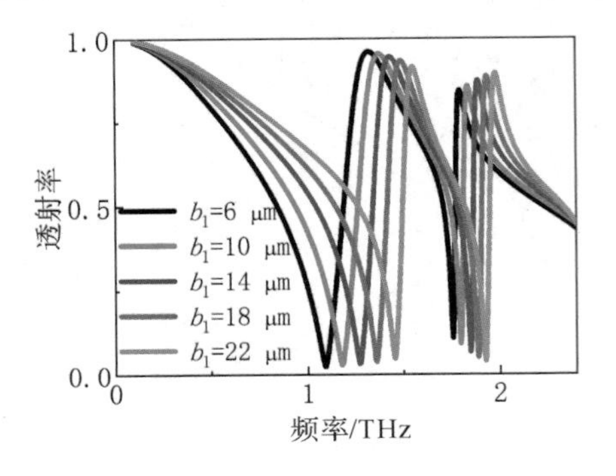

图 6－31　开口环间隙 b_1 对透射谱的影响

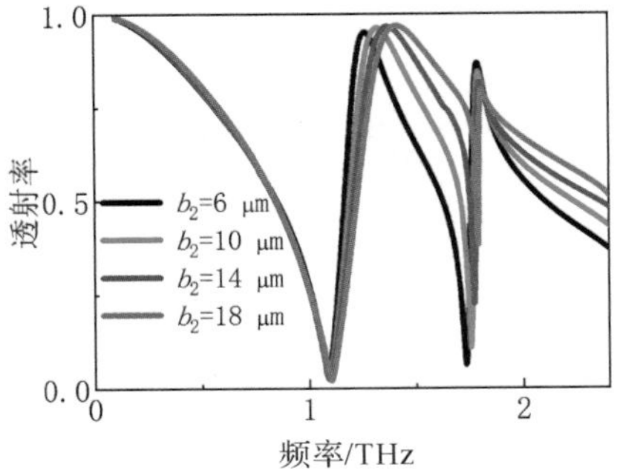

图 6－32　4 个扇形区域间隙 b_2 对透射谱的影响

图 6－33 显示的是开口环的内径 R_2 对三层结构的透射谱的影响。结果表明，R_2 对类 EIT 的谐振频点几乎没有影响，但可以调节透射窗口的带宽。增加 R_2 可以提高 Q 值，这主要是由于开口环内径 R_2 增加意味着环宽度减小，金属损耗减小，所以 Q 值增加。

图 6－34 所示为斜入射时三层结构在 0°到 75°之间的透射谱。可以清楚地看到，即使 $\theta=75°$，类 EIT 窗口仍然存在，即可实现大角度的 EIT 效应。从频谱图可以看出，高频段产生的红移较大，而低频区产生的红移较小，在入射角减小时透射窗频带增大。随着角度的增加，在谐振峰值处的透射率减小。以上结果可应用于多个领域，如大入射角器件、角度传感器等。

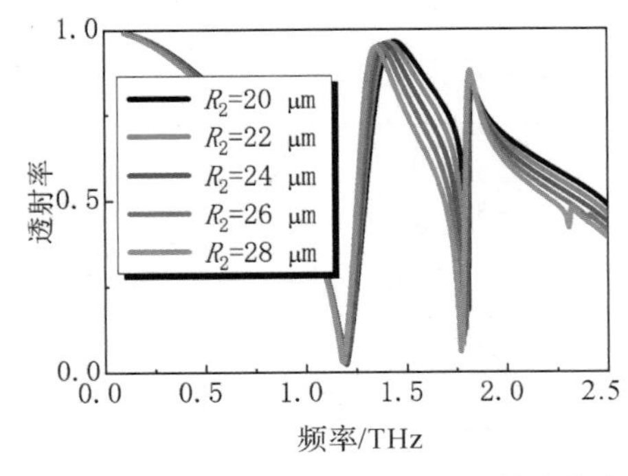

图 6－33　外圆环的内径 R_2 对透射谱的影响

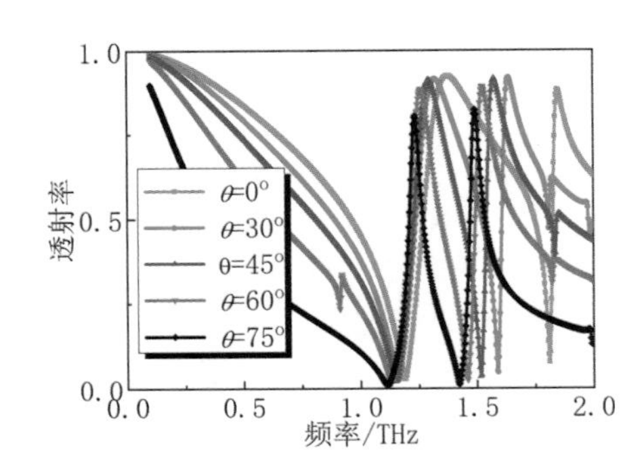

图 6－34　入射电磁波在 0°～75°范围内透射率的变化情况

这里研究了一种由硅和金属层组成的两层和三层结构的双向 EIT 效应。通过比较 FITD 和 FEM 两种不同的方法，得到了在太赫兹范围内的 EIT 效应。通过表面电流分布和电场分布解释了在一定频率下 EIT 产生的机理，讨论了结构的几何参数对类 EIT 窗口的影响，分析了入射角度对透射频谱的影响，得到大角度的类 EIT 效应。研究结果可应用于传感器设计、慢光和光学器件等领域，为工程技术人员提供设计思路和指导。

6.3　石墨烯人工电磁材料在滤波器中的应用

6.3.1　概述

前面已经提到，人工电磁材料具有一般材料所没有的独特特性，因此在滤波器中也有典型应用。石墨烯人工电磁材料具有电可调谐性，因此在滤波器应用上更加灵活，被研究者们广泛关注。图 6－35(a)显示的是一种太赫兹宽带滤波器，结果表明，该宽带滤波器具有带宽可调的特性，在太赫兹通信的调制器里有潜在的应用。图 6－35(b)显示的是一种太赫兹波段高通滤波器模型，我们利用传输线模型对该滤波器进行了分析。该滤波器采用最优分布高通滤波器法设计，带通纹波为 0.1 dB，各传输线的特性阻抗由功率电流求得。模拟结果表明，插入损耗小于 1.5 dB，恒定群延迟为 0.16 ps。

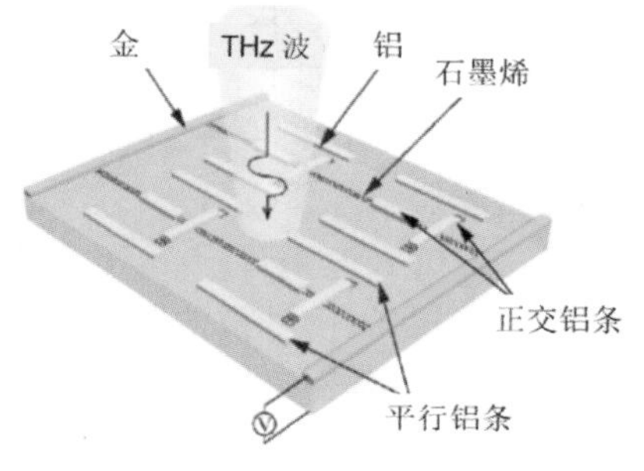

(a) 太赫兹宽带滤波器

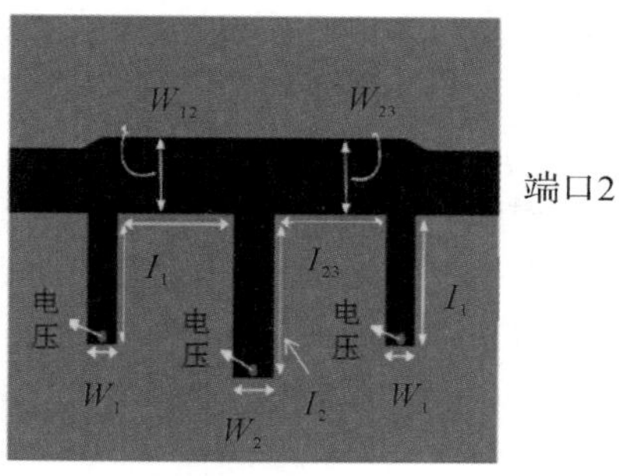

(b) 太赫兹高通滤波器

图 6－35　两种金属-石墨烯滤波器模型

图 6－36 显示的是一种多波段的带阻滤波器模型，该滤波器具有频率可调谐特性。该结构由介质基板 BaF_2、石墨烯层、光刻胶和多条金属条组成。图 6－37 显示的是一种带阻滤波器，该滤波器为双层结构的有源等离子掺杂石墨烯人工材料。

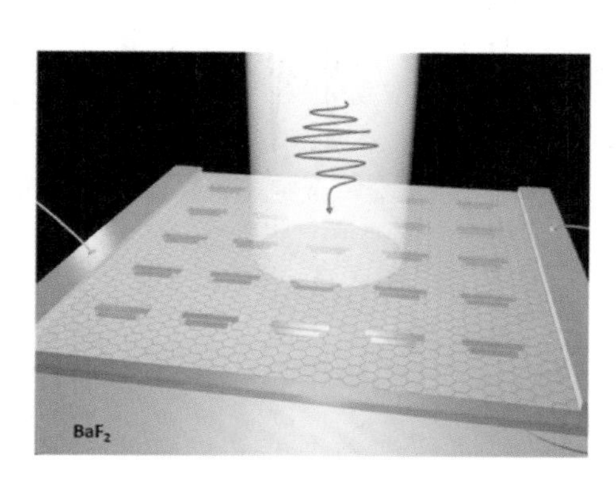

(a) 整体结构示意图

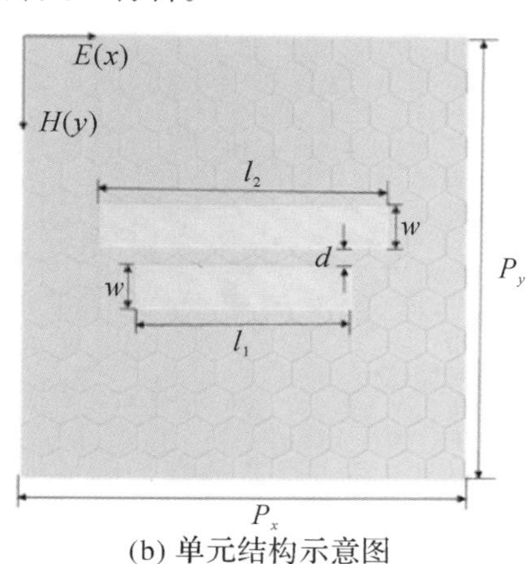

(b) 单元结构示意图

图 6－36　一种带阻滤波器结构模型

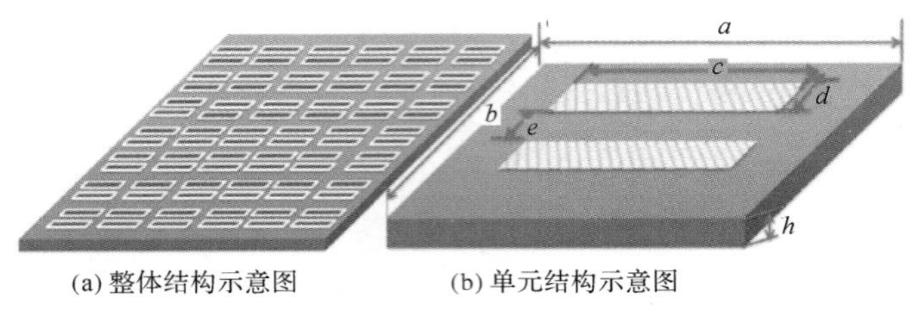

(a) 整体结构示意图　　(b) 单元结构示意图

图 6-37　一种带阻滤波器结构示意图

6.3.2　石墨烯人工电磁材料滤波器的设计

本小节我们设计一种石墨烯人工电磁材料的多频带低太赫兹滤波器，单元结构如图 6-38 所示，使用一个双层结构的周期单元，该单元由底部的硅衬底和顶部的金(或者石墨烯)开口环组成。假设电磁波沿 z 方向传播，在周期性边界条件下，采用 FITD 方法计算电磁波的垂直入射($\theta=0°$)时的传输特性。z_1 和 z_2 分别是基板和金的厚度。设计结构沿 x、y 方向周期延拓，硅基板为 240 μm 的正方形，结构的二维尺寸具体选择如下：$l = 240$ μm，$w = 20$ μm，$z_1 = 10$ μm，$l_2 = 200$ μm，$l_3 = 100$ μm，$l_1 = 100$ μm，$z_2 = 1$ nm。为了研究该结构中的滤波特性，我们首先分析顶层为金属情况下的滤波器特性。

图 6-39 显示的是该滤波器的透射谱，从图中可以看出，在 0.159 THz、0.256 THz、0.510 THz、0.630 THz 处，透射率皆小于 0.1，可以认为这些频点的信号被滤除了。为了进一步分析这些频点的滤波特性，图 6-40 显示的是以上频点对应的表面电流分布，从图 6-40(a)中能够看出，频点 f_1 处能量主要在 U 型结构和“山”型结构的水平横条上；而在 f_2 处，能量主要集中在 U 型结构上；频点 f_3 处的表面电流分布较弱，说明该频点处产生了电谐振；频点 f_4 处的表面电流主要分布在 U 型结构的水平部分，该点也可看作是 f_2 的高次谐波。

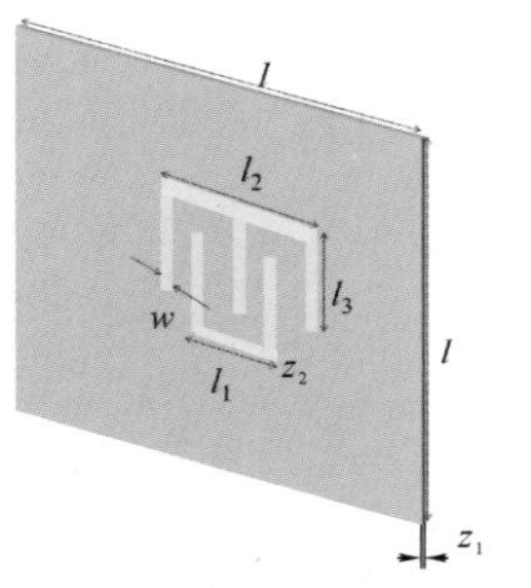

图 6-38　双层结构的多频滤波器单元结构

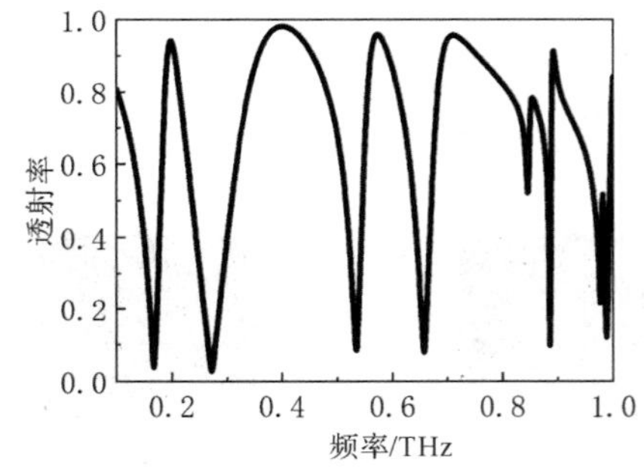

图 6-39　多频滤波器的透射谱

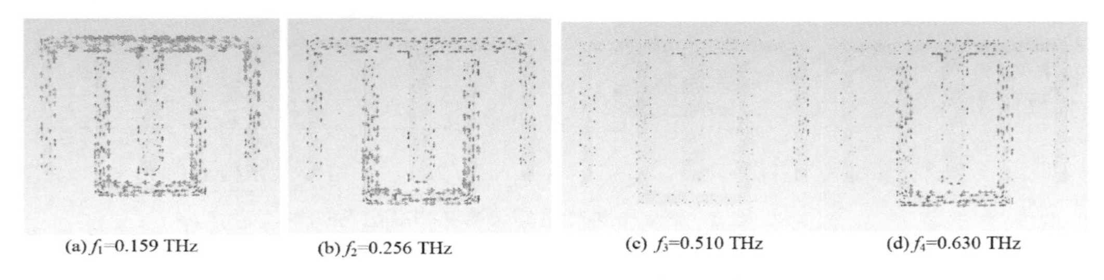
(a) f_1=0.159 THz　(b) f_2=0.256 THz　(c) f_3=0.510 THz　(d) f_4=0.630 THz

图 6-40　透射频点的表面电流分布

图 6－41 显示的是该滤波器的透射率随电磁波入射角变化的情况，从该结果可以发现，在低频段，入射角从 0 到 10°变化时，透射频点基本无变化，当入射角增加到 20°时，在 0.28 THz 左右产生了新的透射频点。随着入射角的增加透射频点更加明显，说明该滤波器对电磁波的入射角比较敏感。在中频段，频点变化较小，但透射率会明显减小。

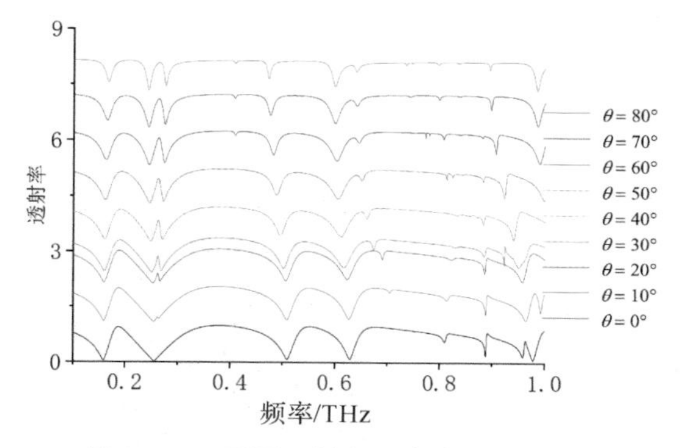

图 6－41　不同入射角下滤波器的频谱

图 6－42 显示的是将金属层替换成石墨烯层后改变石墨烯的化学势对透射率的影响，从图 6－42(a)中可以看到，石墨烯的化学势对透射频点的影响不大，只在中频段 0.68 THz 左右会产生一定的频偏，如图 6－42(b)所示，因此石墨烯在该结构中的电可调谐性不够好。但是由于将金属层替换成石墨烯层，结构的厚度会有所减小，这也是石墨烯人工电磁材料的优势所在。

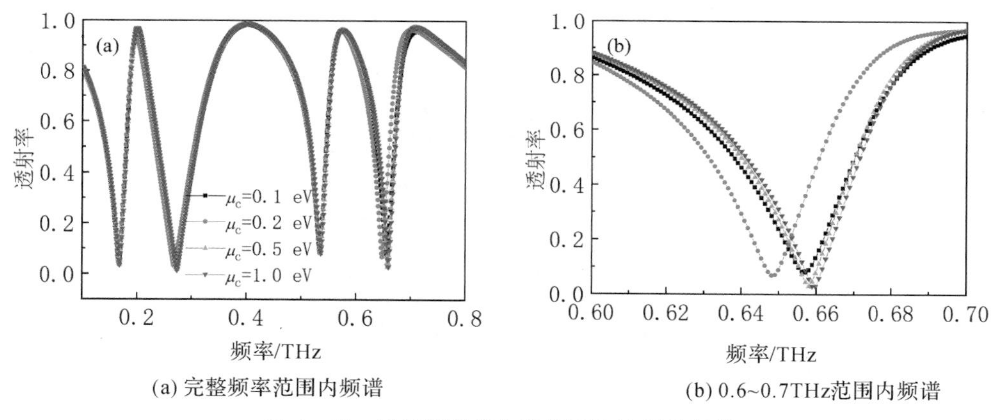

图 6－42　不同石墨烯化学势下滤波器的频谱

6.4　石墨烯人工电磁材料在极化转换器中的应用

6.4.1　概述

一般情况下，在没有边界的媒质中传播的均匀的平面波都是 TEM 波，就是电磁波电场和磁场所在的平面与传输方向相互垂直。电磁波在传播过程中，其电场和磁场之间是交互变化的，通常把电场强度方向随时间变化的情况称为电磁波的极化。按照电场矢量的尖端变化曲线可以分为线极化、圆极化和椭圆极化，最初的极化转换器是通过选择各向异性材料获得的。近年来，随着对极化转换这一领域研究的不断深入，科研人员发现可以通过调整介电常数与磁导率的方法形成新的各向异性的具有极化转换效果的材料。人工电磁材料可以灵活实现材料的各向异性，为实现极化转换提供了可行的思路。根据电磁波传输特性的不同，通常将极化转换器分为反射型和透射型两种。2007 年，一种"工"字型的反射型极化转换器被提出，该结构由上层的"工"字形金属贴片、中间层的介质基板以及下层金属背板的三层结构组成，如图 6－43 所示。

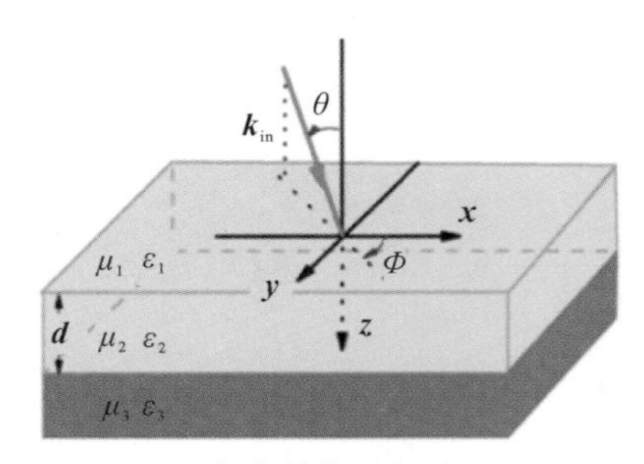

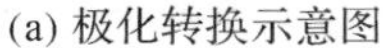
(a) 极化转换示意图

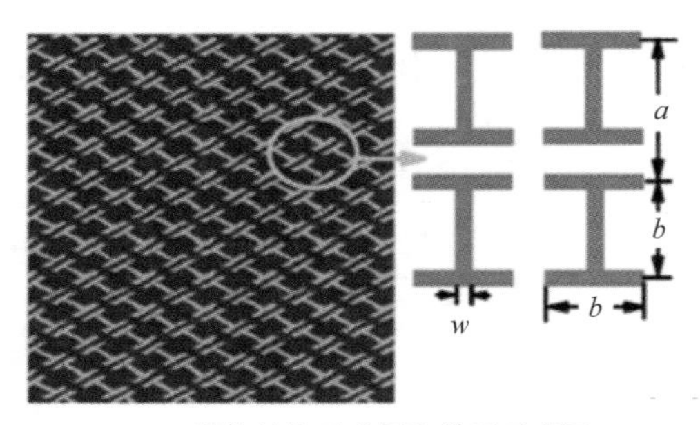

(b) 整体结构示意图和单元示意图

图 6－43 极化转换人工电磁材料的单元结构

2011 年，哈佛大学的 Capasso 课题组设计了一种 V 型结构，按照一定顺序排列在二维平面上，如图 6－44 所示，这种特定的排列方式会产生相应的相位梯度，从而在分界面上形成不同的相位突变，实现了对电磁波反射、折射相位的灵活调控。该研究为实现极化转换提供了一种新的思路。

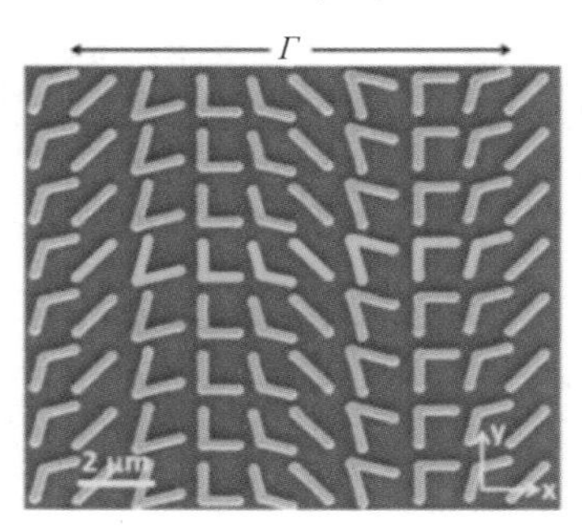

图 6－44 实现极化转换的 V 字型人工电磁材料

6.4.2 极化转换器的基本原理

前面已经提到，极化作为电磁波的一个重要参数，按照电场强度矢量 $\boldsymbol{E}$ 的方向随时间 t 变化的状态，分为线极化、圆极化和椭圆极化三种基本极化方式。极化转换器就是将电磁波的极化方式进行转换，具体来说有以下两种方式：

一是将一定方向的线极化波转换成垂直方向，这种称为交叉极化方式；

二是将线极化波转换为圆极化波，称为线－圆极化转换。

极化转换可以通过各向异性材料实现，也可以通过人工电磁材料实现，后者在调控和设计等方面更具优势。

下面以交叉极化为基础，介绍极化转换器的性能指标。

假设电磁波沿 z 轴方向传输，那么电场矢量应在 xy 平面，即 x、y 方向的电场可用式(6-5)表示：

$$\begin{aligned} E_x &= E_{xm}\cos(\omega t - kz + \varphi_x) \\ E_y &= E_{ym}\cos(\omega t - kz + \varphi_y) \end{aligned} \tag{6-5}$$

上式中 φ_x、φ_y 分别为 x、y 方向上电场的初相位，E_{xm}、E_{ym} 分别为电场在 x、y 方向上的幅度。消除式(6-5)中的 $\omega t - kz$，则可以得到式(6-6)：

$$\frac{E_x^2}{E_{xm}^2} + \frac{E_y^2}{E_{ym}^2} - \frac{2E_xE_y}{E_{xm}E_{ym}}\cos\theta = \sin^2\theta \tag{6-6}$$

上式中，当 E_{xm}、E_{ym} 不同时极化方式不同，具体见图 6-45 所示。

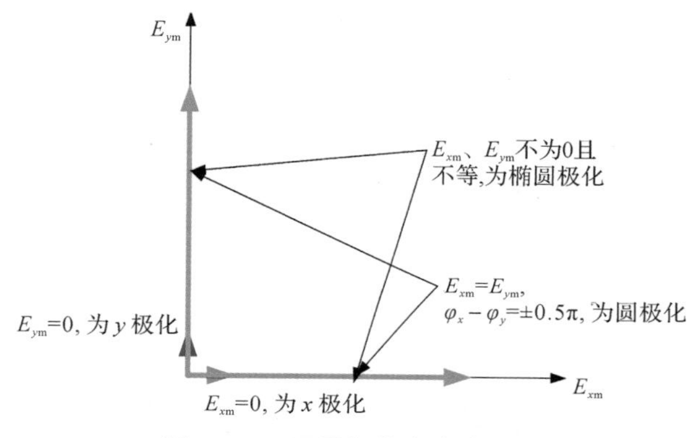

图 6-45　不同极化方式的条件

根据电磁波传输特性，极化转换器可分为反射型和透射型。相对来说，反射型极化较容易实现，透射型极化要考虑介质特性，实现起来较反射型困难。

6.4.3　石墨烯人工电磁材料极化转换器的设计

1. 结构设计

本节介绍一种石墨烯人工电磁材料在反射型交叉极化转换器中的应用。具体结构如图 6-46 所示。三层结构分别为上层的长方形石墨烯结构、中间层的介质基板和下层的金属背板。顶层的石墨烯长条长和宽分别为 l 和 w，厚度为 1 nm，中间层的介质基板和底层金背板为边长是 L 的正方形，中间层的厚度为 h。石墨烯的等效介电常数见第 4 章，中间层材料的介电常数为 4.4，损耗角的正切值为 0.025，底层金属为金，电导率为 4.56×10^7 S/m，厚度为 0.05 μm。优化后的结构参数为：L = 15 μm，l = 8 μm，g = 8 μm，w = 2.2 μm，h = 3 μm。

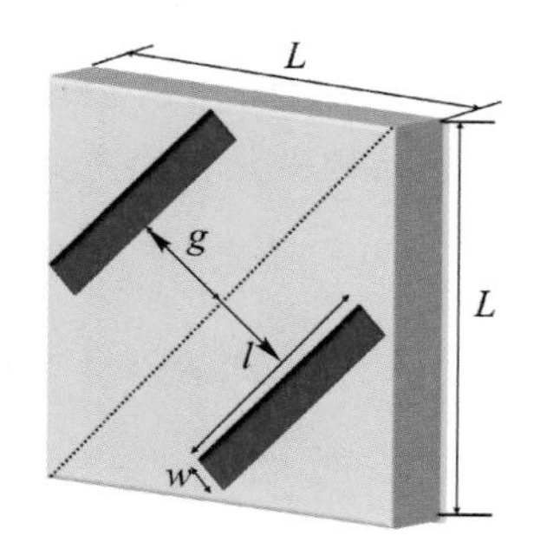

图 6-46　三层结构的反射型极化转换器单元结构

2. 结果与原理分析

图 6-47 显示的是同极化 xx 和交叉极化 xy 反射率的对比，从图中可以得到同极反射率较小，交叉极化反射率显示的结果为宽带极化，极化范围为 7.5～14.5 THz(反射率大于

0.8)。图 6-48 显示的是极化转换率(Polarization Conversion Ratio, PCR)在频率范围为 4～18 THz 之间的变化情况。其中，$PCR=r_{yx}^2/(r_{yx}^2+r_{xx}^2)$，在 7.5～14.5 THz 的频率范围内，极化转换率大于 90%，实现了高效率的交叉极化转换。

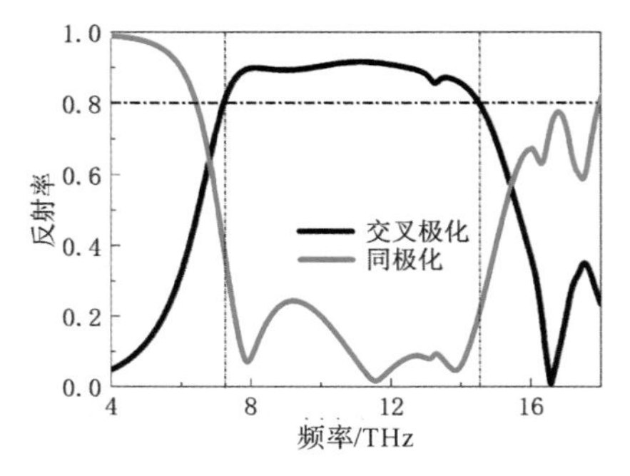

图 6-47　同极化 xx 和交叉极化 xy 反射率曲线图

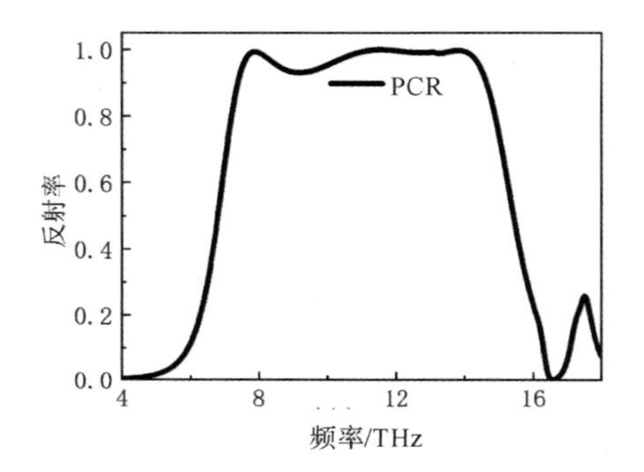

图 6-48　极化转换率 PCR 曲线图

为了进一步分析极化转换的物理机制，图 6-49 显示的是在极化转换频带范围内的三个频点 8 THz、12 THz 和 14 THz 处的表面电流分布。由图 6-49(a)可以看出，在 8 THz 处电场主要集中在石墨烯条的两侧，两个石墨烯条等效为一对电偶极子；图(b)显示的是 12 THz 处电场方向与 8 THz 处刚好相反；而在图(c)的 14 THz 处，电场分布为对角线方向，说明该结构极化转换主要是通过石墨烯条作为电偶极子进行能量的耦合转换。

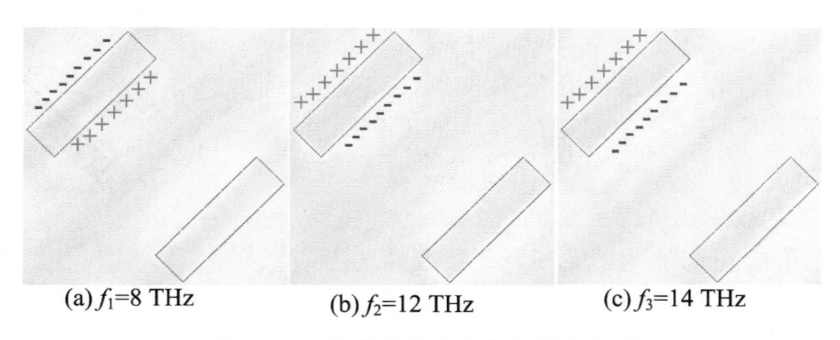

图 6-49　极化范围内频点电场分布图

3. 石墨烯的参数对极化结果的影响

1) 化学势 μ_c 对极化反射率的影响

下面分析石墨烯的化学势变化对极化转换效果的影响。从图 6-50 可以看出，石墨烯化学势对极化转换的反射率影响较大，在 $\mu_c = 0.1$ eV 时，极化转换效率较低，随着 u_c 的增加，极化转换的效率提高。因此石墨烯可以动态调节极化转换效率，为极化转换器的应用拓宽了范围。

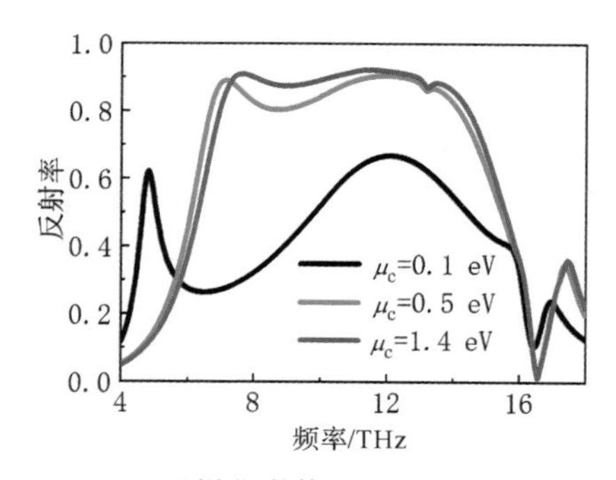

图 6-50　石墨烯化学势 μ_c 对极化反射率的影响

2）石墨烯结构对极化转换器的影响

下面进一步讨论结构参数对该极化转换器的影响。图 6-51 显示的是石墨烯长条的宽度 w 对极化反射率的影响。从该图可以看出随着石墨烯条宽度的增加，极化转换的带宽范围也随之增加，这是因为极化转换本身主要是由两个石墨烯长条产生的谐振引起的。图 6-52 显示的是两个石墨烯长条间距 g 变化对极化转换反射率的影响。与图 6-51 类似，改变两个石墨烯长条间的间距会在高频段有较大的影响，而低频段影响较小。

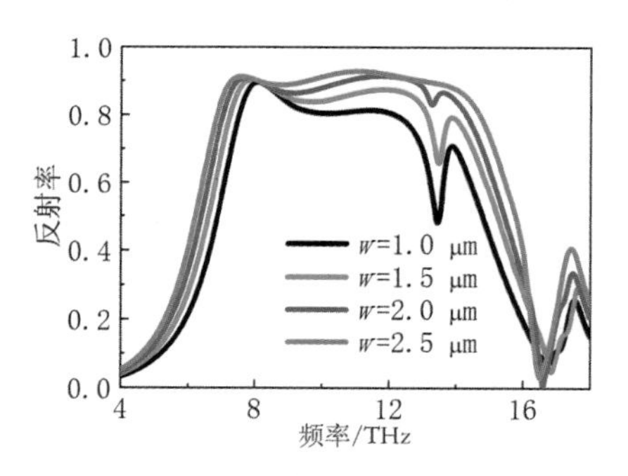

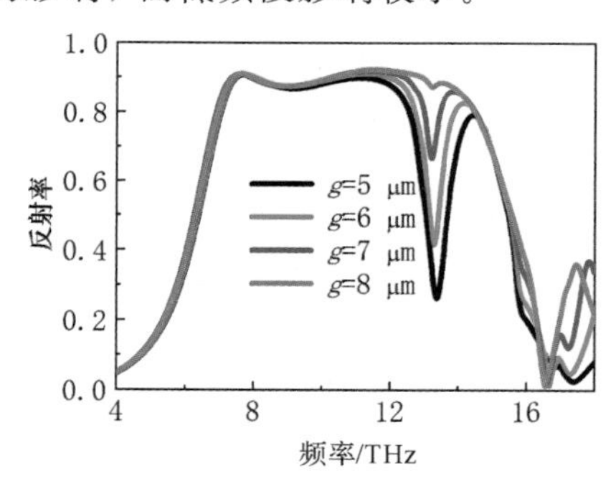

图 6-51　石墨烯长条宽度 w 对极化反射率的影响　图 6-52　石墨烯长条间距离 g 对极化反射率的影响

图 6-53 为石墨烯长条的长度 l 对极化反射率的影响。与宽度 w 影响相反的是，长度 l 的变化对低频段的影响很大，而对高频段几乎无影响。

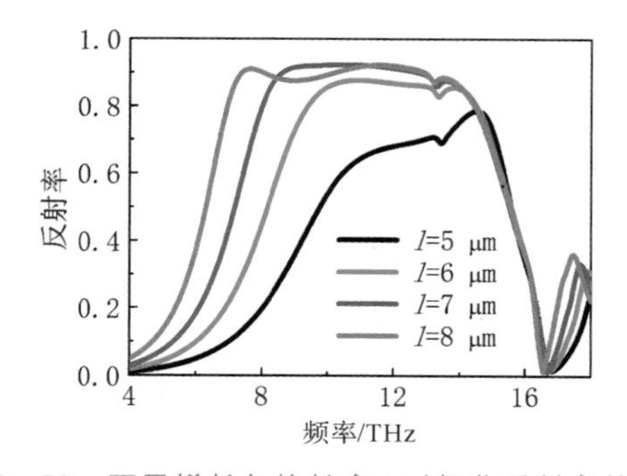

图 6-53　石墨烯长条的长度 l 对极化反射率的影响

本章小结

本章首先介绍了电磁诱导透明效应的基本概念，重点关注了电磁诱导透明现象中的慢光效应，分析其在慢光器件中的应用。本章设计了全向慢光器件的结构，并对其性能进行了分析。其次，我们设计了一种透射型的双向石墨烯人工电磁材料器件，顶层和底层结构形状互补，该结构产生双向特性。本章还设计了另一种低太赫兹波段的双向器件，该结构基板为硅介质，形状为开口环裁剪的三层结构，通过表面电流分布和电场分布，解释了在一定频率下的传输机理，在传感器和慢光中有潜在的应用。然后分析了石墨烯人工电磁材料在滤波器中的应用，我们设计了一种石墨烯人工电磁材料的多频带低太赫兹滤波器，使用一个双层结构的周期单元，该单元由底部的硅衬底和顶部的金(或者石墨烯)开口环组成。最后介绍了极化转换的基本原理，设计了一种石墨烯人工电磁材料的交叉极化转换器结构，得到宽带的高效极化转换率的结果。

本章介绍了几种石墨烯人工电磁材料的新型器件，事实上新型器件还远不止这些，还有近几年被研究者关注的石墨烯数字编码人工电磁材料组成的各种新型器件，感兴趣的读者可以查阅有关数字编码人工电磁材料的相关文献资料。

第7章 石墨烯在功率器件散热中的应用

从20世纪70年代以来，半导体产业得到了飞速发展，也极大地改变了人类的生活方式。这样的飞速发展是人类追求电子元器件最小化不懈努力的结果。根据著名的“摩尔定律”推算：芯片上的晶体管每18个月翻一番。这意味着同样大小的芯片中要集成越来越多的电子元器件。器件尺寸在不断变小，集成的器件越多，可以实现的功能越多。这也导致各种类型的大功率器件的功率等级不断提高，但尺寸越来越小，随之带来的是器件单位体积上功耗的急剧增加，而功耗大部分转换为热能，导致相应芯片上所产生的热量不断增大，如果这些热量不能及时散发到外部空间去，则导致器件结温过高，降低工作稳定性，增加出错率，严重时还会由于器件的高温而烧毁设备，直接影响设备的使用寿命和可靠性。

据阿伦尼乌斯(Arrhenius)法则，元器件的工作温度每升高10 ℃，其失效率将增大一倍左右。大量研究数据也表明，热失效问题是决定芯片使用寿命和故障的主要因素，芯片失效中有55%是由于温度过高引起的。高效散热才是功率器件高可靠性的保障，前文所述石墨烯良好的横向导热性能给大功率半导体器件的热管理方案带来更多新的可能性，本章分别介绍了几种不同类型的功率半导体分立器件和它们的散热需求，以及石墨烯材料在器件散热中的应用。

7.1 功率半导体分立器件及其散热需求

7.1.1 功率半导体分立器件概述

电力电子技术是目前最先进的电能变换技术，它利用电力电子器件(即功率半导体器件)根据使用要求将电能在不同形式之间相互转换，是现代社会节约能源、降低消耗和提高效率的重要手段，得到了国内外的普遍重视，发展十分迅速。电力电子技术的核心是功率半导体器件，器件的结构与性能直接关乎电力电子系统的性能。

功率半导体器件可大致分为三大类，即功率半导体分立器件(Power Semiconductor Device)、功率模块(Power Module)和功率半导体集成电路(Power Semiconductor IC)。半导体产业的发展始于分立器件，所谓“分立”，是相对集成提出的，一般是指被封装的半导体器件仅含单一器件(为了产品应用需要，部分分立器件封装实际上包含两个或多个元件)，必须和其他类型的器件配合，才能提供类似放大或开关等基本电学功能。功率半导体分立器件是指能耐高压或者能承受大电流的半导体分立器件，其中大部分既能耐高压也能承受大电流。1957年美国通用电气公司(GE)研制出世界上第一只工业用普通晶闸管(Thyristor)，标志着功率半导体分立器件的诞生。功率半导体分立器件的发展经历了以晶闸管为核心的第一阶段、以金属氧化物半导体场效应管(Metal-Oxide-Semiconductor Field Effect Transistor，MOSFET)和绝缘栅双极晶体管(Insulated Gate Bipolar Transistor，IGBT)为代表的第二阶段，现在正在进入以宽禁带半导体器件为核心的新发展阶段。

功率半导体分立器件作为电力电子产品的基础，主要用于电力电子设备的整流、稳压、开关和混频等，应用范围几乎覆盖了所有电子制造业，传统应用领域包括消费电子、网络通信、工业电机等。近年来，新能源器件及充电系统、轨道交通、智能电网、新能源发电、LCD显示屏、电子照明及航空航天等也逐渐成了功率半导体分立器件的新兴应用市场。随着半导体技术的快速发展，电能变换更加高效、灵活，半导体器件已经融入人们日常生活的方方面面，不断提高人们的生活品质。典型功率器件及其应用如图7-1所示。

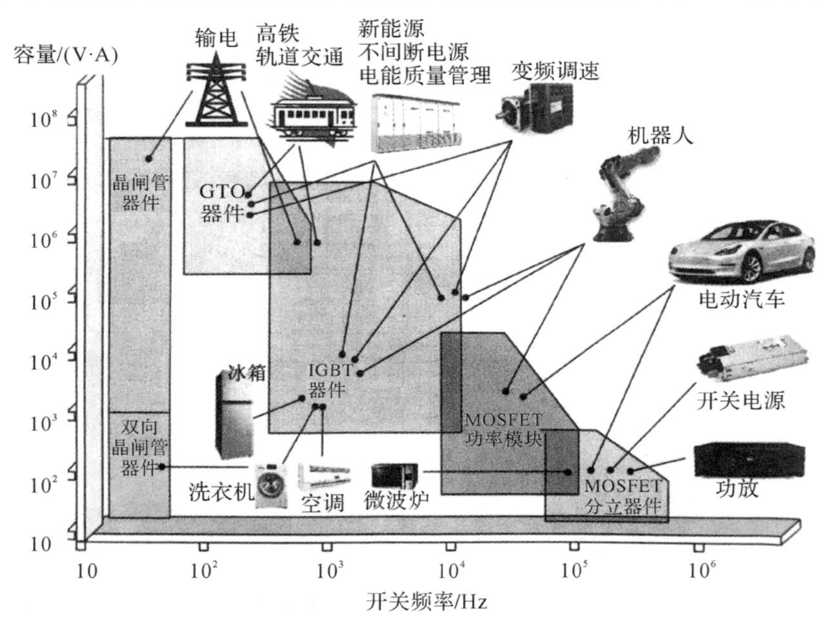

图7-1 典型功率器件及其应用

近年来功率半导体分立器件种类层出不穷，正向着大容量、高频率、低损耗、易驱动、模块化、复合化的方向快速发展。

按照器件结构来分，功率半导体分立器件可分为功率二极管(Power Diode)、功率晶体管(Power Transistor)和晶闸管(Thyristor)等，其中常见的功率晶体管包括以纵向双扩散MOSFET(Vertical Double-Diffusion MOSFET，VDMOS)为代表的功率MOS(Power MOSFET)、IGBT和功率双极晶体管(Power Bipolar Junction Transistor，Power BJT)。功率晶体管和晶闸管又可统称为功率开关器件(Power Switching Device)。

按照功率处理能力来分，功率半导体分立器件可分为四大类，包括低压小功率分立器件(电压低于 200 V，电流小于 200 mA)、中功率分立器件(电压低于 200 V，电流小于 5 A)、大功率分立器件(电压低于 500 V，电流小于 40 A)和高压特大功率分立器件(电压低于 2000 V，电流小于 40 A)。

按照控制电路信号对器件的控制程度，现有的功率半导体分立器件可分为不可控型、半控型和全控型。不可控器件是不能通过控制信号来控制器件通断的功率半导体器件，如功率二极管；半控器件是通过控制信号能够控制其导通而不能控制其关断的功率半导体器件，如晶闸管；全控器件是通过控制信号既能控制其导通，又能控制其关断的器件，如 IGBT、功率 MOS 等。

按照器件衬底材料的不同，现有的功率半导体分立器件材料可分为三代：第一代半导体材料主要以锗和硅为代表，在 20 世纪 50 年代，锗在半导体中占主导地位，主要应用于低压、低频、中功率晶体管，但锗材料的耐高温和抗辐射能力差，到了 20 世纪 60 年代，逐渐被硅材料所取代；第二代半导体材料主要是以砷化镓(GaAs)和磷化铟(InP)为代表的化合物半导体材料，适用于制造高频、高速、大功率半导体器件；第三代半导体材料主要是以碳化硅(SiC)、氮化镓(GaN)为代表的宽禁带半导体材料，与前两代材料相比，第三代半导体材料具有更宽的禁带宽度以及更高的击穿电场，更适合制作高效、高频的大功率半导体器件。

作为电能/功率处理的核心器件，功率半导体分立器件主要用于电力设备的电能变换和电路控制，更是弱电控制与强电运行之间的沟通桥梁，主要作用是变频、变压、变流、功率放大和功率管理，对设备正常运行起到关键作用。不同应用场合需要不同类型的功率半导体器件，可以根据所需的电压、电流的额定值来进行选择。比如在低功率端(1 V·A～1 kV·A)，绝大多数使用功率 MOS 来变换电能，用于电池充电器、便携式通信装置和小型电动工具，还用于电子系统(音频、视频设备和控制器)和个人计算系统，小的传动(100 V·A～1 kV·A)等；IGBT 在高电压、高功率和低频率的应用中覆盖了很大的范围，电压范围高达 6500 V，功率为 10 MW，频率高达近 100 kHz，在中等电压传动(电网电压为 1000 V～36 kV)和光伏系统的应用中，一般使用 IGBT 和晶闸管器件，这取决于传动的额定值；在 3 kV 以上，也就是更高的电压和功率额定值(5 MW 以上)，由门级换流晶闸管主导，但允许的频率范围很低；SiC 在高频率、中低功率范围是很有吸引力的，图 7－2 展示了几种典型功率分立器件应用的频率和功率范围。

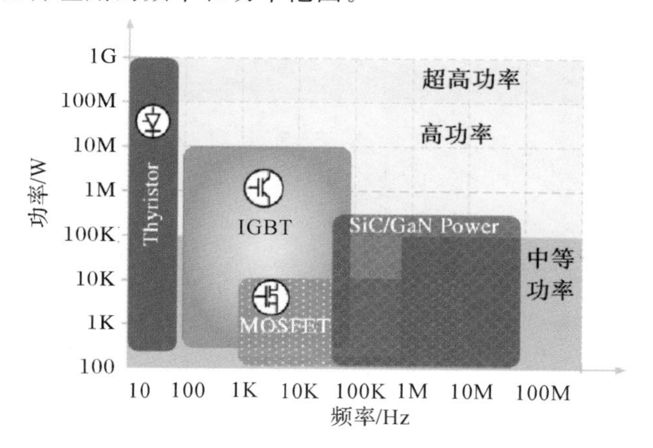

图 7－2　几种典型功率半导体分立器件的频率和功率应用范围

7.1.2 功率半导体器件的热特性

半导体器件的核心是PN结，其性能直接影响半导体器件的电学性能。而PN结的物理机制与温度密切相关，对于含有多个PN结的功率器件来说，为了保证工作安全必须限制其PN结的最高温度，一般Si基器件的最高结温为150℃～200℃，Ge基器件最高结温为85℃～100℃。

功率半导体器件为了给负载提供大功率，通常工作在高电压、大电流的条件下，在导通时要求有大电流通过，在关断时要求有高的击穿电压，因此功率器件内部将产生损耗，通常把单位时间内器件自身所消耗的电能称为功率损耗。器件工作在最高结温时自身消耗的能量是最大的，此时对应的电能损耗称为最大耗散功率。通常器件的输出功率越大，自身的功率损耗就越大。损耗的功率则是热量产生的源泉，是它导致管子的结温升高。若器件有源区产生的热量不能有效散发出去，器件结温可能会高于限制值，就不能保证器件安全工作。因此，必须采取有效的散热措施，将热量沿着衬底材料传递到管壳，再通过管壳辐射到空气环境中。

目前，功率半导体器件基本采用开关控制模式，其总功率损耗主要由通态损耗、开关损耗、断态漏电流损耗及驱动损耗组成。开关过程中消耗在驱动控制上的功率损耗相对于其他损耗较小，可忽略。以单管IGBT为例，在现代IGBT和MOSFET应用中，可以忽略漏电流产生的损耗，所以器件总的功率损耗 P_v 由通态损耗 P_{cond} 和开关损耗（P_{on}、P_{off}）组成（见式(7-1)）。通态损耗发生在IGBT的通态压降过程中，取决于导通电流和导通电阻，电阻随温度变化，所以通态损耗也随温度变化；开关功率损耗包括开通过程和关断过程内器件产生的损耗，主要由器件寄生电容引起，几乎与温度无关，取决于电流、占空比、开关电压和开关频率，频率越高，开关损耗越大。

$$P_v = P_{cond} + P_{on} + P_{off} \tag{7-1}$$

绝大部分损耗以热量形式耗散，假设单个IGBT的损耗为125 W，这虽然对几千瓦的总功率来说微不足道，但是对一个面积只有1 cm^2 的芯片来说，相当于1.25 MW/m^2 的热流密度，这比一个传统厨房炉灶发出的热量还高出一个数量级。如果热量没有及时排出，系统长期运行会使其过热。高温是导致功率器件和设备失效的最主要的原因，如图7-3所示。

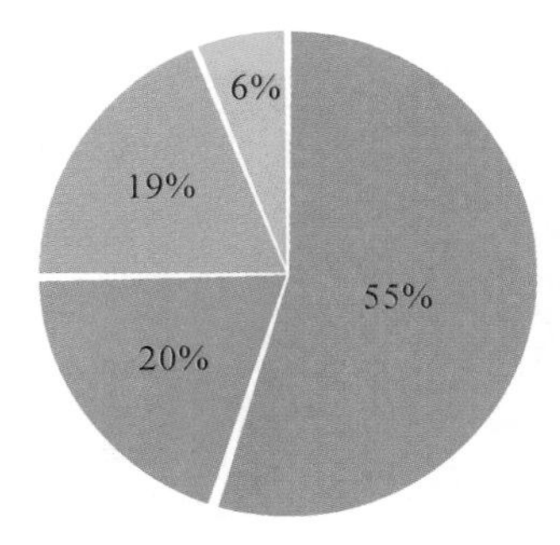

图7-3 电子设备故障的主要因素

功率器件的热失效可以分为电气失效、机械失效、腐蚀失效三大类。

1）电气失效

电气失效是指影响设备性能的失效，这种失效可以是间歇的，也可以是持续的，常见的电气失效有热逸溃、电过载、离子污染和电迁移等。通过实验分析，温度也是影响IGBT静态特性和动态特性的主要影响因素。

（1）热逸溃：晶体管的导通电阻随温度增大而增大。如果晶体管的热量没有及时有效扩散，温度会上升，引起导通电阻增加，这又会导致更高的热量和更高的温度，发生热逸溃，损坏晶体管。

（2）电过载：温度升高时硅电阻下降。随着硅芯片升温，其电阻下降，形成更大电流，反过来又进一步使芯片升温，如果到达材料熔点，会引起器件永久损伤。

（3）离子污染：封装、互连、装配、测试、工作过程中都会引起污染。实际的离子电迁移率是与温度相关的，流动的带电离子会产生不受控的电流，降低设备性能。高温烘烤和老化测试时器件暴露在高温环境中，可以筛选离子污染失效。

（4）电迁移：在电场中，导电离子或者原子运动是电子动量迁移的结果，这导致离子或者原子从原来位置迁移并因此产生一个空隙，大量离子或者原子迁移，使空隙加大并连接，产生间断点或短路。比如，在高密度电流情况下，铝质键合线内铝原子会随电流方向移动，在键合线内造成铝堆积和空洞现象，电迁移会导致键合点处的空洞在芯片运行过程中不断增加，使键合线与芯片或基板连接点的接触电阻变大，这种情况下，一旦出现大电流，则铝键合线存在较大的熔断风险。

2）机械失效

机械失效包括变形、屈服、裂隙、断裂或者两片材料结合处的分离。高温使得物体发生明显膨胀，由于不同材料的热膨胀系数不同，不匹配的膨胀系数会使得封装内部各部分之间产生热应力，循环应力会导致键合点疲劳、引线疲劳及粘合疲劳，严重时会产生芯片变形甚至断裂等。

3）腐蚀失效

腐蚀是指材料与周围环境间的化学反应。腐蚀分为两种：干腐蚀和湿腐蚀。裸露的金属（引脚、焊盘等）在高温下更容易受到外界的腐蚀，这是一种湿腐蚀机制。当封装内部温度低于露点温度时，水蒸气凝结，易发生腐蚀。在芯片工作时，芯片散发的热量足以使电解液蒸发，缓和潮湿问题，减缓腐蚀。如果温度超过300℃，容易出现应力腐蚀，这种失效源于裂纹扩张中的腐蚀，加速了器件疲劳。

7.1.3　器件封装散热理论

功率器件的封装（Package）对于器件来说是至关重要的，因为不仅需要通过封装来实现对器件的散热，还需要通过封装使芯片的热膨胀系数与框架或基板的热膨胀系数相匹配，这样能缓解由于热等外部环境的变化以及由于芯片发热而产生的应力，从而可防止芯片损坏失效。所以，功率器件的可靠性很大程度上取决于封装的好坏。

对于半导体器件封装结构的热传导问题，如热量从芯片传至封装外壳或者基板，以及热量从电子设备传至安装在其上的散热器的热传导问题可用傅里叶导热定律进行描述。比如，一厚度为L、表面积为A的平壁，如图7-4所示，两侧有温差，热量从高温侧传至低温侧，热量大小可由一维无内热源热传导方程导出，如公式（7-2）所示。

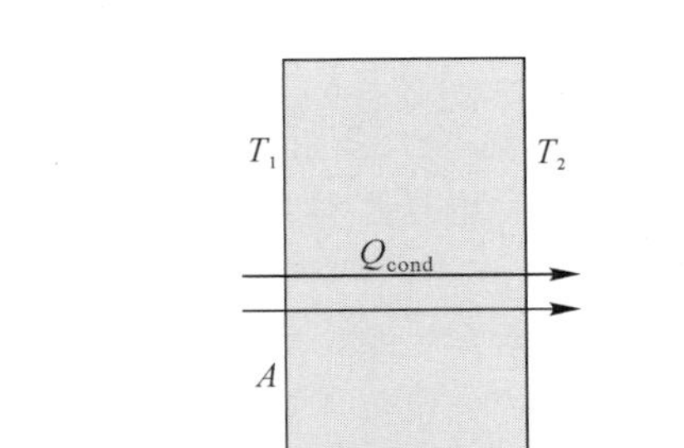

图 7-4　穿过平壁的导热

$$Q_{cond}=kA\frac{T_1-T_2}{L} \tag{7-2}$$

公式(7-2)也可写成：

$$Q_{cond}=\frac{T_1-T_2}{\frac{L}{kA}} \tag{7-3}$$

其中，k 为材料的热导率，Q_{cond} 表示从高温侧传至低温侧的热量。公式(7-2)与欧姆定律有类似之处，温差类似电势差，热流类似电流，公式(7-3)分母中的$\frac{L}{kA}$也类似电阻 R，只取决于材料性质。由于这些相似点，公式(7-3)也可以写成欧姆定律的形式：

$$Q_{cond}=\frac{T_1-T_2}{R_{cond}} \tag{7-4}$$

$$\left(\text{热阻 } R_{cond}=\frac{L}{kA}\text{，类比电阻 } R=\frac{L}{\sigma A}\right)$$

其中，$R_{cond}=\frac{L}{kA}$定义为导热热阻，单位为 ℃/W。公式(7-4)表明了热阻的概念，导热热量的传递是由平壁两侧温差驱动的，导热热阻与平壁厚度成正比，与平壁的热导率和截面积成反比，起着阻碍热量传递的作用。

功率半导体器件的有源区是器件产生绝大部分热量的小区域，即温度最高的区域，器件的有源区温度称为结温，用 T_j 表示，当器件内的结温高于周围的环境温度 T_{amb} 时，功率器件向周围环境散发热量，其主要散热路径为：从器件内部芯片到管壳，从管壳传到散热器，然后再从散热器通过对流与辐射方式传到环境介质中，热量传递情况如图 7-5 所示。

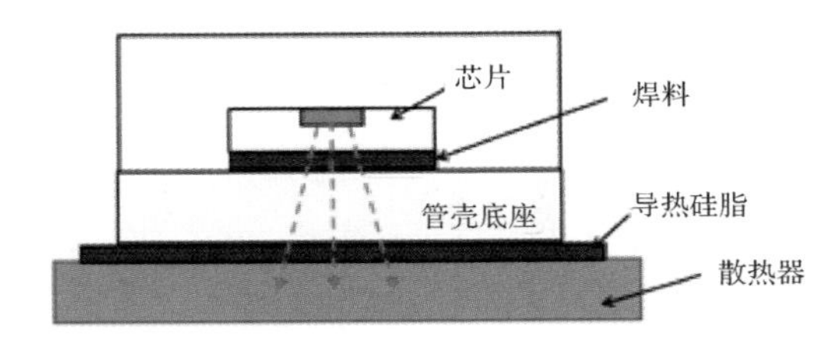

图 7-5　功率器件封装散热示意图

分别用 T_j、T_c、T_s、T_{amb} 表示芯片内结温、管壳温度、冷却基板温度、环境温度，R_{jc}、

R_{cs}、R_{sa} 分别表示芯片结点到管壳、管壳到冷却基板、冷却基板到环境的热阻，R_{θ} 是总热阻，根据上述傅里叶导热定律，有

$$Q_{cond}=\frac{\Delta T}{R_{\theta}}=\frac{T_{j}-T_{amb}}{R_{jc}+R_{cs}+R_{sa}} \tag{7-5}$$

这里的 Q_{cond} 等于器件产生的功率损耗 P，若器件在平均功耗下运行，系统达到热平衡稳定状态后，热阻与时间无关，则可以用稳定热阻分析传热路径，稳态等效热阻网络如图 7－6 所示，由此可得

$$T_{j}=T_{amb}+P(R_{jc}+R_{cs}+R_{sa}) \tag{7-6}$$

式(7－6)表明，当器件的功率损耗 P 恒定时，热阻越大，器件到环境的温差就越大，器件结温就越高，环境温度也是影响结温的重要因素。

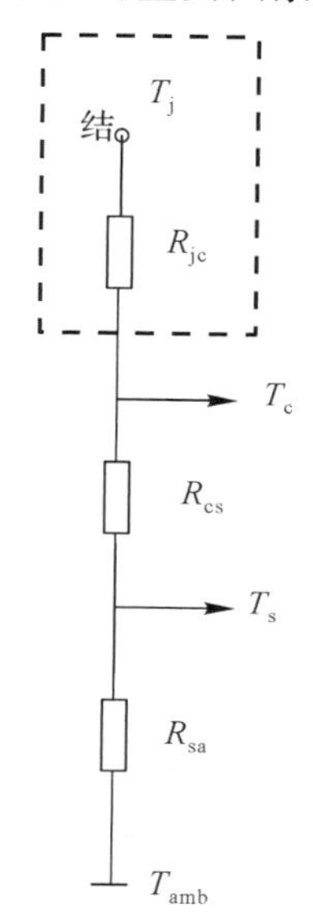

图 7－6　稳态等效热阻网络

当结温超过最大安全温度后，就不能保证其预期的性能和寿命，器件可能失效，因此可以通过选择合适的封装方式和散热器来降低热阻。然而，不管采用何种封装方式，热量最终都散入周围空气，所以衡量封装冷却效率的一个有效指标是结-空气热阻 R_{ja}，在这里结-空气热阻等于芯片结点到管壳、管壳到散热器、散热器到环境的热阻之和。其中，结-壳热阻 R_{jc} 由器件的结构、几何尺寸和封装材料决定，称为器件的内热阻。另外两项称为外热阻，可以通过散热器的设计、改变环境空气对流方式(自然对流、强制对流)、减小散热器和衬底之间接触热阻等方式来大大改善。

7.2　石墨烯在单管 IGBT 散热中的应用

7.2.1　IGBT 器件概述

1950—1960 年代，当时发展起来的双极性器件(可控硅整流器 SCR、电力晶体管 GTR、自关断双极型器件 GTO)的通态电阻很小，但由于是电流控制且控制电路复杂，因

此功耗很大。到了1970年代发展起来的电压控制单极型器件如MOSFET，其控制电路简单且功耗小，但是其通态电阻很大。两种器件都无法令人满意，为了使双极型器件高电流密度的特点与MOSFET的电压控制特性结合起来，人们进行了大量的研究。

直到1982年，IGBT首次登上历史舞台，它由BJT和MOS组成，综合了MOSFET和GTR的优势，具有以下特点：

(1) 输入阻抗大，易于驱动；

(2) 比MOSFET耐压高，电流容量大，开关速度快；

(3) 由于电导调制效应，其导通压降较低，具有优越的通态特性，芯片体积可以缩小等；

(4) 是复合全控型电压驱动式功率半导体器件。

在电力电子的很多应用场合，特别是动态特性高、噪声低的伺服系统和三相驱动等领域，IGBT得到了很广泛的应用。

1. IGBT的工作原理及应用市场

IGBT的结构和制造工艺与MOSFET相似，但两者性能明显不同。如图7-7所示，输入极为MOSFET，输出极为PNP晶体管结构，从器件结构截面示意图可以看出，IGBT就像一个N沟道MOSFET构建在P型衬底上。N^+区称为源区，附于其上的电极称为源极(即发射极E)。轻掺杂的N^-区为漂移区，器件的控制区为栅区，附于其上的电极称为栅极(即门极G)，沟道在紧靠栅区的边界形成。另一侧的P^+区称为漏注入区(Drain Injector)，它是IGBT特有的功能区，形成PNP双极晶体管，附于漏注入区上的电极称为漏极(即集电极C)。

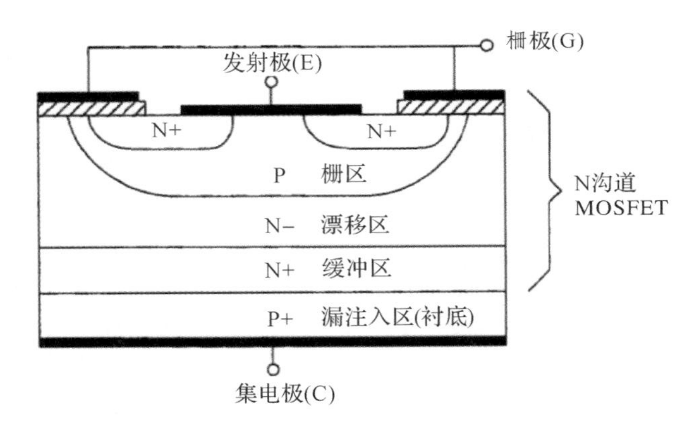

图7-7 IGBT基本结构截面示意图

在N沟道MOSFET中，只有电子在导电，而N沟道IGBT的P型衬底会将空穴注入漂移区，即IGBT的导电电路里既有电子又有空穴，这种空穴(少子)的注入减小了漂移区的等效电阻。换句话说，空穴的注入大大增加了IGBT漂移区的电导率，通过对IGBT漂移区进行导电调制，可以降低器件的导通电压。

IGBT的等效电路如图7-8所示。IGBT的驱动方法和MOSFET基本相同，其开通和关断也均由栅极电压控制。加正向栅极电压，使电子从栅区流向栅极，如果电压超过阈值电压，则足够多的电子将跨过栅区流向栅极，栅极下方会形成沟道，给晶体管提供电流，使IGBT导通。反之，加反向栅极电压将消除沟道，切断电流，使IGBT关断。

图7-7中N^+缓冲层的作用是控制空穴调制率，这种缓冲层在关闭器件时迅速吸收捕

获空穴，但并非所有的 IGBT 都设计有 N^+ 缓冲层，没有缓冲层的被称为穿通型 IGBT（PT－IGBT），有 N^+ 缓冲层的被称为非穿通型 IGBT（NPT－IGBT）。

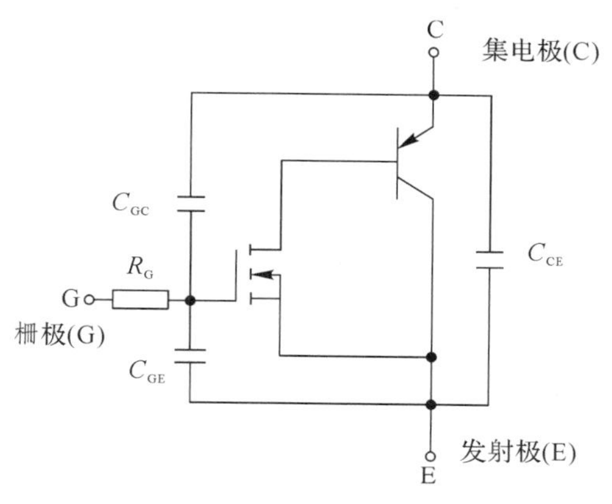

图 7－8　IGBT 简化电路图

1982 年美国 GE 公司和 RCA 公司首先成功试制了 IGBT 芯片。1988 年，第一批商用产品问世，很快 IGBT 获得了大量的应用份额，取代了之前的双极型晶体管，在大功率方面甚至取代了晶闸管。目前 IGBT 器件已经成为功率半导体器件的主流，俗称电力电子装置的"CPU"，是节能减排的主力军。在这三十多年的发展中，电力电子整机系统的不断发展推动了 IGBT 技术在工作温度、效率、尺寸、可靠性和成本这五个方面的不断提升。得益于 IGBT 技术和制备工艺的突破，IGBT 的功率等级不断提高，在国民经济的各行各业中得到了广泛的应用，如图 7－9 所示。

图 7－9　IGBT 的应用领域

以英飞凌公司为例，针对不同的应用需求，该公司开发了完善的 IGBT 单管系列产品。表 7－1 展示了英飞凌不同系列、额定电压分别为 600 V、650 V 和 1200 V，开关频率在 15 kHz～100 kHz 范围内的分立式 IGBT 产品。通过应用沟道顶部单元(Trench top-cell)和场截止(Field stop)技术，显著改善了 IGBT 器件的动态和静态性能；IGBT 与快速恢复发射极控制二极管的结合进一步将导通损耗降到了最低。

表 7-1　英飞凌分立式 IGBT 系列产品

额定电压小于 1 kV			额定电压大于 1 kV		
产品系列	短路耐受时间/μs	开关频率 f_{sw}/kHz	产品系列	短路耐受时间/μs	开关频率 f_{sw}/kHz
650V TRENCHSTOP™5	—	10—100	600V RC-DF	5	20
600V 高速 IGBT 系列 H3	5	40	600V RC-D	5	15
650V TRENCHSTOP™ IGBT7	5	30	1200V 高速 IGBT 系列 H3	10	40
650V TRENCHSTOP™ IGBT6	3	30	1200V TRENCHSTOP™ IGBT6	3	30
TRENCHSTOP™ Performance IGBTs	5	30	1200V TRENCHSTOP™	10	20
600 V RC-D2	3	20	1200V TRENCHSTOP™	10	15
600V TRENCHSTOP™	5	20			

2. IGBT 单管器件的封装结构

半导体器件的功率等级是决定其封装类型的主要准则。图 7-10 给出了几种功率器件不同功率范围的主要封装形式。分立式封装普遍适用于各种小功率范围器件，产生的功耗相对较小，这时封装器件要焊接到 PCB 板上应用。晶体管大多采用这种形式的封装，TO 封装(Transistor Outline，TO)由此得名。

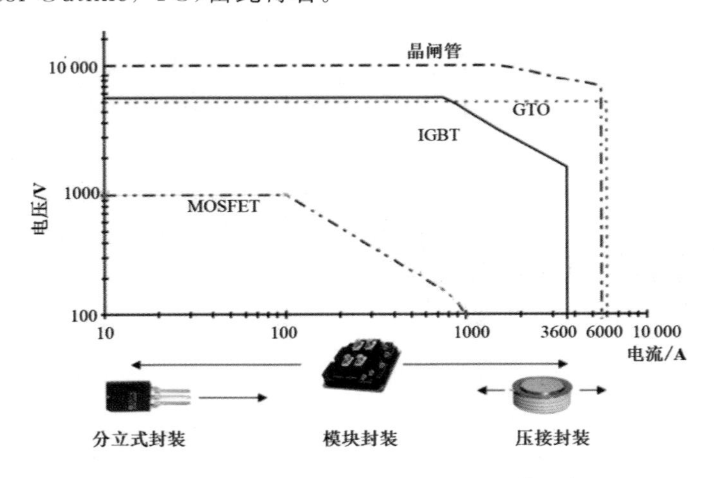

图 7-10　功率半导体器件的主要封装类型

TO 系列在分立器件封装领域占主导地位，是一种典型的 IGBT 和 MOS 单管封装形式，图 7－11 展示了几种常见的 TO 封装形式，如 TO220、TO220 全封装和 TO247。图 7－12 为英飞凌 TO247 封装的分立式 IGBT 产品，其内部等效电路显示该器件是由一个 IGBT 管加一个续流二极管组成的，其作用是为了防止当电路中电流或者电压发生突变时，反向电动势可能会击穿 IGBT 管。续流二极管的加入使得电路中的反向电动势可以通过二极管流出，从而保护 IGBT 管。

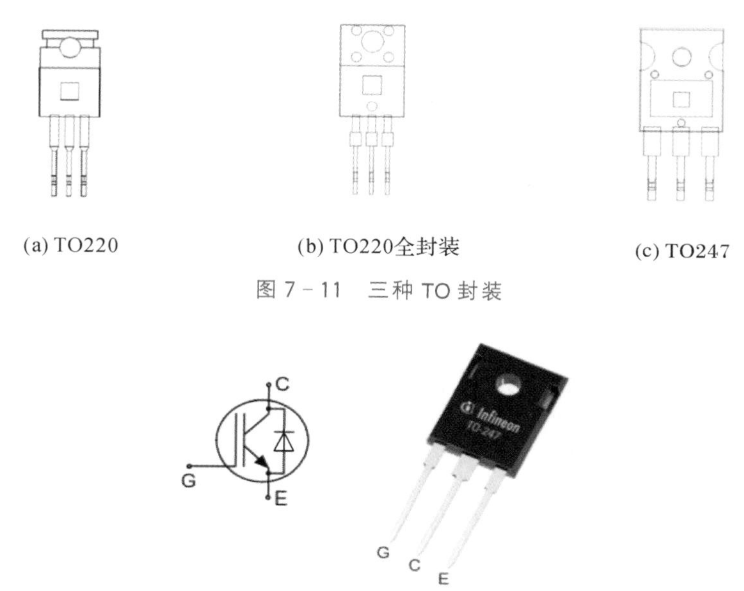

图 7－11　三种 TO 封装

图 7－12　英飞凌分立式 IGBT 产品

图 7－13 展示了 IGBT 单管 TO 封装内部的基本设计，IGBT 芯片焊在铜底座上，接触引线或接触管脚固定在“压铸模”的外壳上，其中一个接触引线直接与铜底座相连，其他接触引线通过铝线与硅芯片上的负载区和控制区相连。这种封装，由于芯片和铜底座之间的热膨胀系数的差别，可靠性不高。

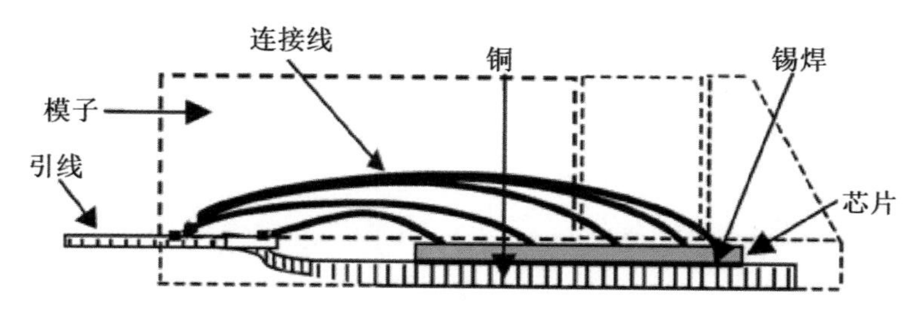

图 7－13　IGBT 单管的 TO 封装结构

图 7－14 展示的封装设计与标准的 TO 封装相比，用覆铜陶瓷基板(Direct Bond Copper，DBC)取代了实铜底座，DBC 基板由三层结构组成，即上铜层-陶瓷层-下铜层，在这里提供了芯片的机械支撑，且中间的陶瓷层改善了热膨胀问题，实现了内绝缘，提高了可靠性。但是陶瓷的导热系数比铜小，因此这种封装存在较大热阻。

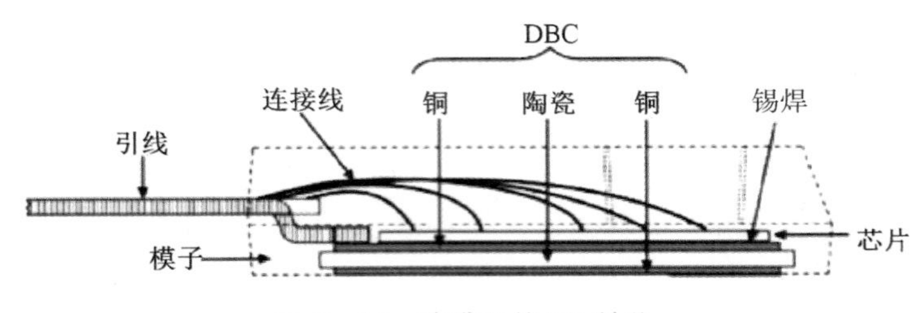

图 7-14　改进版的 TO 封装

根据 IGBT 数据手册中有关结温的限制，设备处于温度为 10 ℃～45 ℃的环境中时，IGBT 外壳或内核结温温度一般不得超过 150 ℃，还有一些则要求不超过 125 ℃。超过这个温度就认为 IGBT 会损坏，因此必须要对 IGBT 的温度进行严格的控制，除了添加散热片及采取主动散热措施以外，还要进行过热关断保护，即温度超过警戒值便停止电源的工作。由于 150 ℃是 IGBT 内部的温度，因此警戒温度的阈值要充分考虑到热传导的损失以留出合适的裕量。温度是影响 IGBT 寿命和可靠性的重要因素，半导体物理常数与器件内部参数都会随温度的升高而改变，会导致 IGBT 的开关速度以及通态压降等性能指标发生变化。芯片内结温过高会引起键合线熔断、焊料失效、基片损坏等故障，这将降低系统的稳定性，给系统安全运行带来严重隐患。所以，高效散热技术必须跟上 IGBT 器件设计的发展。下一小节我们将详细介绍石墨烯材料在大功率单管 IGBT 器件中的热管理应用。

7.2.2　单管 IGBT 的封装结构及石墨烯应用

在高压大电流的 IGBT 器件中，通常高温下其传热速度明显比常温时低，容易因为热击穿而烧毁器件，同时，温度升高时 IGBT 器件中载流子迁移率下降，导致关断尾流时间长，饱和导通压降增大，功耗提高。当 IGBT 反复开通或关断时，热冲击作用下产生的失效或疲劳效应将严重影响其工作寿命和可靠性，其中引线、键合点以及焊料层是 IGBT 封装结构中最脆弱的部分。针对失效机理及原因分析，改进散热技术，使 IGBT 芯片产生的热量及时传递到外部空间，可以避免或延缓失效现象的出现。

单管 IGBT 器件包括以下主要组件：IGBT 芯片、快速恢复二极管(Fast Recovery Diode，FRD)芯片、DBC 基板、键合线、引线框架、焊料、导热硅脂、散热器等，其结构如图 7-15 所示。其中，芯片是核心部件，用于电能转换。DBC 基板提供芯片间的有效互连与芯片的机械支撑，是整个器件的基础，起着绝缘和导热的作用，对于上铜层-陶瓷层(Al_2O_3)或氮化铝(AlN)-下铜层三层结构的 DBC 基板而言，中间的陶瓷基板层非常重要，因为它电阻率高，有利于隔离电路，同时高温特性好且耐腐蚀。通常 IGBT 芯片背面的集电极与 FRD 芯片背面的阴极焊接在 DBC 基板上，正面的 IGBT 发射极与 FRD 阳极通过铝丝相互连接。散热器的作用就是将热源产生的热量传导到外部环境中，从而降低热源中心的温度。

在 IGBT 器件的传统封装结构中，芯片上局部热点的热量主要通过自上而下传输到覆铜陶瓷基板，再到外基板，进而通过热沉散发到环境中，热传导路径如图 7-16(a)所示。另外，热量从芯片向上通过封装树脂及外壳散发到环境中是次要热传导路径，由于封装树脂的导热系数较低，故次要路径的热传导速度较慢，热量大部分从主要路径传出。随着应用需求的不断提高，IGBT 功率不断增大，由于材料本身热导率的局限性，传统的热传输路径无法满足器件散热需求，会导致芯片产生的热量不能及时散出，致使局部温度过高，进而影响器件的可靠性和寿命。

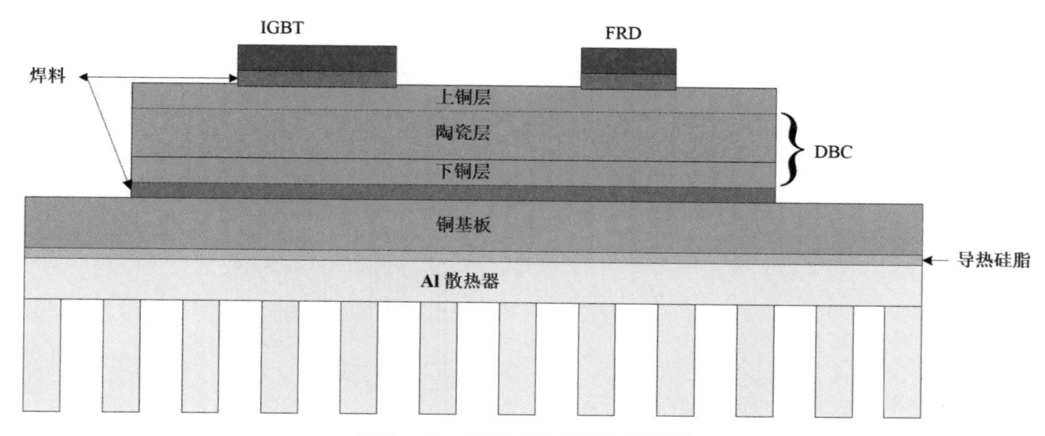

图 7－15　单管 IGBT 结构示意图

由于石墨烯材料在横向有非常优异的热传导性能，故可以做成超薄的散热片或者填充到导热胶中辅助器件散热。比如在单管 IGBT 结构中将石墨烯薄膜应用于芯片表面，局部热点的热量会沿着石墨烯薄膜迅速横向传开，使热量从单点聚集形式变化为平面分布，从而改变热传导路径的传热角度，大大提高热量散发的效率，如图 7－16(b)所示。

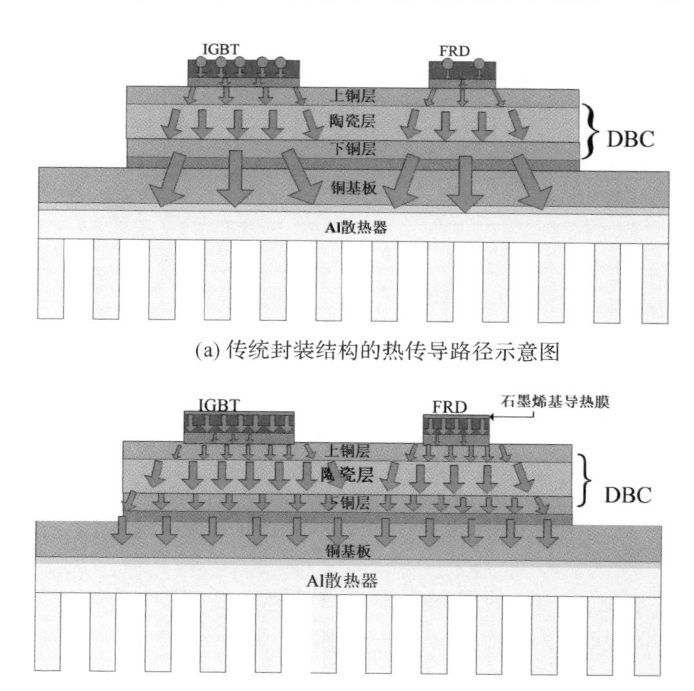

(a) 传统封装结构的热传导路径示意图

(b) 基于石墨烯材料的封装结构热传导路径示意图

图 7－16　不同封装结构的热传导路径对比

为了研究石墨烯材料在单管 IGBT 中的散热效果，从理论上分析石墨烯薄膜在单管 IGBT 器件散热路径中的优化作用，我们建立了单管 IGBT 封装结构的三维模型，如图 7-17 所示，并对其温度分布进行了模拟计算，模型尺寸参数见表 7-2。

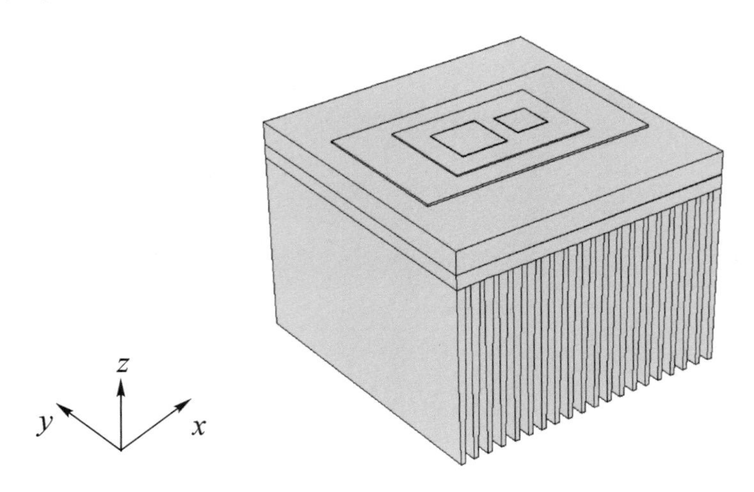

图 7-17　单管 IGBT 器件三维结构图

表 7-2　IGBT 器件中各层的尺寸和导热系数

材　料	尺　寸	热导率/[W/(m·K)]
IGBT 芯片	10 mm × 10 mm × 0.2 mm	130
FRD 芯片	7 mm × 7 mm × 0.2 mm	130
上铜层	30 mm × 20 mm × 0.3 mm	398
陶瓷层	50 mm × 30 mm × 0.38 mm	27
下铜层	40 mm × 25 mm × 0.3 mm	398
铜基	60 mm × 60 mm × 5 mm	398
焊料	40 mm × 25 mm × 0.1 mm	50
导热硅脂	60 mm × 60 mm × 0.05 mm	3

在该模型中，我们做出以下假设：

(1) 焊料层无缺陷(空洞、杂质等)存在，且所有焊料层是均匀的；

(2) 由于 IGBT 芯片和 FRD 芯片上方都用硅胶灌封保护，且硅胶的导热系数很低，因此假设这些表面是绝热的；

(3) 在 IGBT 芯片表面 1 cm^2 的面积上设置 9 个点，在 FRD 芯片表面设置 5 个点，每个点设置为一定功率的点热源，模拟芯片表面的热点；

(4) 假设散热器翅片上的对流换热系数为 50 W/(m^2·K)；

(5) 环境温度设置为 20℃；

(6) 由于 IGBT 的温度还不足以发生强烈的热辐射，因此仿真只考虑传导和对流，忽略热辐射。

热传导方程可以用傅里叶定律表示：

$$Q = -\nabla \cdot (k \nabla T) \tag{7-7}$$

$$\nabla = \frac{\partial}{\partial x} + \frac{\partial}{\partial y} + \frac{\partial}{\partial z}$$

其中，T 表示温度，Q 表示热流，k 表示导热系数，负号表示热量总是从较高的温度流向较低的温度。散热器边界与外部环境之间的传热可用牛顿冷却方程描述如下：

$$q = h(T_S - T_B) \tag{7-8}$$

其中，q 表示散热器向外界环境传导的热量，h 为对流换热系数，T_S 为固体边界表面温度，T_B 为环境温度。由式(7-8)可以看出，对流换热同时取决于温差和对流换热系数。

考虑石墨烯热传导性能随尺寸变化，分别对纳米尺度和微米尺度的石墨烯材料在该模型中的散热应用进行分析。首先将 40 nm 厚度石墨烯基导热薄膜(GBF)设置在芯片表面，横向热导率设置为 3500 W/(m·K)，IGBT 芯片中心处设置 9 个点热源，FRD 芯片中心处设置 5 个点热源，每个点加载功率 2 W 进行仿真计算，并将结果与无石墨烯薄膜的计算结果进行对比，芯片表面温度分布如图 7-18 所示。在没有应用石墨烯薄膜的情况下，芯片表面最高温度为 220℃，如图 7-18(a)所示。当芯片表面放置 40 nm 厚度的石墨烯薄膜后，芯片表面最高温度下降到 215℃，如图 7-18(b)所示，这意味着石墨烯薄膜对于局部热点的降温是有效果的。但是经过比较，有石墨烯和没有石墨烯的芯片表面最高温度差别很小。这说明纳米厚度的石墨烯薄膜并不能达到预期的散热效果。

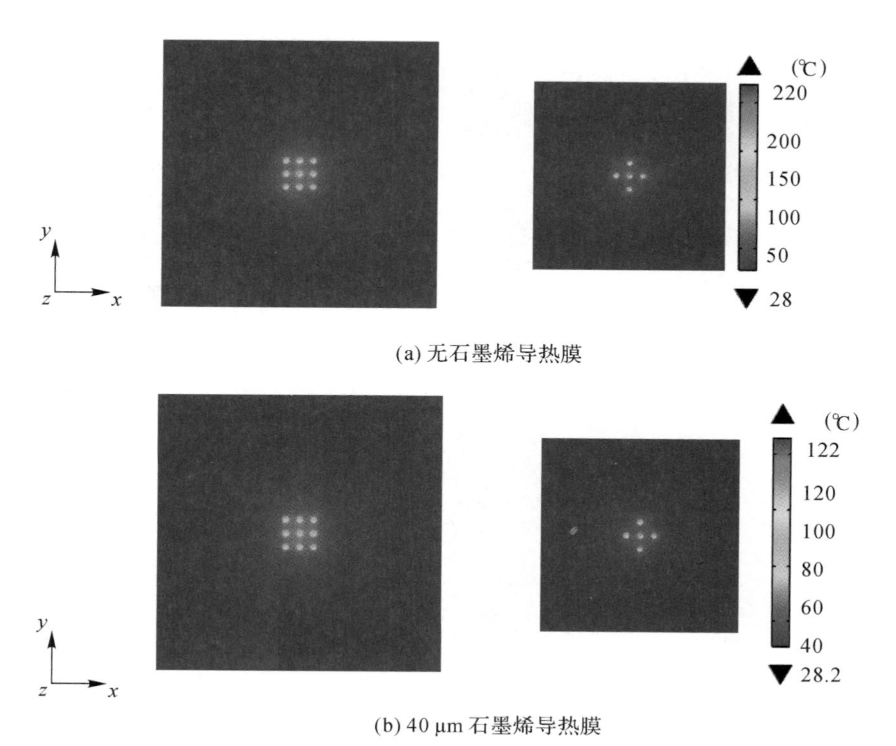

图 7-18　芯片表面温度分布对比

如果石墨烯薄膜的厚度保持在 40 nm，从 1 W 到 5 W 的范围内改变芯片表面每个热点加载的功率，可以发现在应用石墨烯薄膜前后，芯片峰值温度的变化随加载功率增加逐渐增大，如图 7-19 所示。

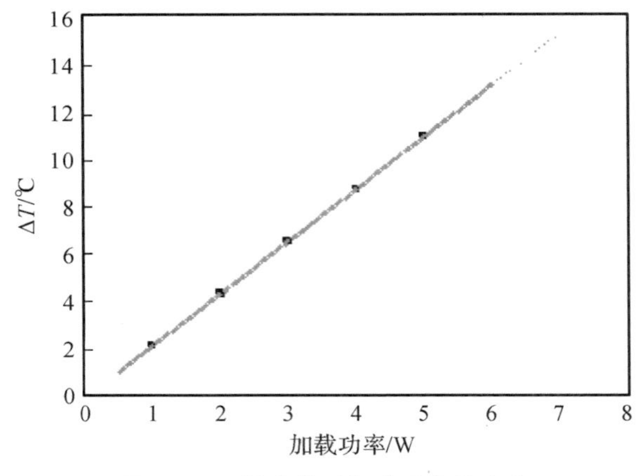

图 7-19 温度差随加载功率的变化

接着讨论微米厚度石墨烯薄膜对局部热点散热的影响，将横向热导率设置为 1200 W/(m·K) 的 40 μm 厚度石墨烯薄膜应用于芯片表面，前后的仿真计算结果比较如图 7-20 所示。无石墨烯薄膜的芯片表面最高温度仍为 220℃，当将 40 μm 厚度的石墨烯薄膜放置在芯片表面时，芯片表面最高温度降至 122℃。虽然微米尺度的石墨烯薄膜热导率相比于纳米尺度小很多，但是石墨烯薄膜的散热应用效果更加明显。

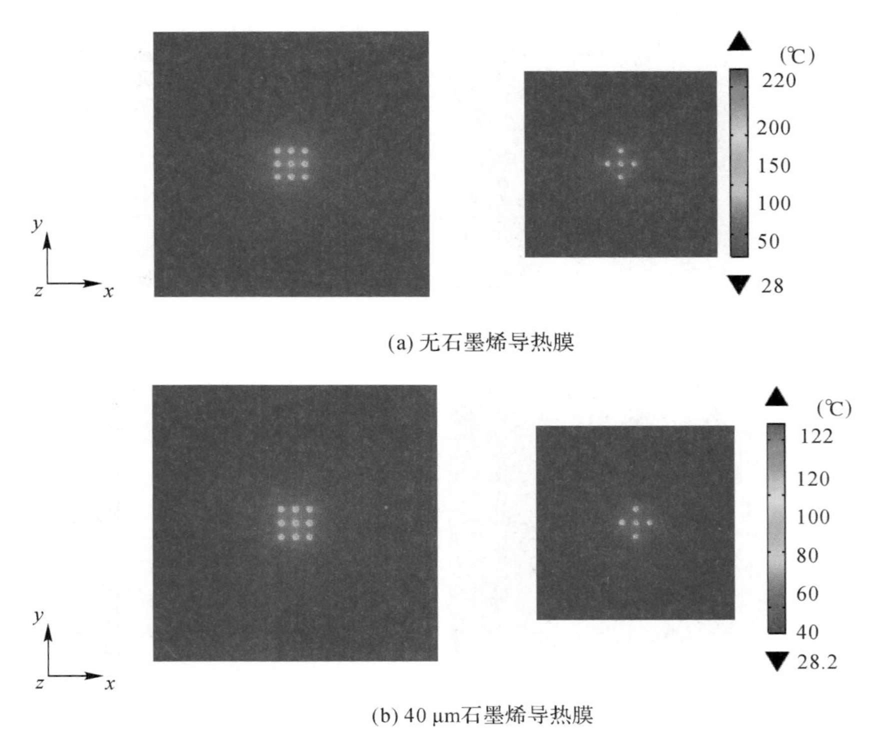

图 7-20 芯片表面温度分布对比

从图 7－21 所示的芯片表面等温曲线对比也可以看出，有石墨烯薄膜的芯片热点面积明显扩大。当然，虽然仿真结果中微米级石墨烯薄膜带来的降温幅度非常大，但由于石墨烯薄膜的转移工艺限制，石墨烯薄膜与芯片表面的接触热阻无法忽略，实际的散热效果并没有理论值那么理想。

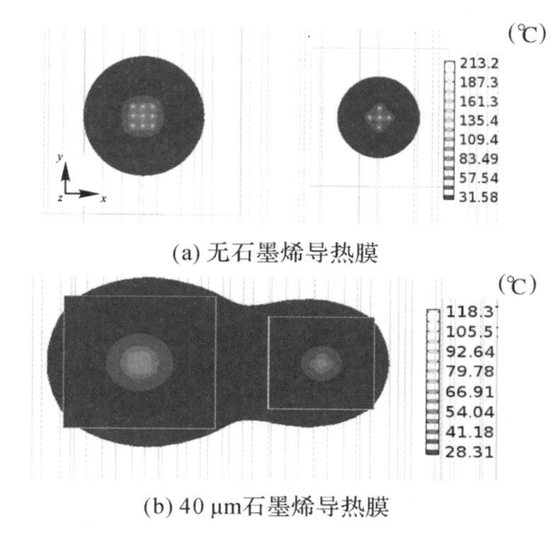

(a) 无石墨烯导热膜

(b) 40 μm石墨烯导热膜

图 7－21　芯片表面等温曲线对比

为了对比研究石墨烯薄膜应用于 IGBT 器件的散热作用，在芯片上加载相同功率，通过调整外围散热器的大小，使两种封装结构的 IGBT 芯片得到相同的热点温度值。在图 7－22 中可以看到，采用石墨烯薄膜的 IGBT 器件只需要一个很薄的铜基板和一个翅片尺寸非常小的散热器，如图 7－22(a)所示。而在第二种情况下，如图 7－22(b)所示，无石墨烯薄膜的 IGBT 器件则需要较厚的铜基板以及更大翅片尺寸的散热器。这说明石墨烯薄膜对 IGBT 器件的散热性能改善是非常显著的，当然作为一种辅助材料，它不能完全替代散热器。但是石墨烯薄膜应用到实际器件中，在一定程度上可以减少铜铝金属在散热封装结构中的使用，减小系统整体体积，降低器件的生产成本。

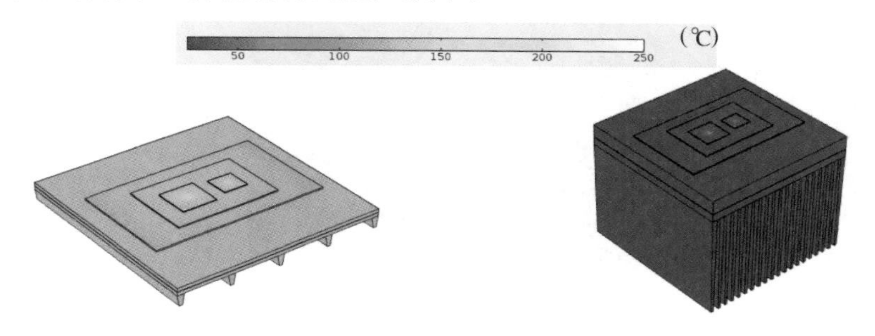

(a) 40 μm 石墨烯导热膜和较小的散热器　　(b) 无石墨烯导热膜的普通 IGBT 模块

图 7－22　两种情况下 IGBT 器件的温度分布

通过对单管 IGBT 器件局部热点散热问题的研究，表明芯片表面应用高导热石墨烯薄膜可以提高局部热点的横向传热能力，使芯片表面的最高温度显著降低。因此，解决石墨烯薄膜高质量转移的工艺局限性，将石墨烯薄膜融入到实际产品封装中，对于大功率 IGBT 器件的散热具有重要意义。除了转移石墨烯薄膜到芯片表面以外，还可以将氧化还原法或液相剥离法制备的少层石墨烯粉末填充到多模态银颗粒导热胶中，增强其导热性能，并将其作为芯片与基板之间、热沉与基板之间的互连材料，以此提高热量从芯片到基板的纵向传导能力。

7.3 石墨烯在大功率LED散热中的应用

发光二极管(Light Emitting Diode)简称LED，也是功率半导体分立器件的一种。单颗LED灯珠的功率并不算高，一般在1～5 W左右，为了达到需要的照明亮度，通常是将十几颗或几十颗灯珠阵列以多芯片的形式封装在一个模块中使用，如汽车的前大灯就是采用多颗LED芯片集成到一块衬底上。多颗LED同时使用时整体的功率比较大，再加上LED的发光效率只有10～20%，其余能量均以热量散发，如果不能有效散热，则严重影响LED的亮度和寿命，因此大功率LED的散热问题已经成为产业关注的重点问题之一。

7.3.1 LED器件概述

1. LED工作原理简介

发光二极管通常是由含镓(Ga)、砷(As)、磷(P)、氮(N)等的化合物半导体材料制成的，可以直接把电能转化为光能。LED是通过电子-空穴的带间跃迁辐射进行发光的，它由PN结组成，具有一般PN结的伏安特性，即正向导通、反向截止和反向击穿特性。当LED无外加电场时，由于电子和空穴的扩散运动，在PN结处会形成一个势垒，该势垒促进与扩散运动相反的漂移运动，从而阻止电子和空穴的进一步扩散，最终达到动态平衡状态。当LED工作时，在正向电压作用下，即P区接正极，N区接负极，N区大量电子在电场作用下注入P区，空穴则正好相反，注入到N区，这种重新注入的电子与空穴在PN结处相遇并复合，复合时的能量以光子的形式向外释放。材料不同时将产生不同波长的光线，这种光会激发晶体上的荧光粉，从而发出更强烈的光。LED的核心是一个半导体芯片，外层被环氧树脂包裹，图7-23所示即为单颗完整的LED灯珠结构。

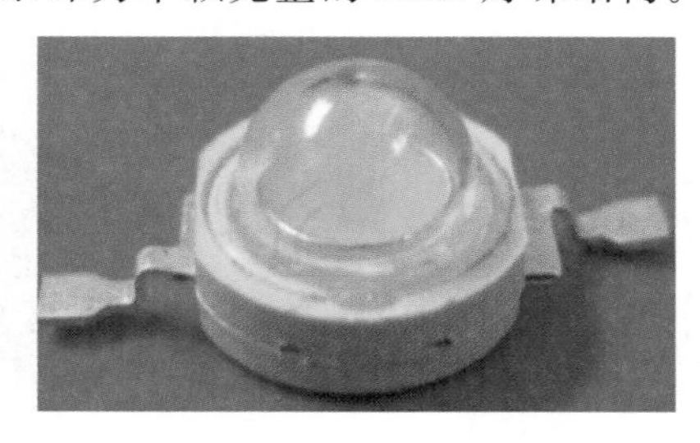

图7-23 单颗LED灯珠封装结构

当在LED的两端施加正向电压时，LED芯片内部的载流子将克服内建电场作用做扩散运动，P区的空穴与N区的自由电子在PN结区相遇发生复合，但是复合产生的能量并非全部以光能的形式向外辐射。因为LED芯片PN结两端的半导体都掺杂不同杂质，这种杂质原子的价电子在复合过程中从激发态跃迁还原到基态时，会被杂质电离能级捕获形成非辐射复合，此时复合的能量并不辐射光子，而是以晶格声子的振动形式存在，如图7-24所示，表现为温度升高，即非辐射复合产生的能量最终成为损耗并转化为芯片内部的热量。

非辐射复合产生的热量占据整个复合能量的大部分。此外，如图 7-25 所示，辐射出去的光子因为封装层反射作用，只有 30%左右的光可以投射出去。也就是说，实际上只有 10%～20%的电能转化成了光能，其他均转化为热能。

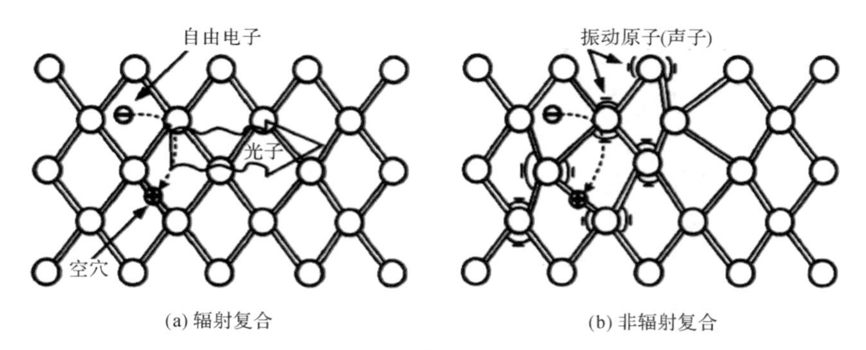

(a) 辐射复合　　(b) 非辐射复合

图 7-24　自由电子与空穴的复合

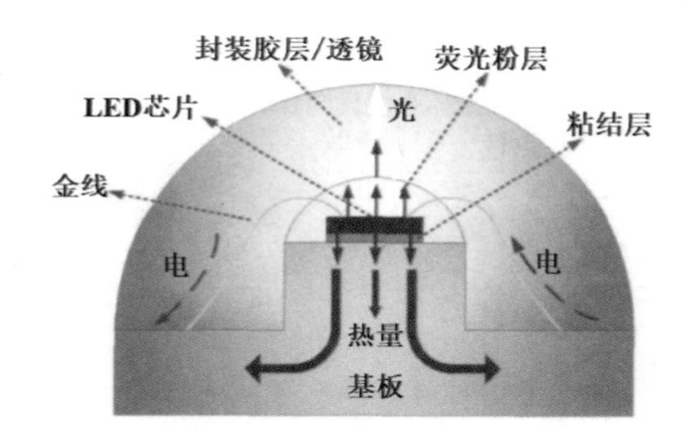

图 7-25　LED 结构示意图

由于 LED 芯片的表面积较小，照明时往往需要多个 LED 阵列一起使用，如图 7-26 所示，这会导致 LED 发热密度高，如果热量不能有效散出，势必会导致热量积累，结温升高。结温上升会带来光输出减少、封装内部的荧光粉受热变质，以及芯片自身欧姆退化等问题，进而使整个 LED 的发光稳定性受到很大影响。

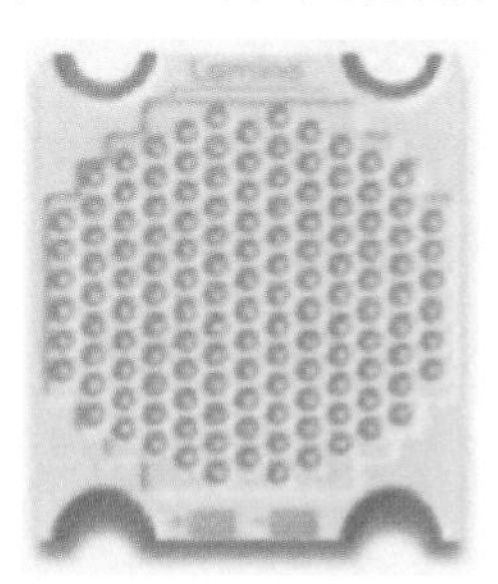

(a) LED 多芯片阵列封装

(b) LED 多模组阵列封装

图 7-26　LED 灯组

2. LED 器件封装结构

据前文所述，结温和热阻是大功率器件的两个关键散热参数，结-空气热阻 R_{ja} 是衡量封装冷却效率的一个有效指标，LED 芯片的结-空气热阻 R_{ja} 如式(7－9)所示。

$$R_{ja}=\frac{T_j-T_a}{I_F U_F-P_F} \tag{7-9}$$

其中：

$$T_j=T_a+R_{ja}(I_F U_F-P_F) \tag{7-10}$$

式中：T_j、T_a 分别表示芯片结温和环境温度；P_F 表示芯片发光功率；I_F、U_F 分别表示 LED 正常工作时的正向电流和正向电压。由式(7－10)可知，增大芯片的发光功率 P_F，减小结-空气热阻 R_{ja} 以及控制好环境温度 T_a 是改善 LED 热特性的主要途径。低热阻和高取光率与 LED 封装结构密切相关，现有的功率型 LED 设计都采用了垂直或者倒装焊结构来提高芯片的取光效率，同时减小器件的热阻。

功率型 LED 封装虽然是在其他分立器件封装基础上发展起来的，但却有很大不同。一般分立器件的管芯被密封在封装体内，封装起着保护管芯和完成电气互连的作用。而 LED 封装还需要考虑输出可见光的性能，有光参数的设计要求。针对不同的工作环境和场景，可采取的封装形式大概有下述 4 种。

1）引脚式封装

引脚式封装是早期最普通的一种 LED 封装形式。如图 7－27 所示，将 LED 晶粒粘附在支架上，通过引线架连接外界正负极，外部用环氧树脂包封，做成圆柱及半球型，根据圆柱直径命名为 Φ3、Φ5、Φ10 等。该封装结构简单、成本较低，但是其散热性能不好，只适用于小功率(小于 0.1 W)。

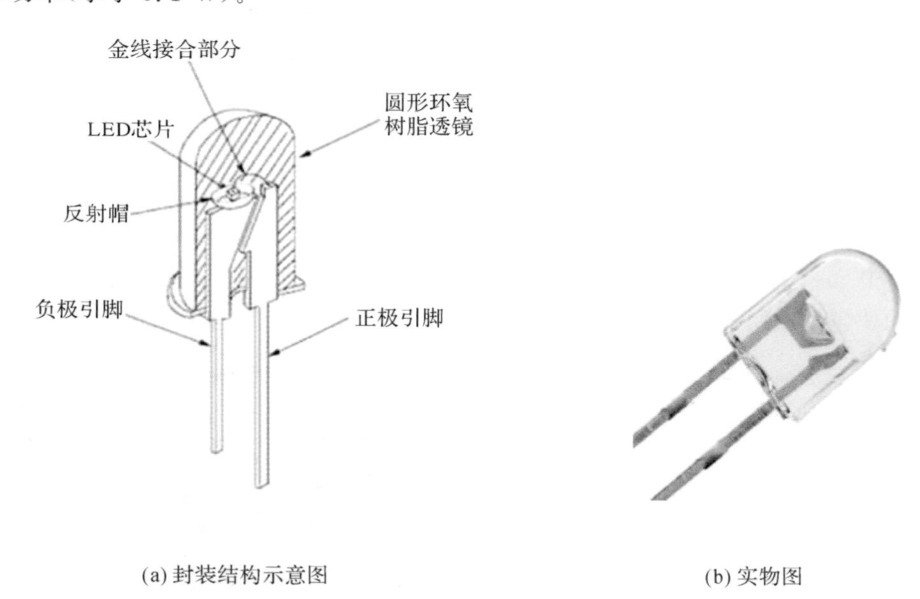

(a) 封装结构示意图　　(b) 实物图

图 7－27　引脚式封装

2）COB 封装

COB(Chips On Board)封装全称为板上芯片封装，如图 7－28 所示，就是将裸芯片用导电胶或者非导电胶粘附在 PCB 基板上，然后进行引线键合实现芯片和基板之间的电气连接，再用封装胶把芯片和键合线包封起来，这种封装形式又称软包封。COB 的特点就是可以将多颗芯片直接封装在基板上，从而实现阵列式封装，极易组装大功率器件，且经由基板直接散热，具有减少热阻的优势。

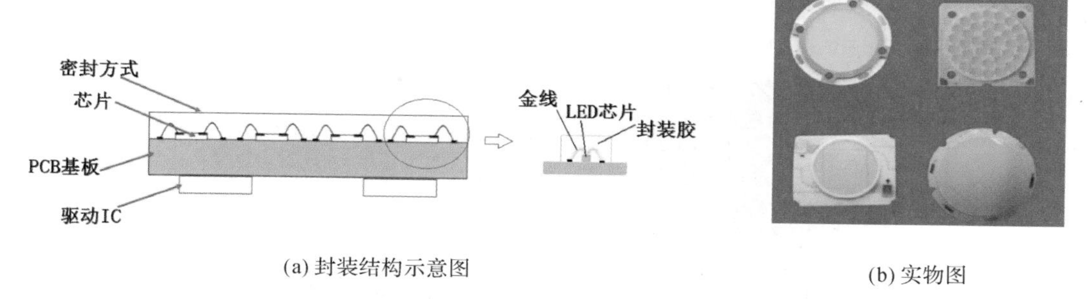

(a) 封装结构示意图　　(b) 实物图

图7-28　COB封装

3）SMD封装

SMD(Surface Mounted Devices)封装就是表面贴装器件，即利用表面贴合技术直接将LED芯片封装在支架内，然后焊接在PCB基板上，再焊接引线，并用环氧树脂灌封，如图7-29所示。SMD贴装主要分为小功率贴片(低于1 W)和大功率平面LED贴装(大于1 W)，常用于商业照明和标识照明等。其优点是具有高可靠性，抵抗振动的能力强，实现较为简单。

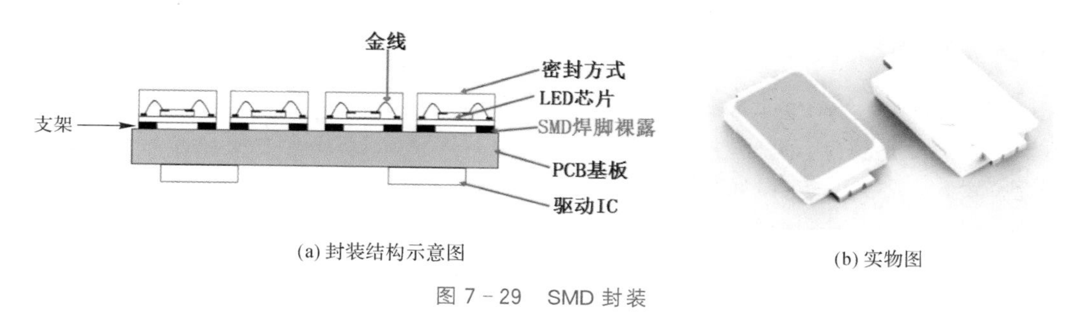

(a) 封装结构示意图　　(b) 实物图

图7-29　SMD封装

4）食人鱼封装

食人鱼封装是指正方形的透明树脂封装形式，有四个引脚，如图7-30所示。其特点是一个支架允许安装多个LED芯片，属于散光型的LED，角度较大，发光强度较高，多用于汽车中的刹车灯、转向灯。因为刚刚诞生时发展十分迅猛，又由于外观形状像食人鱼，从而得名食人鱼LED。该结构的优点是散热性能较好，光衰小，视角大，寿命长。

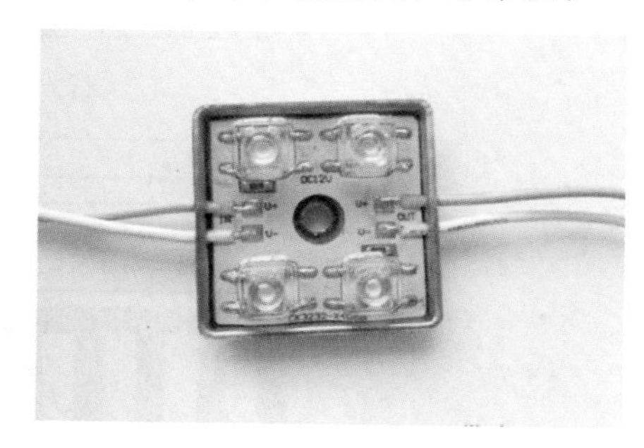

(a) 实物图　　(b) 内部结构图

图7-30　食人鱼封装

我们利用红外热像仪对 SMD 封装的 LED 和 COB 封装的 LED 进行了测试对比，测试系统和测试结果如图 7－31 所示。通过红外热像仪的测试，发现在同样功率下 COB 封装的散热效果要比 SMD 封装的散热效果好很多。下一节将详细阐述大功率 LED 的封装散热，以及石墨烯薄膜在封装散热中的应用。

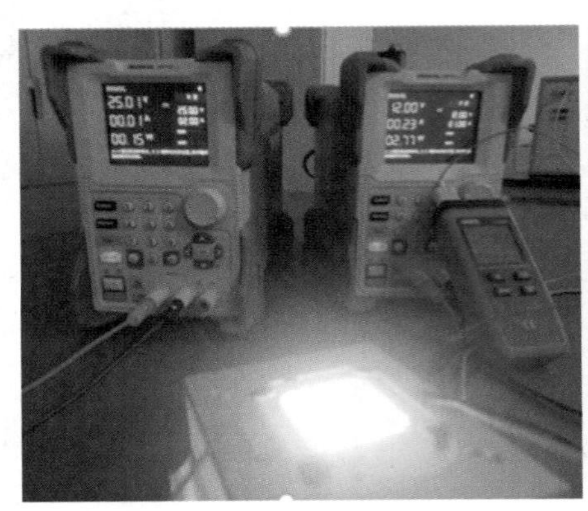

(a) 测试系统

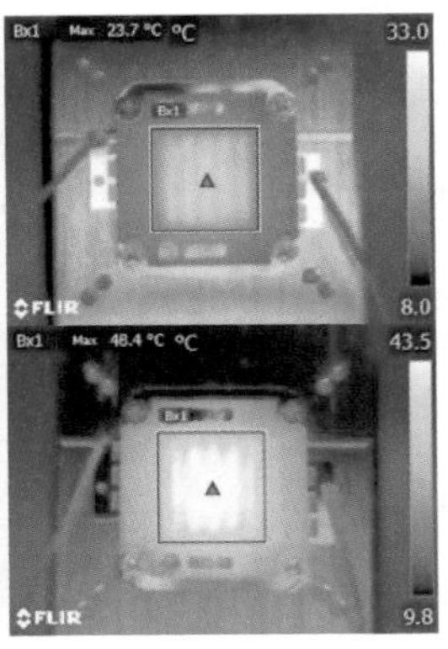

(b) 测试结果

图 7－31　COB 封装和 SMD 封装的 GaN 基 LED 红外温度测试

7.3.2　大功率 LED 的封装结构及石墨烯应用

LED 工作时将会产生非常高的热量，这些热量如果不能及时散出，将会导致 PN 结结温升高，影响发光颜色，降低初始亮度和发光效率，从而使 LED 产生明显光衰，降低其使用寿命。除此之外，由于材料的热膨胀系数不同，温度过高极有可能造成 LED 的开路和失效。考虑到 LED 在汽车中的广泛应用，结合 LED 发热带来的负面影响，极有可能造成安全方面的重大隐患。因此，针对大功率 LED 散热问题的研究十分重要，需要从封装阶段就开始考虑有效的散热设计方案。

图 7－32 展示了大功率 GaN 基 LED 的封装结构，该结构采用蓝宝石做 GaN 薄膜的生长衬底，将 P 电极和 N 电极制作在芯片的同一面，通过倒装方式用导电胶将其直接粘到封装衬底上，再连接到外部散热器上。这也是一种 COB 封装。该结构采用覆铜陶瓷基板(DBC)作为封装衬底，其中陶瓷层选用 AlN 材料，其热导率为 Al_2O_3 的 4～5 倍，适合于高温环境及高功率或高电流 LED 的使用。

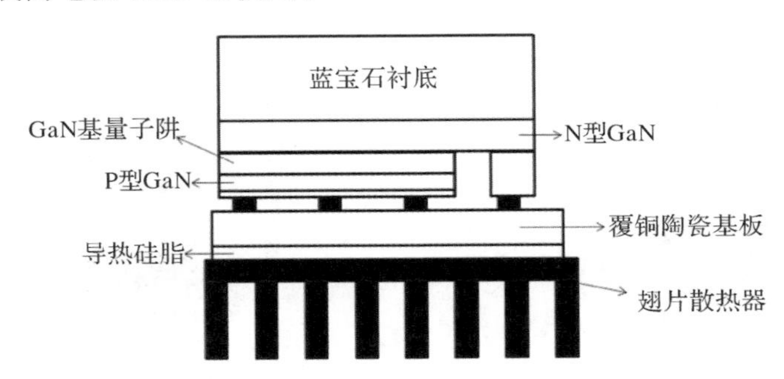

图 7－32　大功率 GaN 基 LED 封装结构示意图

大功率 GaN 基 LED 封装结构的传热路径如图 7-33 所示。图 7-33 (a)为传统结构，在该封装结构中，热量从 GaN 芯片向外部传输时有两条路径：一条是自上而下从芯片到导电胶、薄膜 DBC 基板(衬板)、铝基板，然后通过散热器传到外部环境；另一条是自下而上从芯片到蓝宝石衬底、塑封材料，然后到外部环境。通常来说，后者具有非常大的热阻，因此热量主要从自上而下的路径传输。尽管该封装结构从封装材料到封装方式上都采用了热传导较为优良的方案，但随着应用需求的不断提高，单颗 LED 会有 330 mA～1 A 的电流输入，若将多颗 LED 密集排布，功率可能增加十倍甚至数十倍，散热就会出现问题。

为了提高散热效率，可将高热导石墨烯薄膜应用于大功率 GaN 基 LED 封装结构中，通过石墨烯薄膜的横向高热导率，将 LED 的局部热点热量迅速传开，降低芯片最高温度，从而提升器件使用寿命和可靠性。采用石墨烯薄膜后，主要的传热路径还是自上而下从芯片到导电胶、DBC 基板、铝基板，然后通过散热器传到外部环境。有所不同的是，将石墨烯薄膜放置在芯片下，石墨烯的横向高导热特性会迅速将局部的点热源扩散成面热源，如图 7-33(b)所示，这样既增加了散热路径，也提高了散热效率。

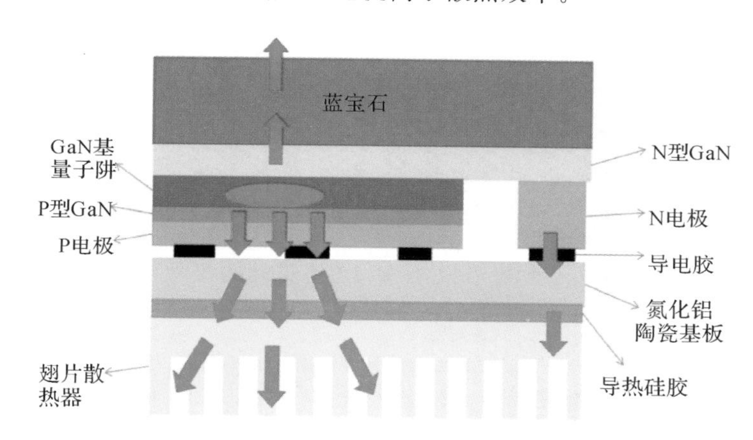

(a) 无石墨烯

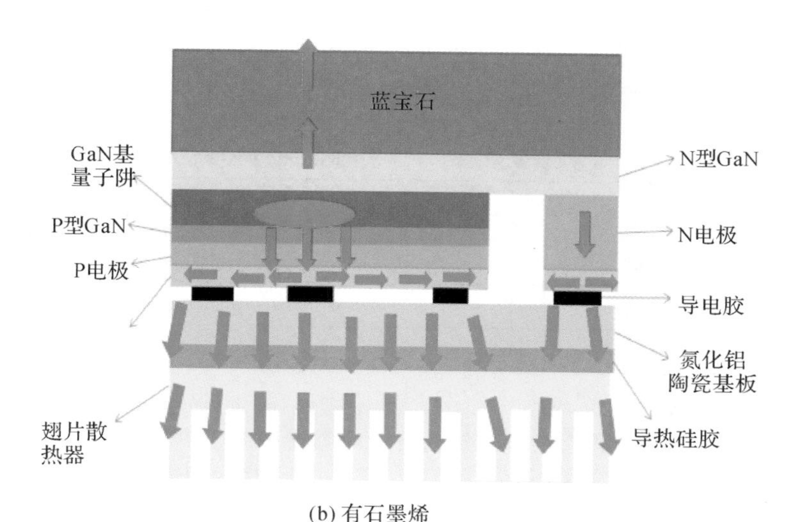

(b) 有石墨烯

图 7-33　大功率 GaN 基 LED 封装结构的传热路径

为了验证石墨烯在大功率 LED 封装结构中的散热效果，我们对图 7-33 所示的 COB 封装结构进行了热仿真建模，如图 7-34 所示。该模型结构采用蓝宝石做 GaN 薄膜的生长衬底，然后以倒装的方式通过导电胶将其粘结在 DBC 基板上，再通过导热硅脂连接散热器，模型尺寸参数见表 7-3。

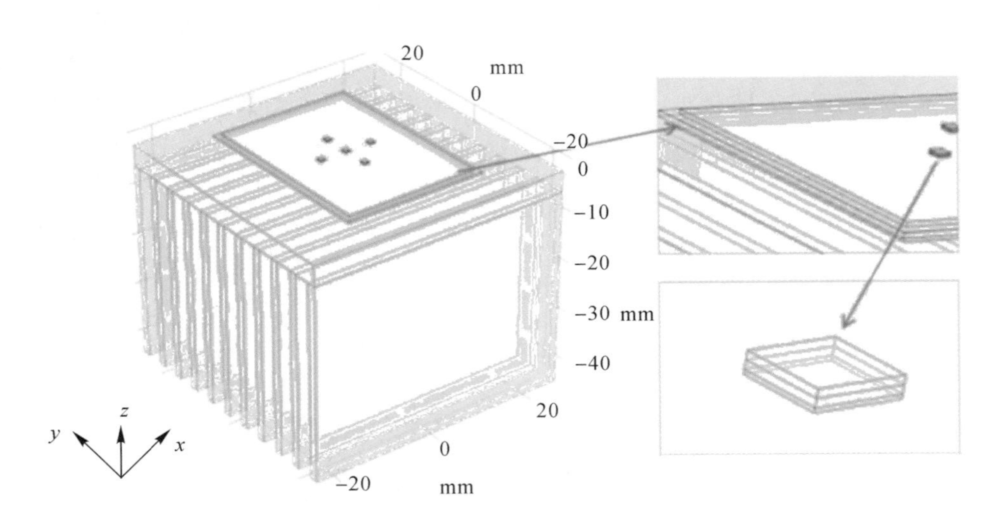

图 7-34　大功率 GaN 基 LED 封装结构建模

表 7-3　大功率 GaN 基 LED 器件的尺寸参数

名 称	材 料	热导率/(W/(m·K))	长×宽/mm	厚度/mm
生长衬底	Al_2O_3(蓝宝石)	27	1×1	0.1
芯片有源层	GaN	130	1×1	0.1
石墨烯薄膜	Graphene	1200	1×1	0.02
导电胶	胶膜	16	1×1	0.05
基板上铜层	Cu	400	25×25	0.3
陶瓷基板	AlN	170	25×25	0.38
基板下铜层	Cu	400	25×25	0.3
绝缘层	导热硅脂	3	25×25	0.05
散热器底板	Al	238	25×25	4

为了模拟多颗芯片的封装密度，在基板中心均匀排列了五个 LED 芯片，每个加载 1 W 功率，得到封装结构的温度分布如图 7-35(a)所示，在整个结构中芯片正面中心处温度最高，为 88.4 ℃，且由中心向四周逐渐降低。

为研究石墨烯材料在大功率 LED 器件中的散热作用，改变石墨烯薄膜放置的位置，观察芯片表面的温度分布情况，模拟计算的结果如表 7－4 所示。将石墨烯薄膜应用于芯片的正表面，此时封装结构的温度分布如图 7－35(b)所示，可以明显看到芯片表面热源面积变大，最高温度下降至 84.6 ℃；将石墨烯薄膜应用于芯片的背面，即蓝宝石衬底与芯片中间，同样在每颗 LED 上加载 1 W 的功率，此时封装结构的温度分布如图 7－35(c)所示，芯片正面温度下降大约 3.6 ℃；将石墨烯薄膜应用于蓝宝石衬底的背面，相同功率下封装结构的温度分布如图 7－35(d)所示，芯片正面的最高温度基本没有变化。

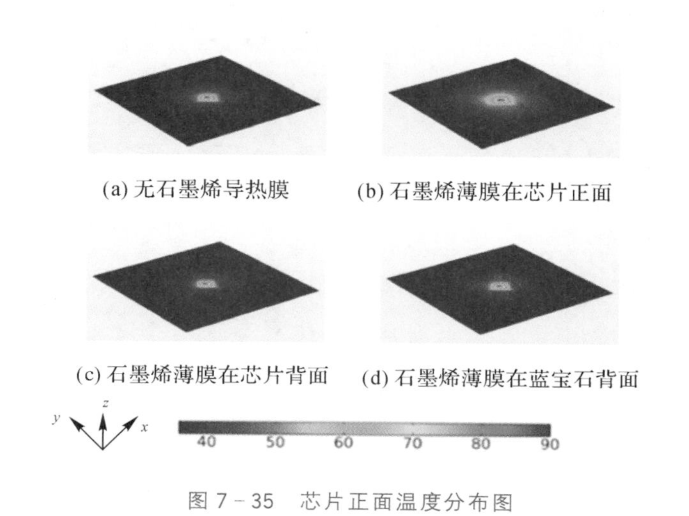

图 7－35　芯片正面温度分布图

表 7－4　石墨烯薄膜在不同位置时芯片温度的变化

石墨烯薄膜位置	芯片正面/℃	芯片背面/℃	蓝宝石背面/℃
无	88.4	39.2	35.6
在芯片正面	84.6	32.8	31.6
在芯片背面	84.8	32.7	31.5
在蓝宝石背面	87.7	38.2	30

综上所述，石墨烯薄膜应用于芯片正面时效果最明显，温度下降的幅度最大；而应用于其他位置，如芯片背面和蓝宝石衬底背面时，虽然也有一定的散热作用，但效果不是十分明显。由此可见，石墨烯薄膜的横向高热导率只有对热量非常集中的地方有明显的扩散作用。对于大功率 LED 器件而言，对器件造成致命损伤的往往是芯片最高温度带来的影响，超过了器件所能承载的极限，散热的根本目的在于降低芯片最高温度，而不是平均温度。石墨烯薄膜的作用恰好符合这一特点，对于热量最高的地方有着十分出色的横向传热能力，改变了传统封装结构的传热路径。

本节选用了另一个商用 LED 模组的仿真案例，当每个 GaN 芯片上加载 3 W 的热耗散功率时，模组的温度分布如图 7－36 所示，最高温度出现在左下角的 GaN 芯片上，图中将该芯片的温度图像作了进一步放大。

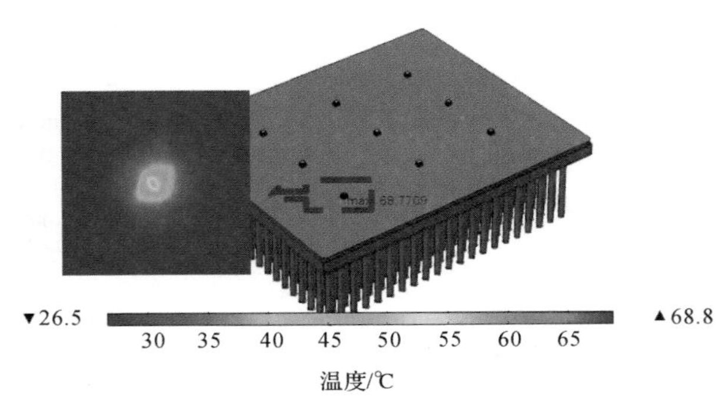

图 7-36 功率 LED 模组的温度分布

将厚为 60 μm、热导率为 800 W/(m·K)的石墨烯薄膜放置在功率 LED 封装结构的不同位置，分别是 GaN 芯片正面、蓝宝石衬底背面、DBC 基板上表面以及铝散热器表面，如图 7-37 所示。加载同样功率时，各种情况下 LED 模组中温度最高的 GaN 芯片温度分布如图 7-38 所示。

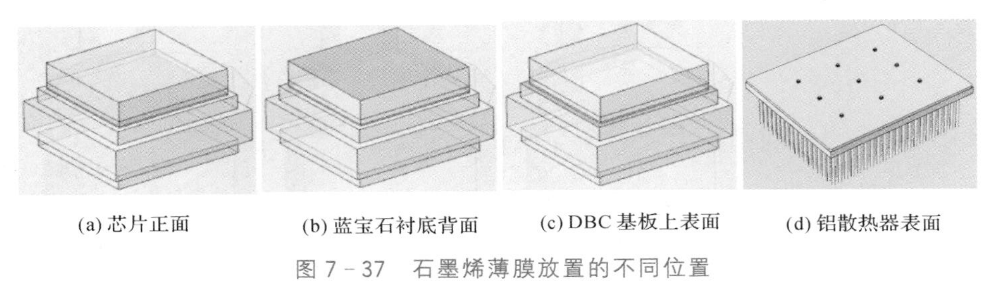

图 7-37 石墨烯薄膜放置的不同位置

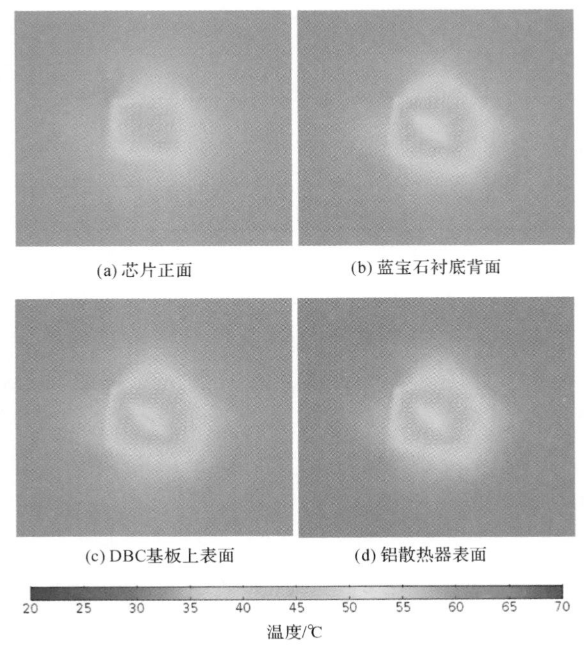

图 7-38 石墨烯薄膜在不同位置时 GaN 芯片的温度分布

很明显，当石墨烯薄膜放置在芯片正面时散热效果最佳，这种情况下石墨烯薄膜离热点最近，横向热扩散作用最为直接有效，可以实现局部热点的快速冷却。在另外三种情况下石墨烯薄膜的散热效果并不理想，当石墨烯薄膜分别放在蓝宝石衬底背面或者薄膜 DBC 基板上表面时，芯片热量已经从点扩散到了一个宽表面，因此石墨烯薄膜带来的改善效果不明显。而最后一种情况下，石墨烯薄膜放在铝散热器表面时，多颗 LED 再次形成热点，其热扩散作用得以发挥。随着热耗散功率的增加，封装结构的最高温度也随之增加，如图 7－39 所示，当功率达到 100 W 时，有无石墨烯的情况下温差相差超过 40 ℃。

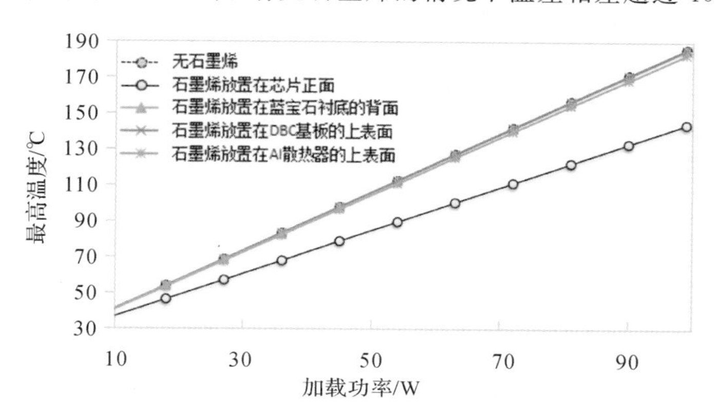

图 7－39　功率 LED 模组在有无石墨烯薄膜情况下的温度对比

综合仿真计算结果可见，石墨烯放置位置的不同将直接影响封装结构整体热阻值。石墨烯薄膜改变了封装结构的热传导路径，加速了点热源在面内的热传导，在石墨烯薄膜放置在 GaN 芯片正面后，热量不再集中在热点处，局部最高温度明显有所下降，如图 7－40 所示。

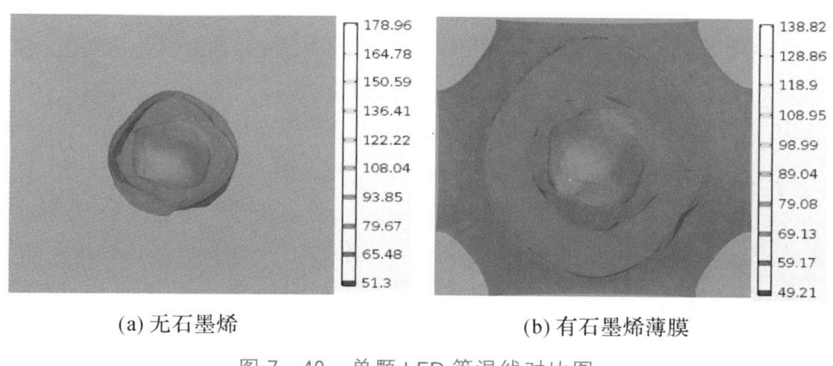

(a) 无石墨烯　　(b) 有石墨烯薄膜

图 7－40　单颗 LED 等温线对比图

7.4　石墨烯在 GaN 功率器件散热中的应用

以 GaN 为代表的宽禁带半导体材料是继以 Si 为代表的第一代半导体材料和以砷化镓(GaAs)为代表的第二代半导体材料之后，近年来迅速发展起来的第三代半导体材料。GaN 基半导体材料具有宽带隙、高电子漂移速度、高热导率、耐高压、耐高温、抗辐照等优点，适合制作高压、高温、高频的大功率半导体器件，在光电子、高频和高效转换器中具有很强的应用优势。

GaN 可以和 AlGaN 形成异质结构，在两者界面处会产生具有高迁移率的二维电子气(2DEG)。基于它独特的异质结构和二维电子气开发出的高电子迁移率晶体管(High Electron Mobility Transistors，HEMT)，能以更小的芯片尺寸来实现需要的电流容量，且具有高击穿强度、低导通电阻和更快的开关速度，非常适合中低压和中小功率系统，如旅行适配器、无线充电器、交直流转换器、智能家电等，目前在 600～650 V 击穿电压等级的高频转换器中最具吸引力。

为了充分发挥宽禁带半导体材料的优势，除了器件内部结构设计及加工工艺以外，GaN HEMT 器件的封装已经成为重要的限制因素。由于击穿电压较高的功率器件需要在封装中配备额外的电绝缘结构，因此会引发更高的传导损耗，这就意味着封装结构更加复杂，同时在热管理和高速转换二者之间要寻求平衡，才能实现封装对 GaN 裸芯片电学及热学性能的影响最小，使其能够与硅技术形成竞争。本节对耗尽型、增强型 GaN HEMT 器件的封装结构、热管理问题的研究现状进行了综述，并对二维材料石墨烯在 GaN HEMT 器件热管理中的应用研究现状进行了分析讨论。

7.4.1 GaN 高电子迁移率晶体管(HEMT)概述

GaN 高电子迁移率晶体管也称作异质结场效应晶体管(Heterostructure Field Effect Transistor，HFET)或调制掺杂场效应晶体管(Modulation Doped Field Effect Transistor，MODFET)，是以 AlGaN/GaN 异质结材料为核心而制造的 GaN 基器件。

1. AlGaN/GaN 异质结基本理论

在 III－V 族化合物半导体中，存在并存的离子键和共价键，且 III－V 族化合物半导体中离子键具有不完全公有的电子。因此在离子键作用下，V 族原子比 III 族原子更能吸引电子，使得在靠近 V 族原子的地方电子的密度更大。这一现象称为极化现象。在 GaN 晶体中，N 原子负电性极强，能够吸引与之键合的 Ga 原子的电子云，所以即使没有外电场，氮化物平衡态晶格中也存在不为零的极化电场，这就是氮化物的自发极化。AlGaN 和 GaN 都分别存在各自的自发极化，AlGaN 的自发极化更强。当 AlGaN 材料和 GaN 材料生长在一起构成异质结时，晶格会受到压力或者张力，导致晶格常数发生变化，使晶格偏离平衡态，这种变形使得材料本身不重合的正电中心与负电中心的距离进一步增加，产生了压电极化效应。在 AlGaN/GaN 异质结构中，自发极化和压电极化方向相同，所以异质结总的极化强度为二者之和。由于 AlGaN/GaN 异质结界面产生的极化电荷是由自发极化和压电极化共同构成的，这一强大的极化效应为器件的导电沟道提供了基础。

AlGaN/GaN HEMT 的主要工作区为 AlGaN 材料和 GaN 材料构成的异质结，其界面称为异质结界面。由于 AlGaN 材料的禁带宽度要大于 GaN 材料的禁带宽度，这种带隙差导致了在异质结界面处带边的断续。界面附近能带发生弯曲，在 AlGaN 一侧形成势垒，在 GaN 一侧形成较深的三角形势阱，在量子效应和极化效应的作用下，激发电子从 AlGaN 材料转移到邻近的 GaN 材料中，这些转移过来的电子会被限制在这个非常狭窄的势阱中，因为这些电子在平行界面方向是自由的，所以被称为二维电子气，如图 7－41 所示。由于高浓度二维电子气的存在，可以屏蔽异质结界面上的一部分电离杂质散射，从而可形成非常高的电子迁移率。

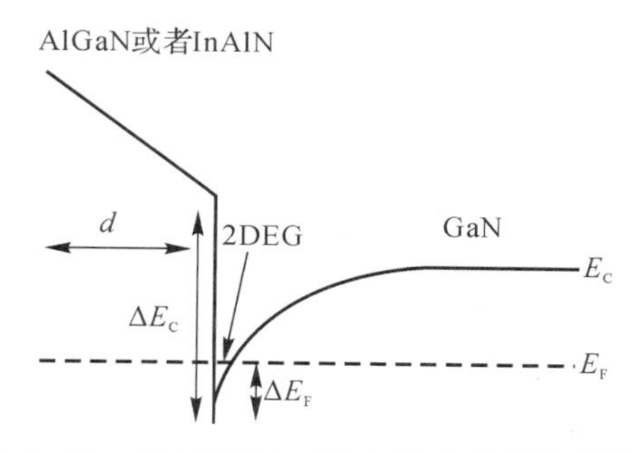

图 7-41　AlGaN/GaN HEMT 器件异质结能带图

2. 器件类型

基于 AlGaN/GaN 异质结的高电子迁移率晶体管有常开型(即耗尽型，也称为 D 型)和常关型(即增强型，也称为 E 型)两种。

1) 耗尽型 GaN HEMT

器件结构示意图如图 7-42(a) 所示，其中 GaN 缓冲层为电子运输区，AlGaN 势垒层为电子供给区，而异质结为器件工作区，是器件的核心部分，异质结界面为器件有源区。栅电极和源漏电极分别为肖特基接触和欧姆接触，由于肖特基接触的存在导致肖特基势垒的存在，因此器件的工作原理是利用栅极电压调节栅极下方肖特基势垒的高度和耗尽层的厚度，由此调节二维电子气浓度来控制沟道内电流的大小。

由于 GaN HEMT 中 AlGaN 和 GaN 两层材料的极化特性，二维电子气在器件的源极和漏极之间形成了天然的沟道，不加任何栅压，器件也处于常通状态，使 GaN HEMT 具有了固有的常开属性，即耗尽型(D 型)器件特性。

常开特性是 GaN HEMT 应用的主要障碍，因为在功率转换器中当栅驱动输出零电压时，开关要保持在常关状态，而 GaN HEMT 的负关断栅压对栅驱动电路的复杂度要求较高，也增加了电路失效的风险。因此，通常将 D 型 GaN HEMT 与低压硅基 MOSFET 封装在一起，组成级联共源共栅器件，电路结构如图 7-42(b)所示。其中 MOSFET 的漏源电压决定了 HEMT 的栅源电压，构成常关器件，其驱动电路采用传统硅基器件的驱动即可。

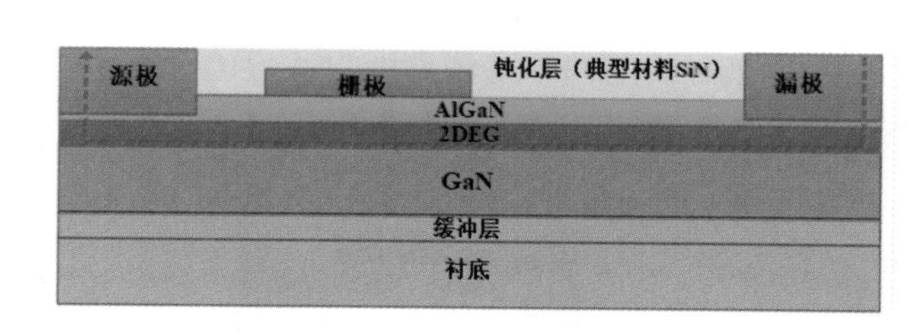

(a) 工艺结构示意图

D
D型
GaN HEMT
G
低压Si
MOSFET
S

(b) 组成级联器件电路结构图

图 7-42　耗尽型 GaN HEMT

2) 增强型 GaN HEMT

通过改变 GaN HEMT 栅极的工艺结构来转换阈值电压极性可以制作出增强型(E 型) GaN HEMT 器件。目前报道的几种典型的 E 型 GaN HEMT 工艺结构，包括 P 掺杂 GaN

(或 AlGaN)栅结构、等离子处理的金属-绝缘体-半导体(MIS)结构、栅极嵌入式结构以及它们的改进结构等，如图 7-43 所示。

工艺结构改变的宗旨是在无加载电压的情况下将栅极下方的 2DEG 耗尽，才能使得正向阈值电压增强 2DEG 而形成沟道。图 7-43(a)中的 P 掺杂 GaN 栅是在栅极构造类似二极管特性的结构，通过二极管压降抬高阈值电压；图 7-43(b)是在栅极下方通过等离子处理技术注入氟离子，有效耗尽 2DEG；图 7-43(c)通过精确刻蚀掉栅极下方一定深度的 AlGaN 构造出栅极嵌入式结构，可以和 MIS 结构等其他工艺共同作用，进一步提升阈值电压。

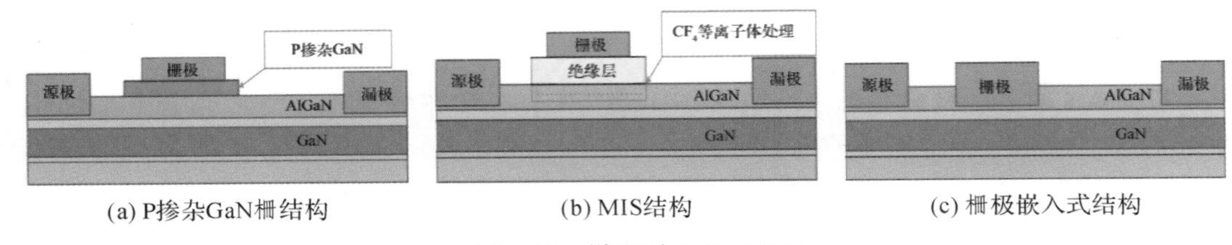

(a) P掺杂GaN栅结构　(b) MIS结构　(c) 栅极嵌入式结构

图 7-43　增强型 GaN HEMT

3. 器件的封装结构

不同类型的 GaN 功率器件，根据其内部电路的拓扑结构以及功率等级差异，需要选择不同的封装类型及结构，以保证其优异的电热性能得以充分发挥。常见的封装类型有：通孔式封装，如 TO 系列；有引脚表面贴装，如 DSO(Dual Small Out-lint)系列；无引脚的 DFN(Dual Flat No-lead)、QFN(Quad Flat No-lead)、栅格阵列 LGA(Land Grid Array)封装等。TO 和 DSO 封装中通常使用尺寸较大的 GaN 芯片和较厚的引线框架来降低阻抗，无引脚封装经常用于高频 DC-DC 或者 AC-DC 转换器等这些对封装寄生电感要求比较严格的应用场合。

前文已述，D 型器件内部是由 D 型 GaN HEMT 和低压硅 MOSFET 组成的级联式结构，其内部引线键合如图 7-44(a)所示，GaN HEMT 的源极通过引线键合连接到 Si MOSFET 漏极相连的铜基板上，其他各极通过键合线连接到信号引出端。

E 型 GaN HEMT 器件封装中只有一个芯片，可以采用晶圆级封装，焊盘网格阵列 LGA 是商用 E 型 GaN HEMT 生产经常采用的封装形式。图 7-44(b)所示是 GaN 系统公司的 650 V 的 E 型 GaN HEMT，这种芯片级封装能够带来较低的封装热阻和寄生电感，以及 PCB 板上最小的安装面积，从而实现高速转换，有效减小动态损耗。

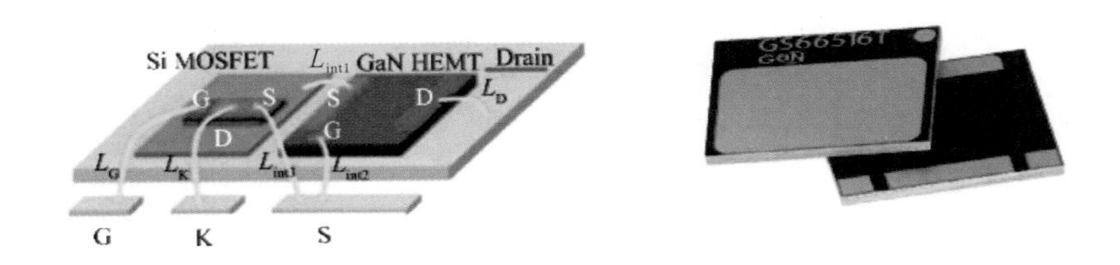

(a) 级联式器件封装结构　(b) E 型 GaN HEMT 封装

图 7-44　GaN HEMT

7.4.2　GaN HEMT 器件的热管理问题

随着器件小型集成化的发展，现阶段在 GaN 功率器件的研制和应用进程中，GaN 器件在高功率状态下的可靠性面临严峻挑战，导致大功率性能未充分发挥。其主要原因之一是当 AlGaN/GaN HEMT 在较大偏压下工作时，大的功率耗散会致使器件温度升高，从而加强声子散射，导致势阱中载流子迁移率下降。这种效应会对器件的静态伏安特性产生重要影响，一般称作"自热效应"。功率越大，芯片有源区的热积累效应越严重。当沟道温度升高到 200℃～300℃时器件开始发生失效现象，GaN 器件的性能指标迅速恶化，这将对器件的直流特性和微波特性带来不利影响。此外，由于器件内部结构存在欧姆接触和肖特基接触，因此在高温应用领域也受到金属热稳定性的制约。所以热管理问题已经成为限制 GaN 功率器件进一步发展和应用的主要难题，许多专家学者从衬底材料、互连材料及焊接技术等方面提出了优化器件的热管理方案。

1. 衬底材料

GaN HEMT 通常是生长在蓝宝石、SiC 或 Si 衬底上的，由于蓝宝石和硅衬底的导热性能较差，因此 SiC 材料的高导热系数为 GaN HEMT 实现优异热性能带来了希望。有研究通过对 2 栅指和 50 栅指的 GaN 器件模型进行热仿真，研究了图 7－45 中各层材料尺寸及导热系数对 GaN HEMT 热性能的影响。由于钼铜合金和金锡焊料具有高热阻，故减小其厚度可以有效加强热量向底部热沉的传导，从而降低 GaN HEMT 温度。而较薄的 SiC 和 GaN 层可以减小横向热流，增大法向热流，结果导致 GaN HEMT 温度上升。电极镀金层的厚度增加可以加强顶部金属的散热，对器件温度略有改善。另外，各层材料的导热系数提高都可以降低 GaN HEMT 器件的温度。

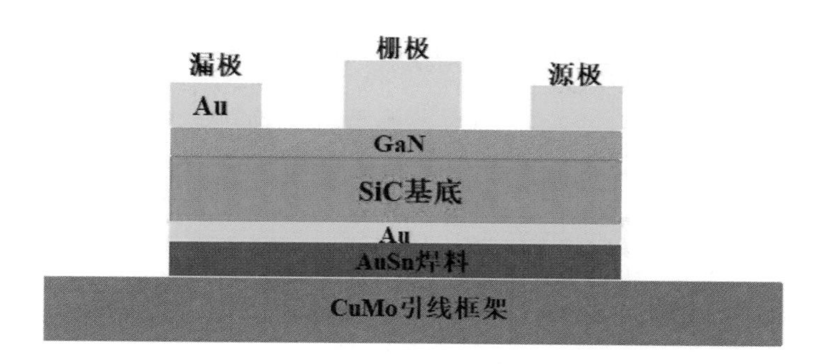

图 7－45　GaN 芯片封装截面示意图

考虑到大规模生产工艺及成本问题，在硅衬底上制作 GaN 功率器件成为近年来的研究热点。但是相比于在蓝宝石衬底上生长 GaN，硅上 GaN 由于晶格大和热失配问题会造成较大的应力和应力梯度，而相比于 SiC 衬底，硅上 GaN 的导热性能较差。为了改善硅衬底的热传导问题，有研究者尝试将 GaN HEMT 从原本的 400 μm 厚的硅衬底上转移到 80 μm 厚的铜衬底上。给不同衬底的器件同样加载周期为 1 ms、功率为 0.34 W/mm 的脉冲信号，采用红外热像仪测得硅衬底器件温度最高为 41℃，而铜衬底器件温度最高仅为 35℃，实现了预期的散热优化作用。

为了解决硅衬底带来的应力问题，设想将 GaN 从硅衬底上转移到 50 μm 厚的电镀铜层上，再通过铜铟键合技术与铜散热基板相连，如图 7－46 所示。厚电镀铜层可以在转移工艺过程中为 GaN 提供足够的机械强度，消除 GaN 和硅衬底之间应力梯度带来的褶皱和裂纹，铜铟键合可以高度实现 GaN 芯片到铜基板的互连，不仅改善了导热性能，也因为键合工艺引入的压缩应力能够消减较高的工作温度造成的热失配，从而增强 GaN HEMT 的可靠性。还可将硅 MOS 通过性价比高的环氧键合方法与 GaN HEMT 互连形成堆叠结构，进一步封装成更加紧凑的系统。

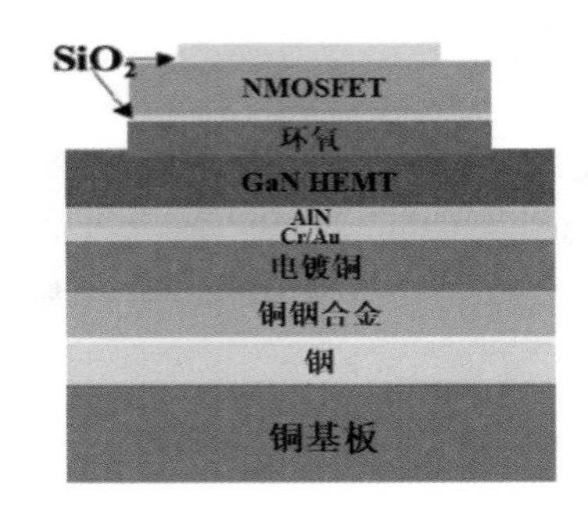

图 7－46　GaN HEMT 异质堆叠封装结构

2. 互连材料和焊接技术

除了衬底材料以外，互连材料和芯片焊接技术也对 GaN HEMT 器件的封装可靠性影响很大。由于材料之间的热膨胀系数(Coefficient of Thermal Expansion，CTE)不同，比如铜是 16.5 ppm/K，硅是 2.6 ppm/K，在器件工作时，封装中就会出现高温应力。而且 GaN 功率器件相比硅器件工作温度更高，因此除芯片以外，其他封装材料也要能满足高温工作条件，如普通焊料需要替换为金锡、银烧结等高温互连材料。而金锡焊料价格昂贵，且在高频、高功率应用造成高温峰值时可能会融化，这些都不利于 GaN HEMT 器件的稳定工作。

在阿肯色功率电子国际有限公司(APEI Inc.)的 GaN HEMT 封装的基础上，将原来用于 AlN DBC 和铜底板互连的 Sn96.5Ag3.5 焊料替换为 Sn-Ag 瞬态液相键合(TLP)，芯片和 DBC 之间采用银烧结互连，如图 7－47 所示。改进后的封装器件能够在 480℃下稳定工作，相比于原封装的 250℃，GaN HEMT 的热性能得到了极大的提升。

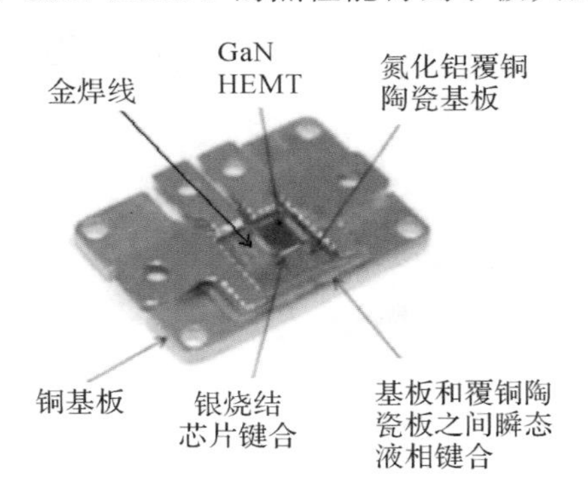

图 7－47　GaN HEMT 产品的改进封装

不论是金锡焊料还是银烧结材料，这些热界面材料的热导率都较低，可以直接在 GaN 芯片背面电镀低应力金属形成热沉结构，这样省去了热界面材料的使用，可以降低整体热阻，同时不同衬底厚度的组件都嵌入在电铸热沉里，经过抛光之后可以得到非常平滑的表面。

GaN HEMT 中多层不同材料组成的异质结构给整个封装带来了很大的界面热阻，有研究者对一种常见的水冷散热 SiC 上 GaN 高功率放大器封装结构进行分析，发现 67%的热阻来自于 GaN/SiC 芯片以外的封装材料。因此即使将 GaN 衬底换成导热率是 SiC 材料 3 倍的化学气相沉积金刚石，结温也仅仅下降 22%，再考虑到 GaN 外延层和金刚石衬底之间的界面热阻，改善效果会更加微弱。而采用嵌入式微流体冷却结构，如图 7-48 所示，即将远距离被动冷却发展为近结主动冷却方案，通过减小芯片以下的封装部分热阻，可以将结温降低 55%以上。

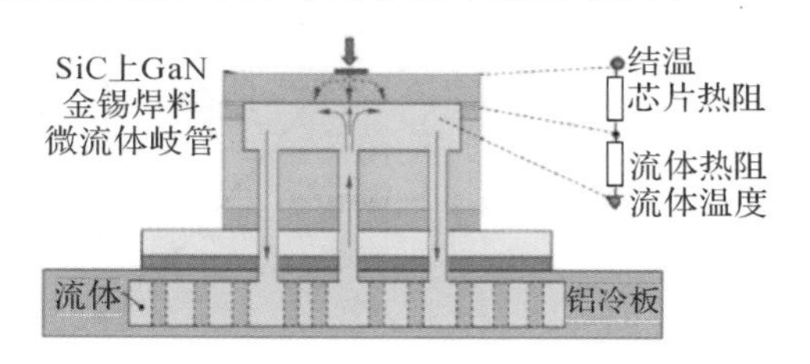

图 7-48　嵌入式微流体散热结构

对于使用传统冷却结构的 GaN 功率器件，由于热流密度过高，普通的绝缘介质冷却液受到沸点低、热导率小等限制，无法表现出理想流体(比如水等)的优异性能，有研究者又提出在电子器件及 PCB 表面化学气相沉积帕利灵(Parylene C)来实现电绝缘，然后直接将系统放入水中进行浸入式冷却。研究发现，即使薄至 1 μm 的帕利灵也能够在电压高达 200 V 的系统中实现电子器件和周围水的绝缘。对比绝缘介质流体得到的 111 W/cm^2 热耗散通量和水-乙二醇混合液的 452 W/cm^2 热耗散通量，直接浸入水冷却的最大热耗散通量可达到 562 W/cm^2。

7.4.3　石墨烯在 GaN HEMT 热管理中的应用

石墨烯的横向热导率很高，即使只有几纳米厚度的石墨烯薄膜仍然能保持其优异的声子热传导性能，相比于电子占主导地位，且导热性能随厚度变小就迅速退化的金属薄膜来说，石墨烯更加适合在功率器件中做散热材料。将剥落的石墨烯散热片在 SiC 衬底上生长的 GaN HEMT 热管理中的应用如图 7-49 所示，将石墨烯散热材料附着在热点附近的漏极接触端，并延伸到器件边缘的石墨热沉。通过对器件伏安特性的测试发现，应用了石墨烯散热层之后，相同电压下漏极电流明显增大。将 GaN 键合到多层石墨烯构成的高导热复合材料(GC)上，构成 GaN/GC 结构，在二者之间获得了充分的界面热导(TBC)，仿真发现，相比于 GaN/SiC 和 GaN/Si 结构，GaN/GC 表现出更为优异的热性能。

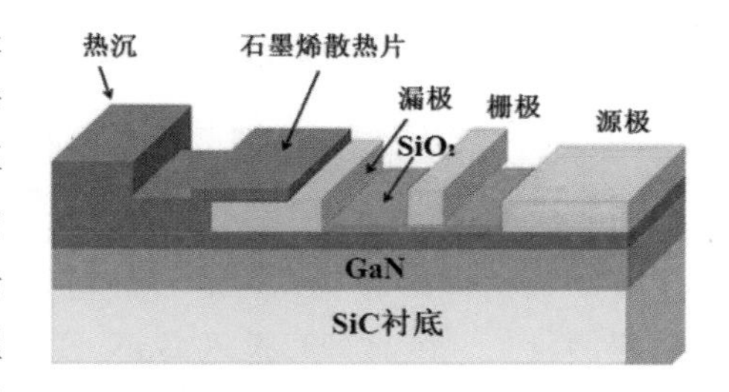

图 7-49　石墨烯在 GaN HEMT 中的应用

除了上述将石墨烯材料用于 GaN 器件级热管理以外，从封装级热管理角度出发，在 GaN HEMT 与散热器之间使用法向平面内堆叠石墨烯构成的铜层压垂直基板(VGS)替换常用的铜基复合基板(CCS)，如图 7-50(a)所示。这样制作的铜层压 VGS 的热导率是各向异性的，在 $y-z$ 面内的热导率很高，虽然随温度升高会下降，但在 200 ℃时仍可以达到 1200 W/(m·K)以上，而在 x 轴向热导率较低，只有 5 W/(m·K)。在同样由两个加载 75 W 耗散功率的 GaN HEMT 组成的模块中，使用铜层压 VGS 得到的模块沟道温度为 153 ℃，比 CCS 使用时的 193 ℃足足下降了 40 ℃。而且从图 7-50(b)中可以看出在 y 和 z

轴向，铜层压垂直石墨基板的高热导率给模块带来了很好的热扩散能力。

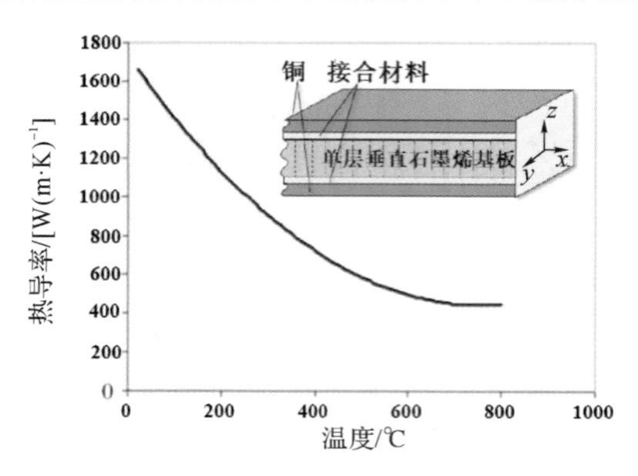

(a) 铜层压 VGS 热导率随温度的变化特性

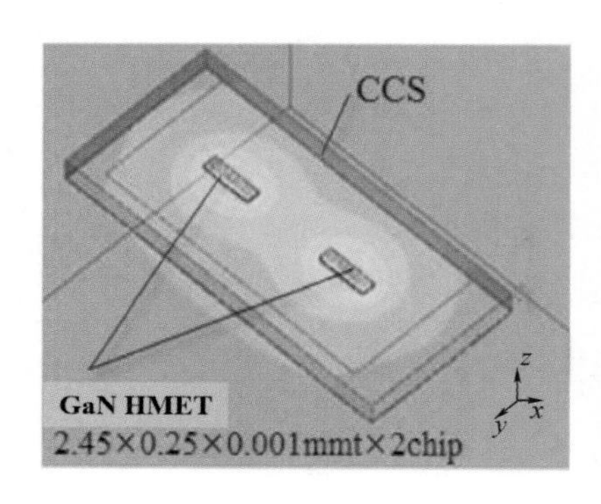

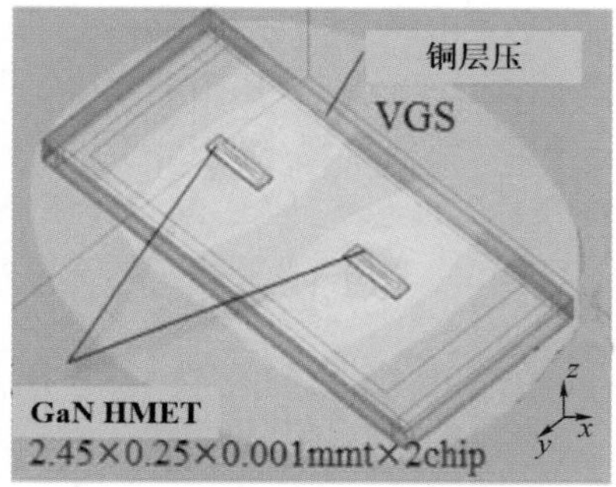

(b) CCS和铜层压 VGS 对模块热特性的影响对比

图 7-50 铜层压垂直石墨基板在 GaN HEMT 模块中的应用

石墨烯材料作为高导热新型材料，在功率半导体的器件级和封装级热管理方面都有潜在的应用价值，目前将其投入 GaN HEMT 封装市场应用的技术瓶颈主要在于规模化生产的一致性问题。近结冷却固然是石墨烯在功率半导体器件中散热应用的理想方案，但其带来的工艺难度以及可靠性问题不容忽视，而将其与功率器件基板做高质量复合是提升功率半导体封装热管理的上佳选择。

GaN HEMT 器件在高功率密度、高频转换工作过程中，寄生电感、热管理等问题对器件性能具有非常严重的影响。本节综述了国内外对 GaN HEMT 器件封装关键技术问题的研究现状，为其优越性能得以充分发挥提供了有价值的参考。GaN HEMT 器件的封装技术从 GaN 芯片衬底、芯片与基板互连、基板等封装材料、封装结构以及工艺等角度的发展路线如图 7-51 所示。总体趋势是从引线键合的平面封装向无引线的立体封装发展，如无引线的平面式结构、嵌入式结构、晶圆级扇出型结构以及 3D 堆叠结构等，基板从 PCB 到 DBC 再到二者的混合结构。此外，封装材料要满足高导热、低寄生的发展需求，同时封装工艺的发展趋势是尽可能兼容成熟的硅加工技术以降低产品成本。基于二维材料石墨烯出色的导热性能，将其应用于 GaN HEMT 器件中可以实现有效的热管理，并对目前的应用研究成果进行了分析和讨论，这对高导热石墨烯材料增强 GaN HEMT 器件性能的研究开发具有重要的指导意义。

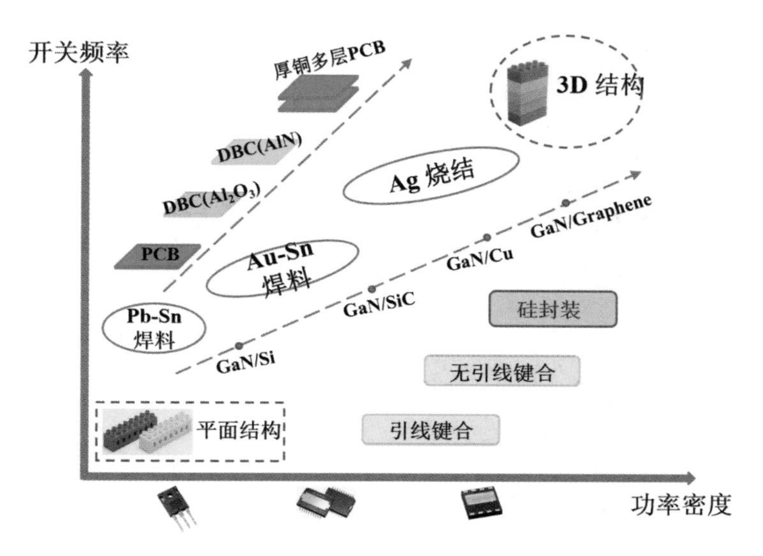

图 7-51　GaN HEMT 器件封装技术发展路线

本章小结

随着当代电子技术的发展，电子产品的功率不断增加，尺寸却在不断缩小，使其热流密度不断增大，散热难度增加。电子元件和设备要提高其可靠性和寿命，需要依赖合理的器件封装热设计，将器件内的热量快速而有效地带向外界，使器件温度不超过功能限制允许的最大温度，因此高效散热才是产品高可靠性的保障。本章详细分析了单管 IGBT、阵列 LED 的封装结构、散热途径，并通过建模仿真的方式验证了石墨烯薄膜在功率半导体分立器件中的散热效果。

近年来氮化镓(GaN)功率开关器件由于自身宽禁带半导体材料的特性优势，很多性能超越传统硅基功率器件，在高频、高效转换器中具有很强的应用优势，而封装热管理的优化也成为其发展的关键性问题。本章综述了国内外对于 GaN HEMT 器件封装热管理问题的研究现状，并提出将二维材料石墨烯应用于 GaN HEMT 器件实现有效热管理。国内外相关企业和科研单位针对石墨烯在 GaN 功率器件中的散热应用也展开了广泛的研究。

相关机构预测，热管理产品在全球市场的市值预估至 2021 年会达到 147 亿美元，这不仅显示热管理是一重要产业，也代表市场上对热管理产品的殷切需求。石墨烯的横向热导率比器件结构中使用的任何金属材料都要高，即使只有几纳米厚度的石墨烯薄膜仍然能保持其优异的声子热传导性能，相比于电子占主导地位、随着厚度减小导热性能迅速退化的金属薄膜来说，石墨烯材料更加适合在功率半导体器件中做散热材料。

第8章　石墨烯在功率模块散热中的应用

功率半导体模块，是把两个或两个以上的大功率电力电子器件按一定的电路连接起来，再用硅凝胶、环氧树脂等保护材料密封在一个绝缘外壳内构成的半导体模块。随着封装技术和工艺的不断突破，模块的集成度越来越高，功率密度越来越大，而尺寸越来越小，必然导致模块内部的发热量越来越多，一旦温度超过了器件工作时允许的最高温度，模块内器件性能和寿命会受到影响。明显的温度波动也将导致模块内组件或材料疲劳断裂，会引起材料属性的变化，导致电气参数的变化，进而影响电气信号的传输特性。另外，功率半导体模块与功率半导体分立器件不同的是模块更容易出现散热不均匀，引起材料电阻差异而带来的不均流，进而影响模块的正常工作。所以采用先进的封装结构和高导热材料，改善模块内的散热路径，保证模块工作的高可靠性是功率半导体模块发展的必要途径。本章将介绍几种典型的功率半导体模块，包括模块的封装结构以及石墨烯在其热管理优化中的作用。

8.1　功率半导体模块及其散热需求

8.1.1　功率半导体模块概述

由于制备工艺和成本限制，单个芯片或者单个分立器件的通流能力只有几十安培，在电气传动、新能源等大功率应用场合，往往需要多芯片并联使用，或者使用多个分立器件并联来实现其功能。久而久之，就有人提出了“用少量的集成模块来取代分立元件，像搭积木一样，方便地构成电能变换装置”的概念。其中，多个功率半导体芯片按照一定的电路拓扑结构进行连接，并与外围辅助电路集成在同一个绝缘树脂封装内而制成的特殊功率器件，被称为功率半导体模块。

功率半导体模块与功率半导体分立器件相比，可以大幅减少器件的数量，节省电路板空间以及简化系统设计。更重要的是，并联电路不可避免地会遇到寄生参数分布不均的问题，但是与多个分立器件并联的电路相比，功率半导体模块可以针对具体应用进行设计，设计者在封装热设计、功率密度、寄生参数等方面都能够很好地考虑。

功率半导体模块有较高的可靠性、较小的体积，已经被广泛应用于各种功率变换领域，

图 8-1 展示了市场上常用的典型功率半导体模块及其应用领域。从 20 世纪 70 年代赛米控及三菱公司把模块原理(当时仅限于晶闸管和整流二极管)引入电力电子技术领域以来，由于模块的各种优点，国内外许多电力半导体公司高度重视，投入大量人力和财力，将技术发展集中到功率模块方向，使模块技术得到蓬勃发展，开发生产出各种内部连接形式、架构和工艺不同的功率模块。

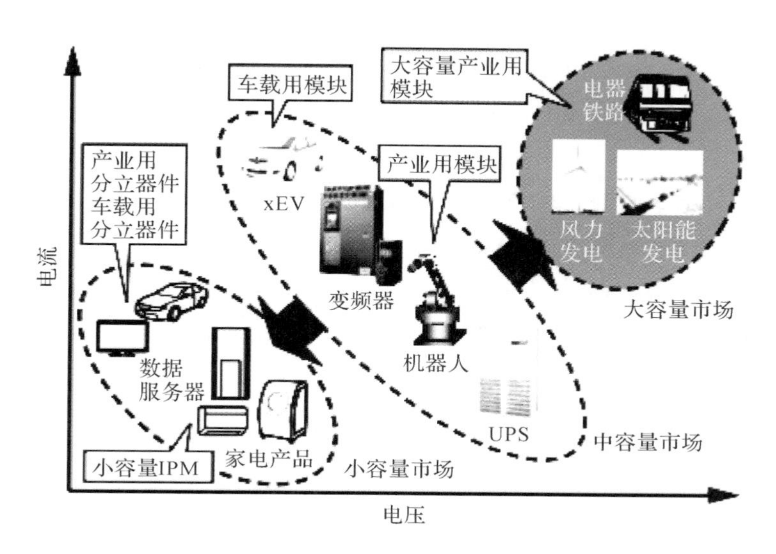

图 8-1　市场上常用的功率半导体模块及其应用领域

图 8-2 展示了英飞凌和赛米控功率模块的典型代表。其中有英飞凌单面散热的 EconoPack 封装系列、集成水冷散热的 HybridPack 封装系列等；还有赛米控 Mini SKiip 封装模块(该模块使用的是免焊接 SPRiNG 弹簧连接技术，仅用一到两个螺丝就可以成功安装)，高集成度高性能的 SEMITOP 封装系列，以及具有低电感外壳的 SEMITRANS 封装系列等产品。

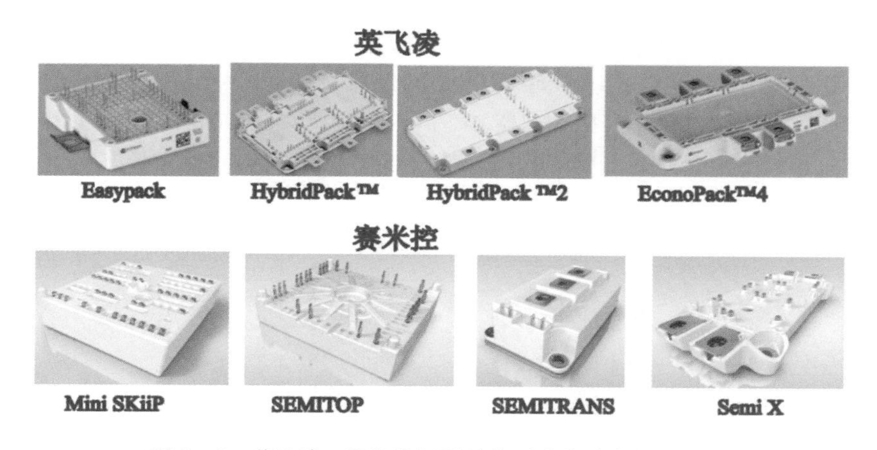

图 8-2　英飞凌、赛米控不同封装形式的功率模块产品

1. 典型的硅基功率半导体模块

根据模块内部集成的器件类型，常见的有二极管功率模块、晶闸管功率模块、MOSFET 功率模

块和 IGBT 功率模块等。二极管功率模块是最为常见、应用领域最广泛的功率模块之一，一般设计用于高压稳压电源、大规模 LED 电源、温度和电机速度控制电路、AC/DC 变换、医疗设备以及电机电源等，图 8-3 展示了二极管功率模块的几种典型电路连接形式。

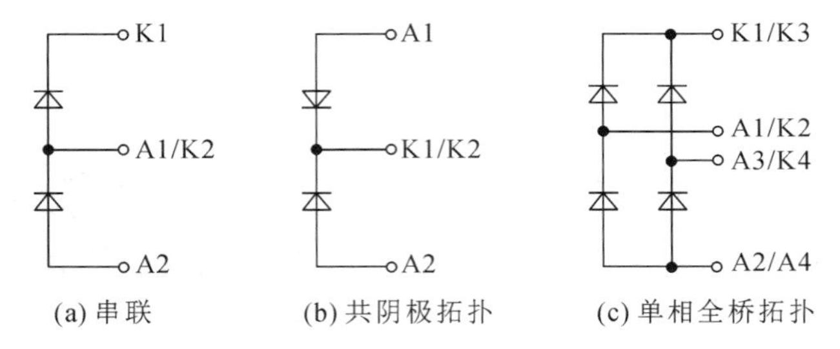

图 8-3 常见二极管功率模块电路连接形式

晶闸管功率模块也是现阶段比较普遍的电力电子元件，有通断、整流、调压、变频等功能，属于可控型功率半导体模块，目前已被广泛应用于诸多领域，譬如直流电焊机、照明灯调光、电炉温度控制、可控整流、功率逆变以及无触点控制等电子电路中。图 8-4 展示了晶闸管功率模块的几种典型电路连接形式。

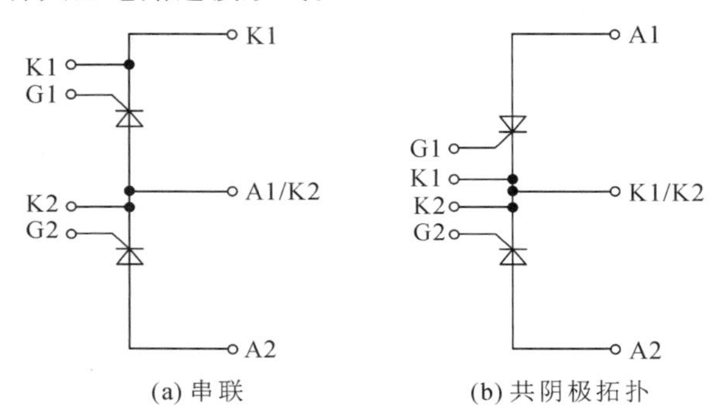

图 8-4 常见晶闸管功率模块电路连接形式

功率 MOSFET 是中小功率领域内主流的功率半导体开关器件，是 DC-DC 转换的核心电子器件，占据着功率半导体市场单类产品的最大份额。MOSFET 功率模块主要由 MOSFET 功率器件构成，由于 MOSFET 具有在高速开关条件以及低电压小电流范围内开关损耗较低的优点，所以 MOSFET 功率模块在电源适配器、低压变频器、电机控制以及家用电器等领域具有良好的发展。图 8-5 展示了 MOSFET 功率模块的几种典型电路连接形式。

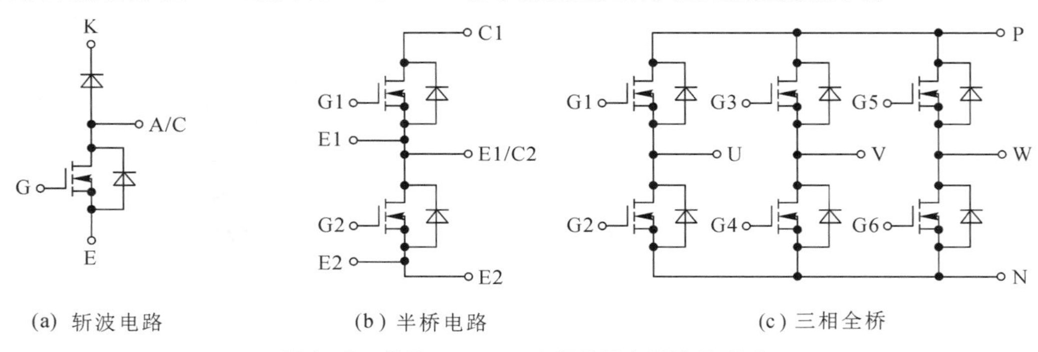

图 8-5 常见 MOSFET 功率模块电路连接形式

与 MOSFET 类似，IGBT 也属于电压控制型功率器件，IGBT 功率模块就是由 IGBT 功率器件构成的功率模块，包括 300 V、600 V、900 V、1200 V、3300 V、4500 V 以及 6500 V 等耐压级别，主要应用于变频器、变频家电、马达驱动以及开关电源等领域。根据模块内部电路的组成结构，IGBT 模块又可分为仅包含 IGBT 开关器件的功率模块和除了功率单元以外，还包含有驱动单元或整流、斩波、保护电路等多功能单元在内的 PIM/IPM。其中 PIM 是 Power Integrated Module 的缩写，即“功率集成模块”。IPM 是 Intelligent Power Module 的缩写，可翻译为“智能功率模块”。PIM 和 IPM 代表了 IGBT 模块集成化、智能化的发展方向。

最初 IGBT 模块是只由 IGBT 单元(一个 IGBT 芯片和一个二极管芯片)组成的模块，将两个或两个以上的 IGBT 单元通过键合线连接起来，构成不同电路模式，将芯片、DBC 基板和底板等集成为一个整体，与辅助电极封装在一个绝缘外壳中，内部充满了绝缘硅胶，具有绝缘性能好、工作可靠性强、结构紧凑的优点，如图 8－6 所示。

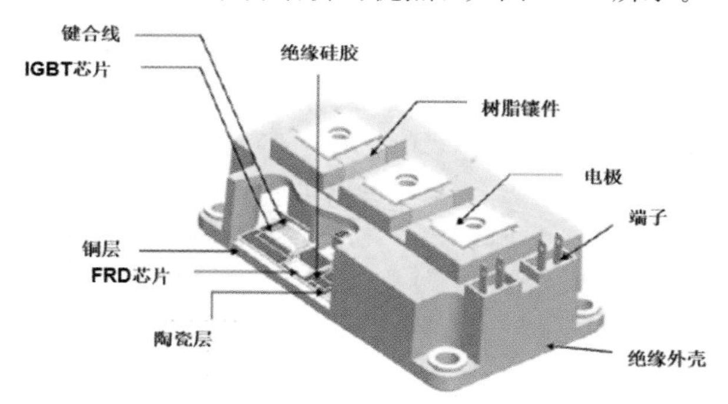

图 8－6　IGBT 模块的封装结构

PIM 是将二极管整流模块与上述 IGBT 模块集成在同一产品内，能够紧凑地设计主电路，提高 IGBT 电路的功率密度，减少连线产生的分布电感。如图 8－7 所示为英飞凌 FP 系列和富士电机的 7MB 系列产品示例。PIM 有三个主要的功能块：整流器、逆变器和制动器，额外还包括温度检测 NTC(Negative Temperature Coefficient)和保护电路的取样电阻等。

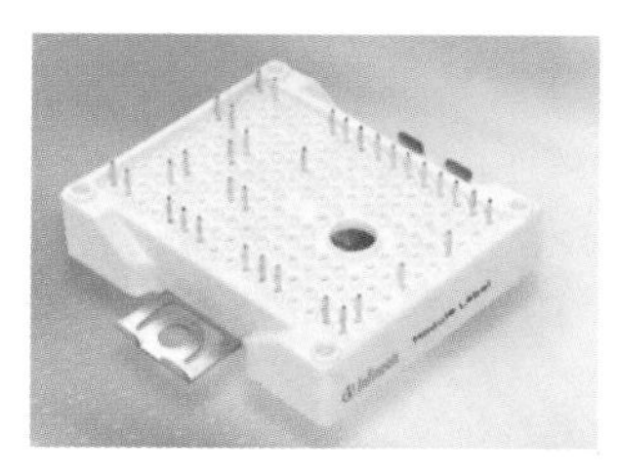

(a) 英飞凌产品

(b) 富士电机产品

图 8－7　PIM 产品示例

IPM 是在功率模块的基础上增加了驱动电路和保护电路，是第三代智能功率集成电路的产物。1991 年日本三菱企业把功率半导体芯片与控制电路、驱动电路、过压、过流、过热和欠压保护电路以及自诊断电路组合并密封在同一绝缘外壳内构成智能化电力半导体模块，一旦负载出现事故或有使用不当导致的异常情况，模块内部能以最快的速度进行保护，并且将保护信号送给外部电路进行二次保护，多重保护措施可以确保模块自身不受到损坏，实现了功率集成电路开关速度快、损耗小、功耗低、有多种保护作用、抗干扰能力强、无需采取防静电措施、体积小等优点。IPM 的功率器件主要使用 MOSFET 或 IGBT，现在更多的是采用 MOS 结构的 IGBT，同时兼有 GTR(大功率晶体管)高电流密度、低饱和电压和高耐压的优点，以及 MOSFET 高输入阻抗、低驱动功率的优点。

2. 宽禁带功率半导体模块

全球消耗的资源和能源增加，环境污染和资源的枯竭正在成为严峻的问题，从而引发了节能化的强烈需求。在此背景下，在电力的运输、转换、控制、供应方面，以节省电能为特点的电力电子设备受到了广泛关注。针对电力电子设备的要求，涉及从实现节能从而减少环境负荷的社会要求，到高可靠性、控制性、小型化和轻量化等多个方面。为满足这些要求，构成电力电子设备的功率元件、电路、控制等方面的技术提升是必不可缺的，尤其是核心零部件功率元件需要使用小型且低损耗的功率模块。

在实现低损耗需求的功率模块中，具有代表性的 IGBT，一般搭载 Si 的 IGBT 芯片和 Si 的续流二极管(Free Wheeling Diode，FWD)芯片。但是，Si 功率器件在结构设计和制造工艺方面的技术已经趋于成熟，其特性已经接近其材料所限制的理论极限，难以通过继续提升硅器件特性的方法来实现大幅的低损耗化和小型化。近年来由宽禁带半导体材料碳化硅和氮化镓制作的功率模块逐步走进人们的视线，前面章节已经对 GaN 功率器件以及石墨烯在其中的散热应用做了介绍，本节重点介绍 SiC 功率半导体模块。

作为一种宽禁带半导体材料，SiC 的绝缘击穿电场强度是 Si 的近 10 倍，这表明器件薄化后也能保证高耐压性，并且，由于能够在漂移层中进行高浓度掺杂，SiC 元件具有可降低导通损耗的优点。利用具有高耐热性和高击穿电场耐压特性的 SiC 元件，Si 元件难以实现的飞跃性的低损耗化则变为可能，变频器装置的高效化和小型化也有望实现。SiC 功率器件从 20 世纪 70 年代开始研发，经过 30 多年的积累，人们于 2001 年开始商业化生产碳化硅肖特基势垒二极管(SiC-SBD)，之后在 2010 年 SiC MOSFET 器件开始商用。

基于这些优良特性，SiC 器件在一些场合已经开始取代传统硅基功率器件，由于 SiC 器件的成本相比同等级的硅器件要高，为了实现性能和成本上的折中，出现了结合 Si IGBT 和 SiC SBD 的混合功率模块，相比于全 SiC 模块，混合 SiC 功率模块更具实用方面的性价比。与传统 IGBT 模块相比，SiC 混合模块的优势显而易见，能够降低损耗、降低电流过冲，提升响应速度和散热性能。以富士电机 3300V 耐压 SiC 混合模块为例，其内部电路、模块外观如图 8-8 所示，与 Si-IGBT 模块现行产品比较，模块的占用空间削减了约 30%。

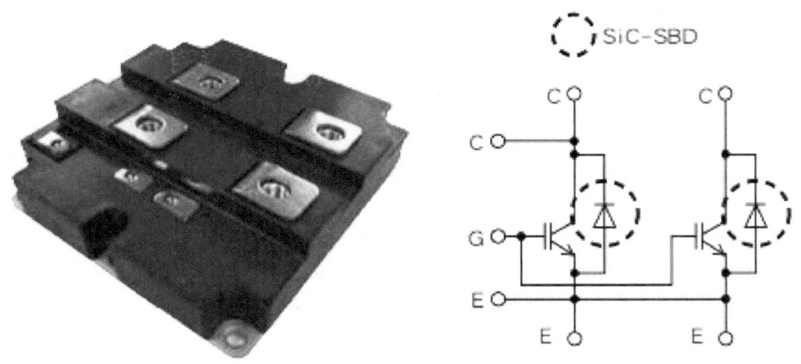

(a) 外观和内部电路

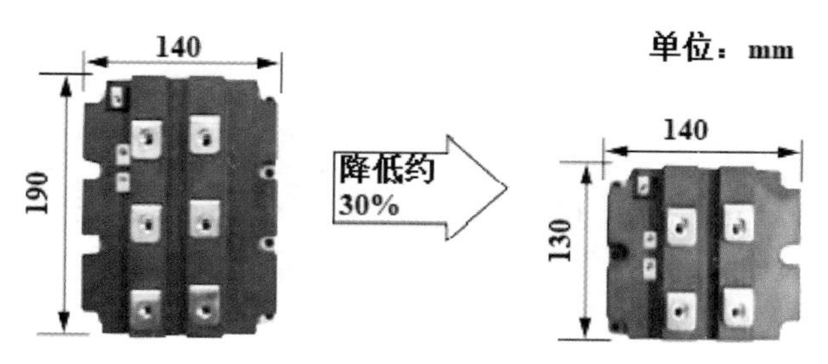

(b) 占用空间比较

图 8－8　3300V/1200A SiC 混合模块

与现行 Si－IGBT 产品相比，SiC 混合模块的功率损耗大幅降低。图 8－9(a)是混合 SiC 模块和 Si 模块的开通损耗特性曲线对比，SiC－SBD 的结电容充电电流会影响 IGBT 的开通电流，使得开通损耗减少。1700 V/400 A 混合模块的开通损耗比 Si 器件降低了约 40%。图 8－9(b)是混合 SiC 模块和 Si 模块的关断损耗特性曲线对比，SiC－SBD 与 Si－FWD 相比，漂移层的阻抗非常低，瞬态开启电压有所降低，因此，SiC－SBD 抑制了关断时的浪涌电压，关断损耗也会有所减少。

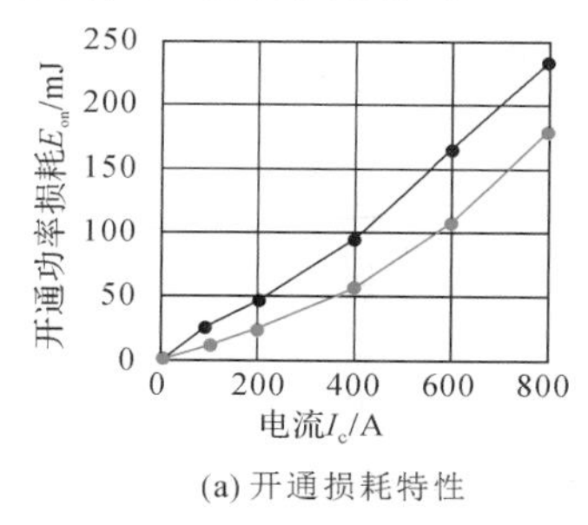

(a) 开通损耗特性

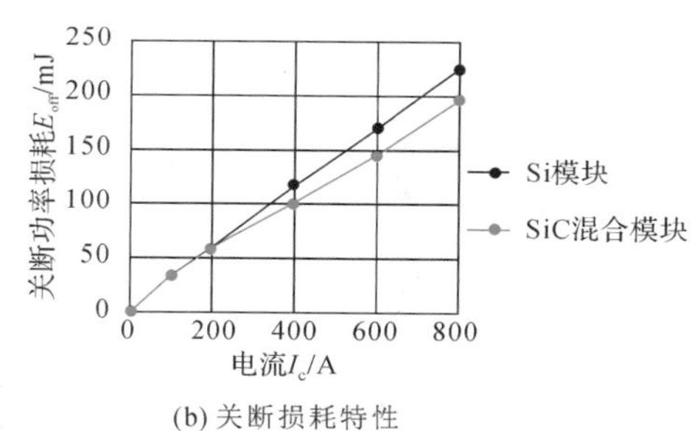

(b) 关断损耗特性

图 8－9　1700V/400A 混合 SiC 模块和 Si 模块的开通损耗和关断损耗的特性曲线

SiC 混合模块广泛应用于牵引逆变器方面以及城市轨道交通领域。国外一些著名的功率半导体厂商，如富士、英飞凌等均已推出相关产品，其典型产品如图 8－10 所示。

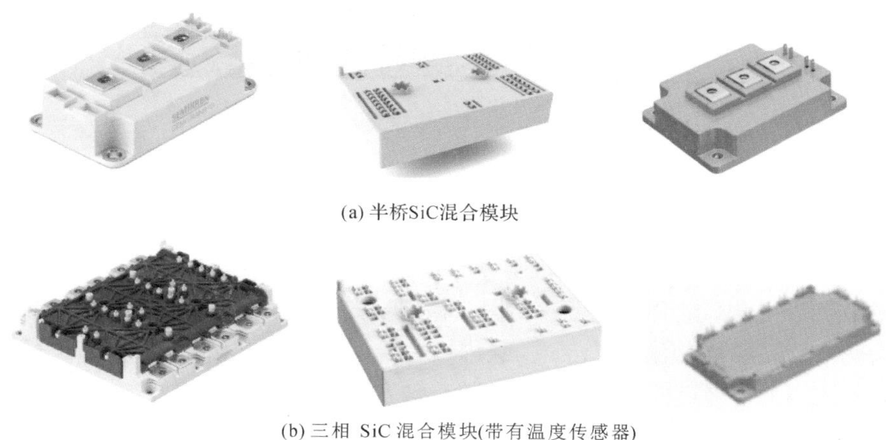

(a) 半桥SiC混合模块

(b) 三相 SiC 混合模块(带有温度传感器)

图 8－10　SiC 混合模块的产品

8.1.2 功率半导体模块的散热需求

第7章已经简述了功率半导体分立器件在开关和导通时的能量损耗，以及高温导致器件失效的机制。功率模块和分立器件的内部存在较大的差异，多个功率器件被集成在一起，所产生的功耗更大，其封装通常采用更复杂的结构，并且模块中各芯片之间容易发生热耦合，芯片与芯片之间的热流通道是相互影响的，因此功率半导体模块中的散热问题比功率半导体分立器件中复杂很多。

在高压大电流的IGBT模块中，除了IGBT器件本身高温下传热速度明显比常温时低，容易因为热击穿而烧毁，同时还因温度升高时IGBT器件中载流子迁移率下降，可导致关断尾流时间长，饱和导通压降增大，功耗提高。而且IGBT在并联工作时，温度升高会引起IGBT漏电流变大，关断电阻减小，会使流过相应支路的电流增加，导致并联电路分流不均，开关过程中电流过冲不均衡尤为严重，功率模块的额定电流水平受恶劣分流情况限制；并联器件之间电热耦合效应，损耗不均衡可能加剧并联器件的结温失衡，且过大的电流会导致器件损坏，威胁功率模块的可靠性；IGBT在串联工作时，每个IGBT温度都会有所不同，这样会导致静态分压严重不均衡，温度差异过大也会损坏IGBT模块。

典型的功率模块内部包含数层不同功能的结构材料，如芯片、铝键合线、焊接层、DBC基板、铜基板、功率端子(发射极、栅极、集电极)、环氧树脂等，如图8-11所示。

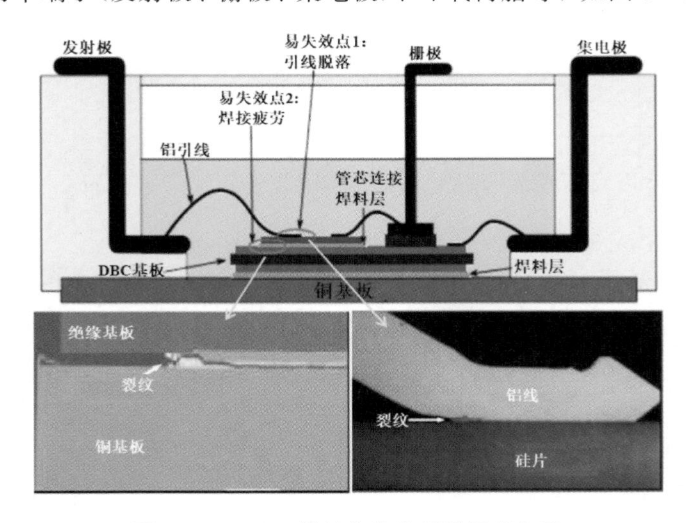

图8-11 IGBT模块失效位置截面示意图

研究表明，焊料层疲劳和键合线疲劳是功率模块失效的主要因素。模块的多层结构及不同的热膨胀系数使其受热产生交变应力，导致焊料层空洞扩大出现裂纹。焊料层的空洞和裂纹会造成模块热阻增大，反过来加速IGBT模块失效，长期的功率循环和热冲击会加速焊料层的疲劳和老化。键合线疲劳也是因为高温引起键合线和芯片表面不同程度热膨胀引起的热应力，最终导致键合线脱落。模块内键合线一旦开始老化、脱落，在没有外界干预的情况下，将是一个不可逆的正反馈过程：随着键合引线脱落数量的增加，当工况不变时，剩余键合线每根承受电流增大，受热应力作用和电迁移影响更加明显，同时芯片等效电阻随之增加，损耗功率上升，结温也随之升高，高温环境下进一步加剧了键合线的老化进程。

随着 IGBT 芯片技术的不断进步，单个芯片功率等级不断提升，IGBT 模块朝着大功率、高频化的方向发展，且尺寸在不断变小，IGBT 模块的功率损耗随着功率等级的提高和变换器的集成而增加，容易导致结温偏高。一旦芯片温度超过额定极限，模块将不可逆转地损坏并停止工作。

对于 PIM 和 IPM 模块，IGBT 功率单元分别和驱动电路或者整流、斩波电路集成在一个封装中，模块中的基板面积分配受到模块集成度的限制，无法满足每个电路单元的散热需求，会导致局部热点温度过高而影响整个模块的可靠性。对于驱动电路，虽然自身发热量不大，但是如果功率单元的热量不能及时有效散出，传导至驱动单元，高温会大大降低驱动电路的芯片性能，降低整个模块的开关速度以及电气特性。因此采用先进的封装结构和材料，有效改善模块内的散热路径，提升模块的可靠性，是非常必要的。

8.2　石墨烯在 IGBT 模块散热中的应用

8.2.1　IGBT 模块概述

IGBT 模块是由 IGBT 与续流二极管芯片(Free Wheeling Diode，FWD)通过特定的电路桥接封装而成的模块化半导体产品，分为多种电压等级、电流等级和拓扑结构，被广泛应用于众多工作场景。以英飞凌产品为例，产品功率范围从几百瓦到数兆瓦，应用于通用驱动器、伺服单元以及太阳能逆变器或风能设备等。IGBT 模块比起单管器件有许多优势，比如：多个IGBT 芯片并联，IGBT 模块的电流等级可以更高；多个芯片按照需要的电路形式组合并封装，如半桥、全桥、三相等，可以减小外部电路连接的复杂性；模块中多个 IGBT 芯片之间的连接与多个分立形式的单管进行外部连接相比，模块电路布局更好，引线寄生电感更小；模块的外部功率端子更适合高压和大电流，模块的最高电压等级会比 IGBT 单管高 1～2 个等级。

1. IGBT 模块的内部拓扑结构

常见的 IGBT 模块拓扑结构有以下三种：

(1) 半桥(Half bridge)模块，也称为 2 in 1 模块，可直接构成半桥电路，也可以用 2 个半桥模块构成全桥，因此，半桥模块有时候也称为桥臂(Phase - Leg)模块。图 8 - 12 是半桥模块的内部等效电路图，2 单位的半桥 IGBT 拓扑，可应用在大功率变流器、电机传动、太阳能应用和不间断电源(UPS)系统等领域。

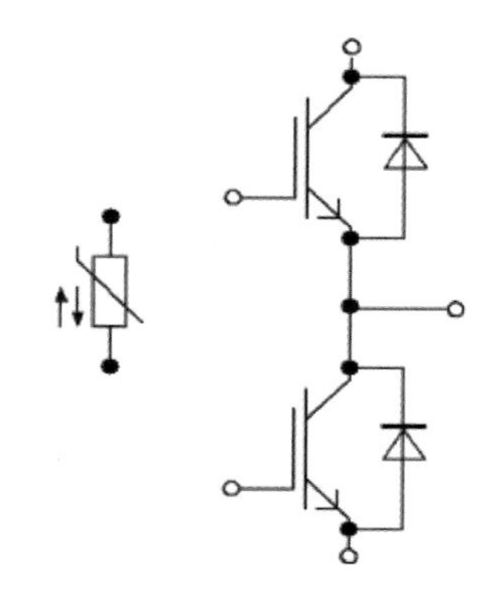

图 8 - 12　半桥模块拓扑结构

(2) 全桥(Full bridge)模块，也称为 4 in 1 模块，用于直接构成全桥电路，如图 8 - 13 所示。4 单元的全桥 IGBT 拓扑可应用在高频开关应用领域、辅助逆变器、混合动力汽车和感应加热及电焊机等领域。

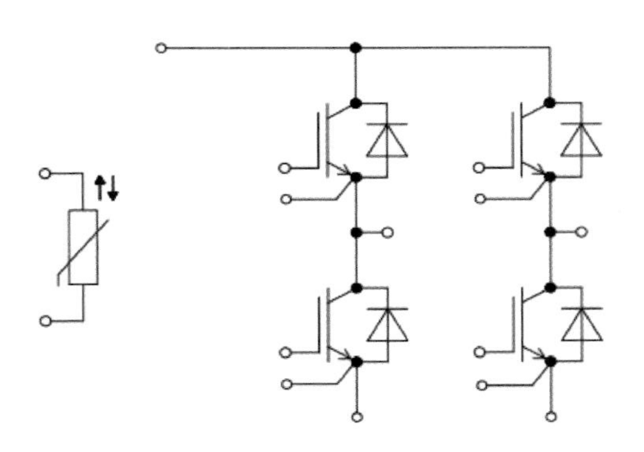

图 8-13　全桥模块拓扑结构

(3) 三相桥模块，也称为 6 in 1 模块，如图 8-14 所示，用于直接构成三相桥电路，也可以将模块中的 3 个半桥电路并联构成电流规格大 3 倍的半桥模块。三相桥常用的领域是变频器和三相 UPS、三相逆变器，不同的应用对 IGBT 模块的要求有所不同，故制造商习惯上会推出以实际应用为产品名称的三相桥模块，如三相逆变器模块(3-Phase inverter module)等。6 单元的三相全桥 IGBT 拓扑，可应用在辅助逆变器、大功率变流器、电机传动、风力发电机等领域。

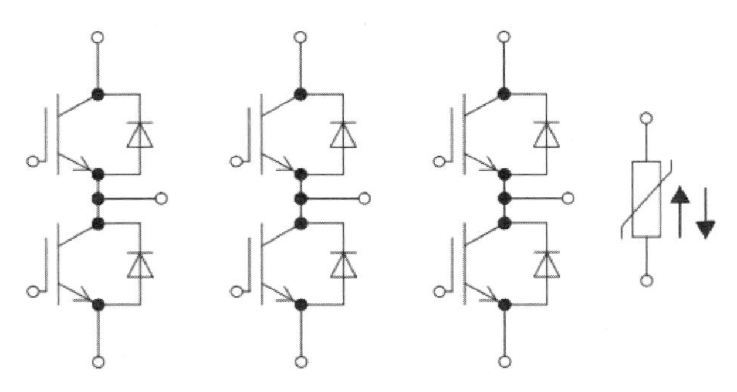

图 8-14　三相桥模块的拓扑结构

2. IGBT 模块的应用市场

IGBT 模块作为最重要的功率转换器件之一，在新能源汽车、可再生能源、电机驱动、铁路牵引、电动/混动汽车(EV/HEV)等领域被广泛应用，如图 8-15 所示。2019 年，IGBT 模块市场规模为 37 亿美元，由能效法规或更高的清洁能源目标所驱动，运用于工业、可再生能源转换器等应用领域的模块产品，占 IGBT 模块市场总值的 46%。EV/HEV 作为功率 IGBT 模块的关键应用，预计到 2025 年将实现 18%的增长，试产规模达 54 亿美元。

在新能源汽车的控制系统中，IGBT 模块可以应用于主逆变器(Main Inverter)、高低压直流变换器(HV/LV DC-DC)、辅逆变器(Auxiliary Inverter)和车载充电器(On-Board Charger)等，占整车成本近 10%，占到充电桩成本的 20%。此外，IGBT 模块作为动车、高铁等动力转换的核心器件，比如和谐号 CRH3 列车的牵引变流器将超高电流转化为强大的动力，运营时速达 350 公里/小时，每辆列车共装有 4 台变流器，每台变流器搭载了 32 个 IGBT 模块，每个 IGBT 模块含 6 块 DBC，每块 DBC 上有 4 个 IGBT 芯片和 2 个二极管芯片，每个模块标称电流为 600 A，可承受 6500 V 高的电压。总的来说，一辆 8 节编组动车上的 128 个 IGBT 模块为整个列车提供了 10 MW 的功率。

图 8－15　IGBT 模块应用领域

近三十年来，随着工业应用的不断发展，IGBT 技术的应用和发展在工作温度、效率、尺寸、可靠性和成本这五个相互制约的方面得到一定程度的推动。这主要得益于封装技术和互连技术的创新，IGBT 模块的功率密度从最初的 35 kW/cm^2 提高到目前的 250 kW/ cm^2，同时由于高电压和高电流等级，模块总的功率损耗也在不断增加，如图 8－16 所示。

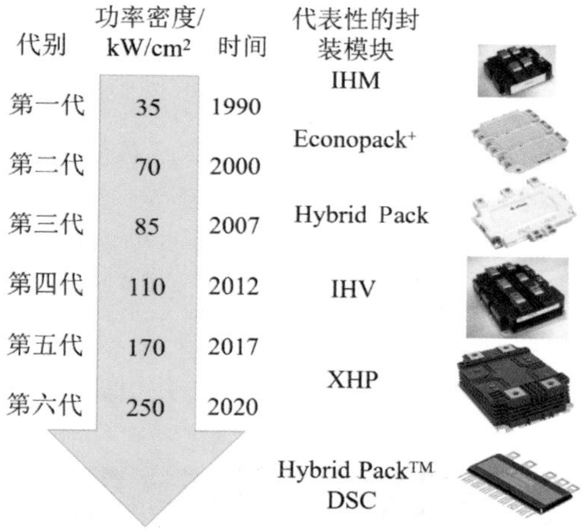

代别	功率密度/kW/cm^2	时间	代表性的封装模块
第一代	35	1990	IHM
第二代	70	2000	Econopack$^+$
第三代	85	2007	Hybrid Pack
第四代	110	2012	IHV
第五代	170	2017	XHP
第六代	250	2020	Hybrid Pack™ DSC

图 8－16　IGBT 模块功率密度的发展趋势

目前，典型的商用 IGBT 模块输出功率达到了极高的百万瓦。市场上有的 600～650 V 的 IGBT 模块电流高达 600 A，1200 V 的 IGBT 模块电流高达 3600 A，1600 V/1700 V 的 IGBT 模块电流高达 3600 A，3300 V 的 IGBT 模块电流高达 1500 A，4500 V 的 IGBT 模块电流高达 1200 A，6500 V 的 IGBT 模块电流高达 750 A。以富士电机、仙童半导体、意法半导体、英飞凌、三菱电机等公司的商用 IGBT 模块为例，IGBT 功率模块产品的功率范围如图 8－17 所示。随着广泛应用中的 IGBT 模块功率等级不断提高，以及功率循环次数的增加，焊点裂纹、粘接面分层和钢丝粘接起跳等各种失效现象逐渐出现，同时热循环会加剧模块失效。因此，为保证 IGBT 模块的长期可靠性，先进的冷却技术必须跟上 IGBT 模块技术的发展，从而实现功率模块的有效热管理。

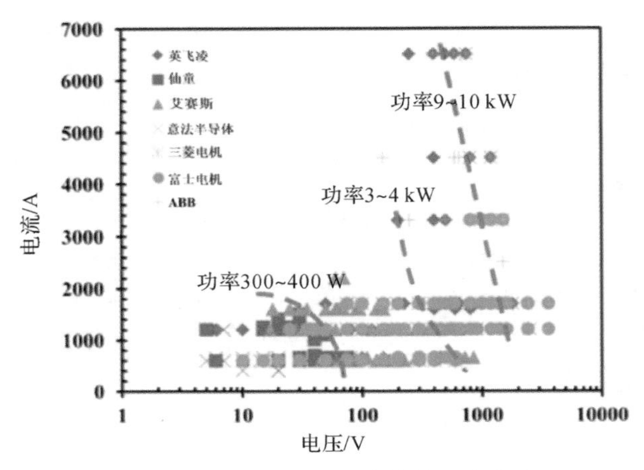

图 8-17　商用 IGBT 模块的功率范围

3. IGBT 的封装结构

前文已讲述了 IGBT 模块因温度过高引起的各种失效，散热封装依旧是保证功率模块可靠性的关键。经过十几年的发展，目前市场上的高压大功率 IGBT 模块主流封装形式有两种：焊接式和压接式。

1）焊接式 IGBT 模块结构

焊接式封装形式以引线键合主导的芯片互连工艺为核心，包括焊料凸点互连、金属柱互连平行板方式、凹陷阵列互连、沉积金属膜互连等技术，解决寄生参数、散热、可靠性问题，典型封装形式如图 8-18 所示，包括 IGBT 芯片和二极管芯片、DBC 基板、焊料层、键合引线、散热铜底板、灌封材料、功率端子和塑料外壳等。焊接式 IGBT 模块为多层结构，IGBT 芯片和二极管芯片与 DBC 基板之间、DBC 基板与铜底板之间主要采用焊料层完成上述两者之间的连接，然后通过超声键合技术将引线键合在芯片和基板上，由于键合线的粗细限制了模块的电流，对于大功率 IGBT 模块往往采用多根键合线并联使用；之后将粘有芯片的 DBC 基板焊接到散热铜底板上，最后安装管壳并填充灌封胶。

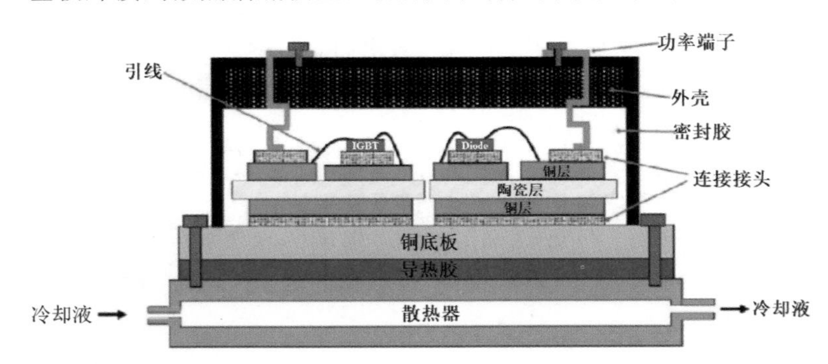

图 8-18　焊接式封装结构示意图

目前，焊接式 IGBT 模块主流的封装技术还是采用铝键合线和铜锡焊膏来实现 IGBT 芯片和二极管芯片与外部的电气连接以及相应的散热通道。由于键合线和焊接层的存在，使得模块在长期工作后易出现键合线脱落和焊接层老化等失效现象。国内外许多器件厂商不断采用新技术对其内部结构进行改进，如纳米银烧结技术、采用铜键合线取代铝键合线等，有效地提高了模块的可靠性。

2）压接式 IGBT 结构

压接式封装形式延用了平板型或螺栓型封装的管芯压接互连技术，整个 IGBT 模块没有键合线或者连接引线，集电极和发射极直接通过机械压接方式与外电路进行电气连接。该结构克服了上述焊接式 IGBT 模块常见的两种失效模式，解决了热疲劳稳定性问题，提高了 IGBT 模块封装的电压和电流等级，可制作大电流、高集成度的功率模块，但是对管芯、底板等零部件平整度要求很高，否则不仅将增大模块的接触热阻，还易损伤芯片。

目前，在市场上的大功率压接型 IGBT 模块主要有 ABB 公司的 StakPak IGBT Modules 系列，如图 8－19 所示，该结构为单面散热结构，其在传统焊接灌封式器件基础上使用碟形弹簧代替引线端子连接芯片的发射极，实现模块的压接式连接。如图 8－19(c)所示为 2015 年 ABB 公司推出的 3 kA 电流等级模块，内部共包括 6 个子模组，每个子模组由 8 个 IGBT 芯片和 4 个续流二极管芯片并联组成。

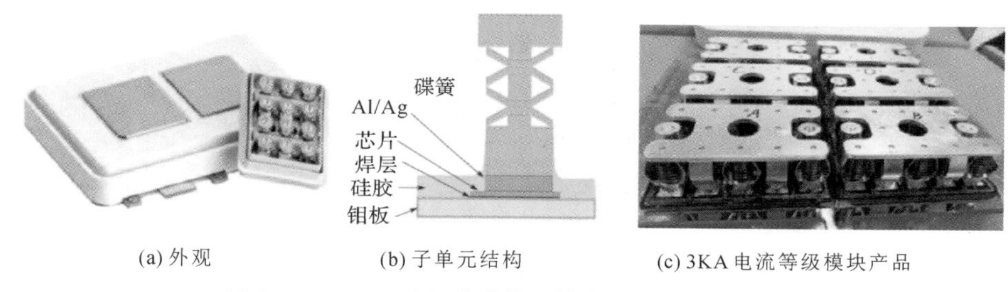

(a) 外观　(b) 子单元结构　(c) 3KA 电流等级模块产品

图 8－19　ABB 公司的弹性压接式 IGBT 封装结构

图 8－20 展示了株洲中车时代电气股份有限公司(以下简称“时代电气”)开发的大功率压接式模块的结构示意图，其陶瓷管壳内部包含多个并联的 IGBT/FRD 芯片，每个芯片都安装在可单独测试的子单元模组中，芯片与两层钼片以及栅极弹簧针(IGBT 芯片适用)等直接压力接触互联，栅极通过弹簧针与 PCB 电路板连接并汇流到模块外部，整个模块通过冷压焊进行密封封装，并填充惰性气体保护；为满足子单元设计需求，IGBT 芯片的栅极电极也由常规的芯片中心位置移至边角位置。

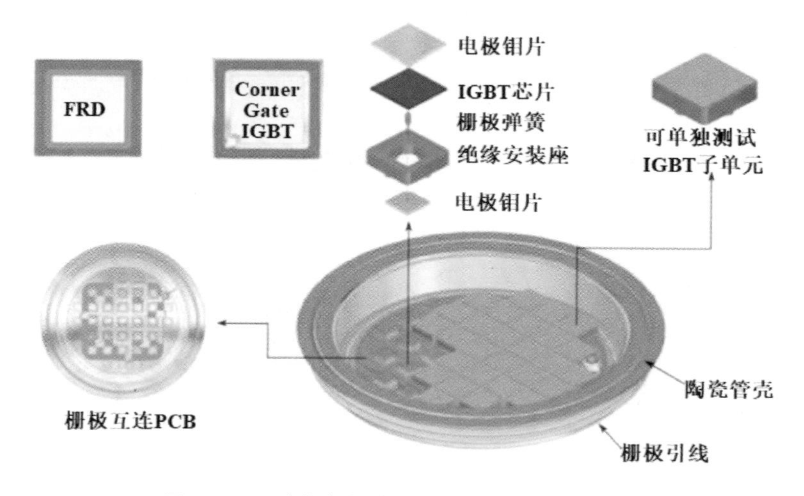

图 8－20　时代电气的压接式 IGBT 器件结构

与传统焊接式功率模块相比，大功率压接式模块在性能及可靠性等方面具有多种优势：首先，大功率压接式模块内部的对称结构设计带来了极低的内部杂散电感分布，同时芯片之间杂散电感一致，改善了器件内部的均流特性；其次，大功率压接式模块可以实现发射极和集电极双面散热，理论上拥有双倍于常规焊接模块的散热能力。

8.2.2 IGBT 模块的封装结构及石墨烯应用

在 IGBT 模块的传统焊接封装结构中，芯片上局部热点的热量主要自上而下先传输到 DBC 基板，再到外基板，进而通过热沉散发到环境中，热传导路径如图 8-21 所示。另外，热量从芯片向上通过封装树脂及外壳散发到环境中是次要热传导路径，由于封装树脂的导热系数较低，次要路径的热传导速度较慢，热量大部分从主要路径传出。

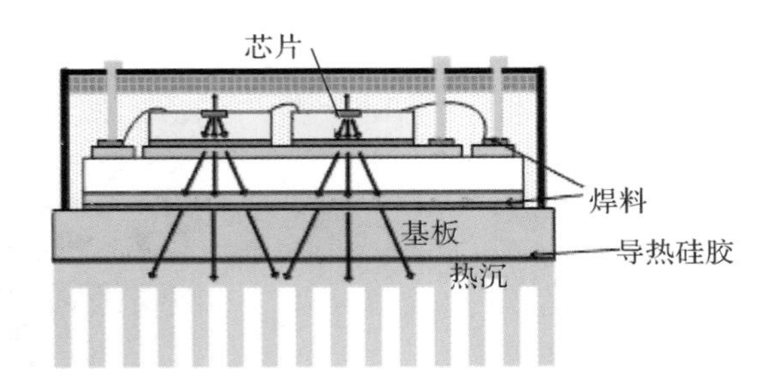

图 8-21 传统封装结构的热传导路径示意图

为了改善传统封装结构的散热效率，将石墨烯薄膜放置在芯片表面，如图 8-22 所示，转移到芯片表面的石墨烯薄膜由于其横向热导率远远高于硅材料，局部热点的热量会沿着石墨烯薄膜的表面迅速横向传开，使热量从单点聚集形式变化为平面分布，从而改变热传导路径的传热角度，大大提高热量散发的速度。

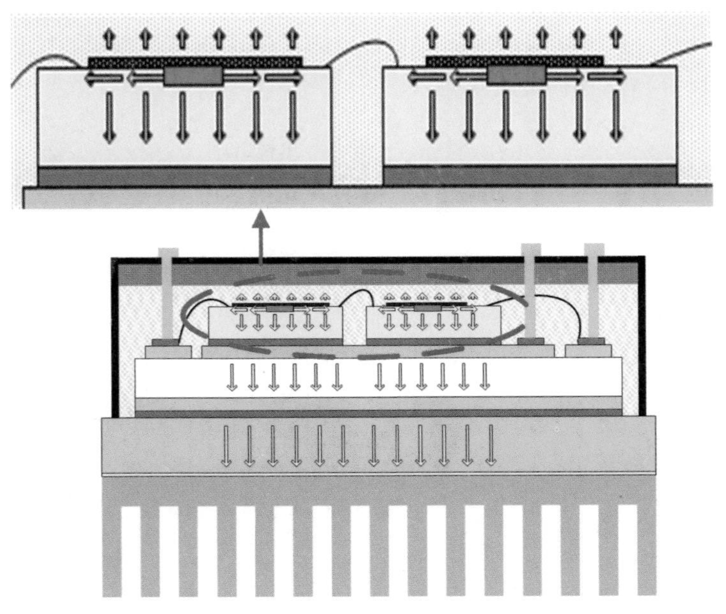

图 8-22 基于石墨烯材料的封装结构热传导路径示意图

为了进一步验证石墨烯薄膜在 IGBT 模块中的散热优化效果，这里以电动汽车变流器所用的大功率 IGBT 模块为例，建立了双面水冷 IGBT 模块封装结构的三维模型，如图 8-23 所示，通过对该结构温度分布的计算来了解石墨烯在 IGBT 模块中的散热优化效果。该模块是一个双面水冷散热结构，包括上水冷板和下水冷板，如果将上、下 DBC 基板视为一组，上下水冷板中间放置了 3 组 DBC 基板，在每组 DBC 基板中间放置 4 组 IGBT 芯片和二极管芯片，如图 8-24 所示，整个模块共有 12 组 IGBT 单元。

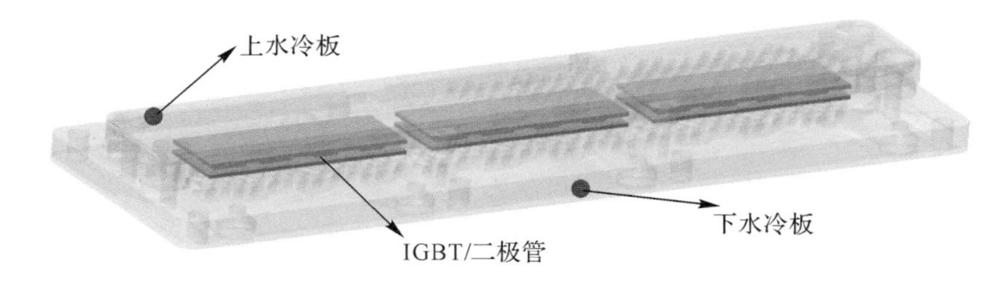

图 8-23　双面水冷散热的 IGBT 模块

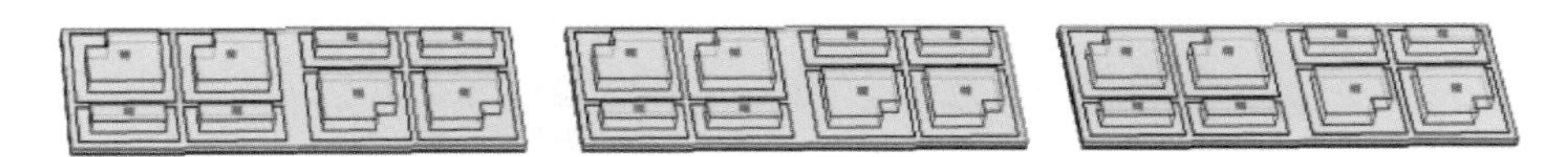

图 8-24　DBC 基板上的芯片组

为了增加流体的接触面积和扰动，在上下水冷板内均有翅柱，上下水冷板通过密封端口连接，芯片的两面通过焊料与上下 DBC 铜层紧密结合，上下 DBC 基板通过焊料与散热器紧密粘结。在下水冷板的进水口和出水口之间安装有水泵，泵驱动冷却剂在整个系统内循环，并在流动时带走功率器件的热量。IGBT 模块和散热器的整体结构如图 8-25 所示。

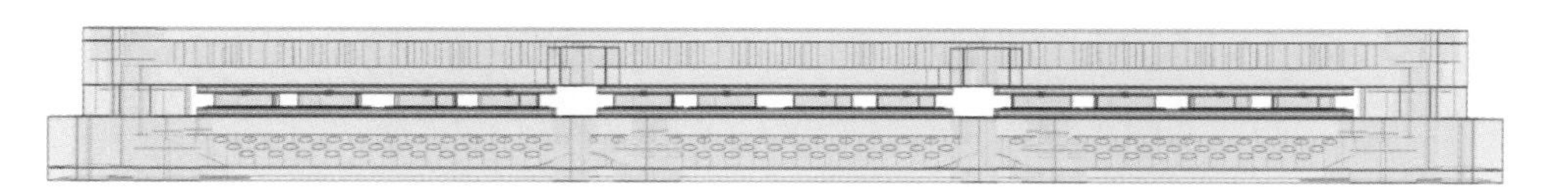

(a) IGBT结构截面示意图

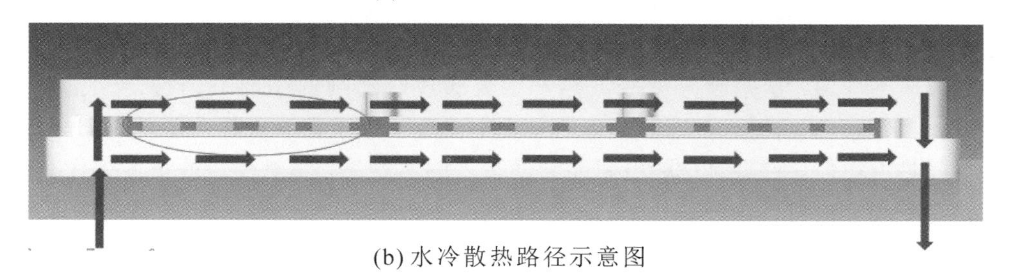

(b) 水冷散热路径示意图

图 8-25　IGBT 模块和散热器的整体结构

对于大功率 IGBT 模块封装的散热设计，芯片的工作结温是最重要的指标。影响结温的主要因素是散热环境、冷却液流动和流固耦合传热。为了准确分析散热器的散热性能，我们建立了流体流动、流体和固体传热的耦合模型。仿真条件如下：

(1) 在仿真中，每个芯片设置一定功率的点热源来模拟芯片的热点，IGBT 芯片加载

120 W 功率，二极管芯片加载 50 W 功率。

(2) 根据实际情况，设置环境温度为 70 ℃，散热器与环境接触的外表面对流换热系数为 $10W/(m^2 \cdot K)$。

(3) 假设各种材料的热物性参数(热容、热导率等参数)不随温度变化，具体数值见表 8－1。

(4) 假设冷却液为不可压缩流动。冷却剂由 50%乙二醇水溶液组成，进口温度为 70 ℃，进口流速均匀。

表 8－1 IGBT 模块的材料参数

各层结构	材料	密度/ (kg/m^3)	热容/ (J/(kg・K))	热导率/ (W/(m・K))
IGBT 芯片/二极管芯片	Si	2340	729	148
焊料	SnPb	7360	226	53
上铜层	Cu	8960	386	395
陶瓷层	AlN	3210	740	175
下铜层	Cu	8960	386	395
垫片	钼	10 220	251	139
冷板	Al	2700	900	209
导热硅脂	硅胶	2100	800	3
冷却液	50%乙二醇	1043	3345	0.378

对 6 L/min 进口流量的模拟结果进行分析。图 8－26 分别给出了 IGBT 模块的温度分布，最高温度为 137.819℃，不超过 IGBT 芯片所能承受的结温极限 150℃。但是，从图 8－26 中可以看出，靠近出口的芯片温度要高于进口，这说明靠近出口的散热要比靠近进口的差，散热不均匀，这是因为液冷散热器主要通过冷却剂的循环流动带走大部分热量。入口冷却剂的温度为 70℃。在流向出口的过程中温度不断上升，自然会影响出口附近芯片的散热。散热不均匀，会引起材料电阻差异而带来的不均流，影响模块的正常工作。

在这个模型中，将两个厚度为 40 μm、导热系数为 1200 W/(m・K)的石墨烯薄膜分别放在靠近出口的两个 IGBT 芯片的表面上，如图 8－27 所示。采用相同的加载功率、散热器结构和流动条件，对 IGBT 模块的温度分布进行计算。图 8－28 给出了石墨烯薄膜应用前后芯片最高温度的比较结果。在没有石墨烯薄膜的情况下，芯片的最高温度为 137.8℃，使用石墨烯薄膜后，热点温度降低了 1.5℃，芯片的最高温度略有下降，说明石墨烯薄膜对散热结构有一定的作用，但作用不明显。然而随着功率等级的提高，石墨烯薄膜的优化作用将变得越来越有效。

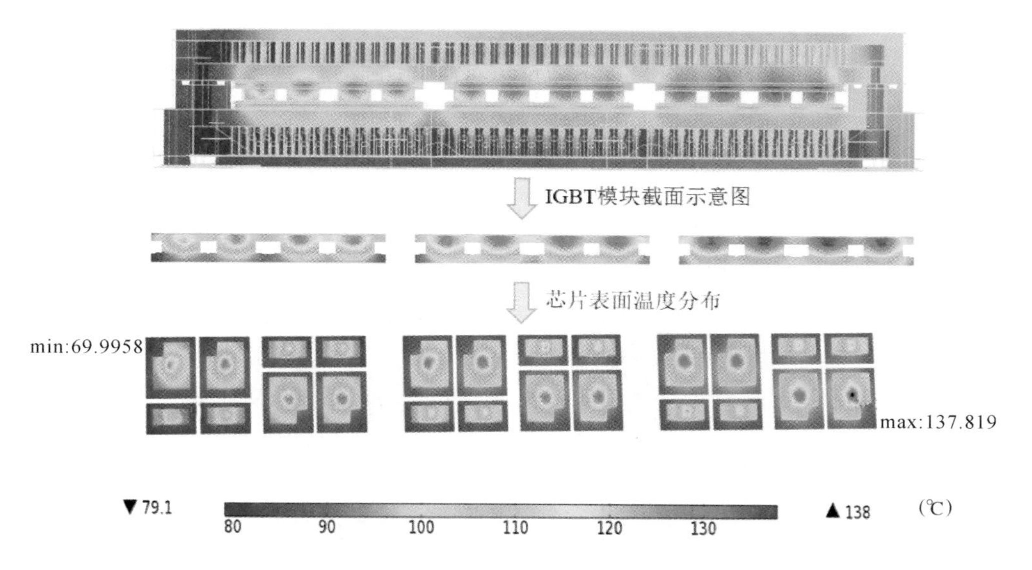

图 8-26　IGBT 模块的温度分布

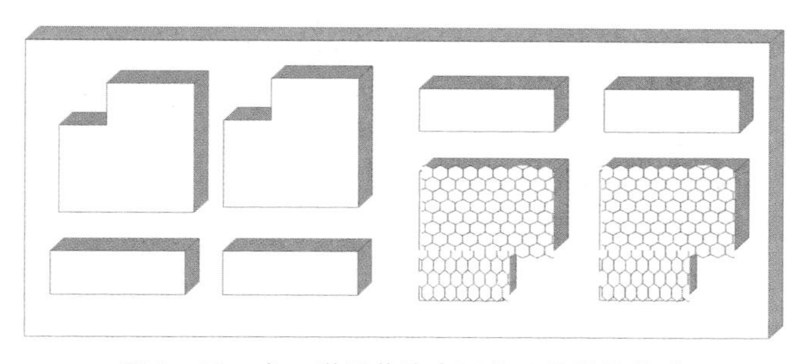

图 8-27　出口附近芯片表面的石墨烯散热膜

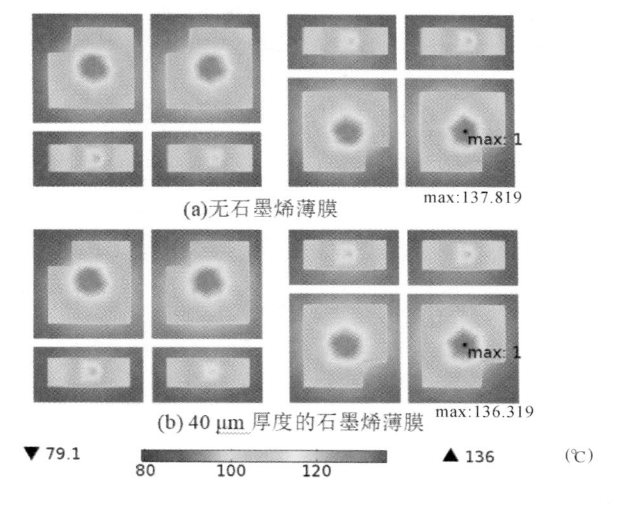

图 8-28　芯片表面温度分布对比

8.3 石墨烯在 IPM 散热中的应用

8.3.1 IPM 概述

智能功率模块 IPM 是一种将电力电子和集成电路技术结合的功率驱动类产品，它是一种先进的功率开关器件，广泛应用于电机驱动器和各种类型的开关电源。IPM 中的功率器件主要有 MOSFET 或 IGBT，现在更多的是采用 MOS 结构的 IGBT，同时兼有 GTR（大功率晶体管）高电流密度、低饱和电压和高耐压的优点，以及 MOSFET（场效应晶体管）高输入阻抗、低驱动功率的优点。相对于需要开发配套的驱动保护电路的 IGBT 模块而言，智能功率模块简化了这一开发步骤，缩小了 IGBT 模块以及驱动保护电路的体积，具备高集成度的特点，从而减小了功率变换装置产品的整体设计时间。已经广泛应用于驱动电机的变频器及各种逆变电源，逐步在新能源交通、工业控制及智能家电等领域中得到应用。

1. IPM 的电路组成及拓扑结构

图 8-29 所示为典型智能功率模块的功能框图，IPM 由功率器件、驱动控制电路和检测保护电路组成。内部集成了电流检测、电压检测以及温度检测器件，这些器件与驱动电路连接，将检测信号传送给控制电路。驱动电路包含驱动保护电路以及芯片的供电电源电路，并设有端口与 CPU 连接。IPM 中的每个功率器件都设有各自独立的驱动电路和多种保护电路。一旦发生负载事故或者使用不当等异常情况，模块内部立即以最快的速度进行保护，同时将保护信号送给外部 CPU 进行第二次保护。这种多重保护可以使 IPM 本身不受损坏，提高器件的可靠性，解决了长期困扰人们的器件损坏难题。而且 IPM 的开关损耗、转换效率都优于 IGBT 模块。

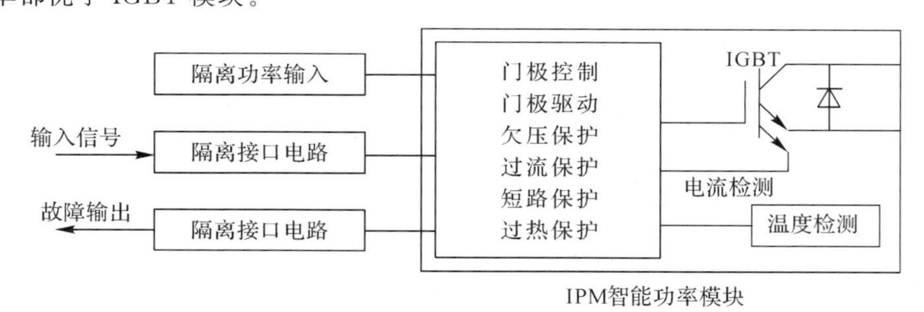

图 8-29 智能功率模块的功能框图

IPM 的核心是功率开关器件，由自带寄生晶体管的 MOSFET 组成，或者由功率器件 IGBT 与续流二极管配合使用，当功率开关关断时电流为零，但负载（特别是感性负载）的电流不能立即变化，此时通过续流二极管导通保持负载电流的连续性。根据集成功率半导体器件 IGBT 的数量，通常 IPM 有四种电路形式，单管封装（H）、双管封装（D）、六合一封装（C）、七合一封装（R）。

以三菱电机的 IPM 产品为例，单管封装的 IPM 模块结构如图 8-30 所示，只有一个功率管，单相输出。双管封装的 IPM 如图 8-31 所示，一般是两只功率管串联，使用时构成单相半桥电路。六管的 IPM 模块如图 8-32 所示，六个管子构成三组桥臂，使用时构成三相全桥电路。七管 IPM 与六管基本一致，差别在于多了一个管子作为泄放管，如图 8-33 所示。

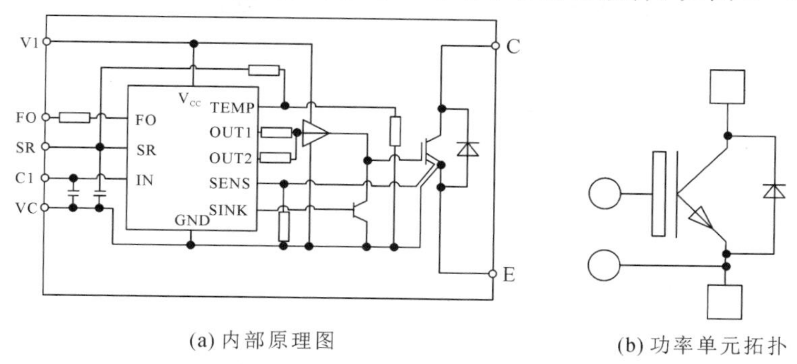

(a) 内部原理图　　　　(b) 功率单元拓扑

图 8-30　单管封装 IPM 内部

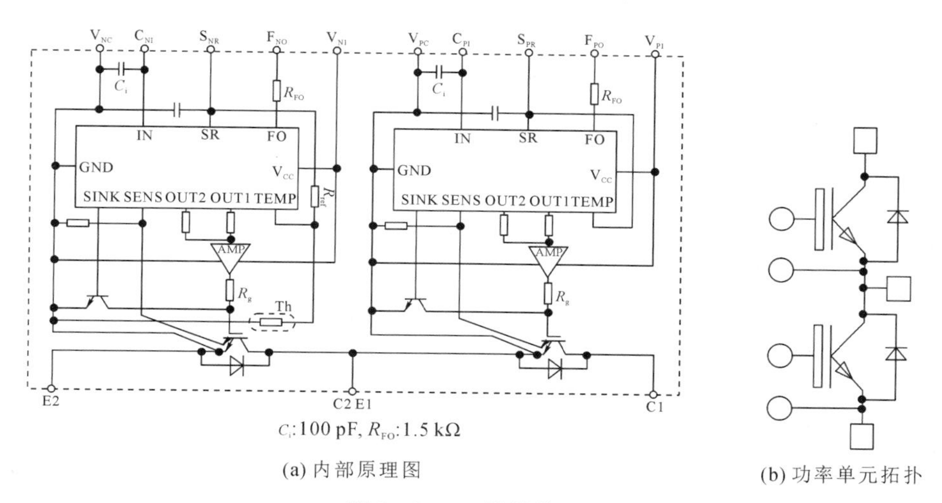

C_i:100 pF, R_{FO}:1.5 kΩ

(a) 内部原理图　　　　(b) 功率单元拓扑

图 8-31　双管封装 IPM

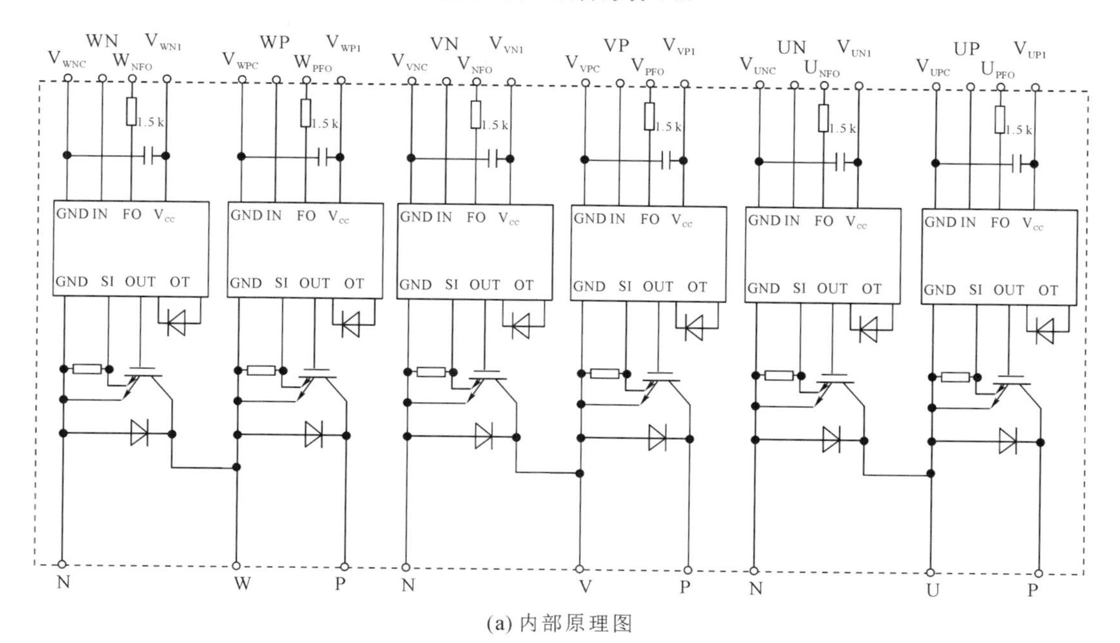

(a) 内部原理图

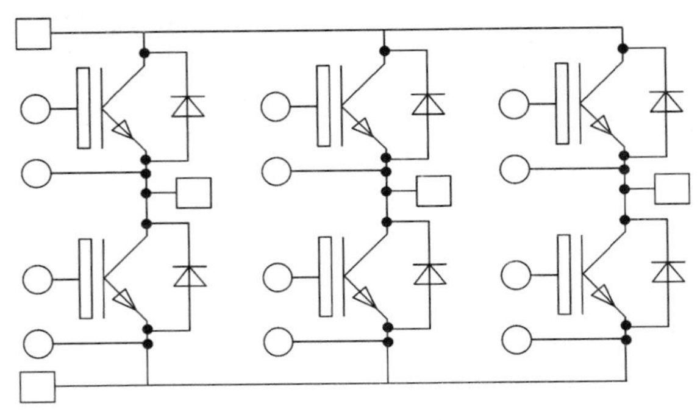

(b) 功率单元拓扑

图 8－32　六管封装 IPM

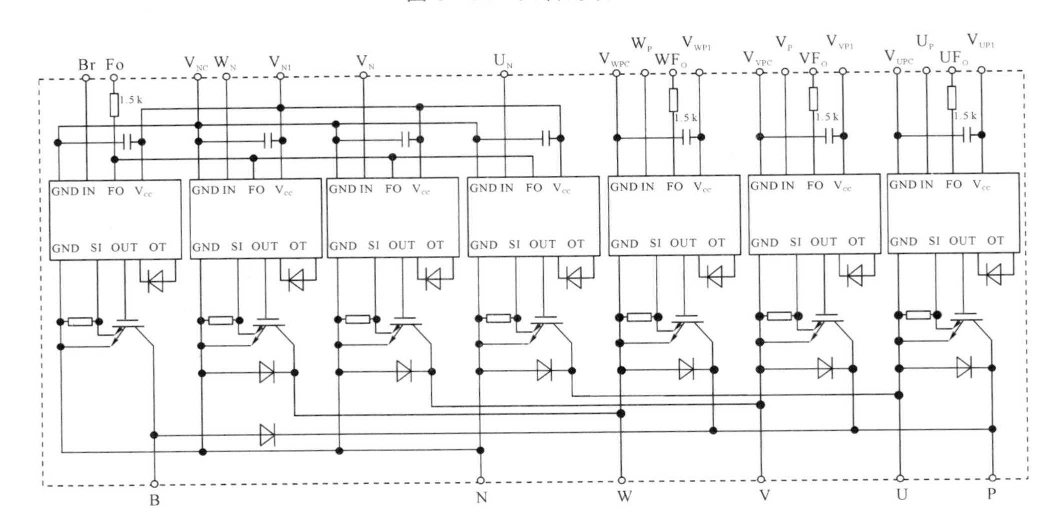

(a) 内部原理图

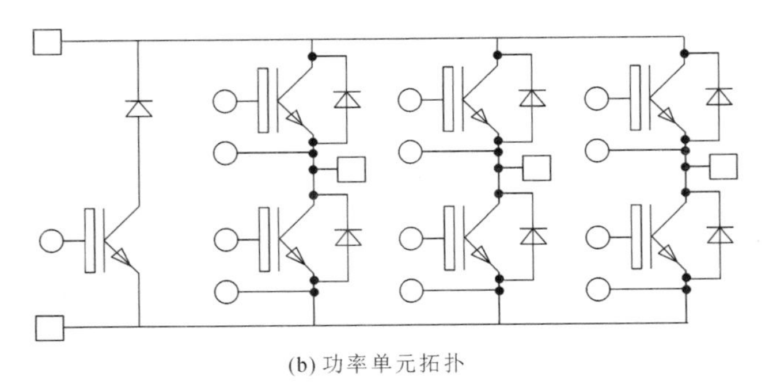

(b) 功率单元拓扑

图 8－33　七管封装

2. IPM 的发展及应用市场

IPM 的设计理念最早由日本提出，最初代的 IPM 内部由封装好的独立元器件在同一基板上密集封装，虽具备 IPM 的基本保护功能，但体积大的缺点也显而易见；第二代 IPM 产品是将控制部分根据功能分别集成为几个芯片再与 IGBT 组装在一起，其可靠性有了很大提高；最新一代的 IPM 产品其控制部分已集成为一个芯片，并且将控制芯片与主控元件贴装在不同基板上，以避免 IGBT 本身因发热影响控制部分的可靠性。

2019 年全球智能功率模块（IPM）市场总值达到了 136 亿元，IPM 产品的主要生产企业有三菱电机、安森美半导体、意法半导体、英飞凌科技、富士电机、罗姆半导体等。经过不断的改进和完善，各公司研发出一代又一代的 IPM 产品，以英飞凌设计生产的高性能 CIPOS™ IPM 为例，按照技术路线来划分，英飞凌提供的 IPM 产品根据驱动电机电压电流从小到大分为 3 类，40/100/250/500 V MOSFET 的紧凑型、600V MOSFET 和 IGBT 的标准型，以及 1200V IGBT 的高性能 IPM。根据封装尺寸的大小将产品分为 CIPOS™ Nano、CIPOS™ Micro、CIPOS™ Mini 和 CIPOS™ Maxi 等系列，如图 8－34 所示。根据集成水平和功率需求，英飞凌提供多种由半导体和驱动单元封装在一起的 IPM 模块，涵盖较大范围的电压和电流等级。

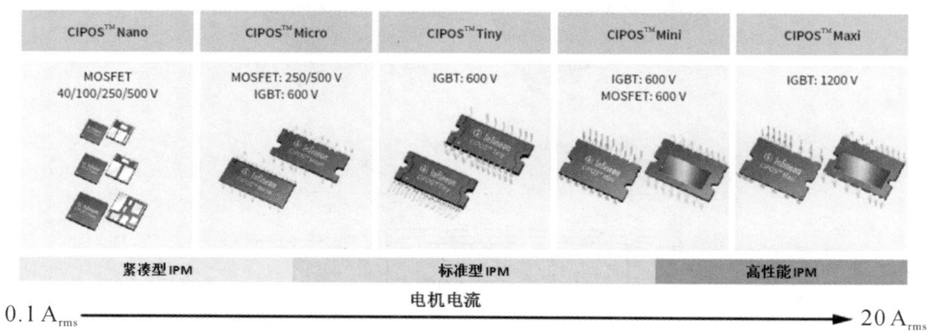

（注：　A_{rms}表示电流有效值单位）

图 8－34　英飞凌 IPM 模块系列产品

智能功率模块能效高，集成了新功率半导体和控制芯片技术，并运用了英飞凌先进的 IGBT、MOSFET、新一代栅极驱动 IC 和新型热机械技术，用于驱动从家用电器到风扇、泵和通用驱动应用中的各种电机、逆变电源、开关电源、电力电源、模块式数控 UPS、电焊机、电梯专用变频器等。

国内功率集成电路设计起步较晚，高低压集成制造工艺落后，在智能功率模块的研发设计、生产制造方面暂时处于落后态势。目前国内从事 IPM 的企业有浙江嘉兴斯达半导体、常州江苏宏微科技有限公司、深圳比亚迪微电子、南京银茂微电子、杭州士兰微电子等。发展集中在白色家电“空冰洗”市场，工业、汽车领域的渗透率较低。但国内高品质高可靠的 IPM 一直由日系、德系和美系厂商占据，2019 年国外品牌在国内市场占有率高达 86%。因此，加快发展功率半导体模块研发设计及工艺制造技术，积极打破国外技术垄断，开发出具有自主知识产权、高可靠性的智能功率驱动产品迫在眉睫。

8.3.2　IPM 的封装结构及石墨烯应用

对于 IPM 封装结构，温度是影响其可靠性的最主要因素，IPM 内部的传热问题限制了产品的继续发展。如果模块产生的热量不能及时排除，会导致模块内部温度过高，从而对 IPM 的电气、机械、腐蚀等各方面造成影响，最终导致模块失效。石墨烯材料在横向有非常优异的热传导性能，可以使热量从单点聚集形式变化为平面分布，改变热传导路径的传热角度，在第 7 章所述的单管功率器件热管理方案中有不错的表现。本小节以英飞凌

IM818－MCC 型号的 IPM 为例，分析石墨烯薄膜在 IPM 封装结构中的散热优化效果。

IM818－MCC 模块是英飞凌公司为电机驱动应用提供全功能的紧凑型逆变器解决方案而研发出的，如图 8－35 所示。IM818－MCC 芯片广泛地应用在控制电机变速驱动方面，尤其在控制三相交流电机和永磁电机等方面，比如低功率电机驱动、风扇驱动、水泵电机驱动等。现有的接口 5A 和 10A，在额定工作电压 1200 V 级别上有高达 1.8 kW 的额定功率。芯片由三相逆变器、1200 V IGBT 模块和续流二极管组成，模块内部优化的 6 通道 SOI 栅极驱动器如图 8－36 所示。

图 8－35　IM818－MCC 芯片外观

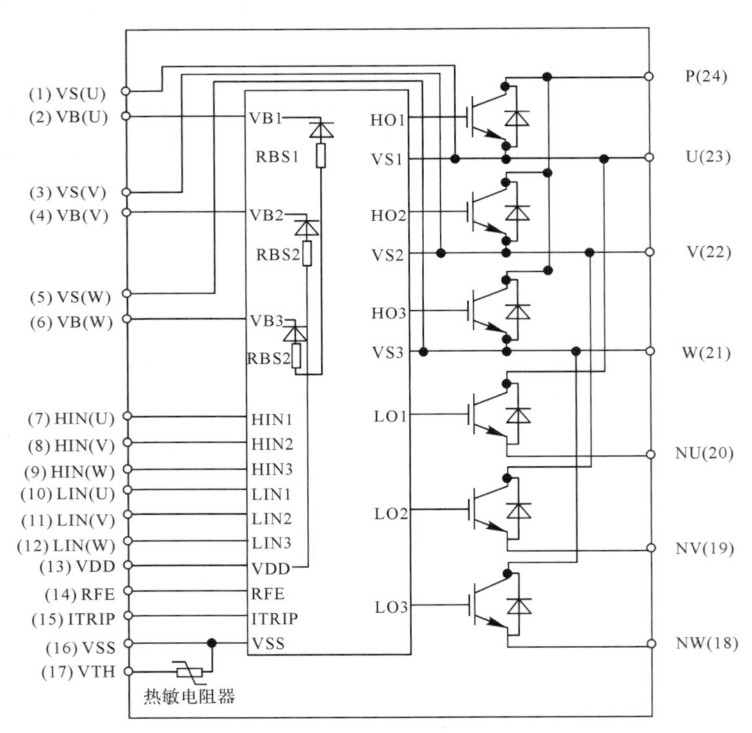

图 8－36　IM818－MCC 芯片的内部电气原理图

图 8－37 展示了 IM818－MCC 芯片的 X 射线图。可见，模块包含一个栅极驱动集成电路(IC)、6 个 IGBT 芯片和 6 个续流二极管 FWD，把一个 IGBT 芯片和一个 FWD 芯片称为一组 IGBT 单元。芯片下面是 DBC 基板，其中 DBC 的上铜层按照 IGBT 单元的布局图案化制作。有三组 IGBT 单元，IGBT 的集电极和 FWD 的阴极通过 DBC 基板上的铜层相连接，然后与 P 输出端相连。其余三组功率器件分别焊接在上铜层相互隔开的 DBC 基板上，集电极分别接三

相输出端 U、V、W。IGBT 芯片的发射极和 FWD 芯片的阳极、IGBT 芯片的栅极与栅极驱动 IC 采用键合线连接。DBC 基片的下铜层通过热界面材料(TIM)与翅片散热器直接接触。

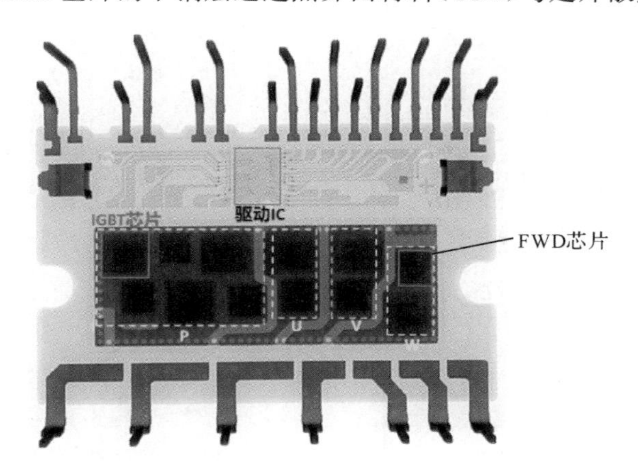

图 8-37 IM818-MCC 的 X 射线图

为了进一步验证石墨烯薄膜对 IM818-MCC 模块封装散热的优化效果，图 8-38 展示了 IM818-MCC 的 3D 封装结构示意图。在该结构中，热传导的主要路径是自上而下从芯片到 DBC 铜层，再到热沉。根据 IM818-MCC 的封装结构建立三维仿真模型，如图 8-39 所示，具体尺寸参数见表 8-2。

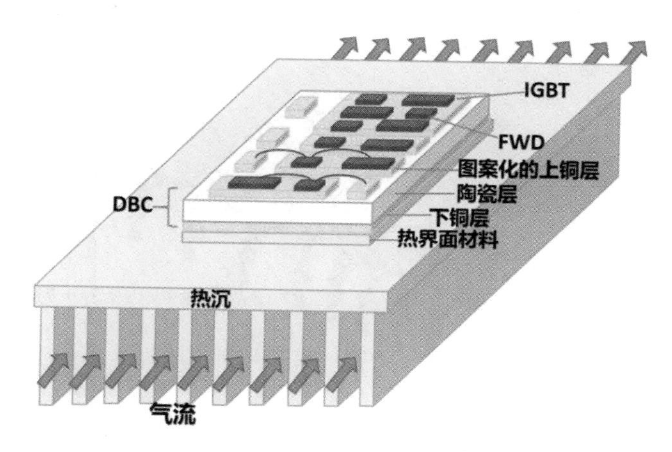

图 8-38 IM818-MCC 的 3D 封装结构

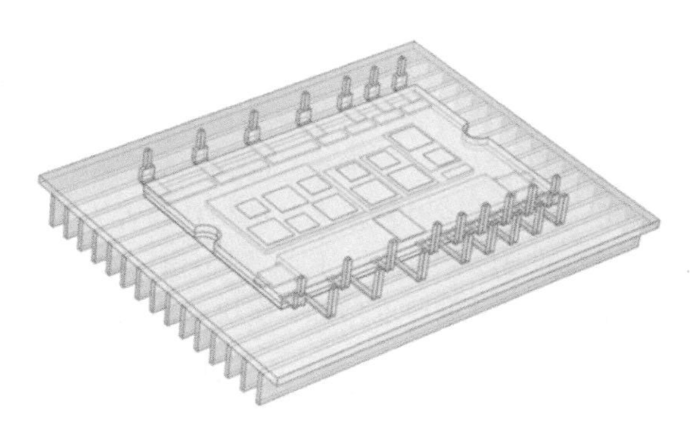

图 8-39 IM818-MCC 仿真模型

表 8-2 模型的几何参数

各层结构	尺寸(长 × 宽 × 厚度)
IGBT 芯片	7 mm×7 mm×100 μm
FWD 芯片	5 mm×5 mm×100 μm
栅驱动 IC	6.5 mm×9 mm×200 μm
DBC 基板铜厚度	300 μm
DBC 陶瓷层厚度	680 μm
焊料	100 μm
TIM 厚度	30 μm
热沉 (cold plate)	100 mm×80 mm×2 mm
热沉 (fins)	100 mm×1 mm×8 mm

选取参考产品数据表上的功率最大额定值。每个 IGBT 芯片加载功率 67.5 W，每个 FWD 芯片加载功率 10 W，总功耗为 465 W。首先对 IM818-MCC 模块的温度分布进行计算，如图 8-40 所示，IPM 的最高温度约为 110 ℃，高温集中在 IGBT 芯片区域上。

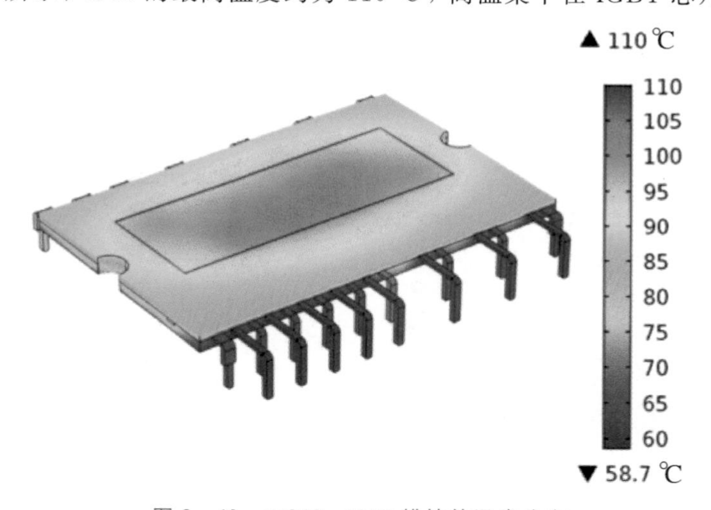

图 8-40 IM818-MCC 模块的温度分布

然后分析石墨烯薄膜对 IM818-MCC 模块的温度分布影响。这里采用瑞典 Smart High Tech AB 公司的一系列石墨烯薄膜产品作为参考，石墨烯薄膜的厚度为 1～50 μm，横向热导率为 3200～1700 W/(m·K)，具体数值见表 8-3。现将不同厚度的石墨烯薄膜放置在 DBC 基板的陶瓷层表面上，每个芯片加载相同功率(每个 IGBT 芯片的功耗设置为 67.5 W，每个 FWD 芯片的功耗设置为 10 W)，对 IPM 模块的温度分布进行计算。图 8-41 展示了模块峰值温度及其下降幅度随着石墨烯薄膜厚度的变化。由图可见厚度增加，模块峰值温度下降幅度也在增大，厚度为 50 μm 石墨烯膜可以使峰值温度下降约 2 ℃，之后下降趋势开始变缓。仿真结果表明石墨烯薄膜在 IPM 模块陶瓷层的冷却效果不如将石墨烯薄膜放置在单管功率器件上的散热效果好。

表 8-3　石墨烯薄膜的热特性

石墨烯薄膜的厚度/μm	横向热导率/(W/(m·K))	石墨烯薄膜的厚度/μm	横向热导率/(W/(m·K))
1	3200	25	1900
2	2600	40	1800
10	2300	50	1700
16	2000		

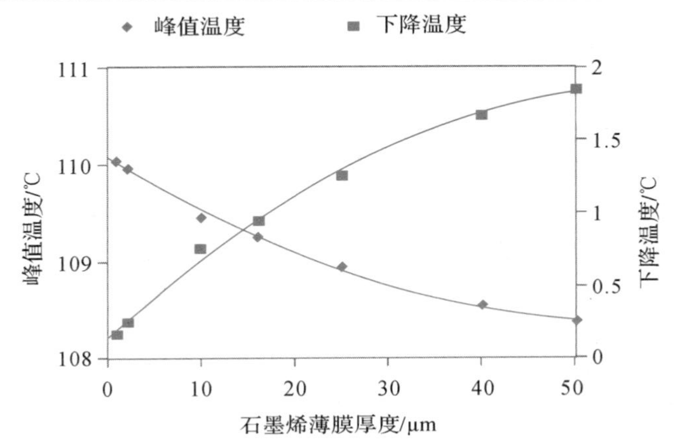

图 8-41　IM818-MCC 模块上的峰值温度随石墨烯薄膜厚度的变化

将厚度为 50 μm 的石墨烯薄膜(GBF)分别放置在 IPM 结构的不同位置，如 IGBT 芯片表面、DBC 上铜层表面、Al_2O_3 陶瓷层表面、DBC 基板底部等，如图 8-42 所示，对模块的温度分布进行计算。图 8-43 展示了石墨烯薄膜放置位置不同时，模块的峰值温度降幅随着总功耗的变化。仿真结果表明，当石墨烯薄膜放置在 DBC 基板的陶瓷表面时，温度的降幅最大，散热效果最好。

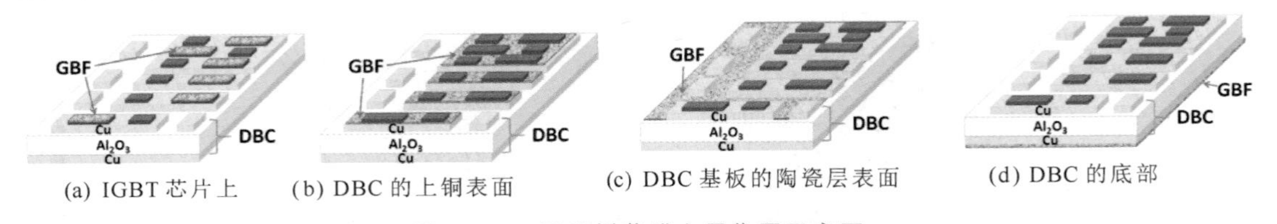

(a) IGBT 芯片上　(b) DBC 的上铜表面　(c) DBC 基板的陶瓷层表面　(d) DBC 的底部

图 8-42　石墨烯薄膜应用位置示意图

为了更清晰地显示石墨烯薄膜对模块局部热点的影响，把局部热点的温度分布图进行放大。当总功耗高达 600 W，即在每个 IGBT 芯片加载 85 W，每个 FWD 芯片加载 14 W 的情况下，没有放置石墨烯薄膜的 IPM 最高温度大约是 135 ℃，局部热点在中间位置的 IGBT 芯片上，如图 8-44 所示。当石墨烯薄膜放置在不同位置时，局部热点的温度有不同程度的降低，如图 8-45 所示，石墨烯薄膜放置在 DBC 基板的陶瓷层表面，模块峰值温度下降2.4 ℃。这个仿真结果也表明，在这个结构中，石墨烯薄膜应用于 DBC 基板的陶瓷表面比其他三种情况更加有效。

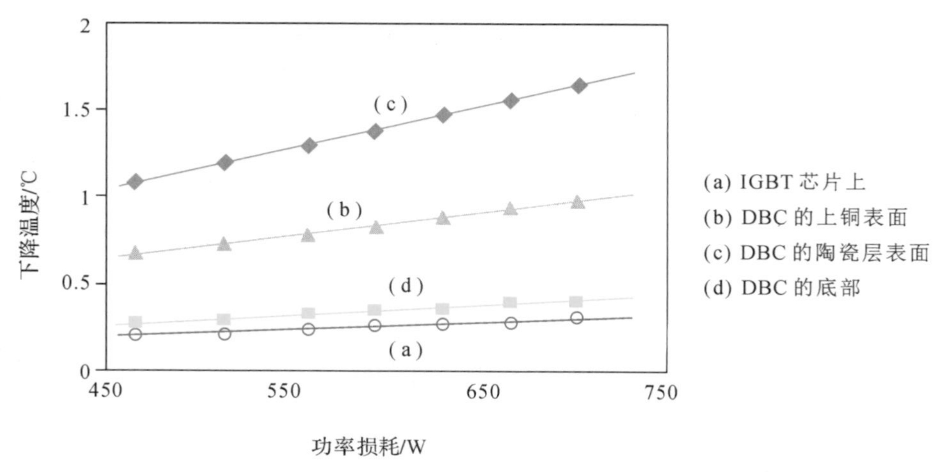

图 8－43　石墨烯薄膜应用在不同位置时温度降幅随功耗的变化

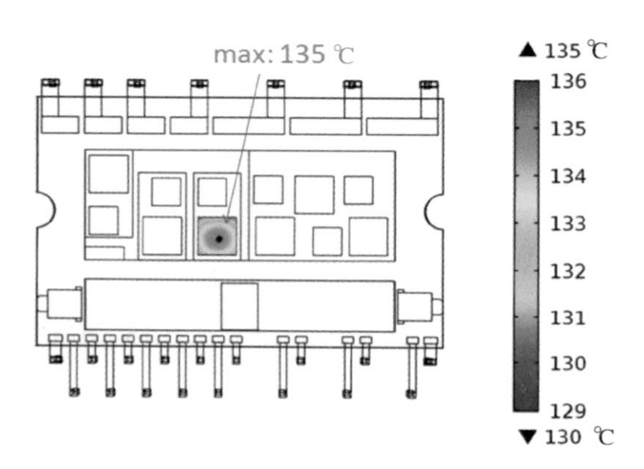

图 8－44　无石墨烯薄膜时模块的最高温度

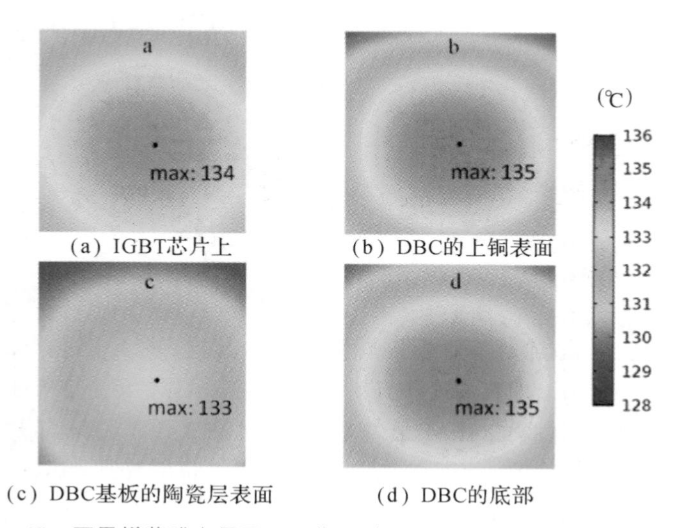

(a) IGBT芯片上　(b) DBC的上铜表面

(c) DBC基板的陶瓷层表面　(d) DBC的底部

图 8－45　石墨烯薄膜应用于不同位置时，模块中局部热点处的最高温度

8.4　石墨烯在 PIM 散热中的应用

8.4.1　PIM 概述

功率集成模块 PIM 是专供变频器主电路使用的综合功率器件。一般指包含整流与有源制动开关的 7 in 1 模块。7 in 1 中的 7 表示模块中包含 7 个 IGBT 管芯，1 表示多个管芯装配到了一个模块外壳中。欧美厂商一般将 7 in 1 模块称为 CBI(Converter-Brake-Inverter Module，整流-斩波-逆变模块)，日系厂商则习惯称其为 PIM。与传统的离散系统相比，PIM 具有体积小、功率大、集成度高、外部布线和焊接点少、内部布线优化寄生参数少、频率特性好等优点。同时，该封装模块具有导通电压低、过载温度高、开关损耗小、短路鲁棒性强等优点，因此广泛应用于工业传动和家用空调领域。

PIM 包括单相/三相输入整流桥、制动单元(或 PFC 功率因素单元)、六单元 IGBT(三相 IGBT 模块)和 NTC 温度检测，如图 8-46 所示，但不包括驱动电路。其中整流单元由四个或六个二极管组成，四个二极管构成单相整流桥，六个二极管构成三相整流桥；逆变单元是由六个 IGBT 和六个续流二极管组成的三相 IGBT 模块；制动斩波单元由 IGBT 和二极管串联组成。

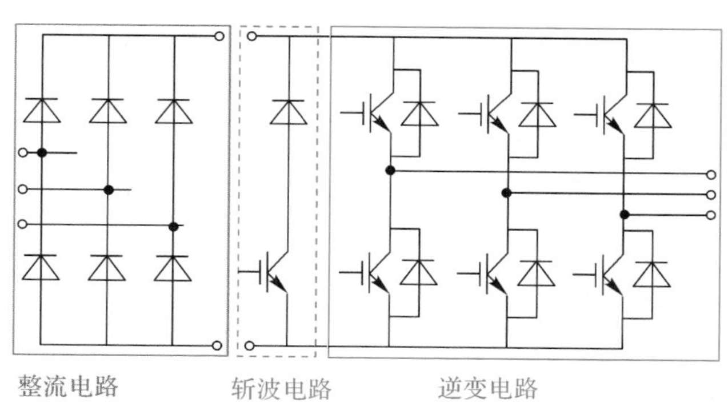

图 8-46　PIM 内部电路拓扑结构

紧凑的结构使得 PIM 在同一功率级具有更高的热流密度，无法分配足够的散热空间给每一部分组成电路，工作时内部散热条件的恶化和温度的急剧升高会破坏 PIM 的性能。因此，优化其封装结构，提高其在导通损耗和开关损耗引起的高温下的可靠性，从而延长其使用寿命是十分重要的。

8.4.2　PIM 的封装结构及石墨烯应用

以英飞凌 FP35R12W2T7 型号的 PIM 为例，如图 8-47 所示，该模块可应用在电机传动、空调、辅助逆变器等领域，该模块采用第七代沟槽栅/场终止 IGBT7 和第七代发射极控制二极管，带有温度检测 NTC。其内部电路如图 8-46 所示，由整流电路、斩波电路和逆变电路三个单元组成，其模块布局如图 8-48 所示。

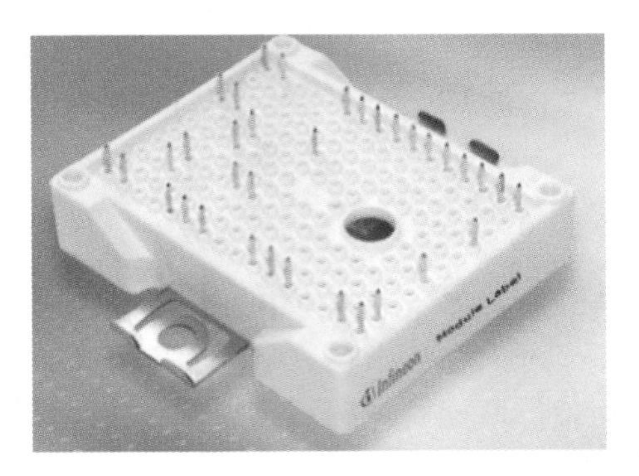

图 8-47　PIM 模块外观

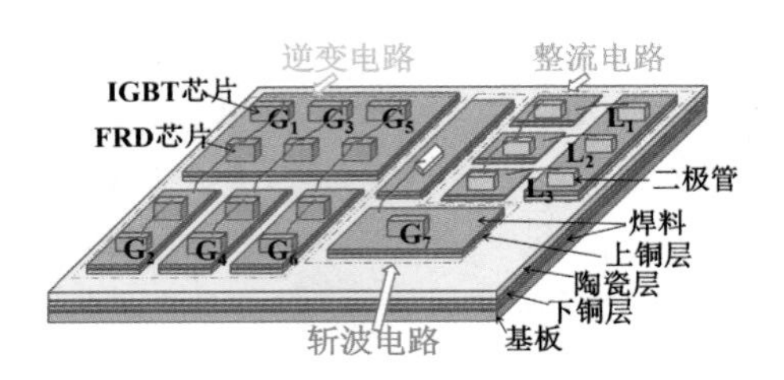

图 8-48　PIM 内部结构示意图

为了进一步了解模块内部的温度分布，构建 3D 模型，相应的材料和每层的厚度参数如表 8-4 所示。为了反映封装外部的热对流，在铝碳化硅基板下面连接翅片散热器，并将边界设置为强制风冷。空气流速设置为 5 m/s，环境温度为 25℃，大气压为 1 bar(1 bar=10^5 Pa)。

表 8-4　模型的材料和尺寸参数

层	材料	厚度/mm
IGBT 芯片	Si	0.15
Diode 芯片	Si	0.2
FRD 芯片	Si	0.23
焊料	Sn-Pb	0.1
上铜层	Cu	0.3
陶瓷层	Al_2O_3	0.68
下铜层	Cu	0.3
基板	AlSiC	1

通过理论计算，将逆变电路中 IGBT 芯片的功耗设置为 95 W，FRD 芯片的功耗设置为 39 W，斩波电路中 IGBT 芯片的功耗设置为 115 W，二极管的功耗设置为 9 W，整流电路中每个二极管的功耗设置为 11 W。

对 PIM 的温度进行仿真计算，温度分布如图 8-49 所示，最高温度出现在斩波电路的 IGBT 芯片上，温度为 173 ℃。这是因为逆变电路中有 6 组 IGBT 和 FRD 芯片，功耗最大且分布集中，因此在模块设计时会预留较大的散热空间给逆变电路部分，从而导致斩波电路空间狭窄，散热条件恶劣，因此温度过高。

图 8－49　PIM 模块温度分布

根据前文对热阻的描述，已知：

$$R_{th}=\frac{h}{kA} \tag{8-1}$$

式(8－1)中，R_{th} 为薄层结构的热阻，h 为材料厚度，k 为材料导热系数，A 为传热面积。可以看出，通过减小基板的厚度或增加基板的导热系数和面积，可以降低模块的热阻。斩波电路中 IGBT 芯片至 DBC 上铜层的总热阻为

$$R_{th}=R_{IGBT}+R_{solder}+R_{Cu} \tag{8-2}$$

由于工艺和电流等级的限制，IGBT 芯片和焊料层的热阻难以进一步减小，所以只有通过调整芯片平面布局，增大芯片下方铜层面积，降低 R_{Cu}。

另一方面，增加热量的传导路径也是减小热阻的有效途径。单面基板只能实现单面传热路径，因此双面散热的封装结构被广泛关注，以提高模块的散热效率。同时，在没有键合线的情况下，寄生参数会大大降低，开关损耗也会相应降低。如图 8－50 所示，通过增加顶部冷却通道，整体热阻($R'_{th}//R_{th}$)将大大降低。

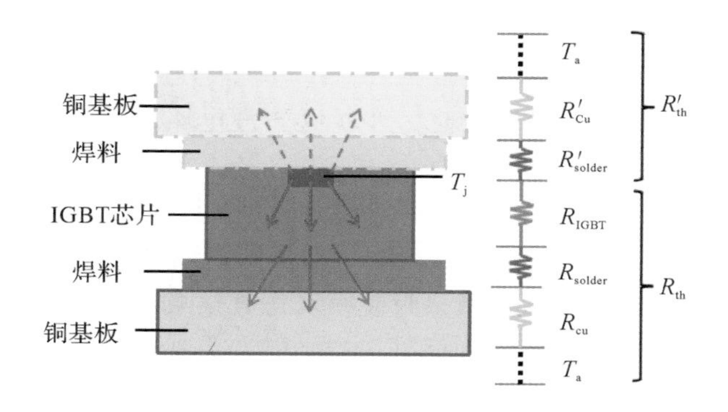

图 8－50　双面散热示意图

下面将 PIM 结构进行优化，首先当图 8－51(a)所示的逆变电路中的 Si－FRD 芯片换成碳化硅肖特基势垒二极管(SiC－SBD)，即构成 SiC 混合 PIM 时，如图 8－51(b)所示，SiC SBD 可以降低关断损耗并提高模块的开关效率。在 SiC 混合 PIM 中，每个 SBD 的功耗设置为 30W，来体现相比于 Si－FRD 功率损耗的降低。对 SiC 混合 PIM 模块的温度分布进行计算，仿真结果如图 8－52(a)所示，最高温度出现在斩波电路的 IGBT 芯片上，温度为

171.6℃。虽然使用 SiC－SBD 替换 Si－FRD，功耗有所降低，但是斩波电路上芯片的最高温度没有得到大幅度改善。

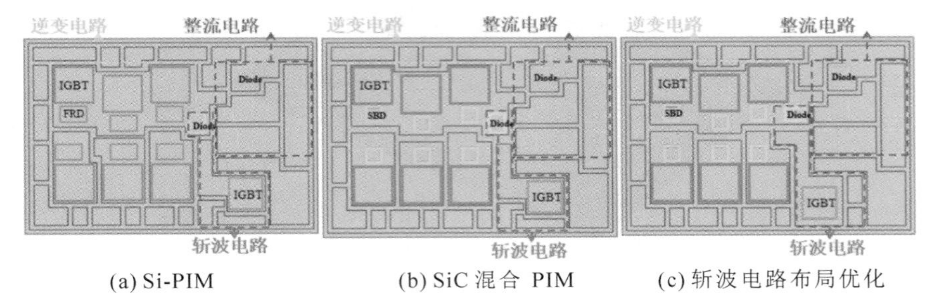

(a) Si-PIM (b) SiC 混合 PIM (c) 斩波电路布局优化

图 8－51 PIM 模块内部芯片布局

由于 SiC－SBD 的芯片尺寸相比 Si－FRD 更小，因此可以调整逆变电路部分的基板面积，为斩波电路留出更大的散热空间，优化方案如图 8－51(c)所示。将斩波电路附近 SBD 的位置以及斩波电路中 IGBT 和二极管的位置稍做调整之后，仿真结果如图 8－52(b)所示，结果表明斩波电路中 IGBT 芯片的最高温度降低了近 3℃，说明优化设计芯片平面布局可以改善局部热点的散热效果。

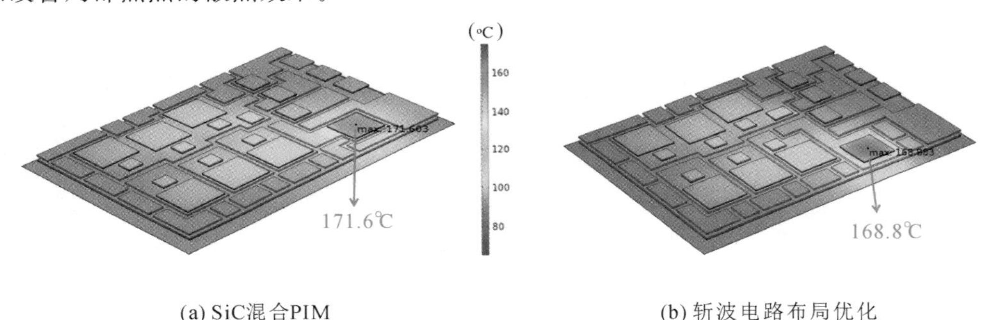

(a) SiC混合PIM (b) 斩波电路布局优化

图 8－52 PIM 温度分布

由于集成模块的空间有限，不可能进一步扩大斩波电路的散热面积，因此考虑增加一个上层基板实现双面散热。即在斩波电路的 IGBT 芯片上使用另一块铜基板，代替键合线将 IGBT 芯片与电极端子连接，使 IGBT 芯片产生的热量同时从芯片的上下表面向外传导。如图 8－53 所示，IGBT 的发射极上涂覆焊料，用铜片连接到发射极端子上，而栅极仍然用引线键合到相应的栅极端子上。双面散热封装模块仿真结果如图 8－54 所示，可以看到斩波电路中的 IGBT 芯片最高温度进一步降低了近 10℃，表现出非常好的散热效果。

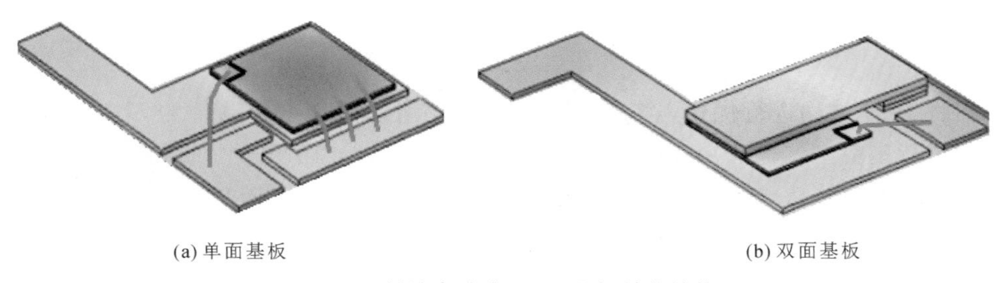
(a) 单面基板 (b) 双面基板

图 8－53 斩波电路中 IGBT 局部封装结构图

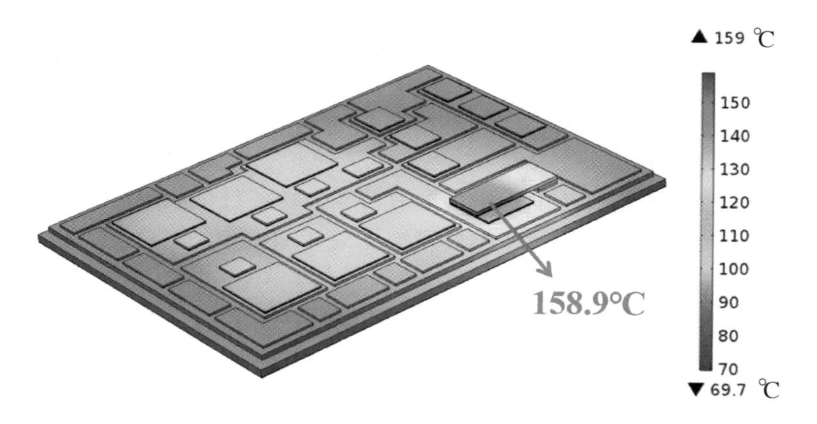

图 8－54　双面基板方案的 PIM 温度分布

由于成本和模块整体体积的限制，上基板的厚度也不能持续增加。从式(8－1)可以看出，如果想要进一步提升模块的散热效果，可以使用具有高导热特性的材料来降低模块的热阻。而石墨烯具有很高的横向热导率，单层悬浮石墨烯的热导率远高于铜、铝等传统金属散热材料，在前面的研究中主要考虑将石墨烯薄膜放置在封装结构的不同位置上，利用它的面内导热能力使热量迅速扩散，加快传热速度，但由于不能提高其法向传热效率，效果不理想。

在该案例中，参考石墨烯复合材料制备的研究结果，一方面铜可以均匀地分散在石墨烯纳米片(GNs)上，形成 Cu/GN 异质结构薄膜。这种薄膜具有增强热传导、减少电迁移和扩散以及降低热阻等优点。另一方面，在环氧树脂中加入石墨烯可以大大提高其导热性能。以文献中提到的石墨烯复合材料为参考，采用导热系数为 1912 W/(m·K)的 Cu/GN 薄膜代替图 8－53(b)中的上基板，并采用导热系数为 8 W/(m·K)的石墨烯复合材料作为灌封材料。仿真结果表明，斩波电路中 IGBT 芯片的最高温度变为 149℃，即进一步下降约 10℃，证实了高导热石墨烯在改善 PIM 热管理中的有效作用。

从芯片平面布局、纵向基板结构和高导热石墨烯材料三个方面对 PIM 的封装结构进行逐步优化，图 8－55(a)中 Si－PIM 热仿真计算得到的温度分布显示最高温度为 173℃，而经过一系列优化后，图 8－55(b)中的 SiC 混合 PIM 热仿真计算结果显示最高温度降为149℃，即斩波电路中 IGBT 芯片的最高温度一共降低了 24℃，大大提高了模块的散热能力，延长了模块的使用寿命。将石墨烯基复合材料应用于 PIM 中，有效提高了 PIM 的散热性能，该方法也可以推广到其他类似的功率模块中，具有重要的工程指导意义。

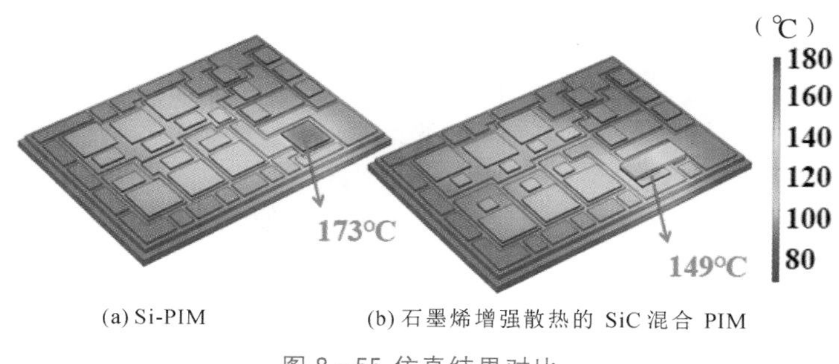

(a) Si-PIM　　(b) 石墨烯增强散热的 SiC 混合 PIM

图 8－55 仿真结果对比

本章小结

功率半导体模块是功率变换领域不可或缺的上游电力电子元件，将伴随着产业的爆发而实现快速增长。功率半导体模块的发展将呈现两大方向，一是集成度越来越高，半导体模块之间的差异不仅仅体现在连接技术方面，附加的有源和无源器件的集成度也是重要的因素；二是功率半导体模块的智能化，智能功率模块增加了额外保护和监测功能，如过电流和短路保护、驱动器电源电压控制等功能，智能模块技术让功率半导体成为真正的“智能器件”。

作为电力电子变流器的核心部分，功率半导体模块的可靠性对整个系统的发展至关重要。随着高集成度、智能化方向的发展，功率模块的体积不断减小，功率密度不断提高，导致功率模块内的温度大幅上升，而功率循环导致的热循环容易引起焊料层、键合引线等疲劳老化，进而失效，降低系统的可靠性。优化封装热管理成为解决制约功率模块发展问题的关键途径。本章详细分析了 IGBT、IPM，以及宽禁带半导体材料 SiC 肖特基势垒二极管组成的 PIM 混合功率模块的封装结构、散热途径，并通过建模仿真的方式验证了石墨烯材料在功率模块封装热管理中的优化效果。

总结与展望

作为一种新型的二维蜂窝状纯碳材料，石墨烯的出现为构成地球生命的基本元素碳家族再次增光添彩。石墨烯材料优异的导电性、导热性以及极高的机械强度，让科学界和产业界都对其广阔的应用未来满怀憧憬。各级政府都在为实现石墨烯的产业化应用付出不懈的努力，近年来石墨烯材料的相关产业发展迅猛，人们都期待着这种神奇材料从实验室走到生活中，应用到国防和民生的方方面面。

石墨烯产业化的发展过程中，可谓机遇与风险并存。石墨烯发现初期，其市场价格相比贵金属黄金有过之而无不及，大量企业涌入石墨烯制备行业。随着石墨烯材料制备技术的多元化和规模化发展，短短几年间，石墨烯粉末产品价格跌落至可按吨级出售。上游产品过剩，而下游应用市场尚未打开，行业焦虑感促使市场上的石墨烯应用产品“琳琅满目”，却也真假难分。同时，部分石墨烯材料制备企业为求生存，降低制备工艺精度，混淆石墨烯材料标准，造成市场上的石墨烯产品质量参差不齐。

很多人都有这样的疑问，石墨烯材料确实是个好东西，而石墨烯的产业化道路为何充满荆棘呢？从材料本身角度，在应用领域观察到的石墨烯材料性能远远比不上其理论上应该具有的优异特性，主要原因是大规模制备技术还不足以达到实验室中的制备标准，微观材料要实现宏量制备，对工艺过程和生产环境都有着极为严苛的要求。从市场应用角度，对于传统产业来说，石墨烯可谓是“不速之客”，由于二维独特结构的石墨烯材料与传统材料有很大不同，这就需要对生产工艺和设备进行局部改动，所需费用不菲，而石墨烯产业本身尚处于不成熟的阶段，因此真正结合到实际产品应用时很难推动。

刘忠范院士在谈到石墨烯产业发展时指出，“太理想无法生存，太现实没有未来”。也就是说，盲目追求发表论文而“闭门造车”，不接地气的研究成果缺少真正价值，反过来只把目光放在眼前的经济收益，放弃对周期较长的高端产品应用开发投入精力，那么发展之路会越走越窄。高科技产业若想获得可持续发展，需要长期的投入，首要任务就是把握正确的方向，否则做得越多，反而偏离得越远。

我国石墨烯产业的发展要打造核心竞争力，需要科学界、产业界和各级政府的共同努力。扎扎实实研发石墨烯材料的“杀手锏”应用，不是锦上添花的概念型低端产品，而是具有不可替代性的高端产品应用。在石墨烯产业化发展进程中，不仅要有国家意志，以市场为牵引，同时在面对困境时我们要保持坚定的信念。作为本领域的科研人员，我们对石墨烯材料有信心，让我们大家共同努力，未来石墨烯产业的世界舞台上愿我们的祖国能够永远昂首高歌！

作　者

2021 年 5 月 2 日

主要参考文献

[1] Novoselov K S, Geim A K, Morozov S V, et al. Electric field effect in atomically thin carbon films[J]. Science, 2004, 306(5696): 666-669.

[2] Geim A K, Novoselov K S. The rise of graphene[J]. Nature Materials, 2007, 6(3): 183-191.

[3] Fu Y, Hansson J, Liu Y, et al. Graphene related materials for thermal management [J]. 2D Materials. 2020, 7: 012001.

[4] 刘忠范，等. 中国石墨烯产业研究报告[M]. 北京：科学出版社，2020.

[5] 刘云圻，等. 石墨烯从基础到应用[M]. 北京：化学工业出版社，2018.

[6] Novoselov K S, Falko V I, Colombo L, et al. A roadmap for graphene[J]. Nature, 2012, 490: 192-200.

[7] Vakil A, Engheta N. Transformation optics using graphene [J]. Science, 2011, 332 (6035): 1291-4.

[8] Lao C, Liang Y, Wang X, et al. Dynamically Tunable Resonant Strength in Electromagnetically Induced Transparency (EIT) Analogue by Hybrid Metal-Graphene Metamaterials [J]. Nanomaterials, 2019, 9(2): 171.

[9] 杨曙辉，王文松，康劲，等. 一种基于超材料的极化无关超宽带吸波器[J]. 电波科学学报，2015，30(5)：834-841.

[10] 刘松，罗春荣，翟世龙，等. 负质量密度声学超材料的反常多普勒效应[J]. 物理学报，2017，2：204-208.

[11] 梅中磊，张黎，崔铁军. 电磁超材料研究进展[J]. 科技导报，2016，34(18)：27-39.

[12] 王甲富，屈绍波，徐卓，等. 基于双环开口谐振环对的平面周期结构左手超材料[J]. 物理学报，2009，5：3224-3229.

[13] 朱宇光，孙雯雯，方云团. 基于石墨烯超材料的极化控制开关[J]. 人工晶体学报，2017，5：179-183.

[14] 疏金成，曹茂盛. 石墨烯基电磁功能材料[J]. 表面技术，2020，49(02)：40-51.

[15] Mak K F, Sfeir M Y, Wu Y, et al. Measurement of the optical conductivity of graphene [J]. Physics Review Letter, 2008, 101(19): 196405.

[16] Landy N I, Sajuyigbe S, Mock J J, et al. Perfect metamaterial absorber [J]. Physics Review Letter, 2008, 100(20): 207402.

[17] 李禹蓉，曹斌照，费宏明，等. 双频段太赫兹超材料吸波体的设计及传感特性研究[J]. 微波学报，2020，36(04)：63-67.

[18] Smith D R, Schurig D. Electromagnetic wave propagation in media with indefinite permittivity and permeability tensors [J]. Physics Review Letter, 2003, 90(7): 077405.

[19] Zhang Y, Tan Y-W, Stormer H L, et al. Experimental observation of the quantum Hall effect and Berry's phase in graphene [J]. Nature, 2005, 438(7065): 201-204.

[20] Bruna m, Borini S. Optical constants of graphene layers in the visible range [J]. Applied Physics Letters, 2009, 94(3): 031901.

[21] Koschny T, Kafesaki M, Economou E N, et al. Effective medium theory of left-handed materials [J]. Physics Review Letter, 2004, 93(10): 107402.

[22] Smith D R, Vier D C, Koschny T, et al. Electromagnetic parameter retrieval from inhomogeneous metamaterials [J]. Physical Review E, 2005, 71: 036617.

[23] 白正元，姜雄伟，张龙. 超薄电磁屏蔽光窗超材料吸波器[J]. 物理学报，2017，37(8)：0816003.

[24] Vakil A, Engheta N. Transformation optics using graphene [J]. Science, 2011, 332(6035): 1291-4.

[25] 王辉，李永平. 用特征矩阵法计算光子晶体的带隙结构[J]. 物理学报，2001，11：2172-8.

[26] 阳胜，曾春平，肖驰，等. 基于时域有限差分法的石墨烯纳米带阵列多频滤波特性研究[J]. 激光与光电子学进展，2019，56(6)：061301.

[27] 赵静，王加贤，邱伟彬，等. 基于石墨烯的表面等离子激光带阻滤波器[J]. 激光与光电子学进展，2018，55：012401.

[28] 汤炳书，孙成祥. 多层石墨烯纳米膜的中红外窄带滤波特性调节[J]. 光学精密工程，2019，27(12)：1549.

[29] 李唐景，梁建刚，李海鹏，等. 基于单层线-圆极化转换聚焦超表面的宽带高增益圆极化天线设计[J]. 物理学报，2017，6：92-101.

[30] 于惠存，曹祥玉，高军，等. 一种超宽带反射型极化转换超表面设计[J]. 空军工程大学学报：自然科学版，2018，019(3)：60-65.

[31] 杨世铭，陶文铨. 传热学. 4版[M]. 北京：高等教育出版社，2006.

[32] Josef Lutz，等，著，卞抗，等，译. 功率半导体器件：原理、特性和可靠性[M](原

书第二版). 北京：机械工业出版社，2019.

[33] 孙伟锋，张波，肖胜安，等. 功率半导体器件与功率集成技术的发展现状及展望[J]. 中国科学：信息科学，2012，42(12)：1616-1630.

[34] 傅兴华. 半导体器件原理简明教程[M]. 北京：科学出版社，2010.

[35] Younes Shabany 著，余小玲，译，传热学：电力电子器件热管理[M]. 北京：机械工业出版社，2013.

[36] Xu Y，Bao J，Ning R，et al. Heat dissipation study of graphene-based film in single tube IGBT devices[J]. AIP Advances，2019，9(3)：035103.

[37] 曾正. SiC 功率器件的封装测试与系统集成[M]. 北京：科学出版社，2020.